“十四五”时期国家重点出版物出版专项规划项目

第二次青藏高原综合科学考察研究丛书

国家出版基金项目
NATIONAL PUBLICATION FOUNDATION

亚洲水塔大气水分循环系统及其对多圈层影响

徐祥德 等 著

科学出版社
北京

内 容 简 介

全书分为11章，从多圈层过程相互作用的视角，深化亚洲水塔大气水分循环机制及其对全球气候影响的认知，提出亚洲水塔水分循环及其水汽输送“窗口”效应对全球气候影响的新观点；剖析亚洲水塔区域大气水分循环结构及其云降水系统多尺度特征，探索亚洲水塔丰富水资源的“供水”驱动系统，并揭示陆地水圈水储量变化及其与多圈层交互影响特征；深化亚洲水塔暖湿化特征对大气圈结构异常响应认知，揭示亚洲水塔暖湿化与印太高影区海温变化相关机理；提出亚洲水塔暖湿化对冰冻圈、生态环境变化影响新认知，并预估亚洲水塔未来气候变化特征。

本书可供大气科学、地球科学、水文学等学科的科学工作者及相关院校师生参考。

审图号：GS京(2024)2259号

图书在版编目(CIP)数据

亚洲水塔大气水分循环系统及其对多圈层影响 / 徐祥德等著. -- 北京：科学出版社，2025. 8. --（第二次青藏高原综合科学考察研究丛书）.
ISBN 978-7-03-080048-0
Ⅰ. P339

中国国家版本馆CIP数据核字第2024NY6925号

责任编辑：郭允允　赵　晶 / 责任校对：郝甜甜
责任印制：徐晓晨 / 封面设计：马晓敏

科学出版社 出版
北京东黄城根北街16号
邮政编码：100717
http: //www.sciencep.com
北京汇瑞嘉合文化发展有限公司印刷
科学出版社发行　各地新华书店经销
*
2025年8月第　一　版　开本：787×1092　1/16
2025年8月第一次印刷　印张：21
字数：498 000
定价：298.00元
（如有印装质量问题，我社负责调换）

“第二次青藏高原综合科学考察研究丛书”
指导委员会

刘丛强　天津大学
龚健雅　武汉大学
焦念志　厦门大学
赖远明　中国科学院西北生态环境资源研究院
胡春宏　中国水利水电科学研究院
郭正堂　中国科学院地质与地球物理研究所
王会军　南京信息工程大学
周成虎　中国科学院地理科学与资源研究所
吴立新　中国海洋大学
夏　军　武汉大学
陈大可　自然资源部第二海洋研究所
张人禾　复旦大学
杨经绥　南京大学
邵明安　中国科学院地理科学与资源研究所
侯增谦　国家自然科学基金委员会
吴丰昌　中国环境科学研究院
孙和平　中国科学院精密测量科学与技术创新研究院
于贵瑞　中国科学院地理科学与资源研究所
王　赤　中国科学院国家空间科学中心
肖文交　中国科学院新疆生态与地理研究所
朱永官　中国科学院城市环境研究所

“第二次青藏高原综合科学考察研究丛书”

编辑委员会

《亚洲水塔大气水分循环系统及其对多圈层影响》编写委员会

主　任　徐祥德

副主任　李跃清　陆日宇　游庆龙　祝从文　周秉荣　龙　笛　翁富忠　罗布坚参　李超凡

委　员　（按姓氏汉语拼音排序）

边　多　蔡雯悦　陈　斌　邓梦雨　董　娜
胡　皓　李　论　李兴东　李雪莹　刘伯奇
刘瑞霞　柳艳菊　鲁萌萌　罗斯琼　马自强
齐冬梅　乔　斌　权　晨　孙　婵　唐嘉蕙
王景元　王顺久　魏凤英　颜玉倩　姚秀萍
张　睿　张称意　张庆红　张天舒　赵凡玉
郑　伟

第二次青藏高原综合科学考察队
亚洲水塔大气水分循环及其
多圈层影响科考分队人员名单

姓名	职务	工作单位
徐祥德	分队长	中国气象科学研究院
周秉荣	队员	青海省气象局
李跃清	队员	中国气象局成都高原气象研究所
王顺久	队员	中国气象局成都高原气象研究所
罗布坚参	队员	西藏自治区气象台
边　多	队员	西藏自治区气候中心
刘黎平	队员	中国气象科学研究院
祝从文	队员	中国气象科学研究院
彭　浩	队员	中国气象科学研究院
王改利	队员	中国气象科学研究院
阮　征	队员	中国气象科学研究院
张胜军	队员	中国气象科学研究院
陈　斌	队员	中国气象科学研究院
程兴宏	队员	中国气象科学研究院
刘伯奇	队员	中国气象科学研究院
高　梅	队员	中国气象科学研究院

张文华	队员	中国气象科学研究院
蔡雯悦	队员	中国气象科学研究院
刘瑞霞	队员	中国气象局地球系统数值预报中心
胡　皓	队员	中国气象局地球系统数值预报中心
姚秀萍	队员	中国气象局气象干部培训学院
柳艳菊	队员	国家气候中心
权　晨	队员	青海省气象科学研究所
乔　斌	队员	青海省气象科学研究所

丛书序一

青藏高原是地球上最年轻、海拔最高、面积最大的高原，西起帕米尔高原和兴都库什、东到横断山脉，北起昆仑山和祁连山、南至喜马拉雅山区，高原面海拔4500米上下，是地球上最独特的地质–地理单元，是开展地球演化、圈层相互作用及人地关系研究的天然实验室。

鉴于青藏高原区位的特殊性和重要性，新中国成立以来，在我国重大科技规划中，青藏高原持续被列为重点关注区域。《1956—1967年科学技术发展远景规划》《1963—1972年科学技术发展规划》《1978—1985年全国科学技术发展规划纲要》等规划中都列入针对青藏高原的相关任务。1971年，周恩来总理主持召开全国科学技术工作会议，制订了基础研究八年科技发展规划（1972—1980年），青藏高原科学考察是五个核心内容之一，从而拉开了第一次大规模青藏高原综合科学考察研究的序幕。经过近20年的不懈努力，第一次青藏综合科考全面完成了250多万平方千米的考察，产出了近100部专著和论文集，成果荣获了1987年国家自然科学奖一等奖，在推动区域经济建设和社会发展、巩固国防边防和国家西部大开发战略的实施中发挥了不可替代的作用。

自第一次青藏综合科考开展以来的近50年，青藏高原自然与社会环境发生了重大变化，气候变暖幅度是同期全球平均值的两倍，青藏高原生态环境和水循环格局发生了显著变化，如冰川退缩、冻土退化、冰湖溃决、冰崩、草地退化、泥石流频发，严重影响了人类生存环境和经济社会的发展。青藏高原还是“一带一路”环境变化的核心驱动区，将对“一带一路”20多个国家和30多亿人口的生存与发展带来影响。

2017年8月19日，第二次青藏高原综合科学考察研究启动，习近平总书记发来贺信，指出“青藏高原是世界屋脊、亚洲水塔，是地球第三极，是我国重要的生态安全屏障、战略资源储备基地，是中华民族特色文化的重要保护地”，要求第二次青藏高原综合科学考察研究要“聚焦水、生态、人类活动，着力解决青藏高原资源环境承载力、灾害风险、绿色发展途径等方面的问题，为守护好世界上最后一方净土、建设美丽的青藏高原作出新贡献，让青藏高原各族群众生活更加幸福安康”。习近平总书记的贺信传达了党中央对青藏高原可持续发展和建设国家生态保护屏障的战略方针。

第二次青藏综合科考将围绕青藏高原地球系统变化及其影响这一关键科学问题，开展西风–季风协同作用及其影响、亚洲水塔动态变化与影响、生态系统与生态安全、生态安全屏障功能与优化体系、生物多样性保护与可持续利用、人类活动与生存环境安全、高原生长与演化、资源能源现状与远景评估、地质环境与灾害、区域绿色发展途径等10大科学问题的研究，以服务国家战略需求和区域可持续发展。

“第二次青藏高原综合科学考察研究丛书”将系统展示科考成果，从多角度综合反映过去50年来青藏高原环境变化的过程、机制及其对人类社会的影响。相信第二次青藏综合科考将继续发扬老一辈科学家艰苦奋斗、团结奋进、勇攀高峰的精神，不忘初心，砥砺前行，为守护好世界上最后一方净土、建设美丽的青藏高原作出新的更大贡献！

孙鸿烈

第一次青藏科考队队长

丛书序二

青藏高原及其周边山地作为地球第三极矗立在北半球，同南极和北极一样既是全球变化的发动机，又是全球变化的放大器。2000年前人们就认识到青藏高原北缘昆仑山的重要性，公元18世纪人们就发现珠穆朗玛峰的存在，19世纪以来，人们对青藏高原的科考水平不断从一个高度推向另一个高度。随着人类远足能力的不断加强，逐梦三极的科考日益频繁。虽然青藏高原科考长期以来一直在通过不同的方式在不同的地区进行着，但对于整个青藏高原的综合科考迄今只有两次。第一次是20世纪70年代开始的第一次青藏科考。这次科考在地学与生物学等科学领域取得了一系列重大成果，奠定了青藏高原科学研究的基础，为推动社会发展、国防安全和西部大开发提供了重要科学依据。第二次是刚刚开始的第二次青藏科考。第二次青藏科考最初是从区域发展和国家需求层面提出来的，后来成为科学家的共同行动。中国科学院的A类先导专项率先支持启动了第二次青藏科考。刚刚启动的国家专项支持，使得第二次青藏科考有了广度和深度的提升。

习近平总书记高度关怀第二次青藏科考，在2017年8月19日第二次青藏科考启动之际，专门给科考队发来贺信，作出重要指示，以高屋建瓴的战略胸怀和俯瞰全球的国际视野，深刻阐述了青藏高原环境变化研究的重要性，希望第二次青藏科考队聚焦水、生态、人类活动，揭示青藏高原环境变化机理，为生态屏障优化和亚洲水塔安全、美丽青藏高原建设作出贡献。殷切期望广大科考人员发扬老一辈科学家艰苦奋斗、团结奋进、勇攀高峰的精神，为守护好世界上最后一方净土顽强拼搏。这充分体现了习近平生态文明思想和绿色发展理念，是第二次青藏科考的基本遵循。

第二次青藏科考的目标是阐明过去环境变化规律，预估未来变化与影响，服务区域经济社会高质量发展，引领国际青藏高原研究，促进全球生态环境保护。为此，第二次青藏科考组织了10大任务和 60 多个专题，在亚洲水塔区、喜马拉雅区、横断山高山峡谷区、祁连山 – 阿尔金区、天山 – 帕米尔区等 5 大综合考察研究区的 19 个关键区，开展综合科学考察研究，强化野外观测研究体系布局、科考数据集成、新技术融合和灾害预警体系建设，产出科学考察研究报告、国际科学前沿文章、服务国家需求评估和咨询报告、科学传播产品四大体系的科考成果。

两次青藏综合科考有其相同的地方。表现在两次科考都具有学科齐全的特点，两次科考都有全国不同部门科学家广泛参与，两次科考都是国家专项支持。两次青藏综合科考也有其不同的地方。第一，两次科考的目标不一样：第一次科考是以科学发现为目标；第二次科考是以摸清变化和影响为目标。第二，两次科考的基础不一样：第一次青藏科考时青藏高原交通整体落后、技术手段普遍缺乏；第二次青藏科考时青藏高原交通四通八达，新技术、新手段、新方法日新月异。第三，两次科考的理念不一样：第一次科考的理念是不同学科考察研究的平行推进；第二次科考的理念是实现多学科交叉与融合和地球系统多圈层作用考察研究新突破。

“第二次青藏高原综合科学考察研究丛书”是第二次青藏科考成果四大产出体系的重要组成部分，是系统阐述青藏高原环境变化过程与机理、评估环境变化影响、提出科学应对方案的综合文库。希望丛书的出版能全方位展示青藏高原科学考察研究的新成果和地球系统科学研究的新进展，能为推动青藏高原环境保护和可持续发展、推进国家生态文明建设、促进全球生态环境保护做出应有的贡献。

姚檀栋

第二次青藏科考队队长

前　　言

青藏高原平均海拔在4000m以上，被称为“世界屋脊”，其山谷纵横、河流交错、冰川与湖泊星罗棋布，是除南北极以外冰雪储量最多的地区，亦被誉为地球中低纬度高海拔“冻土和冰川王国”。青藏高原是中国及亚洲地区世界著名江河的发源地，孕育了长江、黄河、澜沧江乃至印度恒河、东南亚湄公河等重要河系，其如庞大的“蓄水池”蕴藏着丰富的水资源储量，为近40%的世界人口提供生存用水。因此，青藏高原亦被称为“亚洲水塔”。

青藏高原是全球气候变化的“敏感区”和“强信号区”。近50年来，青藏高原变暖超过全球同期平均升温率的2倍，是过去2000年中最温暖的时段。青藏高原正处于变暖变湿、水分循环加强的过程中，区域大气水分循环变化加剧，使青藏高原多圈层过程相互作用产生诸多不确定因子；尤其当前青藏高原“暖湿化”显著，加剧了云水资源及其降水时空分布格局变化，导致亚洲水塔水资源失衡加剧；青藏高原大气水分循环变化引发了亚洲水塔湖泊、沼泽扩张以及冰川退化、积雪与冻土融化速率加快等诸多异常现象。上述亚洲水塔多圈层过程的交互影响，将使青藏高原水资源及生态安全屏障问题变得尤为复杂。

本书从亚洲水塔大气水分循环特征及其变化影响的视角，深化亚洲水塔大气水分循环与全球气候变化关联性的新认知，提出亚洲水塔对流活动过程水汽输送“窗口”效应对全球能量、水分循环影响的新认知；聚焦于青藏高原大气水分循环变化对青藏高原多圈层过程的影响特征，揭示亚洲水塔冰川、湖泊、地表与土壤水等水储量变化对水资源的影响及其贡献；探索与亚洲水塔成因有关的“供水”驱动机制，并基于青藏高原暖湿化新观测事实，探讨亚洲水塔暖湿化特征对大气圈结构异常响应，揭示亚洲水塔暖湿化与印太高影区海温变化的相关机理；剖析亚洲水塔暖湿化对高原生态环境（植被）变化趋势影响的区域性特征；发现亚洲水塔暖湿化对冰冻圈冰川具有重要影响，深化亚洲水塔暖湿化降水补给区域性差异特征及其冰冻圈水资源失衡调制因素的新认知，由此，提出青藏高原冰川区人工增雪、补冰气候应对科学工程；基于不同排放情景下气候模式的综合分析，提出亚洲水塔气候变化未来预估结论；最后综述适用于气候变化对多圈层影响研究的青藏高原风云卫星多源遥感数据集的构建。

本书内容涵盖科学考察研究关于亚洲水塔研究成果应用理论的新认知与新观点。本书由徐祥德策划、组稿与主笔；徐祥德、魏凤英、张称意对全书进行统稿与校稿。本书分为 11 章，主要内容如下。

第 1 章：亚洲水塔大气水分循环全球尺度影响，由徐祥德、孙婵、魏凤英等执笔；第 2 章：亚洲水塔区域水分循环结构特征，由李超凡、邓梦雨、陆日宇、陈斌、柳艳菊、李跃清、徐祥德、孙婵、齐冬梅等执笔；第 3 章：亚洲水塔水分循环过程的云降水尺度特征，由李跃清、姚秀萍、罗布坚参、王顺久、张天舒等执笔；第 4 章：亚洲水塔江河源“供水”驱动系统，由徐祥德、周秉荣、唐嘉蕙等执笔；第 5 章：亚洲水塔暖湿化特征与大气圈结构异常响应，由祝从文、游庆龙、刘伯奇、李论、鲁萌萌等执笔；第 6 章：亚洲水塔暖湿化与印太高影区海温影响，由徐祥德、董娜、蔡雯悦等执笔；第 7 章：亚洲水塔暖湿化影响与水圈陆地水储量变化，由龙笛、李雪莹、刘瑞霞、赵凡玉、李兴东等执笔；第 8 章：亚洲水塔暖湿化影响与生长季植被变化，由徐祥德、孙婵、魏凤英等执笔；第 9 章：亚洲水塔暖湿化影响与冰冻圈变化，由徐祥德、颜玉倩、周秉荣、孙婵、罗斯琼、乔斌、权晨、王景元、张睿等执笔；第 10 章：亚洲水塔气候变化未来预估，由游庆龙等执笔；第 11 章：亚洲水塔风云气象卫星多圈层监测系统及其应用，由翁富忠、胡皓、刘瑞霞、郑伟、马自强、张庆红、边多等执笔。

本书是参与第二次青藏高原综合科学考察研究任务一“西风－季风协同作用及其影响”专题五“西风－季风协同作用对亚洲水塔变化的影响”项目的众多科考研究人员不畏艰辛、潜心研究的劳动成果。在亚洲水塔三江源地区云水资源和冻土融冻过程对植被、生态环境影响的野外考察中，得到青海省气象科学研究所等单位的大力支持和帮助，在本书编写过程中，张胜军、陈斌、程兴宏、于淑秋、滑桃、刘红娟等协助组织编写研讨会、参考文献整理、联系出版事宜等，在此一并表示衷心的感谢。

《亚洲水塔大气水分循环系统及其对多圈层影响》编写委员会

2024 年 2 月

摘　要

1. 亚洲水塔大气水分循环全球尺度影响

第 1 章研究描述青藏高原类似全球“水塔”功能及其大气 – 海洋 – 陆地特殊的相互作用机制，揭示青藏高原特殊的“热驱动”可为亚洲水塔区域乃至全球水分循环提供重要动力源；通过综合剖析凸显亚洲水塔在区域、全球能量、水分循环交换过程中扮演的重要角色。通过亚洲水塔水汽垂直输送“窗口”效应，构建青藏高原与全球乃至北极、南极水分循环相互关联的“桥梁”，凸显亚洲水塔大气水分循环对全球水汽与能量交换的关键作用，并提出亚洲水塔水分循环对全球气候影响综合模型，这一新认知对青藏高原对全球气候变化互反馈问题研究具有重要科学价值与应用意义。

2. 亚洲水塔区域水分循环结构特征

第 2 章研究聚焦于亚洲水塔大气水分循环结构变化，探索青藏高原大气水分循环结构对亚洲水塔水资源环境变化影响机制，主要研究亚洲水塔降水时空分布特征，青藏高原降水区域季节性差异及其水汽输送结构，水汽收支变化特征，从而认知亚洲水塔大气水分循环结构变化如何影响大江大河发源地，亚洲的冰川、湖泊、湿地聚集地水资源时空分布格局。亚洲水塔大气水分循环结构变化特征将对中国、亚洲乃至全球气候变化产生影响，进而为青藏高原防灾减灾和水资源、生态安全保障及其社会经济的可持续发展提供科学支撑。

3. 亚洲水塔水分循环过程的云降水尺度特征

第 3 章从高原强对流天气多尺度特征、高原强对流天气诊断、强对流天气影响系统、强对流云团演变发展等方面进行研究，以期获取对亚洲水塔关键区云降水结构与对流特征的新认知，尤其对西藏高原云团系统集中地，如对流云发展及其降水特征等方面进行深入探讨，可为雅鲁藏布江流域水资源开发利用、高原生态环境保护等方面提供科学依据。

4. 亚洲水塔江河源“供水”驱动系统

亚洲水塔关键区域三江源为长江、黄河、澜沧江等世界著名江河源头，蕴藏着“世界屋脊”庞大的“蓄水池”，其丰富的水资源储量为近40%的世界人口提供生存用水。第4章重点探索亚洲水塔江河源水资源成因，探讨青藏高原大气－水文过程与亚洲水塔“供水系统”的关联性，获取对此江河源头丰富水资源的动力驱动机制的新认知，揭示三江源水分循环结构及其大气－水文过程交互影响特征，剖析三江源径流上游降水高影响区分布特征，并发现高影响降水区特殊水资源存储功能特征，该区域为河流水网区与湖泊群集中地，以及局地降水高频区。研究揭示出三江源热源结构起着“供水系统”的关键驱动作用，且在东亚和印度季风驱动下的青藏高原南侧低纬度海洋亦是亚洲水塔供水系统的暖湿气流主要源地，印证了亚洲水塔三江源区特殊大气降水机制中青藏高原隆升所构建的大地形热源驱动效应。

5. 亚洲水塔暖湿化特征与大气圈结构异常响应

亚洲水塔正朝暖湿化的方向变化，海拔是影响气温变化的重要因素，青藏高原气温显著变化的同时还存在显著的时空差异特征。第5章研究提出高原海拔依赖型变暖空间模态，并分析高原海拔依赖型变暖物理机制，研究还揭示出在高原北部，冷位相的年代际太平洋涛动（Interdecadal Pacific Oscillation，IPO）和暖位相的大西洋多年代际振荡（Atlantic Multidecadal Oscillation，AMO）的协同作用对高原北部水汽净收支的年代际转折有重要影响。另外，亚洲水塔降水变化趋势的区域性南北反向变化特征与气候变暖背景下高原低涡发生频数区域性变化特征有密切关系。在全球变暖背景下，青藏高原暖湿化特征导致大气圈结构发生变化，亚洲水塔大气圈和冰冻圈正在发生显著变化，导致青藏高原气候复杂多变，且受冰川、积雪变化与海拔等因素影响，亚洲水塔水资源、生态环境发生深刻变化，认知亚洲水塔变化及多圈层影响事实具有重要战略意义。

6. 亚洲水塔暖湿化与印太高影区海温影响

根据全球尺度水循环的认知，区域及全球大气环流的调整及其海洋水圈水汽输送结构变化将是青藏高原“暖湿化”关键的影响因子之一。第6章研究探讨海洋水圈升温显著区对青藏高原“暖湿化”水汽输送的调控作用，从年代际环流变化的视角，提出海洋高影响区海温调制亚洲水塔“暖湿化”趋势的综合影响模型。

通过研究青藏高原暖湿化与海洋水圈影响源分布结构的相关特征，揭示出影响亚洲水塔“暖湿化”年代际变化的海洋水汽源及其环流型异常特征，并给出各海洋影响源对亚洲水塔“暖湿化”影响的贡献程度。该研究结论为进一步探索亚洲水塔“暖湿化”及其气候变化预估提供重要的科学依据。

7. 亚洲水塔暖湿化影响与水圈陆地水储量变化

青藏高原被称为“亚洲水塔”，蕴藏着全球除两极和格陵兰岛之外最大的冰雪储量，湖泊群亦占中国湖泊面积的一半以上，其为长江、黄河、澜沧江、雅鲁藏布江、印度河等亚洲河流提供了丰沛的水资源，气候变化背景下陆地水储量（terrestrial water storage，TWS）在全球水循环中扮演重要角色，青藏高原陆地水储量的改变，包括湖泊水储量增加、冰川水储量减少等，对亚洲水塔地表水和地下水资源的形成和演变产生重要影响。

第 7 章采用多源卫星遥感数据，量化 2000 ～ 2020 年青藏高原各类水储量变化及其对总水储量变化的贡献，分析湖泊水量变化的时空分布规律，为认识亚洲水塔各类水储量对气候变化的响应及驱动机制提供关键科学依据，并为亚洲水塔失稳的适应性对策制定提供参考。

8. 亚洲水塔暖湿化影响与生长季植被变化

第 8 章使用高分辨率优化变分的热带降雨测量任务（tropical rainfall measuring mission，TRMM）降水资料，分析青藏高原复杂地形高分辨率降水变化趋势，在此基础上研究高原叶面积指数变化对降水的滞后响应、植被环境变化区域性特征及对区域降水的响应，以及亚洲季风变化对高原生态环境的影响。研究结果表明，亚洲水塔气候“暖湿化”对植被环境的影响，除了气温为主因外，还与高原降水时空分布变化的区域性特征存在显著的关联性，因此高原南、北部植被环境变化呈显著区域性差异，高原暖湿化驱动因素中南亚与东亚季风亦通过年际、年代际水汽输送格局重大变化显著影响着生态环境的非均匀性区域变异特征。

9. 亚洲水塔暖湿化影响与冰冻圈变化

第 9 章研究冰冻圈与暖湿化影响相关机理，揭示出青藏高原及其周围地区，特别是亚洲水塔冰川区降水区域性特征受季风区水汽输送影响；基于多源资料与信息，深入探讨亚洲水塔暖湿化与冰冻圈变化的关联性及其影响机理，将对亚洲水塔水资源变化有新的认知，这将有助于加深对气候变暖背景下亚洲水塔水环境变化的理解，为青藏高原暖湿化对冰冻圈影响的气候应对提供科学支撑，深化对亚洲水塔暖湿化降水补给区域性差异特征及其冰冻圈水资源失衡调制因素的新认知，由此，提出了青藏高原冰川区人工增雪、补冰气候应对科学工程。

10. 亚洲水塔气候变化未来预估

第 10 章基于气候模式和物理统计模型开展了青藏高原区域未来气候和环境变化的研究，取得了一些重要的科学认识。随着政府间气候变化专门委员会（Intergovernmental Panel on Climate Change，IPCC）第六次评估报告（AR6）的发布，应用到此报告中新的共享社会经济路径（shared socioeconomic pathways，SSPs）排放情景的预估数据陆续完成，利用第六次国际耦合模式比较计划（CMIP6）在新的 SSPs 排放情景下的未来数值模拟结果进行气候预估研究成为可能。由此，给出了 CMIP6 模式在 SSPs 排放情景下的青藏高原的气候未来预估结果，以期对深入认识青藏高原未来气候变化及生态环境影响提供科学依据。

11. 亚洲水塔风云气象卫星多圈层监测系统及其应用

第 11 章介绍国产风云气象卫星现状，以及针对青藏高原地区冰川、积雪和湖泊的业务产品。针对包括大气三维温度、湿度、地表植被指数、冻融类型、土壤湿度等关键大气和地表参数，基于各参数特点和青藏高原地区地理特征，重新构建各关键参数的反演算法模型，并给出各算法反演产品在青藏高原地区的精度评估。在第二次青藏高原综合科学考察研究期间，应用卫星遥感技术开发构建了多个青藏高原及周边地区高质量数据集，包括高时空分辨率降水产品、冰川表面高程变化序列、典型冰川区域及湖泊面积数据集等。

目　录

第1章

亚洲水塔大气水分循环全球尺度影响

亚洲水塔在亚洲与全球季风系统大气水分循环过程中处于重要地位，以全球大气水分循环为视角，深化认知亚洲水塔与全球尺度大气水分循环结构关联性具有重要科学价值。本章研究描述了青藏高原类似全球“水塔”功能及其大气－海洋－陆地相互作用机制，揭示了青藏高原特殊的“热驱动”可为亚洲水塔水分循环提供重要动力源；通过综合剖析凸显了亚洲水塔在区域、全球能量、水分循环交换过程中扮演的重要角色；采用亚洲水塔水汽输送源及粒子群轨迹追踪分析途径，揭示了亚洲水塔是连接中低纬度与热带海洋的水汽源通道，发现亚洲水塔水汽源可追溯到南半球；研究发现，青藏高原热源驱动了对流层上部反气旋环流，其“抽吸效应”在高原对流活动及其水汽垂直输送“窗口”效应中起着关键作用，由此影响着全球大气水分循环格局，使亚洲水塔与北极、南极之间水汽输送构成“互反馈”机制。本章还构建了青藏高原与全球，乃至北极、南极水分循环相互关联的“桥梁”，提出了亚洲水塔水分循环对全球气候影响综合模型，这一新认知对研究亚洲水塔对全球气候变化互反馈问题具有重要科学价值与应用意义（Xu et al.，2022）。

1.1 青藏高原大气水分循环与跨半球水分循环的关联

青藏高原及周边地区平均海拔超过4000m，具有南极、北极之外最大的冰储量（Yao et al.，2012），其湖泊面积约占我国湖泊总面积的一半，是长江、黄河、雅鲁藏布江等亚洲10多条主要河流的发源地，因此有“亚洲水塔”之称（Immerzeel et al.，2010）。冰川、冻土、积雪、湖泊、河流等是亚洲水塔的重要组成部分，其中冰川面积约 $1\times10^5km^2$，多年冻土面积约 $1.3\times10^6km^2$，常年积雪面积约 $3\times10^5km^2$，湖泊面积约 $5\times10^4km^2$（姚檀栋等，2019）。

青藏高原山谷纵横、冰川耸立、河流纵横、湖泊星罗棋布，是中国及亚洲地区世界著名江河的发源地，孕育了长江、黄河、澜沧江乃至印度恒河、东南亚湄公河等重要河系；除南北极以外，青藏高原为全球冰雪储量最多的地区，被誉为地球中低纬度高海拔“冻土和冰川王国”，针对上述亚洲水塔水分循环结构特征，需要进一步回答的问题是，亚洲水塔为何能蕴藏如此丰富的水资源，构成如此储量庞大的“蓄水池”？亚洲水塔在区域、全球能量、水分循环交换过程中究竟扮演着何种重要角色？亚洲水塔是否与亚洲乃至全球尺度大气水分循环存在关联性？亚洲水塔与中低纬度、热带海洋，乃至南半球水汽源有何相关关系？

有关文献对北半球夏季青藏高原大地形机械屏障和抬升热源与区域、全球气候影响有了更深刻的认知。例如，青藏高原的“感热气泵”效应，不仅对亚洲夏季风的维持有重要作用，也通过激发罗斯贝（Rossby）波列对全球气候产生影响（Wu and Zhang，1998；Duan and Wu，2006；Liu et al.，2007；Yang et al.，2010）。Xu 等（2008）基于青藏高原在亚洲季风系统过程的重要地位，以东亚、全球水循环为视角，认识青藏高原跨半球环流结构及其全球尺度海洋与大气水循环结构，其可描述青藏高原大气水循环类似全球“水塔”功能，并可描述出全球海洋－大气－陆地－水文过程特殊的相互作用过程，有关青藏高原关键驱动因素（视热源）及整层水汽通量相关矢“汇流”特征，以及青藏高原大地形南侧低层跨赤道偏南气流和跨半球南北向垂直环流[图 1.1(c) 和 (d)]，可综合描述在青藏高原地区源自低纬度海洋乃至跨半球水汽流低层强“汇流”与高层强“外流”的结构特征。“世界屋脊”特殊跨半球的纬向、经向大气垂直环流图亦描述了亚洲水塔通过高层将能量、水汽向外部周边及全球区域输送，反映了青藏高原对全球能量、水分循环亦具有强反馈及重要影响作用，从而支持了青藏高原“亚洲水塔”的概念。上述研究结果描述了青藏高原热源驱动效应为跨半球水汽输送提供了强迫源动力机制 (Xu et al.，2008)。从跨赤道经向环流的视角，研究发现，夏季南北半球跨赤道气流低层强偏南、高层强偏北出现在东亚地区和北美洲区域两大地形对应的赤道区，这两个跨赤道极值区均与亚洲的青藏高原和北美洲的落基山位置相对应[图 1.1(a) 和 (b)]。但青藏高原高低层反向经向跨赤道气流较落基山显著得多，这印证了地球上大地形隆起状况亦与全球行星尺度垂直环流特征存在某种关联性。如图 1.1(c) 所示，北半球在夏半年时，位于亚洲的青藏高原和位于北美洲的落基山，这两大地形均为北半球最为显著的上升支区，青藏高原与落基山东侧均有一显著的东—西纬圈环流；其中，青藏高原东侧环流圈呈显著的跨半球尺度特征，落基山东侧环流尺度相对小得多。另外，计算结果证实青藏高原为强上升支区，呈南—北经圈环流，

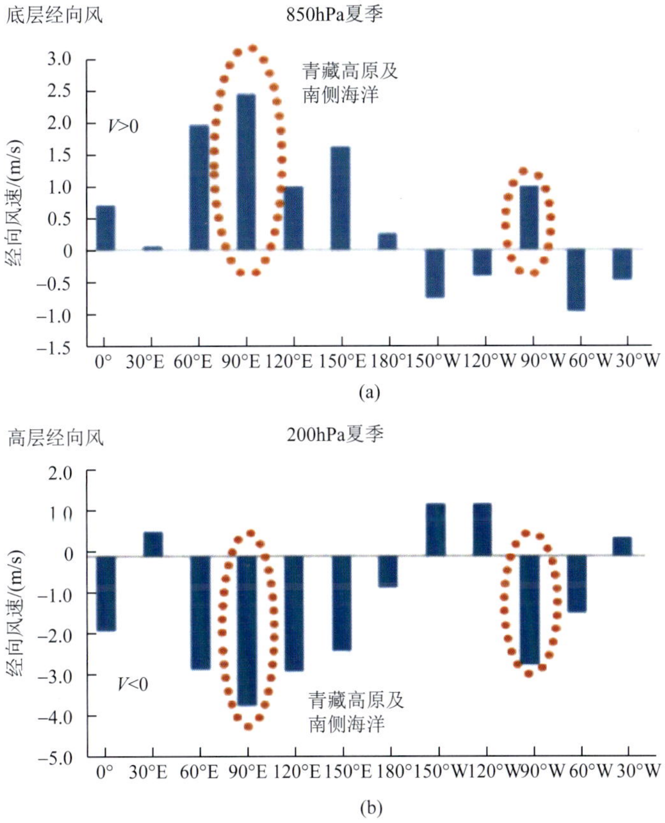

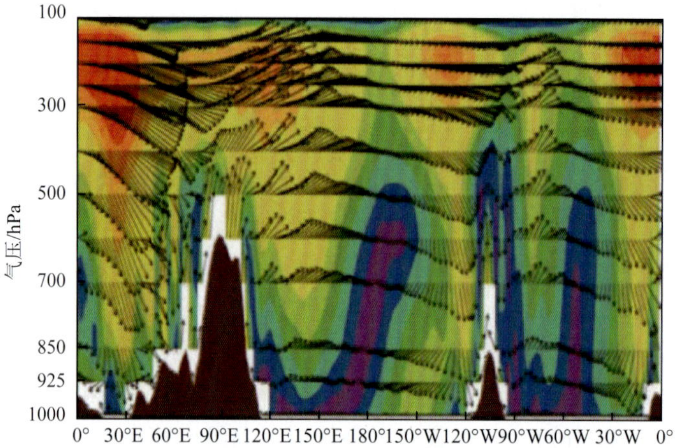

(c)

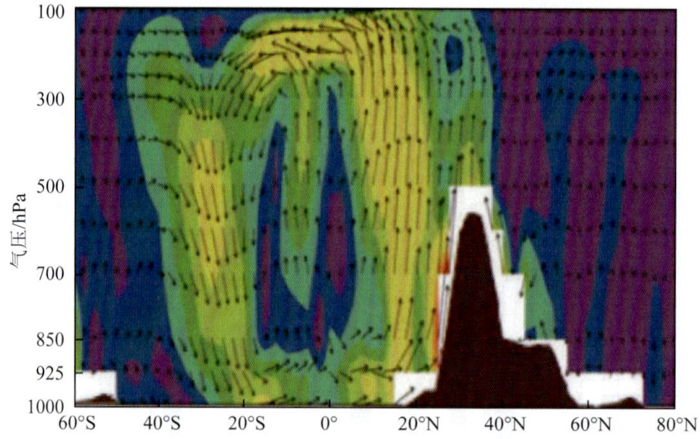

(d)

图 1.1　青藏高原云结构及其跨半球尺度环流区域、全球影响效应

(a) 1948 ～ 2010 年 30°E ～ 30°W 平均气压 850hPa 下不同经度（30° 间隔）的夏季经向风速；(b) 1948 ～ 2010 年 30°E ～ 30°W 平均气压 200hPa 下不同经度（30° 间隔）的夏季经向风速；(c) 1948 ～ 2006 年 6 ～ 8 月青藏高原 27.5°N ～ 35°N 纬度带平均夏季纬向风速和垂直速度的高度 - 经度剖面图（彩色阴影为纬向风速和垂直速度的矢量模）；(d) 80°E ～ 110°E 经度带经向风速和垂直速度的高度 - 纬度剖面图（彩色阴影为经向风速和垂直速度的矢量模）(Yasunari and Miwa，2006)；*V* 表示风速

青藏高原南侧低层呈跨赤道强偏南气流，高层则呈显著的偏北气流，且该支气流下沉区位于南印度洋 [图 1.1(d)]。青藏高原形成了显著的南—北跨半球尺度经圈环流，在跨半球尺度能量、水分循环的交换、输送过程中起着关键作用 (Xu et al.，2008)。

图 1.2 综合描述了青藏高原及地球上一个完整的行星尺度陆地 - 海洋 - 大气相互作用和水分循环物理图像 (Xu et al.，2008)。青藏高原与全球大气水分循环过程具有重要的互反馈作用。青藏高原作为亚洲水塔，其大气 - 水文过程对亚洲乃至全球自然和气候环境将会产生深远的影响，构成了一个亚洲水塔跨半球水循环“供水”体系，为青藏高原地表数以千计的冰川和星罗棋布的湖泊群的形成，以及著名的江河源提供了

丰富的水汽条件，从而造就了“世界屋脊”庞大的“蓄水池”系统。而青藏高原的三江源等江河源亦可作为“输水管道”系统，使高原冰川、湖泊与湿地“蓄水池”系统通过江河“输水管道”连接下游区域，包括南亚、东南亚等广阔的陆地水文系统乃至太平洋、印度洋。

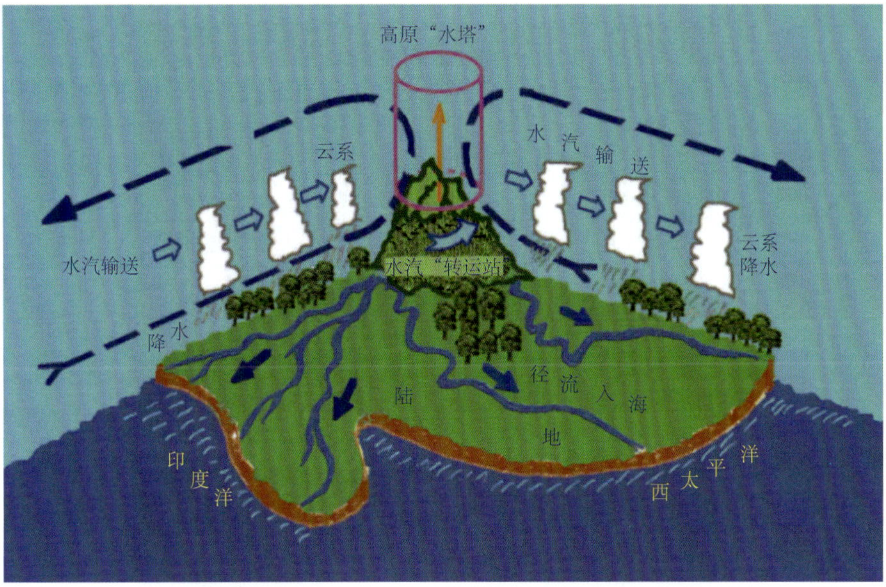

图 1.2　青藏高原作为陆地 – 海洋 – 大气相互作用和水文循环的示意图

1.2　青藏高原热驱动水汽“汇流”效应

亚洲水塔的水资源“供应区”低纬度海洋水汽源区亦是水分循环过程的关键影响区。徐祥德等 (2002) 提出了青藏高原与低纬度海洋季风活跃区水汽输送“大三角扇形”关键影响域的概念模型。青藏高原大气水分循环过程不仅反映了西风与“大三角扇形”影响域（徐祥德等，2002) 季风水汽输送的相互作用特征，而且描述了跨半球能量、水汽的交换效应。

从夏季青藏高原整层视热源 ($Q1$) 与水汽通量相关矢量场可见，青藏高原南侧东起菲律宾以东洋面，经过我国南海，西至东非索马里半岛、阿拉伯海、印度洋（“大三角扇形”），水汽输送汇流构成了与亚洲水塔相关的青藏高原南坡水汽供应区，这揭示了季风过程中在热源驱动下亚洲水塔与中低纬度海洋多尺度大气水分循环相互作用机制。

研究表明，在热力驱动下，源自低纬度海洋的暖湿气流源源不断在南坡爬升、汇流，在三江源“世界屋脊”形成降水极值区（“蓄水池”）。三江源强视热源驱动突显出该区域类似“台风涡旋”高低层配置的高效“抽吸泵”效应。分析计算表明，强视热源驱动下，三江源陡峭南坡起到特殊的二阶梯水汽流爬升“接力”作用，将源自低纬度海洋的暖湿气流源源不断地输送到高原三江源区域。研究还表明，在强视热源驱动下，三江源降水核心区存在特殊的低层辐合 - 高层辐散“耦合”型“自激反馈”热力驱动机制。高原陡峭南坡可构成特殊的二阶梯水汽流爬升“接力”模型，揭示出雅鲁藏布江大拐弯处是源自海洋暖湿水汽流通道“隘口”[图 1.3(a) 和 (b)]。

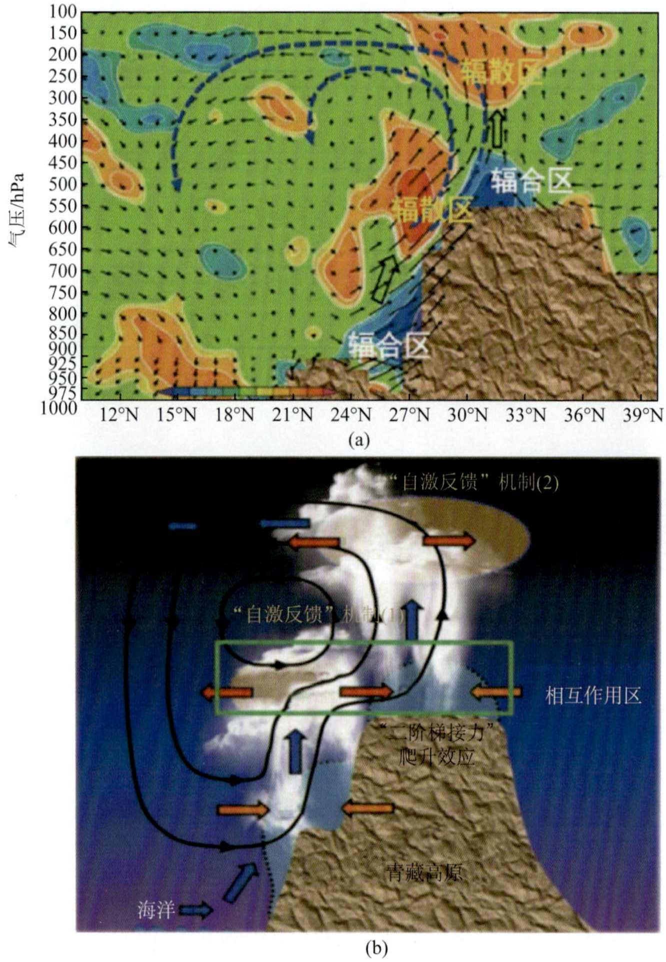

图 1.3　青藏高原视热源与南坡水汽输送三维结构相关特征

(a) 夏季青藏高原整层视热源 ($Q1$) 与散度相关及经圈相关环流垂直剖面图 (Xu et al.，2014a，2014b)；(b) 青藏高原南坡云结构及其视热源相关散度、流场示意图

青藏高原特殊的“热驱动”为陡峭南坡源自低纬度海洋乃至跨半球水汽流强“汇流”提供了动力机制 [图 1.3(a) 和 (b)]。印度大陆从春季到夏季升温，因此对流将水汽从孟加拉湾、阿拉伯海和印度洋向北推进，导致喜马拉雅山和更远地区的降水。在强热源的驱动下，来自低纬度海洋的水汽通道的关键入口正好是喜马拉雅山在青藏高原南坡的交汇处。该区域是高原上特殊的峡谷通道，是海洋暖湿水流的绝佳入口区域 [图 1.4(a) 右下角插入的地形分布]。利用 2009 年 7 月 0.75°×0.75° 水平分辨

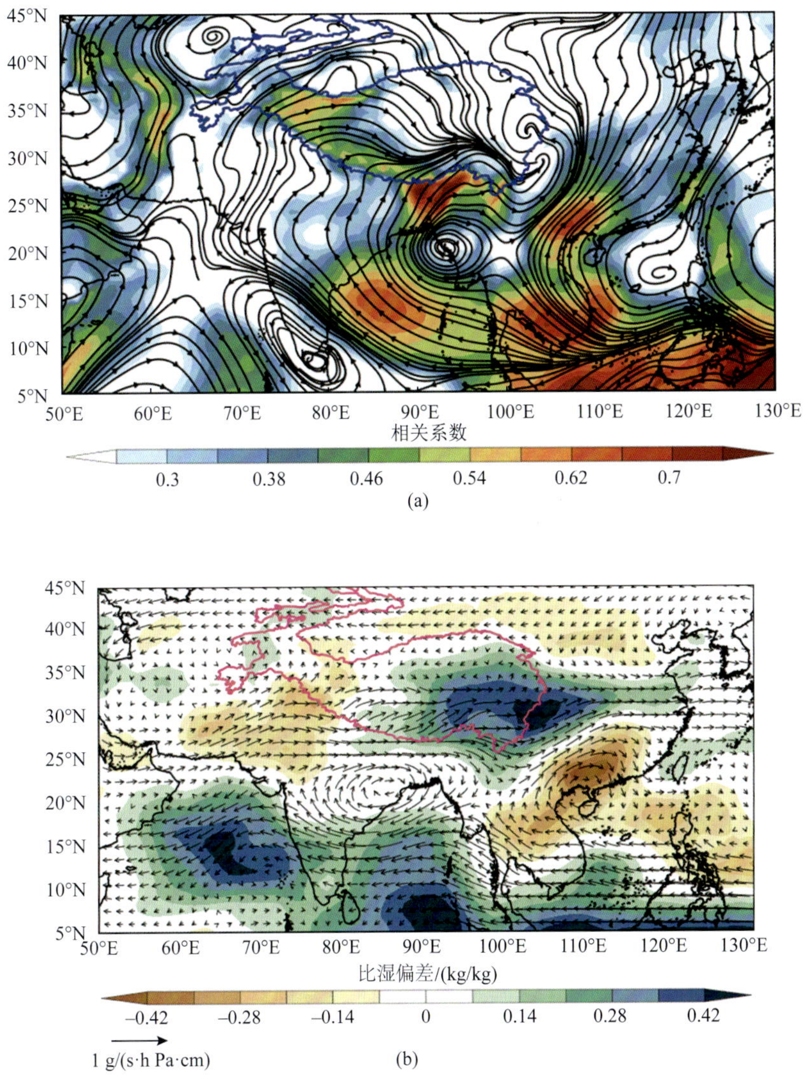

图 1.4　1979 ～ 2016 年夏季青藏高原整层视热源 *Q*1 与全球整层水汽通量相关场（阴影区域表示相关系数通过 90% 置信水平）(a)；夏季视热源 *Q*1 正（1998 年、2005 年、2007 年、2008 年、2009 年）、负（1994 年、1997 年、2001 年、2002 年、2003 年）异常年 500hPa 水汽输送通量偏差矢量场和比湿偏差分布 (b)

率的 ERA-Interim 气象再分析资料，模拟了青藏高原上空三江源水汽输送时空变化。采用 FLEXPART 模型进行模拟试验，模拟与追踪的粒子群轨迹综合分析亦可描述此“热力驱动”将中低纬度海洋丰富水汽远距离“抽吸”汇聚到位于对流层中部的“亚洲水塔”三江源区域。由图 1.4(a) 可以发现，三江源的水汽流可溯源到热带南印度洋水汽源。来自南半球印度洋中部的水汽可以沿着索马里急流经阿拉伯海输送到青藏高原，来自南海和孟加拉湾的水汽流经三江源向青藏高原汇合，形成了南半球和低纬度海洋向青藏高原输送水汽的通道。通过热源相关水汽矢量与 FLEXPART 粒子扩散模式粒子群轨迹追踪模拟分析研究，亦可发现中低层汇合多支水汽流流向高原，其水汽源亦可追溯到赤道南约 10°S 处源自南半球印度洋中部的查戈斯群岛，其路径沿索马里急流经阿拉伯海流向高原，描绘出高原大地形热力强迫与南半球海洋水汽源的跨半球遥相关大气水分循环综合物理图像。三江源“热力驱动”下提供了丰富的陆表水汽源，其中包括三江源地区湿地、河川局地充足的水资源，水汽输送相关矢可追溯到孟加拉湾、阿拉伯洋面，其中孟加拉湾为主体水汽流；研究亦发现，此水汽输送“汇合口”恰位于三江源与“冰川之乡”波密及其南部著名“三江并流区”（澜沧江、金沙江与怒江），其水汽通道关键入口恰为青藏高原大地形东—西向南坡的喜马拉雅山与大地形向南凸起的东南缘西侧高黎贡山交叉处，此区域构成了高原特殊的雅鲁藏布大峡谷及大地形隘口区，即海洋暖湿水汽流汇合输送的“入口区”；三江源水汽源可追溯到南半球，这一现象折射出位于对流层中层的三江源是源自南印度洋水汽流“汇流”的“捕获者”，以及跨半球水分循环特征。为了进一步印证上述视热源 $Q1$ 的“热驱动”效应，计算夏季视热源 1998 年、2005 年、2007 年、2008 年、2009 年 $Q1$ 异常高和 1994 年、1997 年、2001 年、2002 年、2003 年 $Q1$ 异常低 500hPa 水汽输送通量偏差矢量场，研究发现，在视热源偏差场亦揭示出来自低纬度海洋的水汽通道的关键入口，且青藏高原南坡为中低纬度水汽输运的交汇处，即低纬度跨赤道海洋暖湿水流入口区域 [图 1.4(b)]。此研究结果进一步印证了上述高原三江源“热驱动”效应的关键作用。

上述分析揭示出亚洲水塔“中空热岛”热源结构是构成青藏高原与中低纬度乃至南半球能量、水分循环的关键动力源，并进一步揭示出亚洲水塔特殊的“热驱动”为亚洲乃至跨半球水汽输送提供了重要的动力源，使亚洲水塔在区域、全球能量、水分循环交换过程中扮演着重要角色。

1.3 青藏高原对流活动与水汽“窗口输送”全球效应

利用多源再分析方法结合气象站观测资料研究发现，青藏高原整层视热源 $Q1$、视水汽汇 $Q2$ 高值区显示出类似“热岛 - 湿岛”结构特征，且在对流层高层 300 ～ 400hPa 为类似台风“暖心”结构，其“蘑菇云”柱状“热岛”延伸至平流层，构成亚洲水塔驱动机制。2003 ～ 2018 年青藏高原上空 300 ～ 500hPa 处夏季亦存在一个水汽高值中心对流层“湿池”[图 1.5(a)]。尤其，高原区域对流层上层 (300hPa) 可描述出高原对流活动（低云量）与全球水汽高值相关层特征 [图 1.5(b)]，这亦揭示出，青藏高原对流云活动与对流层中上层水汽的关联性，特别是南北极存在着跨半球性水汽输送相关特征，另外由图 1.5(c) 和 (d) 可以发现，高原对流活动与对流层中上部南北极水汽状况亦呈现显著的高相关带，即对流层中上部存在覆盖了高原北部至北极，并跨越赤道到南极的相关系数高值带状区域 [图 1.5(b) ～ (d)]；值得注意的是，沿南北向垂直剖面上高原上空有向上的强“水汽柱”输送，1979 ～ 2018 年青藏高原对流层呈现水汽垂直输送的“窗口”特征 [图 1.5(c)]。通过此水汽输送“窗口”效应可构建高原与全球，乃至北极、南极水分循环相互关联的“桥梁”，凸显了高原大气水分循环结构对全球水汽与能量变化的关键影响作用 (Xu et al.，2022)。

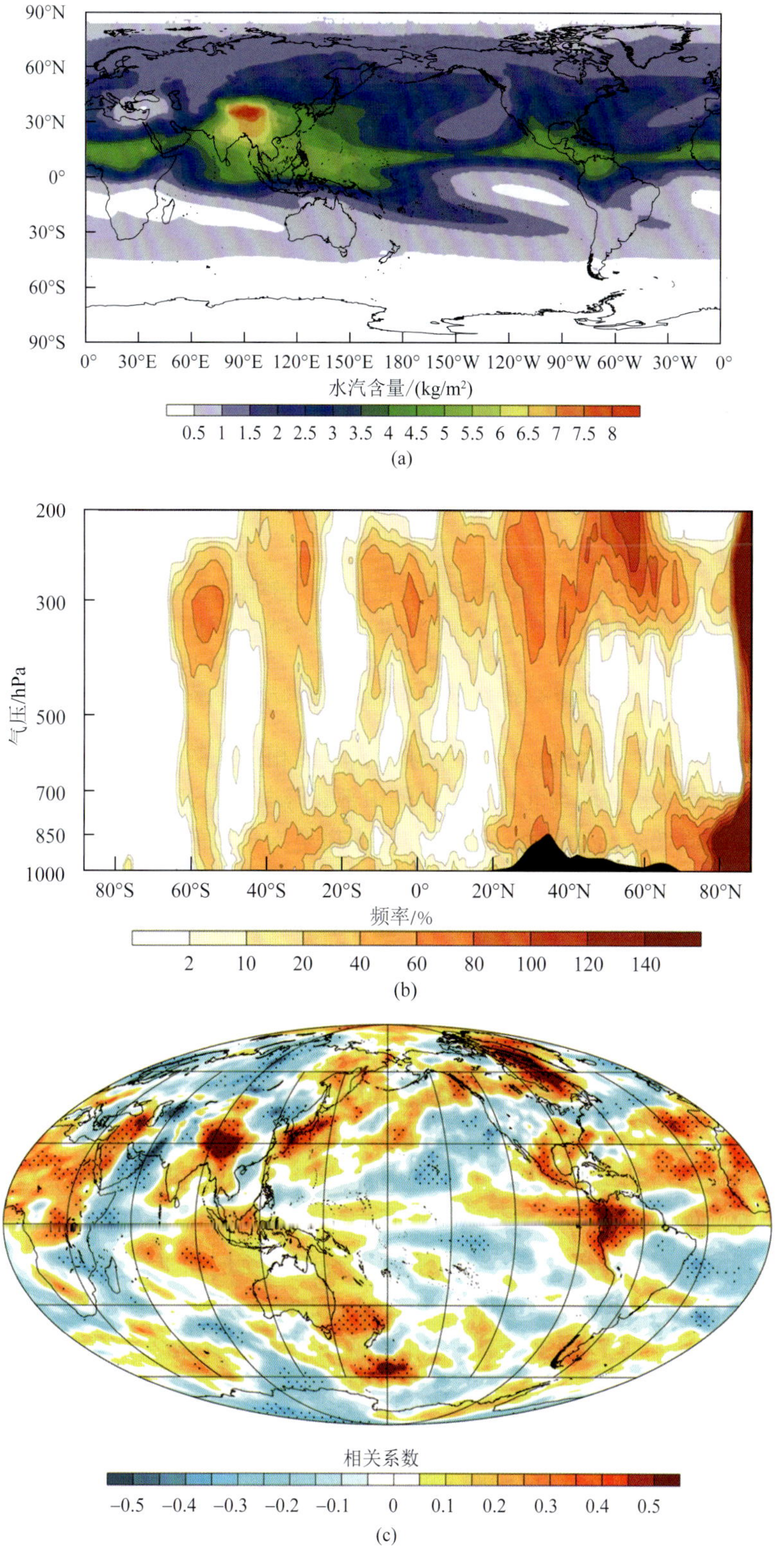
90°N
60°N
30°N
0°
30°S
60°S
90°S
0° 30°E 60°E 90°E 120°E 150°E 180° 150°W 120°W 90°W 60°W 30°W 0°
水汽含量/(kg/m²)
0.5 1 1.5 2 2.5 3 3.5 4 4.5 5 5.5 6 6.5 7 7.5 8
(a)
200
300
500
700
850
1000
气压/hPa
80°S 60°S 40°S 20°S 0° 20°N 40°N 60°N 80°N
频率/%
2 10 20 40 60 80 100 120 140
(b)
相关系数
−0.5 −0.4 −0.3 −0.2 −0.1 0 0.1 0.2 0.3 0.4 0.5
(c)

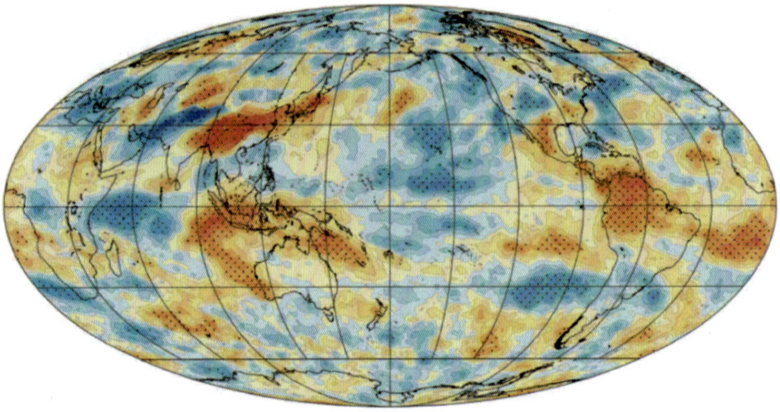

(d)

图 1.5　青藏高原夏季低云量与全球比湿相关

(a) 2003 ～ 2018 年青藏高原夏季 300 ～ 500hPa 水汽分布；(b) 低云量与水汽比湿相关系数（60°E ～ 180° 信度超过 90% 分布频率）南—北向垂直剖面图；(c) 1979 ～ 2018 年夏季 500hPa 低云量与全球比湿相关系数的空间分布；(d) 1979 ～ 2014 年夏季青藏高原站点平均低云量与全球低云量相关系数场

通过青藏高原站点平均低云量与全球低云量的相关系数场分析 [图 1.5(d)]，亦可发现夏季青藏高原低云活动与北极、太平洋中部、跨洋至北美洲南部低云量显著相关，尤其发现青藏高原低云活动高相关区延伸跨赤道至南半球的印度尼西亚、澳大利亚与南美洲等。研究描述出青藏高原对流活动与全球大气云降水活动亦存在显著关联性，这进一步揭示出上述青藏高原纬向与经向环流圈结构与区域－全球大气环流相关机制，印证了“世界屋脊”隆起大地形的“热驱动”及其对流活动在全球能量、水分循环中的作用。

利用 ERA-Interim 再分析资料计算了青藏高原低云量与对流层各层全球水汽的相关场分布 [图 1.6(a)]，可以发现，对流层 (500 ～ 300hPa) 上部存在一个相关系数最高的层次，位于 300hPa 区域，覆盖了从高原穿过低纬度热带到极地的大片带状区域，表明青藏高原对流云活动与对流层上层，特别是南半球极地地区的全球水汽之间存在着显著的相关性 [图 1.6(a) 和 (b)]，这可以反映出青藏高原热强迫在全球水汽变化中的重要作用。青藏高原东南部对流层上层强反气旋对对流层和平流层水汽的向上输送起着重要作用 (Garny and Randel，2016；Fu et al.，2006)。青藏高原特殊大地形的影响对产生强对流云效率的贡献较大。三江源地区的云水资源与其热源结构分布有密切关系；高原热源驱动与对流层上层的反气旋环流有关，视热源越高，对流层上层形成的反气旋越强，可以维持水汽向上输送到对流层上层的过程，其中北极和南极的水汽输送较强，证实了青藏高原对流层上层强反气旋在对流层水汽向上“抽吸”输送起着重要作用，也反映出青藏高原热强迫在全球水汽变化中的重要作用。从热源驱动高原上空反气旋的动力效应出发，了解高原上空对流层垂直输运窗口对全球水汽分布的影响，本书给出了 2014 ～ 2016 年 7 月 300hPa 青藏高原日平均视热源 $Q1$ 与全球水汽相关场分布 [图 1.6(b)]。青藏高原的热源在对流层上部形成反气旋，不仅在青藏高原周围区域控制水汽输送，还扩展到南北两极的远程传输通道 [图 1.6(b)]，表明青藏高原对全球水汽输送的垂直输运“窗口效应”，尤其是在北极和南极等高纬度地区。为了进一步验证青藏高原水汽的全球输运路径，采用合成分析方法，获取青藏高原 300hPa 异常高、低视热源 $Q1$ 水汽输送通量偏差。分析发现，对流层上层青藏高原的反气旋往往与对流层深层对流

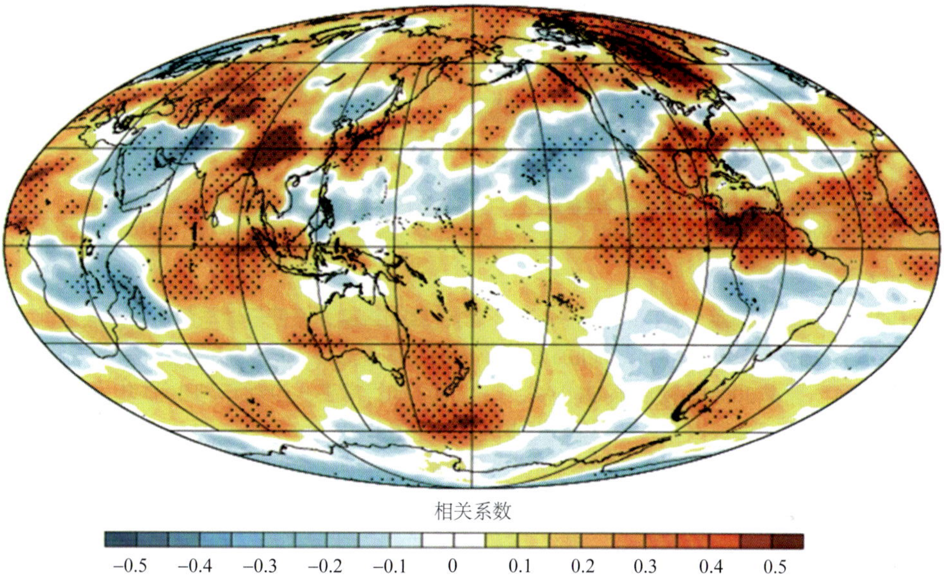

(a)

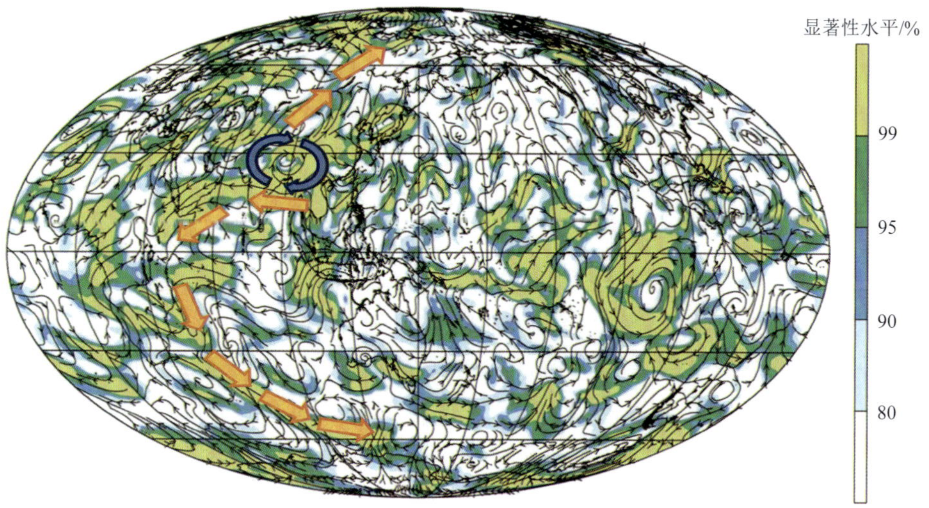

(b)

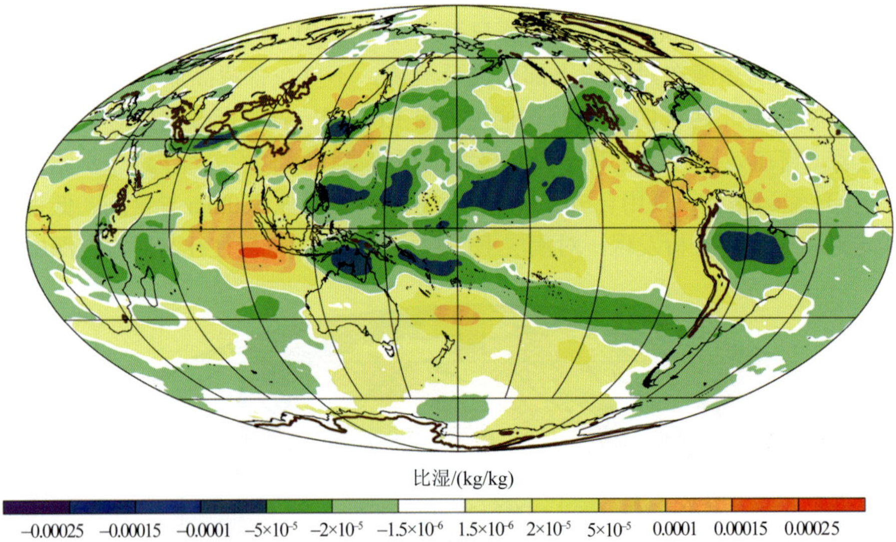

(c)

图 1.6　1979 ～ 2018 年利用 ERA-Interim 再分析资料计算的青藏高原低云量与对流层上层全球水汽相关场分布 (a)；2014 ～ 2016 年 7 月 300hPa 青藏高原日平均视热源 $Q1$ 与全球水汽通量的相关系数分布 (b)；青藏高原夏季 300hPa 视热源 $Q1$ 1998 年和 2007 年异常高、1997 年和 2003 年异常低 300hPa 水汽偏差场的全球分布比湿 (c)

图 (b) 中蓝色和橙色箭头分别表示青藏高原的反气旋环流及青藏高原到北极和南极地区的水汽输送路径

有关 (Garny and Randel，2016)。从图 1.6(c) 可以看出，视热源 $Q1$ 较高的年份，对流层上层形成了较强的反气旋 [图 1.6(b)]，可以维持水汽向上输送到对流层上层过程机制，且高原向北极和南极的水汽输送亦较强 [图 1.6(c)]，这证实了与青藏高原热力驱动相关的边界层 - 对流层垂直输送对全球水汽输送的影响效应，特别是对极地地区的影响。图 1.6(a) 描述了 1979 ～ 2018 年青藏高原对流云（低云量）与全球水汽变化显著相关，两者在对流层上层 300hPa 处相关性更为显著，且从高原向南、向北极呈高相关带延伸，通过上述高原低云量与对流层上部全球水汽的相关分析，揭示了高原与全球气候变化的关联性 (Xu et al.，2022)。

上述研究表明，被誉为地球“第三极”的青藏高原与南北极对水分循环过程起着重要的“三极联动”作用。研究发现，青藏高原上空夏季存在一个水汽高值中心——对流层“湿池”。三江源上游大气降水是其下游河流径流量的主导因素，该区域水循环过程在形成局地大气降水“供水系统”中起到关键作用。

亚洲水塔形成连接低纬度热带海洋的水汽源通道，其水汽来源可追溯到南半球；青藏高原的热源驱动了对流层上部反气旋环流，并通过高原对流层特有的垂直输送水汽“窗口”调控全球水汽分布格局，将亚洲水塔与低纬度海洋水汽源连接起来，并使亚洲水塔与北极、南极水分循环构成互反馈机制。在观测分析基础上，本书提出了青藏高原“亚洲水塔”水分循环及其全球影响效应综合模型 (图 1.7) (Xu et al.,

2022)，这一新认知对于青藏高原对全球气候变化影响问题研究具有重要科学价值与应用意义。

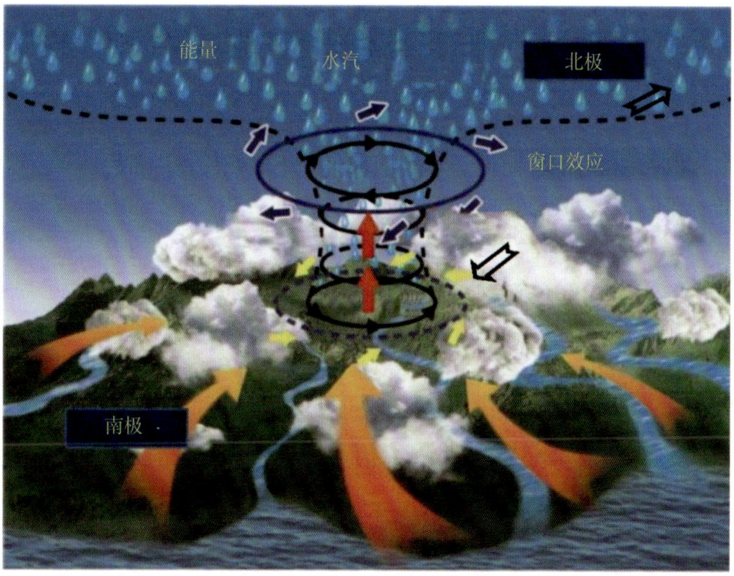

图 1.7　青藏高原“亚洲水塔”与北极、南极水分循环及其全球影响效应综合模型

参考文献

徐祥德，陶诗言，王继志，等. 2002. 青藏高原——季风水汽输送“大三角扇型”影响域特征与中国区域旱涝异常的关系. 气象学报，60: 257-266.

姚檀栋，邬光剑，徐柏青，等. 2019. “亚洲水塔”变化与影响. 中国科学院院刊，34(11): 1203-1209.

Duan A M, Wu G X. 2006. Change of cloud amount and the climate warming on the Tibetan Plateau. Geophysical Research Letters, 33: 217-234.

Fu R, Hu Y, Wright J, et al. 2006. Short circuit of water vapor and polluted air to the global stratosphere by convective transport over the Tibetan Plateau. Proceedings of the National Academy of Sciences of the United States of America, 103: 5664-5669.

Garny H, Randel W J. 2016. Transport pathways from the Asian monsoon anticyclone to the stratosphere. Atmospheric Chemistry and Physics, 16: 2703-2718.

Immerzeel W W, Beek L P H V, Bierkens M F P, et al. 2010. Climate change will affect the Asian Water Towers. Science, 328(5984): 1382-1385.

Liu Y M, Bao Q, Duan A M, et al. 2007. Recent progress in the impact of the Tibetan Plateau on climate in China. Advances in Atmospheric Sciences, 24: 1060-1076.

Wu G X, Zhang Y. 1998. Tibetan Plateau forcing and the Asian Monsoon onset over South Asia and South China Sea. Monthly Weather Review, 126: 913-927.

Xu X D, Lu C G, Shi X Y, et al. 2008. World water tower: An atmospheric perspective. Geophysical Research Letters, 35: 525-530.

Xu X D, Sun C, Chen D L, et al. 2022. A vertical transport window of water vapor in the troposphere over the Tibetan Plateau with implications for global climate change. Atmospheric Chemistry and Physics, 22: 1149-1157.

Xu X D, Zhao T L, Lu C G, et al. 2014b. An important mechanism sustaining the atmospheric "water tower" over the Tibetan Plateau. Atmospheric Chemistry and Physics, 14: 18255-18275.

Xu X D, Zhao T L, Lu C G. 2014a. Characteristics of the water cycle in the atmosphere of the Tibetan Plateau. Acta Meteorologica Sinica, 72: 1079-1095.

Yang K, He J, Tang W, et al. 2010. On downward shortwave and longwave radiations over high altitude regions: Observation and modeling in the Tibetan Plateau. Agricultural and Forest Meteorology, 150: 1-46.

Yao T D, Thompson L, Mosbrugger V, et al. 2012. Third Pole Environment (TPE). Environmental Development, 3: 52-64.

Yasunari T, Miwa T. 2006. Convective cloud systems over the Tibetan Plateau and their impact on meso-scale disturbances in the Meiyu/Baiu frontal zone: A case study in 1998. Journal of the Meteorological Society of Japan, 84(4): 783-803.

第2章

亚洲水塔区域水分循环结构特征

本章聚焦于亚洲水塔大气水分循环结构变化研究，探索青藏高原大气水分循环结构对其水资源环境变化影响机制。研究从青藏高原大气水分循环结构特征与亚洲水塔功能关联性的视角，剖析青藏高原降水时空分布特征，高原降水的区域性和季节性差异及其水汽输送结构、水汽源与水汽收支变化特征，从而认知亚洲水塔大气水分循环结构变化如何影响大江大河发源地，亚洲的冰川、湖泊、湿地聚集地水资源时空分布格局。研究表明，亚洲水塔大气水分循环结构变化特征对中国、亚洲乃至全球气候变化有重要影响，该研究成果为青藏高原防灾减灾和水资源、生态安全保障及其社会经济的可持续发展提供了重要的科学支撑。

2.1 青藏高原降水时空分布特征

本节研究的站点降水资料来自中国地面气候资料日值数据集，由中国气象局国家气象信息中心提供，时间范围是1979年1月1日～2019年12月31日。其中，亚洲水塔地区的选取范围为：27°N～40°N，75°E～105°E（图2.1），共有79个站点，站点主要集中在高原东部地区，西部站点偏少。具体的站点名称和经度、纬度信息见表2.1。本节研究的格点降水资料来自英国东英吉利大学气候研究中心（Climatic Research Unit，CRU）全球逐月降水资料数据集（Harris et al.，2020），版本号为4.05，水平分辨率为0.5°×0.5°。

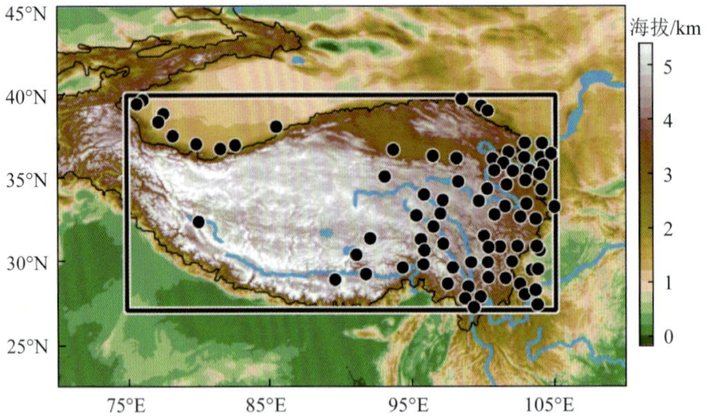

图2.1 亚洲水塔主要站点及其周边地区的地形

黑色实线框表示亚洲水塔地区（27°N～40°N，75°E～105°E）；黑色点表示站点分布位置；蓝色实线表示干流

表2.1 亚洲水塔地区有人值守站点的基本信息

省区	站名	纬度（°N）	经度（°E）	省区	站名	纬度（°N）	经度（°E）
新疆	阿图什	39.72	78.17	新疆	莎车	38.43	77.27
新疆	喀什	39.48	77.75	新疆	皮山	37.62	78.28
新疆	麦盖提	38.92	77.63	新疆	和田	37.13	79.93

续表

省区	站名	纬度（°N）	经度（°E）	省区	站名	纬度（°N）	经度（°E）
新疆	民丰	37.07	82.72	青海	河南	34.73	101.60
新疆	且末	38.15	87.55	青海	久治	33.43	101.48
新疆	于田	38.85	81.65	四川	若尔盖	33.58	102.97
甘肃	酒泉	39.77	98.48	甘肃	合作	34.98	102.90
甘肃	高台	39.37	99.83	甘肃	岷县	34.43	104.02
甘肃	张掖	39.08	100.28	甘肃	武都	33.40	104.92
青海	小灶火	38.80	93.68	西藏	丁青	31.47	97.60
甘肃	乌鞘岭	37.20	102.87	青海	囊谦	32.20	98.47
甘肃	景泰	37.18	104.05	西藏	昌都	31.15	97.17
青海	诺木洪	38.43	98.43	四川	甘孜	31.62	100.00
青海	都兰	38.30	98.10	青海	班玛	32.93	100.75
青海	共和	38.27	100.62	四川	道孚	30.97	101.12
青海	西宁	38.67	101.73	四川	红原	32.80	102.55
青海	贵德	38.02	101.37	四川	小金	31.00	102.35
青海	民和	38.33	102.83	四川	松潘	32.67	103.60
甘肃	皋兰	38.35	103.95	四川	温江	30.75	103.87
甘肃	靖远	38.57	104.68	四川	都江堰	31.00	103.67
青海	五道梁	37.22	93.08	西藏	洛隆	30.75	97.83
青海	贵南	37.58	100.73	西藏	波密	29.87	97.77
青海	同仁	37.55	102.03	四川	巴塘	30.00	99.10
甘肃	榆中	37.87	104.15	四川	新龙	30.93	100.32
甘肃	临夏	37.58	103.18	四川	理塘	30.00	100.27
甘肃	临洮	37.37	103.87	西藏	林芝	29.67	94.33
西藏	狮泉河	32.50	80.08	西藏	左贡	29.67	97.83
西藏	那曲	31.48	92.07	四川	稻城	29.05	100.30
西藏	当雄	30.48	91.10	四川	康定	30.05	101.97
西藏	泽当	29.27	91.77	四川	峨眉山	29.52	103.33
西藏	江孜	28.92	89.60	四川	乐山	29.57	103.75
青海	杂多	32.88	97.28	西藏	察隅	28.67	97.47
青海	曲麻莱	34.13	97.82	云南	德钦	28.48	98.90
青海	玉树	33.00	98.97	四川	九龙	29.00	101.50
青海	玛多	34.92	98.22	四川	越西	28.65	102.52
青海	清水河	33.80	97.13	四川	昭觉	28.00	102.85
青海	玛沁	34.48	100.23	四川	雷波	28.27	103.58
青海	达日	33.75	99.65	云南	贡山	27.75	98.67

续表

省区	站名	纬度 (°N)	经度 (°E)
云南	香格里拉	27.85	99.75
云南	维西	27.18	99.28
云南	昭通	27.35	103.72

本节研究所用大气环流资料为欧洲中期天气预报中心（European Centre for Medium-Range Weather Forecasts，ECMWF）提供的全球气候第五代大气再分析资料（ERA5）（Hersbach et al.，2020），水平分辨率为 0.25°×0.25°，时间分辨率为 1h。大气变量包括经向风、纬向风以及比湿。垂直分层为 10 层，包括 200hPa、225hPa、250hPa、300hPa、350hPa、400hPa、450hPa、500hPa、550hPa 以及 600hPa。海表面温度的资料主要来自美国国家海洋和大气管理局（National Oceanic and Atmospheric Administration，NOAA）第五代重建海温资料（ERSST V5）(Huang et al.，2017)，水平分辨率为 2°×2°。此外，本节研究所用的地形数据取自于美国国家地球物理数据中心（U.S. National Geophysical Data Center）的全球地形高程数据 ETOPO1 (Amante and Eakins，2009)，空间分辨率为 1 弧分。

2.1.1 年降水

亚洲水塔地区年平均降水量自北向南递增 [图 2.2 (a)]。降水量的少值区位于 36°N 以北，少于 0.5mm/d；大值区位于青藏高原南麓（西藏西南部和印度西北部），大于 3mm/d。年降水量年际变率分布与降水量的空间分布类似，自北向南增强 [图 2.2 (b)]。年降水量年际变率大值区位于印度西北部、尼泊尔以及中国西藏的阿里地区、日喀则、山南和林芝，大于 0.3mm/d；少值区位于高原中部，少于 0.1mm/d。亚洲水塔地区降水量总体呈上升趋势，其中高原中北部地区，包括日喀则东部、拉萨和山南西部上升趋势最显著，达到 0.1mm/10a，高原西南缘降水量的线性趋势偏弱 [图 2.2 (c)]。图 2.2 (d) 给出了亚洲水塔地区的降水指数时间序列。两套资料计算得到的降水指数相关系数为 0.63，说明指数之间的年际变化类似，但存在一定的资料不确定性。站点资料得到的亚洲水塔区降水平均值为 1.44mm/d，CRU 资料得到的亚洲水塔区降水平均值为 1.35mm/d。站点降水在 2005 年后开始有明显增多的趋势。

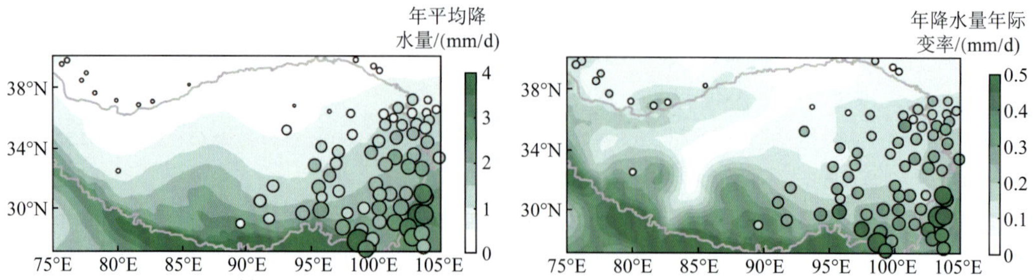

(a) (b)

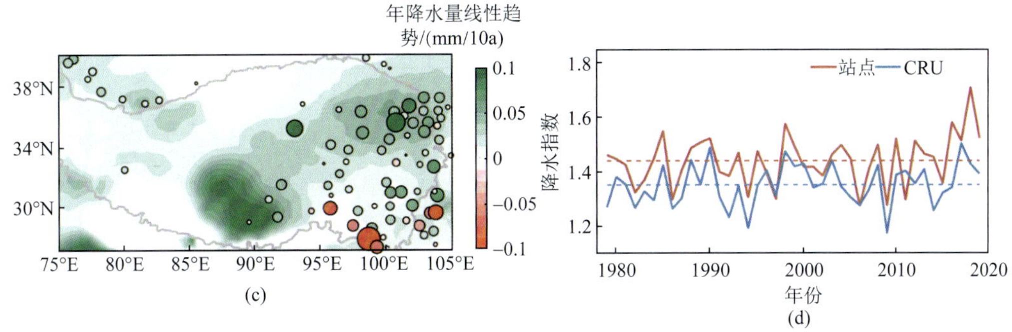

图 2.2　1979 ～ 2019 年亚洲水塔地区的年平均降水量 (a)、年降水量年际变率 (b)、年降水量线性趋势 (c)、降水指数时间序列 (d)

(a) ～ (c) 中灰色实线表示青藏高原；填色表示 CRU 资料；散点表示站点资料。(d) 中红线表示站点资料计算的降水指数；蓝线表示 CRU 资料计算的降水指数；虚线表示多年平均降水量

2.1.2　季节降水

亚洲水塔降水存在明显的季节差异，夏季降水最多，春秋次之，冬季最少。1979 ～ 2019 年，春季亚洲水塔地区降水的空间分布为中部地区少，而西部和东部地区多 [图 2.3(a)]。降水量极值区位于高原南麓和东麓，达到 2mm/d。夏季 [图 2.3(b)] 和秋季 [图 2.3(c)] 降水都是自北向南递增，与年平均降水量的空间分布类似 [图 2.2(a)]。冬季降水量总体偏少，西南部和东南部分地区略偏多 [图 2.3(d)]，降水量的大值区位于高原西南坡，大于 0.75mm/d，包括阿里地区西南部、印度西北部和尼泊尔。

降水量年际变率与降水平均气候态的空间分布类似，同样存在季节差异 (图 2.4)。1979 ～ 2019 年，亚洲水塔地区降水量年际变率的空间分布为北少南多。夏季的降水量年际变率最大，高值区位于高原南部，达到 1mm/d；低值区位于高原北部，约为 0.3mm/d。春季和秋季的降水量变率强度较夏季偏小，高值区主要位于高原南坡，低值区位于高原中北部。冬季的降水量年际变率总体偏低 [图 2.4(d)]，CRU 资料年际变率的空间分布为西高东低。

1979 ～ 2019 年亚洲水塔地区的降水趋势变化表现为显著的空间不均匀性，季节差异显著 (图 2.5)。春季，降水表现为西部呈下降趋势，而东部呈上升趋势 [图 2.5(a)]。其中，高原西南坡降水减少趋势最明显，达到 –0.2mm/10a；而高原中南部降水增加趋势最明显，达到 0.1mm/10a。夏季，高原主体大部分地区降水呈增加趋势，高原东南部表现为减少趋势 [图 2.5(b)]。秋季，高原西部和东南部降水为减少趋势 (局部地区减少率大于 –0.1mm/10a)，东北部降水为增加趋势 [图 2.5(c)]。冬季，高原主体大部分降水为减少趋势，高原西北坡降水为增加趋势。其中，高原南坡的降水减少趋势最明显，超过 –0.5mm/10a。

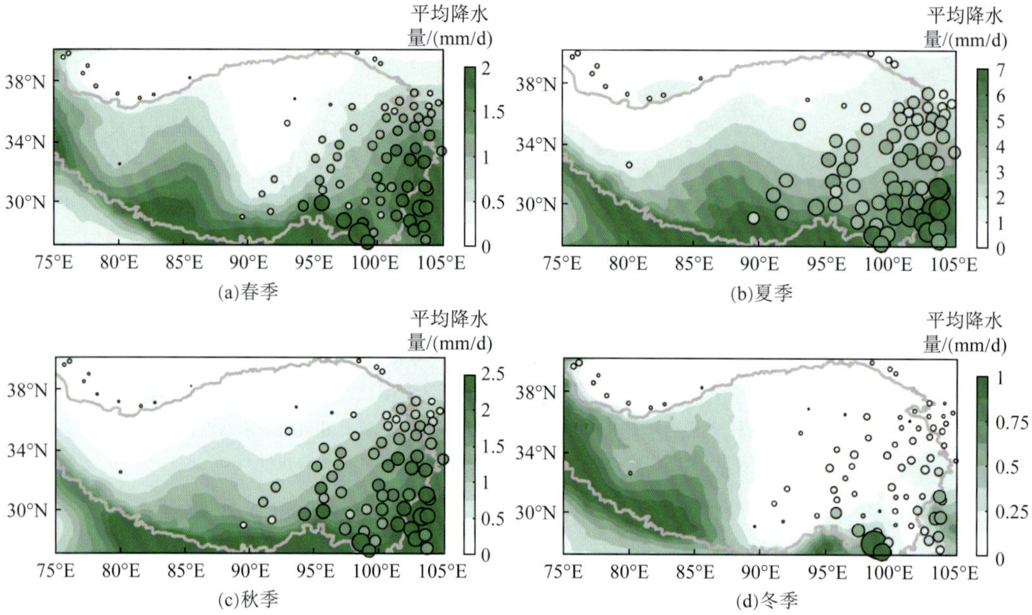

图 2.3　1979 ～ 2019 年亚洲水塔地区的季节平均降水量

灰色实线表示青藏高原；填色表示 CRU 资料；散点表示站点资料

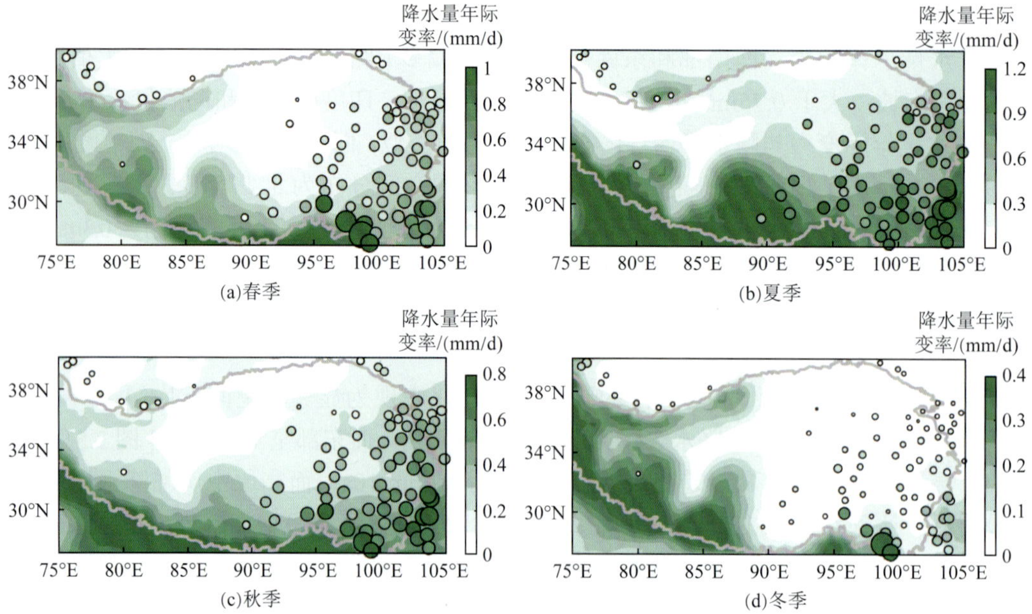

图 2.4　1979 ～ 2019 年亚洲水塔地区的季节降水量年际变率分布

灰色实线表示青藏高原；填色表示 CRU 资料；散点表示站点资料

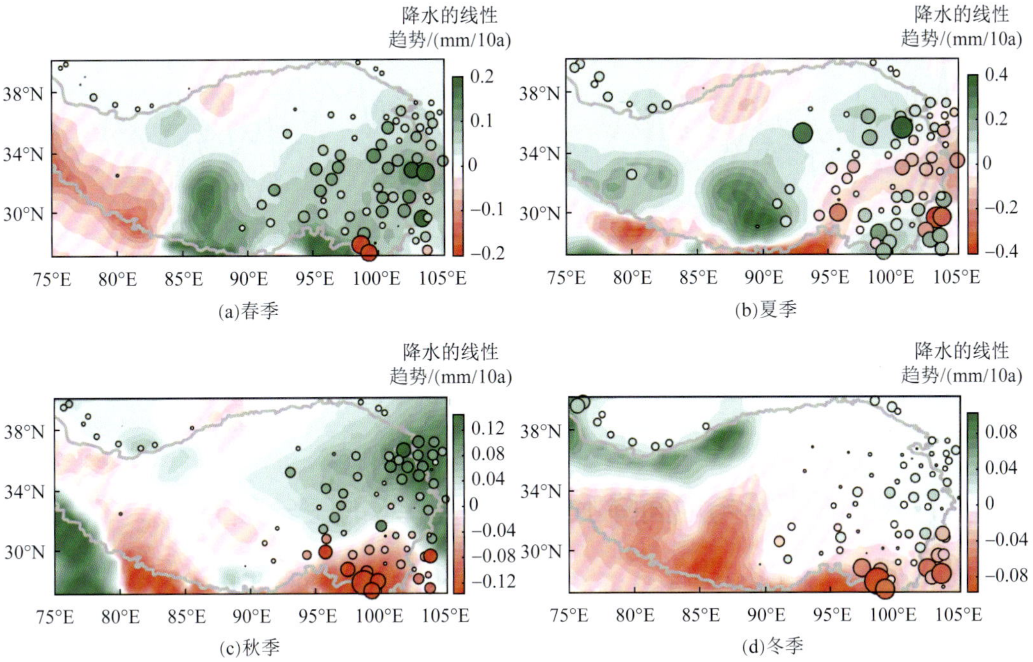

图 2.5　1979 ～ 2019 年亚洲水塔地区降水的线性趋势

灰色实线表示青藏高原；填色表示 CRU 资料；散点表示站点资料

从降水在不同季节的时间序列来看（图 2.6），夏季降水在 2005 年后，两套资料都表现出持续的降水增多，与年平均降水量 2005 年后的增多相对应。春秋两个季节，在 2010 年后略微增多。冬季降水没有明显的趋势变化。此外，除了夏季外，CRU 和站点资料存在一定的差异性。资料之间的差异一方面可能是站点分布不均所致，另一方面可能来自高原地区降水资料的不确定性。

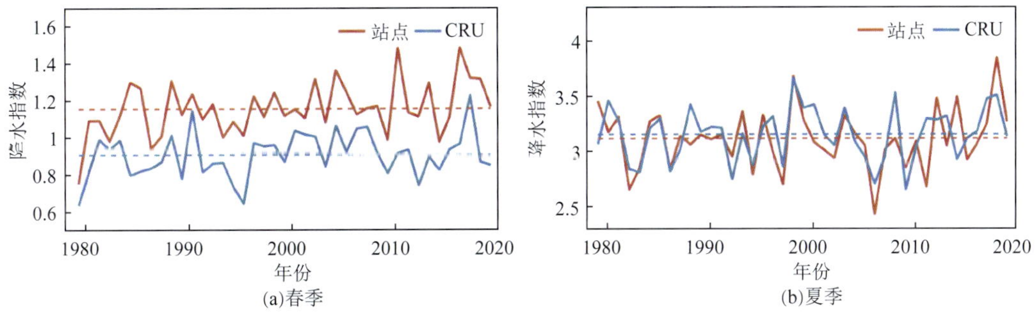

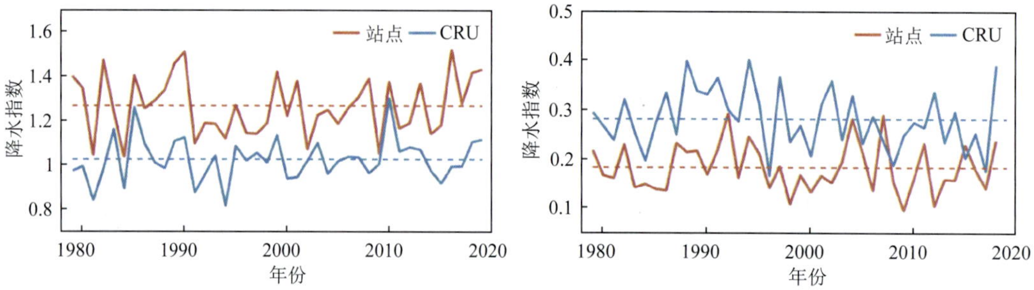

(c)秋季　　(d)冬季

图 2.6　1979 ～ 2019 年亚洲水塔地区的降水时间序列

红线表示站点资料计算的降水指数；蓝线表示 CRU 资料计算的降水指数；虚线表示多年平均降水量

2.1.3　TRMM 卫星与地面降水融合产品降水时空分布特征

使用变分订正的 TRMM 3B43 降水数据资料补充研究 1998 ～ 2018 年降水分布及变化情况。该数据集由 TRMM 3B43 逐月降水产品与来自中国气象局 2425 个站点的地面观测资料经变分订正得出，时间分辨率为一个月，时间跨度为 1998 年 1 月～ 2019 年 2 月，空间覆盖范围是全球 50°S ～ 50°N，空间分辨率为 0.25°×0.25°(Sun et al.，2022)。

根据变分订正方法得到的订正后的 TRMM 降水产品，可以计算得到青藏高原地区 1998 ～ 2018 年年平均降水量 [图 2.7(a)]。从整体上看，青藏高原的降水自东南至西北逐渐减少，呈现出明显的五个区域：青藏高原南缘的喜马拉雅山高雨量区、雅鲁藏布江拐弯处高雨量区、藏东南及川西相对湿润区、东北少雨区以及西部干旱区。夏季作为雨量较为集中的季节，呈现出与年平均降水量一致的降水分布特征。从水汽输送的角度来看 [图 2.7(b)]，来自印度洋和孟加拉湾的暖湿气流在青藏高原南部边缘受到

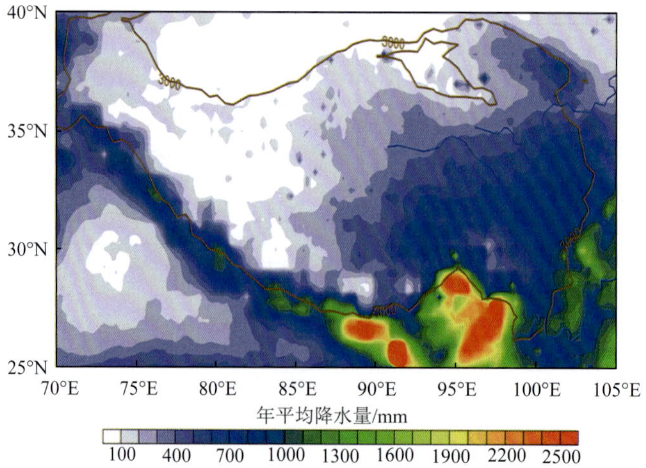

(a)

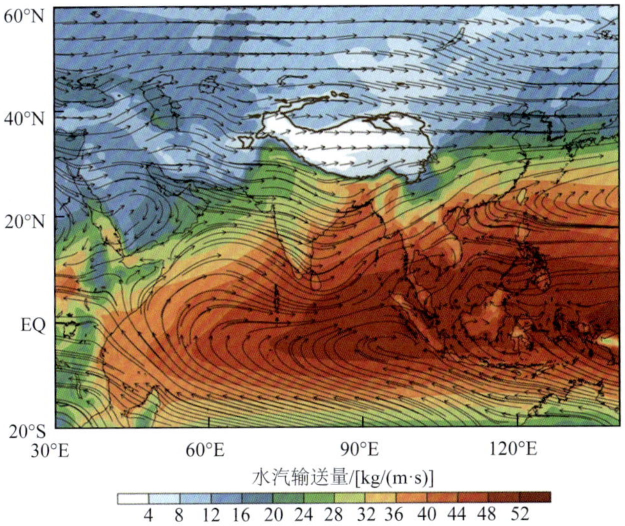

(b)

图 2.7　1998 ~ 2018 年青藏高原区域（25°N ~ 40°N，70°E ~ 105°E）年平均降水量分布（a）；年平均垂直积分的水汽输送量（矢量）(b)

喜马拉雅山的阻挡，在喜马拉雅山（南坡）迎风坡形成一条狭长的雨带，一部分水汽在这里形成降水落下；另一部分暖湿气流没有形成降水而继续向东，到达雅鲁藏布江下游即青藏高原的南部拐弯处，同样受到山地的阻挡，在这一区域形成了高雨量区。而青藏高原的中部以及西北部位于高原的内部，湿润气流很难到达这里，且长时间受到下沉气流的影响，因此很难形成降水，成为高原上的干旱区。

亚洲水塔 1998 ~ 2018 年整体降水与气候态降水（1979 ~ 2019 年）分布一致，存在明显的季节差异。其中，夏季降水最多，春秋次之，冬季最少。1998 ~ 2018 年，春季亚洲水塔地区降水的空间分布为中部地区少，而高原南缘以及西部和东部地区多 [图 2.8(a)]。降水极值区位于高原南麓和东麓。夏季 [图 2.8(b)] 和秋季 [图 2.8(c)] 降水都是自北向南递增，与气候态降水空间分布类似 [图 2.8(a)]。冬季降水量总体偏少，西部和东南部分地区略偏多 [图 2.8(d)]。

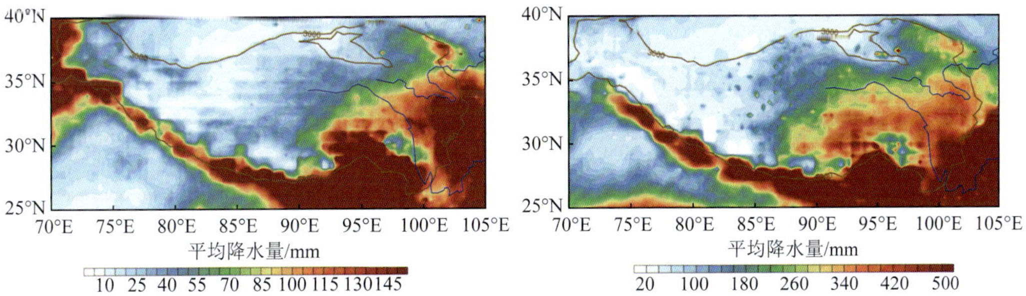

(a)春季　　(b)夏季

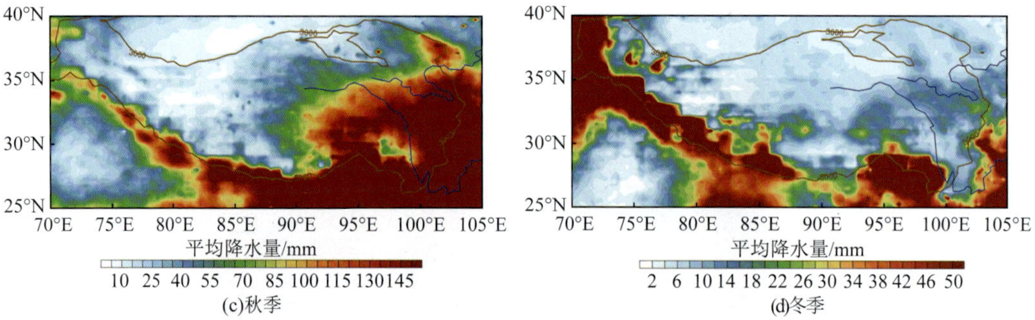

图 2.8　1998 ～ 2018 年亚洲水塔地区的各季节平均降水量

1998 ～ 2018 年亚洲水塔地区的降水趋势变化表现为显著的空间不均匀性，季节差异显著，且与 1979 ～ 2019 年的降水变化分布不同（图 2.9）。春季，降水表现为青藏高原南缘呈减少趋势，而东北部呈增加趋势 [图 2.9(a)]。夏季，高原主体大部分地区降水呈非均匀变化趋势，特别是高原东南部减少趋势显著，而高原东北部和西北部分地区呈增加趋势 [图 2.9(b)]。秋季，高原西部和东北部降水呈增长趋势，中部与东南部降水呈减少趋势 [图 2.9(c)]。冬季，高原主体的降水变化不明显 [图 2.9(d)]。

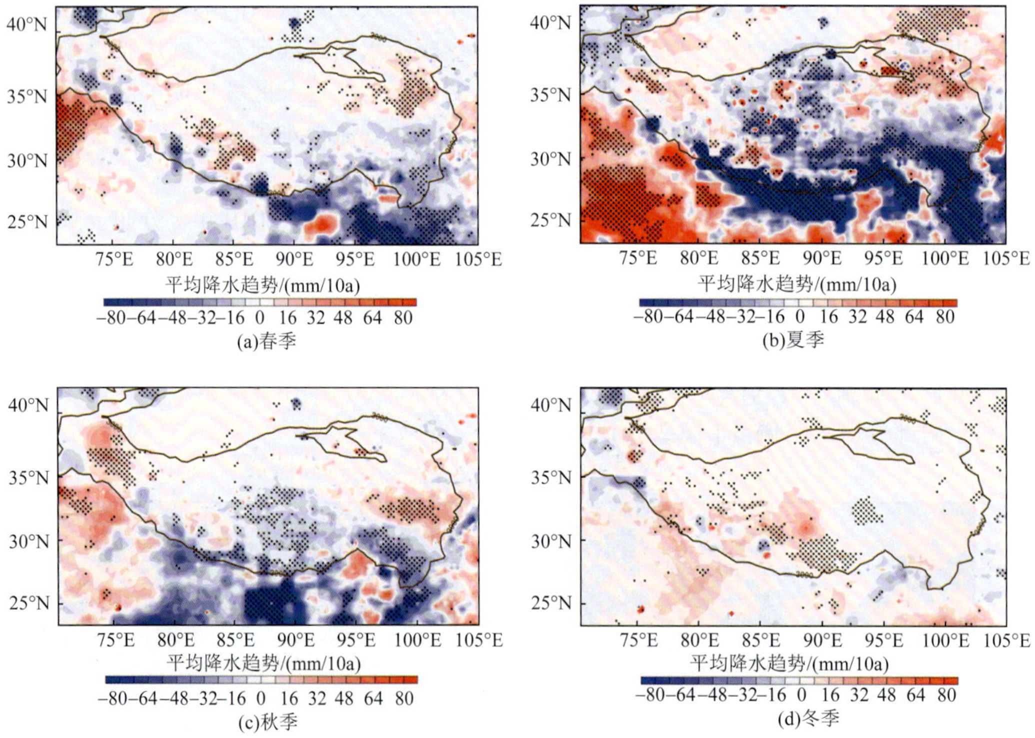

图 2.9　1998 ～ 2018 年青藏高原区域季节平均降水趋势分布

打点区域表示达到了 0.1 显著性水平

2.2　青藏高原区域水汽收支时空分布

2.2.1　区域水汽输送气候特征

从降水气候特征的分析中可以看出，亚洲水塔的降水主要来自夏季降水的贡献。因此，后面关于水汽收支的分析将围绕夏季展开。夏季亚洲水塔地区的水汽主要来自西边界和南边界的水汽输送，东边界主要为水汽输出 [图 2.10(a)]。从青藏高原整个区域的平均状况来看，根据水汽收支平衡，多年平均降水除了水汽输送外，还和蒸发有关。相较于同层的自由大气，高原夏季为热源，蒸发的贡献同样重要。此外，整个亚洲水塔地区的水汽辐合辐散并不是均匀分布的。其中，高原腹地，尤其是高原东南部为水汽辐合区，降水较多，蒸发的贡献相对小一些；而在西部和北部的大部分地区，水汽通量以辐散为主，气候平均降水较少，蒸发的贡献相对较大。亚洲水塔地区水汽辐合区主要位于高原腹地，辐散区主要沿高原边缘分布。1979 ～ 2019 年夏季水汽输送的趋势表现为：东边界水汽输出减少、北边界水汽输出增加，而西边界和南边界水汽输送的长期变化不明显 [图 2.10(b)]。水汽输送的长期变化导致高原西部（95°E 以西）水汽辐合增强，而其他地区水汽辐合减弱。水汽辐合的长期变化是降水长期变化的主要原因。

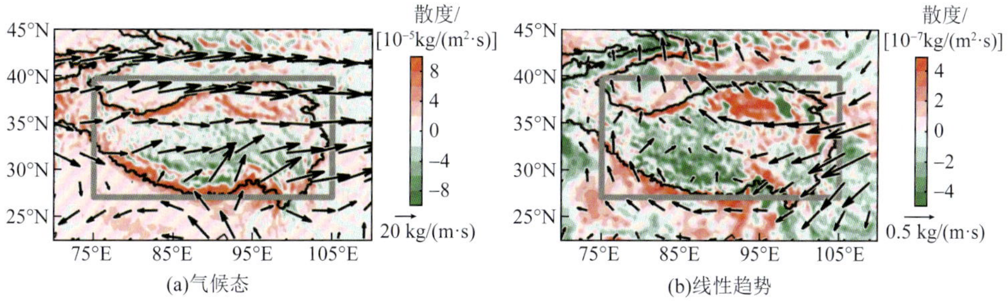

图 2.10　1979 ～ 2019 年夏季亚洲水塔及其周边地区 600 ～ 200hPa 垂直积分的水汽输送（矢量）及其散度（填色）

灰色方框表示亚洲水塔地区；黑线表示青藏高原

图 2.11 给出了亚洲水塔地区四个边界的水汽收支时间变化序列。从图 2.11 中看出，四个边界的水汽收支都呈现明显的年际变化。1979 ～ 2019 年，北边界水汽收支呈现持续减少的趋势，每年平均减少 3.61×10^4kg/s，尤其是 2005 年之后大部分年份处于负位相。南边界整体呈现弱的增加趋势，趋势值为 1.59×10^4kg/(s·a)，2006 年以来水汽输送持续增加。西边界呈减少趋势 [-5.02×10^4kg/(s·a)]，以年际变化为主。东边界的水汽输送持续增加，意味着东边界水汽输出的减少，相应趋势为每年增加 1.10×10^5kg/s。由于东边界水汽的主要贡献，整个亚洲水塔地区总的水汽净收支呈现持续增加的趋势，1979 ～ 2019 年增加趋势为每年增加 4.00×10^4kg/s。水汽净收支的增加与夏季降水的增加相对应。从垂直方向上看，高原水汽净收入在 600hPa 最强，在 450hPa 附近向上开

始由水汽收入转为水汽支出，水汽净收入在 450hPa 及以下各层都呈显著增加趋势。高原南边界和西边界几乎整层都为水汽收入，并分别在 500hPa 和 450hPa 左右达最强；西边界水汽收入在 300 ～ 400hPa 呈显著增加趋势，而南边界水汽收入增加趋势不显著；高原北边界水汽收入较弱，在 500 ～ 600hPa 高度层由水汽收入转变为水汽支出且水汽支出呈显著增加趋势。高原东边界的水汽收支变化最为重要，为强盛的水汽支出，并在 500hPa 达最大值，但其水汽支出呈显著减少趋势。由此可见，近 41 年高原夏季水汽净收支受东边界水汽收支影响最大（俞静雯等，2022）。

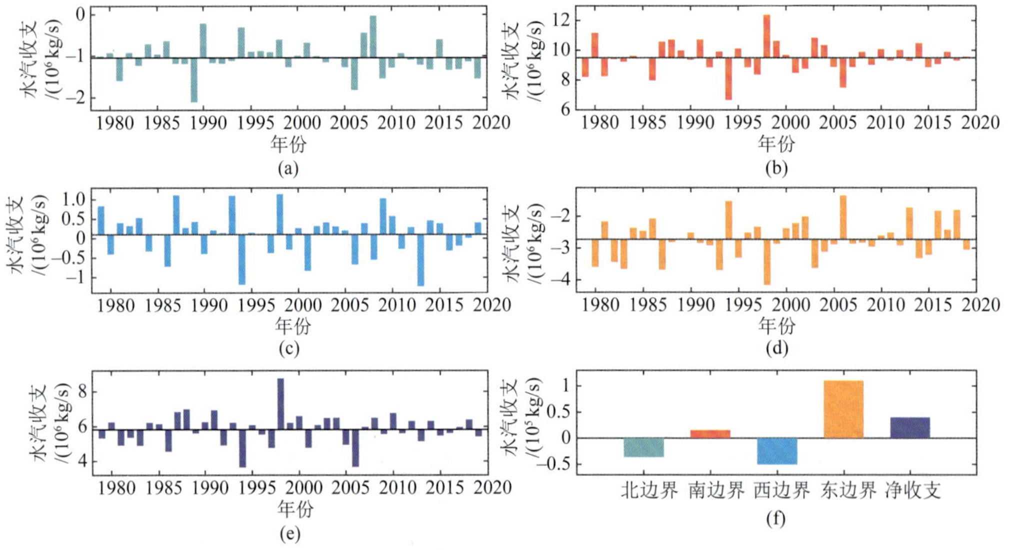

图 2.11　1979 ～ 2019 年夏季亚洲水塔地区四个边界 600 ～ 200hPa 垂直积分水汽收支的时间序列

(a) 北边界；(b) 南边界；(c) 西边界；(d) 东边界；(e) 亚洲水塔地区水汽净收支的时间序列；(f) 亚洲水塔地区四个边界水汽收支的线性趋势值

2.2.2　区域水汽输送变化主要影响因子

图 2.12 给出了 1979 ～ 2019 年夏季 200hPa 风场对亚洲水塔地区四个边界水汽收支时间序列的回归场。北边界水汽输出的年际变化与中纬度地区欧亚大陆上空的波列有关。该波列在 200hPa 呈现类似“丝绸之路”遥相关的分布特征 (Lu et al.，2002；Yasui and Watanabe，2010；Enomoto et al.，2003)，该波列正位相在高原及北侧对应显著的北风异常，直接调制北边界的水汽收支。关于“丝绸之路”遥相关的研究指出 (Hong et al.，2017)，受到热带大西洋海温的调制，该波列在 1997 年后发生了显著的年代际转变，处于负位相阶段。正是环流调整导致了高原北侧呈现以南风异常为主的特征，不利于北边界的水汽输入，与北边界水汽输入的减少趋势相对应 [图 2.12(a)]。

南边界的水汽输入偏多与高原上空的气旋和华南地区的反气旋环流异常有关，该环流异常对应南边界的南风异常，有利于水汽的输入 [图 2.12(b)]。西边界的水汽输入偏多与亚洲水塔地区西北侧的 200hPa 气旋异常有关 [图 2.12(c)]，气旋异常南部的西风异常有利于水汽的输入。东边界的水汽输出偏少与亚洲水塔地区东北侧的 200hPa 反气旋异常有关，反气旋异常南部的东风异常不利于水汽的输出 [图 2.12(d)]。

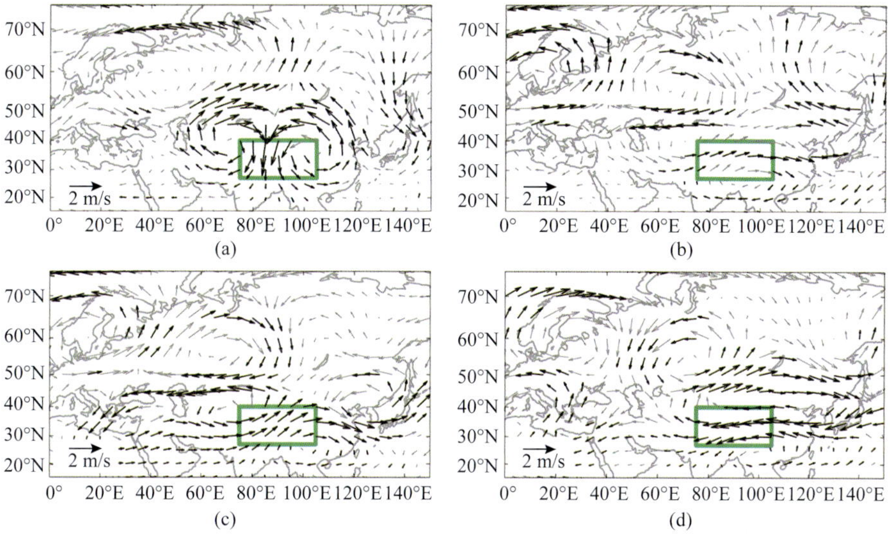

图 2.12　1979 ～ 2019 年夏季 200hPa 风场对亚洲水塔地区四个边界水汽收支时间序列的回归场（矢量）

(a) 北边界；(b) 南边界；(c) 西边界；(d) 东边界。黑色矢量表示经向风或者纬向风异常通过 95% 置信度检验。绿色方框表示亚洲水塔地区

在对流层中层，北边界水汽输出偏少对应的环流异常与 200hPa 的波列类似，同样受到中高纬度的“丝绸之路”遥相关波列的影响，呈现北风异常 [图 2.13(a)]。南边界水汽输入偏多与中国东部至西北太平洋的反气旋异常有关，反气旋异常西部的南风异常有利于水汽的输入 [图 2.13(b)]。西边界水汽输入偏多与欧洲东部—青藏高原西部的波列有关，西边界为西风异常，有利于水汽的输入 [图 2.13(c)]。东边界水汽输出偏少与西北太平洋和东亚地区呈经向分布的日本 – 太平洋 / 东亚 – 西北太平洋遥相关型 (PJ/EAP) 波列有关 (Huang and Sun，1992；Nitta，1987)，该波列在高原东侧为东风异常，不利于水汽输出 [图 2.13(d)]。

北边界的水汽输送与低层 850hPa 环流异常之间关系不显著 [图 2.14(a)]。南边界低层与中高层呈现一定的正压结构，在高原东南侧有反气旋式环流异常 [图 2.14(b)]。西边界水汽输入偏多与南亚上空 850hPa 的东风异常相关 [图 2.14(c)]，这可能与南亚季风和印度洋的海温变化相联系。相对而言，东边界的水汽输出的年际变化与东亚季风密切联系，呈现明显的日本 – 太平洋 / 东亚 – 西北太平洋遥相关型分布，与 600hPa 环流异常较一致，对应中国北部反气旋异常和西北太平洋气旋（西太平洋副热带高压）异常，在亚洲水塔地区东部表现为东风异常，其不利于水汽的输出 [图 2.14(d)]。

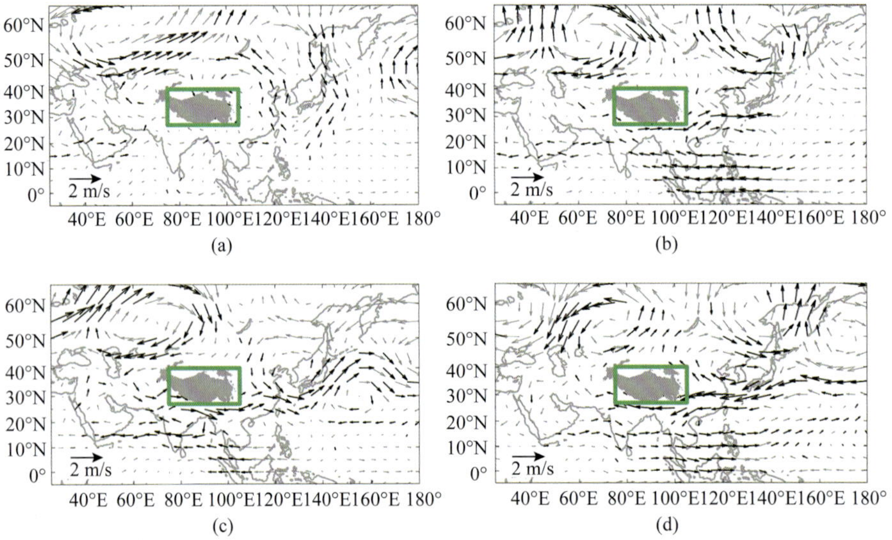

图 2.13　1979～2019 年夏季 600hPa 风场对亚洲水塔地区四个边界水汽收支时间序列的回归场（矢量）

(a) 北边界；(b) 南边界；(c) 西边界；(d) 东边界。黑色矢量表示经向风或者纬向风异常通过 95% 置信度检验。绿色方框表示亚洲水塔地区。灰色阴影表示地面气压低于 600hPa

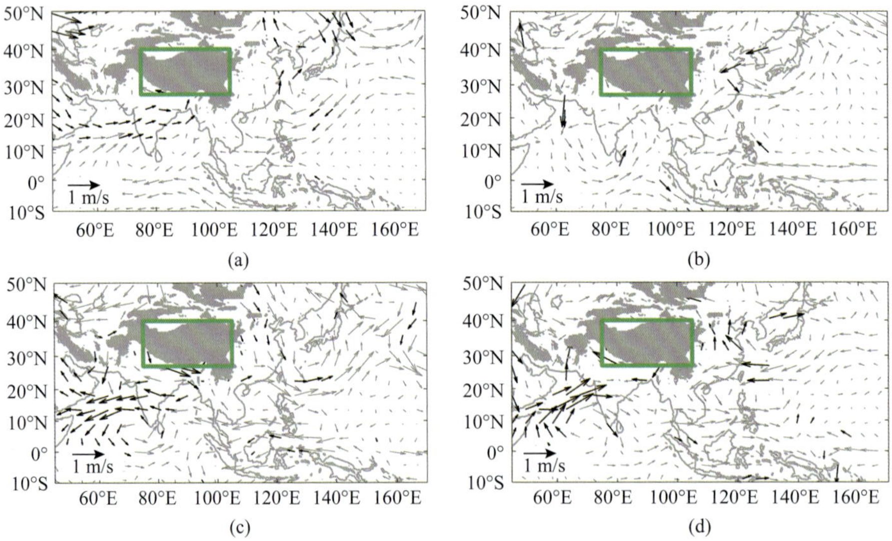

图 2.14　1979～2019 年夏季 850hPa 风场对亚洲水塔地区四个边界水汽收支时间序列的回归场（矢量）

(a) 北边界；(b) 南边界；(c) 西边界；(d) 东边界。黑色矢量表示经向风或者纬向风异常通过 95% 置信度检验。绿色方框表示亚洲水塔地区。灰色阴影表示地面气压低于 850hPa

亚洲水塔地区夏季水汽输送的变化与同期热带海温的变化也存在一定的联系（图 2.15）。随着全球变暖，1979～2019 年，热带西太平洋、印度洋和大西洋海表温度持续增暖（IPCC，2021）。北边界水汽输出的变化与海洋性大陆周边的海温异常变化有关，

但置信度相对偏弱 [图 2.15(a)]。海洋性大陆周围地区的持续增暖，与中高纬度波列相关的西风环流协同作用，共同调制北边界水汽输送的减少。南边界水汽输送变化与南亚周边以及热带中东太平洋的海温异常有关 [图 2.15(b)]。西边界水汽输入偏多与海洋性大陆周边、热带印度洋和热带大西洋的正海温异常有关 [图 2.15(c)]。东边界水汽输出减少则与热带西太平洋海温的正异常以及印度洋和热带东太平洋海温的负异常有关 [图 2.15(d)]。热带西太平洋地区海温的变化与菲律宾对流活动相互调制，共同影响日本 - 太平洋 / 东亚 - 西北太平洋遥相关型和副热带高压的变化。

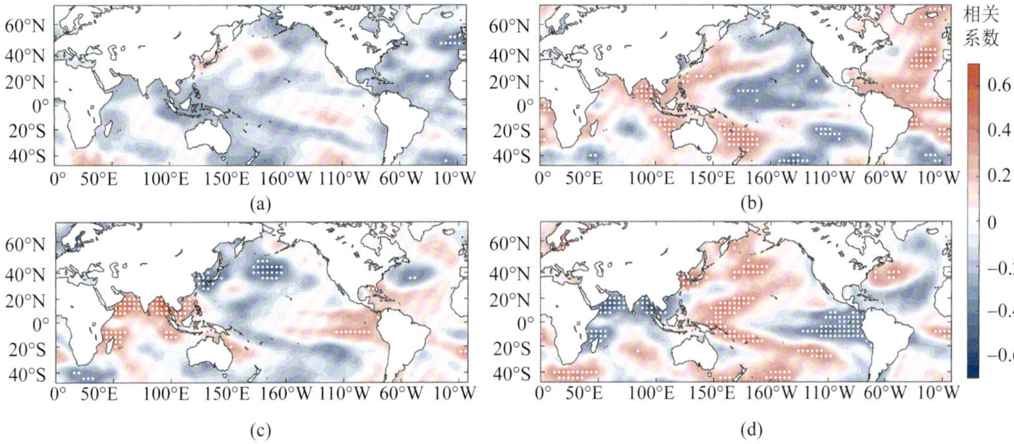

图 2.15　1979 ～ 2019 年夏季海表温度与亚洲水塔地区四边界水汽收支时间序列的相关系数（填色）

(a) 北边界；(b) 南边界；(c) 西边界；(d) 东边界。白色点表示海表温度异常通过 95% 置信度检验

2.3　青藏高原区域水分循环结构影响特征

水汽输送特征包括水汽的源地、输送路径、水汽通量，以及水汽在输送过程中的收支变化等，是影响区域水循环的重要环节 (Trenberth，1998)。水汽输送的变化同样对亚洲水塔的水循环具有重要影响。观测表明，1979 ～ 2010 年，青藏高原上的冰川和降水呈现空间不均匀的变化趋势，由于印度季风减弱和降水减少，高原东南部的冰川消融明显；而由于西风加强和降水的增加，高原西北部的冰川有所增长 (Yao et al.，2012)。青藏高原大地形存在特殊的动力、热力作用，是下游地区天气异常和气候变化的关键“敏感区”，该“敏感区”深刻地影响着我国东部地区的大气水分循环和降水分布，水汽输送在经过青藏高原大地形时发生偏移，进而影响下游地区的暴雨 (Xu et al.，2014a，2014b)。在青藏高原水汽收支变化对周边地区的影响方面，研究指出，青藏高原是其下游地区暴雨、洪涝、雨雪冰冻灾害的上游水汽输送关键区（丁一汇和胡国权，2003；施晓晖等，2009；周长艳等，2015；敬文琪等，2017），南海、孟加拉湾等地热带暖湿水汽由于受到青藏高原大地形的屏障作用，在高原东南侧边缘形成强水汽辐合带，水汽输送转向东影响下游流域降水过程（徐祥德等，2003；Dong et al.，

2019）。青藏高原东南部地区是中国西北东部、长江中下游地区的重要水汽输送通道，其东边界的水汽输出与长江中下游夏季降水呈显著正相关，与西北地区东部夏季降水呈显著负相关。伴随着夏季青藏高原上空水汽的年代际变化，同期的青藏高原区域降水、地表径流也出现对应的年代际变化特征（图 2.16、图 2.17）(Zhou et al.，2019)。

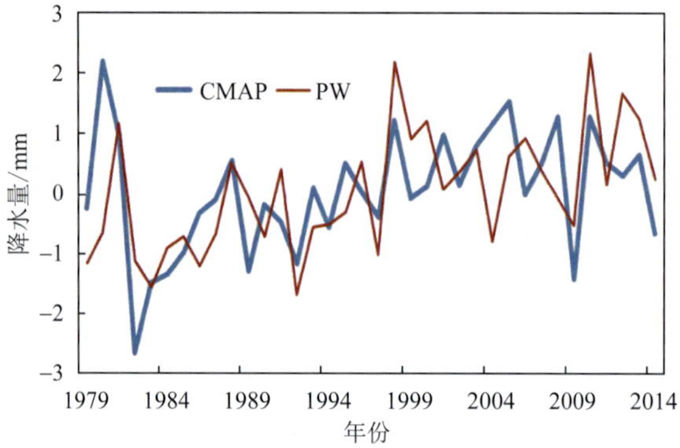

图 2.16　青藏高原地区夏季大气可降水量（红线）和降水量变化（蓝线）(Zhou et al.，2019)

CMAP 代表用 CMAP 资料计算的降水量；PW 代表大气可降水量

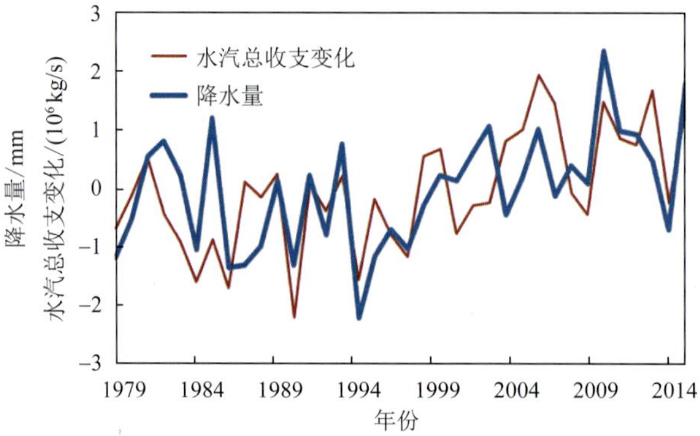

图 2.17　夏季沱沱河降水量（蓝线）和长江源 (32°N ～ 36°N，90°E ～ 99°E) 区域水汽总收支变化（红线）(Zhou et al.，2019)

降水是水循环的重要环节，青藏高原降水的变化不仅影响东亚和南亚地区的水资源分布，同时还对高原自身的水循环有重要影响 (Gao et al.，2014)。青藏高原降水的水汽来源主要是外部的水汽输送，包括南亚季风、东亚季风和西风带输送的水汽，水汽输送通量及其散度在很大程度上决定了降水特征（黄荣辉和陈际龙，2010)。许建伟等 (2020) 利用 1979 ～ 2016 年青藏高原 83 个站点降水观测资料及 ERA-Interim 再分析资料分析指出，青藏高原 5 月、9 月和 12 月水汽输送通量散度与降水的变化趋势在空间分布上具有一致性。5 月南亚夏季风的提前、增强导致青藏高原西南季风加强，进而导致高原 5 月降水增加。12 月东亚 500hPa 高度存在气旋式环流异常，导致青藏高原上空北风分量增强，向高原输送了更多干冷空气，从而导致 12 月高原降水减少。Zhang

C 等 (2017) 强调了西风带控制区和季风控制区的水汽变化对青藏高原降水的贡献，每年 5 ～ 6 月西风输送主导目标区的水汽供给，7 ～ 8 月印度夏季风和东亚夏季风的贡献变得显著，并在 9 月成为主导水汽来源。在降水增加的 1979 ～ 2013 年，增加的水汽主要源于西南部水汽输送和局地水汽供给的加强；同时，目标区的降水再循环率显著增加，表明该区域的水循环正在加强。唐洁等 (2018) 采用中尺度天气预报模式 (WRF) 并结合高原试验期间各种观测资料，对那曲观测试验区 2014 年 7 月 5 ～ 6 日一次较为典型的夏季对流云降水过程进行了数值模拟，结果表明，青藏高原那曲地区水汽净收支为正，日平均降水转化率可达 20.75%，接近长江下游地区，高于华北、西北地区。该地区日降水再循环率为 10.92%，说明局地蒸发的水汽对高原降水的水汽来源具有一定的贡献，但高原降水的 90% 仍然由外界输入的水汽转化形成。

在气候平均态下，亚洲水塔的降水集中在夏季，其水汽输送的主导大气环流系统为南亚季风（又称“印度季风”）和西风。影响青藏高原不同区域的水汽输送过程不同，高原北部为低层西风控制区，而高原东南部主要受亚洲季风控制 (Zhang C et al., 2019)。夏季来自热带印度洋的水汽输送控制高原南部的降水，对于高原北部的降水而言，夏季以高原自身水汽的贡献为主，冬季以来自非洲的水汽输送为主导 (Pan et al., 2019)。水汽输送与水汽通道密切相关，位于青藏高原东南部的雅鲁藏布大峡谷下段近于南北走向，在地形上构成一条巨大的通道。夏季来自印度洋和孟加拉湾的偏南暖湿水汽，自孟加拉湾出海口沿布拉马普特拉河上溯至雅鲁藏布大峡谷，形成著名的雅鲁藏布江水汽通道，使得雅鲁藏布江下游年平均降水量可达 600 ～ 800mm（张文霞等，2016）。Pan 等 (2019) 研究指出，印度夏季风活动异常通过印度季风区北部的异常气旋或反气旋式环流来影响水汽输送，进而影响高原东南部雅鲁藏布江流域的夏季降水异常。谢欣汝等 (2018) 的研究也指出，由印度半岛北部延伸到孟加拉湾存在一个异常的反气旋水汽输送，该反气旋加强了沿着喜马拉雅山的水汽输送，从而导致高原东南部夏季降水的年际变化。Jiang 和 Ting(2017) 研究发现，印度洋东南部海温异常通过加强局地哈得来 (Hadley) 环流，抑制了印度半岛中部和西北部以及孟加拉湾北部降水，降水负异常进一步激发局地异常反气旋，向高原东南部输送更多的水汽，最终造成高原东南部降水异常。

水汽的辐合和抬升是影响水汽输送的重要过程，暖湿空气在青藏高原南缘辐合上升，在到达高原主体高度后辐散，辐散气流加强了高原表面的热低压引起的辐合气流，从而进一步维持高原上空的对流系统，最终形成高原云和降水（徐祥德等，2003）。在印度中东部发展起来的对流系统在对流层中层 (500hPa) 西南风的引导下越过喜马拉雅山，将挟带的水汽输送到高原西南部，这一水汽输送机制被称作“抬升 – 翻越”机制 (up-and-over) (Dong et al., 2016, 2018)。当大气低层 (850hPa) 有闭合低压中心、中层 (850 ～ 300hPa) 有越过喜马拉雅山的西南气流、在高层 (300hPa) 伊朗高压和南亚高压之间为偏南风时，则有利于将印度上空的对流系统及水汽输送到高原内部。青藏高原西南部降水 98% 的水汽来自外部输送，其中“抬升 – 翻越”机制的贡献为 56% ～ 82%（图 2.18）。

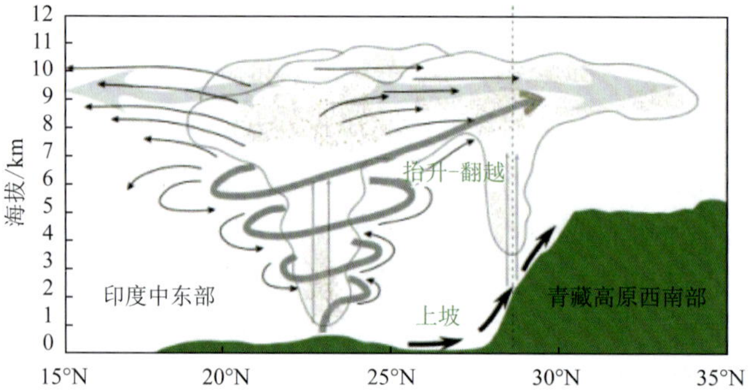

图 2.18 “抬升 - 翻越”机制示意图

虚线表示青藏高原西南部边界，即海拔 2500m

Guo 和 Wang(2014) 阐释了水汽再循环与青藏高原降水变化的联系，指出青藏高原的蒸散发水汽增多、水汽再循环率增大、区域水循环加速是降水增加的部分原因；同时指出，季风区水汽输送强弱与高原夏季降水直接相关，发现季风加强有利于高原以南的水汽进入高原内部，认为大尺度环流变化是水汽输送和降水变化的主要原因。Zhang W X 等 (2017) 研究指出，由于 20 世纪 90 年代末年代际太平洋涛动 (IPO) 由正位相转为负位相，5 月亚洲大陆和印度洋之间的经向海陆热力梯度自 1979 年以来增加，南亚夏季风爆发提前，来自北印度洋的异常西南风增强了向高原东南部的水汽输送，进而造成近 40 年来高原东南部每年 5 月降水显著增加。胡梦玲和游庆龙 (2019) 研究指出，前季风环流增强使得青藏高原水汽辐散区辐散增强，水汽辐合区辐合增强，高原西南侧有东北向水汽输送增强，而高原西北侧有西南向水汽输送增强。夏季季风环流增强，青藏高原南部至孟加拉湾地区自南向北的经向水汽输送显著增强，印度洋向高原输送的西南向水汽通量明显增加。前季风环流增强，春季青藏高原中部及西南部降水减少，而东南部和北部降水增加。夏季季风环流增强时，青藏高原南侧上升支增强，高原南部降水增加，而高原北部降水减少。Gao 和 Wang(2014) 研究指出，青藏高原主体的增湿现象主要源于急流的北移和南亚夏季风的加强，季风环流挟带大量水汽向北进入高原，从而引起高原上空的水汽输送净通量呈增加趋势，同时热成风引起高空辐散和异常上升运动，最终引起高原主体降水的增加；而对于雅鲁藏布大峡谷的变干趋势，分析表明，其主要缘于高层辐合低层辐散所对应的异常下沉运动。喜马拉雅山中段北坡降水偏少导致“干带”的形成，主要是由南坡对流降水消耗大气水汽引起的 (Wang Y et al.，2019)。研究发现，在青藏高原的西北方向，西风水汽输送减弱使得青藏高原以西的水汽源区对青藏高原降水的贡献量减少，而西风急流系统整体北移，使得西风环流对高原南部降水的控制减弱 (Gao et al.，2015)。在青藏高原的东南方向，强烈的东风和南风促进了印度夏季风控制区的水汽输送，近年来北印度洋和孟加拉湾附近增强的南风有利于把印度洋蒸散发水汽更多地传输到青藏高原。此外，西风急流增强可能使青藏高原上升气流增强，引起高原北部水汽再循环率增大，从而有利于高原北部的增湿趋势（Wang et al.，2018）。来自印度半岛的水汽对高原北部降水的贡献增加，对高原南部降水的贡献减少（Li et al.，2019）。1979 年以来，青藏高原内流区降水增加主要源于印度季风带来的水汽增加，该部分水汽主要通过内流区西边界和南边界输入（Zhang C et al.，2019）。青藏高原内流区东部西风急流减弱的幅度要明显强于西部，使得内流区更容易产生水汽的辐合；而在该时段青藏高原内流区南侧的西南风增强，有利于来自海洋的水汽输送进入高原内流区，从而导致内流区夏季降水的增加（Sun et al.，2020）。综上，青藏高原以西的西风带控制区蒸散发贡献的水汽整体呈现减少趋势，青藏高原以南和以东的季风控制区蒸散发贡献的水汽整体呈现增加趋势，上述水汽源区贡献变化导致青藏高原及其周边不同区域降水趋势性变化的差异（汤秋鸿等，2020）。

Feng 和 Zhou（2012）研究指出，青藏高原东部降水的年际变化主要呈现为南北偶极子型，在高原降水偏多的年份，西边界和南边界的水汽输送均有增加，南亚季风偏强，主要体现为孟加拉湾和印度北部的反气旋异常和印度南部的气旋异常。虽然气候态下南边界的水汽输送对青藏高原夏季降水的贡献最大，但在年际尺度上，西边界水汽输送的变化更为显著，有学者认为，西边界对青藏高原东南部夏季降水年际变化的影响比南边界的影响更为重要。西边界水汽输送对青藏高原东部降水年际变率的影响是通过夏季北大西洋涛动（North Atlantic Oscillation，NAO）和中纬度波列实现的。NAO 正位相时，500hPa 上高原近地面有反气旋异常，减弱了高原西部的水汽输入；欧洲西北部上空 200hPa 有高压异常，作为波源向下游的高原输送波列，在高原东南部上空激发异常气旋，减弱高原南部上空的垂直运动和降水；此外，NAO 正位相年高原上空急流北移，使得输送到高原的水汽减少，高原降水减少。在年代际尺度上，青藏高原上空大气可降水量的变化和大西洋西北部异常海温所激发的中纬度大气异常波列有关。Zhou 等（2019）利用 1979 ～ 2014 年 ERA-Interim 再分析资料分析研究得到，1979 ～ 2014 年，以 1994 年为界，前期青藏高原上空大气可降水量偏少，而后期大气可降水量偏多。分析表明，当大西洋西北部海温异常偏低时，将在贝加尔湖上空激发异常气旋。该异常气旋西南侧的偏东气流使通过东边界流出高原的水汽增加，并最终导致青藏高原上空大气可降水量偏少。Yang 等（2018）研究指出，厄尔尼诺 - 南方涛动（El Niño Southern Oscillation，ENSO）通过影响孟加拉湾水域海温和印度季风强度而影响了海洋水汽向青藏高原的传输以及降水过程；同时，200hPa 大气环流通过罗斯贝波将青藏高原与赤道太平洋海域联系起来，通过遥相关影响西风主导下的高原西北部降水。

青藏高原的“三江源”等江河源亦可作为“输水管道”系统，使高原冰川、湖泊与湿地“蓄水池”系统通过江河“输水管道”连接下游区域。因此，三江源地区的降水及水汽输送特征一直受到气象学者的关注。三江源地区春季降水的年际变化主要受两支水汽输送异常影响（Sun and Wang，2018）。一支是从三江源东边界进入该地区的来自中国东部的水汽输送异常，该支水汽输送异常主要受春季亚欧大陆上空大气环流的主模态影响。另一支是从三江源南边界进入该地区的来自中国西南地区、印度、孟加拉国的水汽输送异常，该支水汽输送异常主要受西太平洋、中国南海、孟加拉湾上空的气旋异常影响，与 ENSO 有关。夏季降水的年际变化主要受来自西南方向的水汽输送异常影响，该支水汽输送异常与 NAO、ENSO、热带印度洋海温有关。三江源冬季降水的年际变化主要受来自亚欧大陆中纬度西风带的水汽输送和来自印度的西南方向水汽输送影响，驱动因素包括 NAO、ENSO、环北半球遥相关型等 (Sun and Wang，2019)。

Qi 等 (2022) 基于 1979 ～ 2016 年 ERA-Interim 再分析资料和四川盆地 73 个气象站点逐日降水资料的诊断研究指出，1979 ～ 2016 年夏季，从四川盆地南边界、西边界流入的水汽明显减少，从东边界流出的水汽也明显减少，盆地夏季降水量（暴雨量）及三大降水中心（北川、万源、雅安）降水量（暴雨量）均呈下降趋势，盆地夏季降水量和同期盆地南边界水汽流入量及水汽净收支呈显著正相关，和北边界水汽流出量呈显著负相关，南北边界是影响四川盆地夏季降水最重要的两条边界（图 2.19)。夏季四川盆地南边界水汽流入的减少对盆地暴雨量、暴雨频率、暴雨强度有明显影响（图 2.20)。同时，北边界水汽流出量的增加与暴雨量、暴雨频率的减少密切相关，西边界水汽流入量的明显减少与暴雨强度的减少密切相关。盆地夏季暴雨量、暴雨频率的减少与同期盆地（及盆地各分区）水汽净收支的减少关系密切，而暴雨强度的减少仅与盆地西部、北部水汽净收支量的减少密切相关，比较而言，盆地西部、北部山脉高峻，说明盆地暴雨量、暴雨频率主要受不同区域水汽输送和收支的影响，而暴雨强度主要受不同区域地形动力作用的影响，尤其是盆地西部和北部地形。四川盆地的降水（暴雨）时空分布特征是青藏高原东侧高原－盆地多尺度地形下，四川盆地特殊地形与低纬度不同水汽输送相互作用的结果，热带地区海气相互作用关键区上空大气环流及其伴随系统、我国东部和四川盆地区域环流与水汽输送异常是四川盆地夏季降水（暴雨）变化的主要原因（图 2.21) (Qi et al.，2022)。

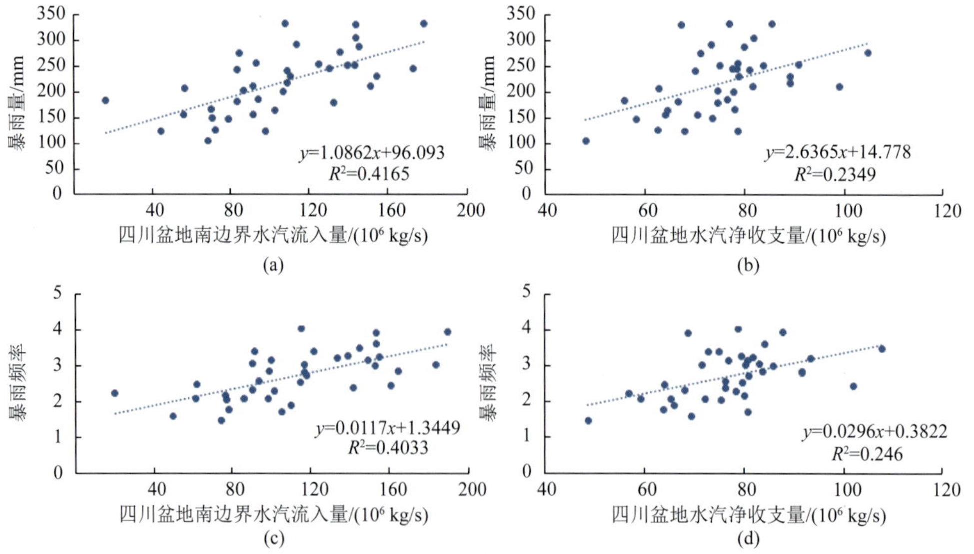

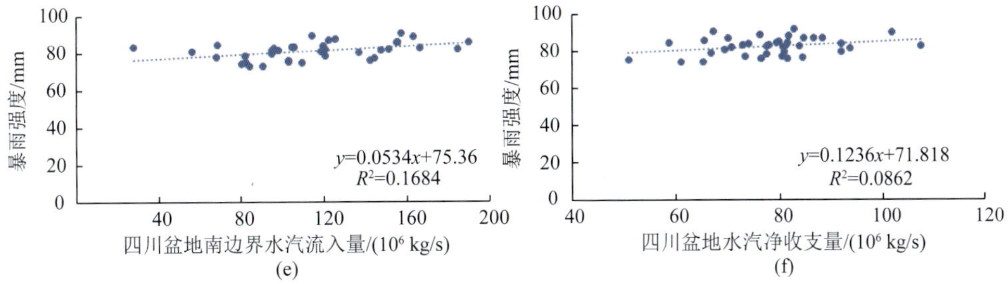

图 2.19　1979 ～ 2016 年夏季四川盆地南边界水汽流入量、水汽净收支量和暴雨量 [(a) 和 (b)]、暴雨频率 [(c) 和 (d)]、暴雨强度 [(e) 和 (f)] 的散点分布图（Qi et al.，2022）

虚线是趋势线

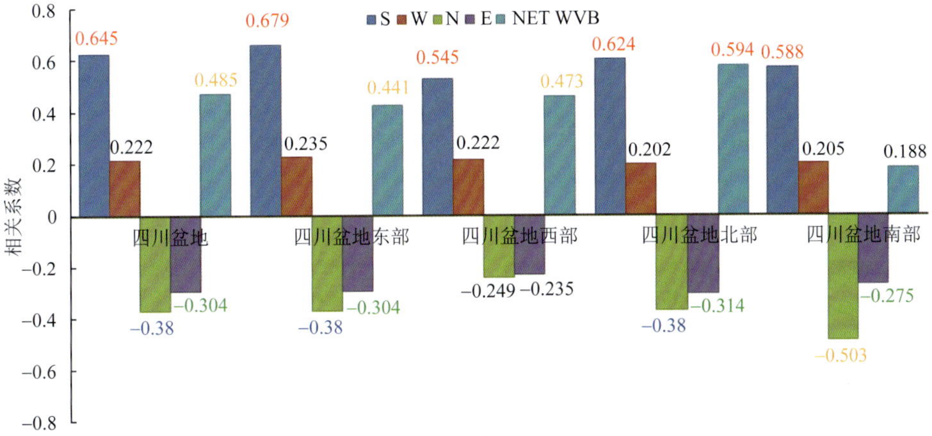

(a)

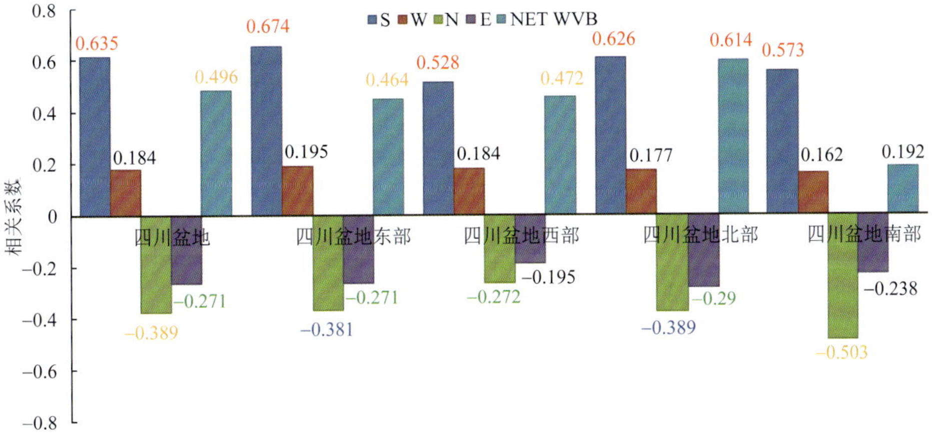

(b)

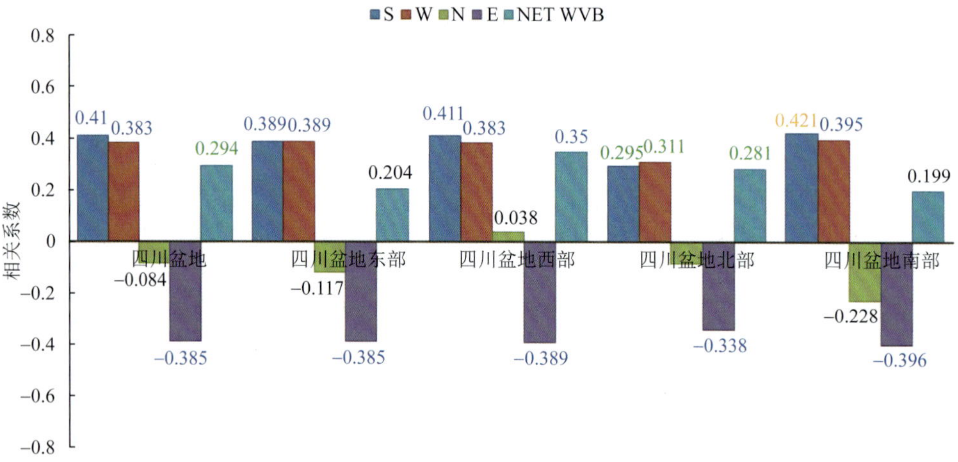

(c)

图 2.20　1979 ～ 2016 年四川盆地夏季暴雨量 (a)、暴雨频率 (b)、暴雨强度 (c) 与同期盆地水汽收支的相关系数 (Qi et al.，2022)

红色、橙色、蓝色和绿色数字分别表示达到 0.001、0.01、0.05 和 0.10 显著性水平。S、W、N、E 分别代表南边界、西边界、北边界、东边界的水汽收支量；NET WVB 代表水汽净收支量

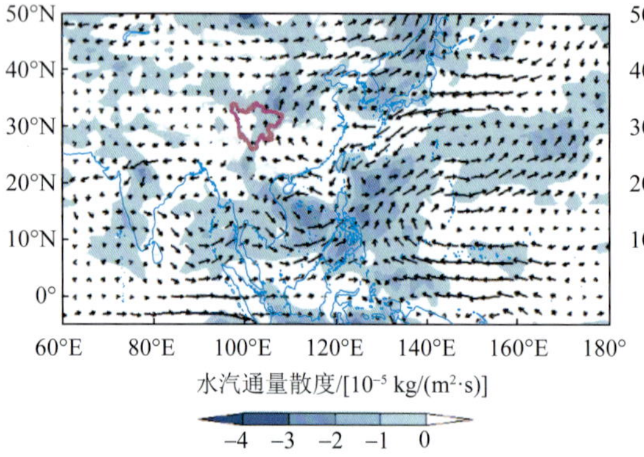

(a)

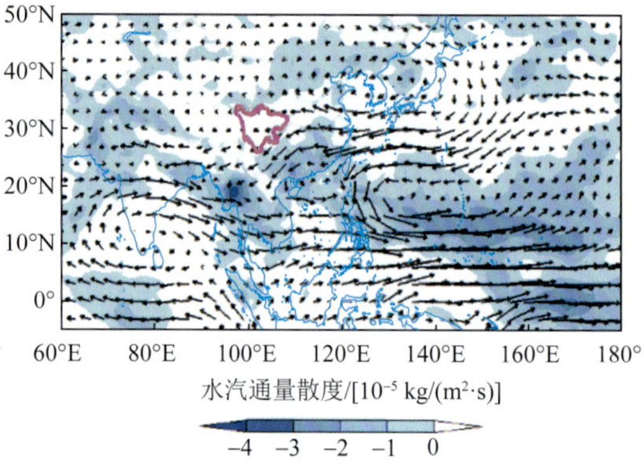

(b)

图 2.21　四川盆地夏季暴雨偏多年 (a)、偏少年 (b) 整层积分水汽通量 [矢量，单位：kg/(m·s)] 和水汽通量散度的距平场（阴影）(Qi et al.，2022)

蒸散发是地球水分循环与能量转换的关键环节，地球表面 64% 的陆地降水以蒸散发的方式重新进入大气，参与地球水循环 (Oki and Kanae，2006)。青藏高原的蒸散发是亚洲水塔水循环的重要部分，青藏高原内流区的地表蒸散发是当地降水的主要来源 (Yao et al.，2013)，亚洲水塔出山口径流量的多寡主要取决于青藏高原的降水与地表蒸散发之差。国内外对青藏高原大气蒸散发能力变化及其驱动因素进行了研究，并取得了一些认识。例如，Chen 等 (2006) 利用 1961 ～ 2000 年青藏高原及其周边地区 101 个气象台站资料，采用 Penman-Monteith 公式计算蒸散发量，分析发现，1961 ～ 2000 年

青藏高原年及季节潜在蒸散发均呈现减少趋势，其中年潜在蒸散发的变化速率为每 10 年减少 13.1mm，风速和相对湿度的减小是主要原因（Chen et al.，2006）。Zhang 等（2009）又利用 1971 ～ 2004 年青藏高原 75 个站点观测资料，采用 Penman-Monteith 公式计算了蒸散发量，得到 1971 ～ 2004 年高原大部分站点潜在蒸散发都表现出下降趋势，其中高原北部潜在蒸散发减少的主要原因是风速减弱，而高原东南部是辐射下降。汪步惟和张雪芹（2019）基于 Penman-Monteith 公式和青藏高原 75 个台站逐日气象观测资料，分析了 1971 ～ 2014 年高原总体潜在蒸散发变化转折特征，认为拐点在 1997 年前后。而姚天次等（2020）利用 Penman-Monteith 公式和青藏高原及周边地区 274 个气象站逐日常规观测资料，结合中国生态地理分区方案，对 1970 ～ 2017 年高原及周边地区潜在蒸散发的空间格局及突变特征进行了分析，发现除夏季和冬季外，高原多年平均的年和季节潜在蒸散发都呈现南北高、中部低的空间分布特征；潜在蒸散发均值和趋势突变显著，但突变时间在区域间以及年和不同季节间均存在较大差异。青藏高原突变时间春季最早、冬季最晚；趋势突变主要表现为先降后升，高原总体潜在蒸散发趋势转折时间较其周边地区滞后（姚天次等，2020）。王俏懿等（2021）基于 2016 年喜马拉雅山南北坡 6 个站点的观测资料，利用土壤温度预报校正法计算土壤热通量，对比分析各站点的地表热通量交换特征及其蒸散发量的差异，结果表明，喜马拉雅山南北坡地区蒸散发有显著的季节变化特征，均表现为夏季最强，秋季和春季次之，冬季最小，北坡地区除那曲站外各站点月累计蒸散发量低于南坡（王俏懿等，2021）。马宁（2021）利用常规气象资料驱动互补蒸散发模型，针对青藏高原典型资料稀缺地区开展数据模拟并进行验证评估，结果发现，1973 ～ 2013 年，青藏高原典型高寒草原蒸散发呈不显著的增大趋势，而高寒湿地则以 2.0mm/a 的速率显著增大。高寒草原和湿地蒸散发的年际变化主要与水汽压（即空气湿度）有关（马宁，2021）。20 世纪 70 年代至 90 年代末期，两种生态系统蒸散发皆在波动中逐渐增大；而 1997 年以后，高寒草原和高寒湿地蒸散发的变化模式表现出明显差异：前者在波动中逐渐减少，后者则持续增大至 21 世纪初，表明二者所受水源补给不同，局地蒸散发对气候变化的响应模式可能有较大差异，上游的冰川融水对下游的湿地蒸散发有重要影响。

降水再循环率（即蒸发－降水反馈强度）和水汽来源是区域水循环的两个关键环节。当蒸发强时，降水再循环率会比较高；当蒸发弱时，降水再循环率会比较低。例如，青藏高原北部的局地蒸发能力强，而外来水汽输送弱，因此降水再循环率比青藏高原南部高（Zhang Y et al.，2019）。类似地，青藏高原夏季蒸发旺盛，其降水再循环率高；冬季蒸发弱，其降水再循环率低。Zhao 和 Zhou（2021）基于 1979 ～ 2018 年欧洲中期天气预报中心 ERA5 再分析资料，利用 Brubaker 等（1993）提出的 Brubaker 二元模型估算青藏高原的夏季降水再循环率约为 23%；Zhang Y 等（2019）基于 1979 ～ 2016 年欧洲中期天气预报中心 ERA-Interim 再分析资料和中国气象局逐月降水格点分析数据，利用改进的数值模型 WAM-2layers 追踪水汽，指出高原的平均年降水再循环率高于 20%；Gao 等（2020）采用 ERA-Interim 再分析资料作为初始和边界条件，使用 WRF 区域气候模式中的水汽追踪模型（WRF-WVT）发现，青藏高原降水再循环率在夏季高于 30%，而在其他月份为 10% ～ 20%，年平均降水再循环率为 20% ～ 30%。Zhang W X 等（2017）基于 1979 ～ 2013 年 ERA-Interim、NCEP-2 再分析资料和中国气象局逐日降水格点数据，利用改进的数值模型 WAM-2layers 追踪水汽，发现羌塘高原年平均降水再循环率约为 18%，7 ～ 8 月的循环率显著大于其他月份；Li 等（2019）基于 1979 ～ 2015 年 ERA-Interim、MERRA-2 和 JRA-55 再分析资料，利用 WAM-2layers 模型估计的羌塘高原年平均降水再循环率介于 17% ～ 22%，并发现降水再循环率的季节变化也很显著，从冬季的 5% 左右到 8 月达到最大（25% ～ 30%）。这些结果大致相同，认为羌塘高原的年降水再循环率在 20% 左右，夏季降水再循环率最大，但可能不超过 30%。阳坤等（2022）总结了关于青藏高原水循环的不同研究，指出降水再循环率可衡量形成降水的水汽中由蒸发贡献的部分，不再将降水或蒸发作为一个整体考虑，而是考虑了降水的两种水汽来源（平流水汽、蒸发水汽）和蒸发的两种去向（形成研究区降水、流出研究区）（图 2.22）。降水再循环率的大小取决于气候模态和研究区域的

	青藏高原	羌塘高原
蒸发与降水之比	~60%	>95%
降水再循环率（年均）	20%~30%	17%~22%
降水再循环率（夏季）	<40%	<30%
外来水汽源（不分时段）	欧亚大陆、印度半岛和南印度洋	欧亚大陆、西南气流、流经海域、印度半岛
外来水汽源（降水时段）		欧亚大陆、西南气流、流经海域、印度半岛、孟加拉湾

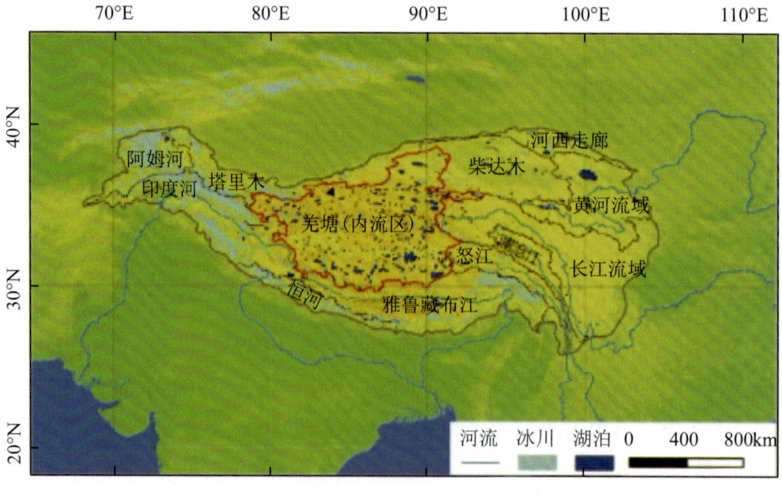

图 2.22 青藏高原（海拔大于 2500m 范围）和羌塘高原（高原中西部红线范围）水汽平衡、降水再循环率和水汽源（外来水汽源以地表蒸发定义）（阳坤等，2022）

大小；区域越小，再循环率越低，青藏高原蒸发与降水之比不低于 60%，年降水再循环率为 20% ～ 30%。夏季降水再循环率更高，但应当不超过 40%。蒸发源地包括欧亚大陆、印度半岛和南印度洋的广大范围。当羌塘高原蒸发与降水之比不低于 95% 时，年平均降水再循环率约 20%。夏季降水再循环率应当不会超过 30%。其蒸发源地以欧亚大陆为主，还包括西南气流流经的海域、印度半岛和孟加拉湾。

2.4　青藏高原降水时空分布的季节性差异及其水汽收支变化特征

2.4.1　青藏高原降水时空分布的季节性差异

Wu 等（2023）使用国家气象信息中心提供的 CRA40、欧洲中期天气预报中心（ECMWF）发布的第五代再分析数据集 ERA5、日本气象厅提供的 JRA55 再分析数据集及美国国家航空航天局（NASA）发布的全球再分析资料 MERRA2 四套再分析资料，对比分析了 1979 ～ 2018 年青藏高原降水时空分布特征。结果表明，青藏高原降水具有明显的空间差异和季节差异（图 2.23），春季高原呈现出整体变湿特征，夏季表现为东南部变干、西北部变湿的特征，秋季则表现为 30°N 以南地区变干、30°N 以北地区变湿的特征，冬季和秋季类似。

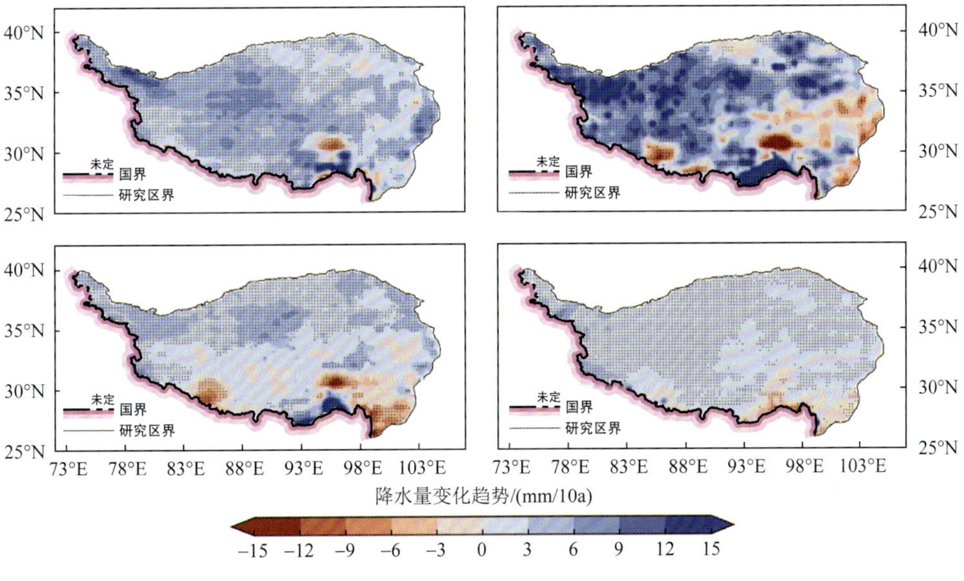

图 2.23　青藏高原四季降水量变化趋势空间分布

打点区域表示通过 0.05 显著性检验

为了更细致地分析青藏高原四季南北部降水的时间变化特征，根据四季降水变化趋势空间分布，将春秋冬三季统一以 30°N 为界而划分南北部，夏季则将 35°N 以南 95°E 以东地区划分为南部地区、35°N 以北 95°E 以西地区划分为北部地区。可以看到，青藏高原北部四季降水都表现出在 20 世纪 90 年代末经历由干到湿的年代际转变 [图 2.24(b)(d)(f)(h)]，而青藏高原南部四季降水的变化则较为复杂，春季南部与北部的年代际增湿特征一致，夏季降水则表现为 1979 ～ 1998 年的上升趋势和随后的下降趋势，秋季降水在 20 世纪 90 年代初表现出减少的年代际转变，冬季降水主要表现出准五年左右的振荡特征。

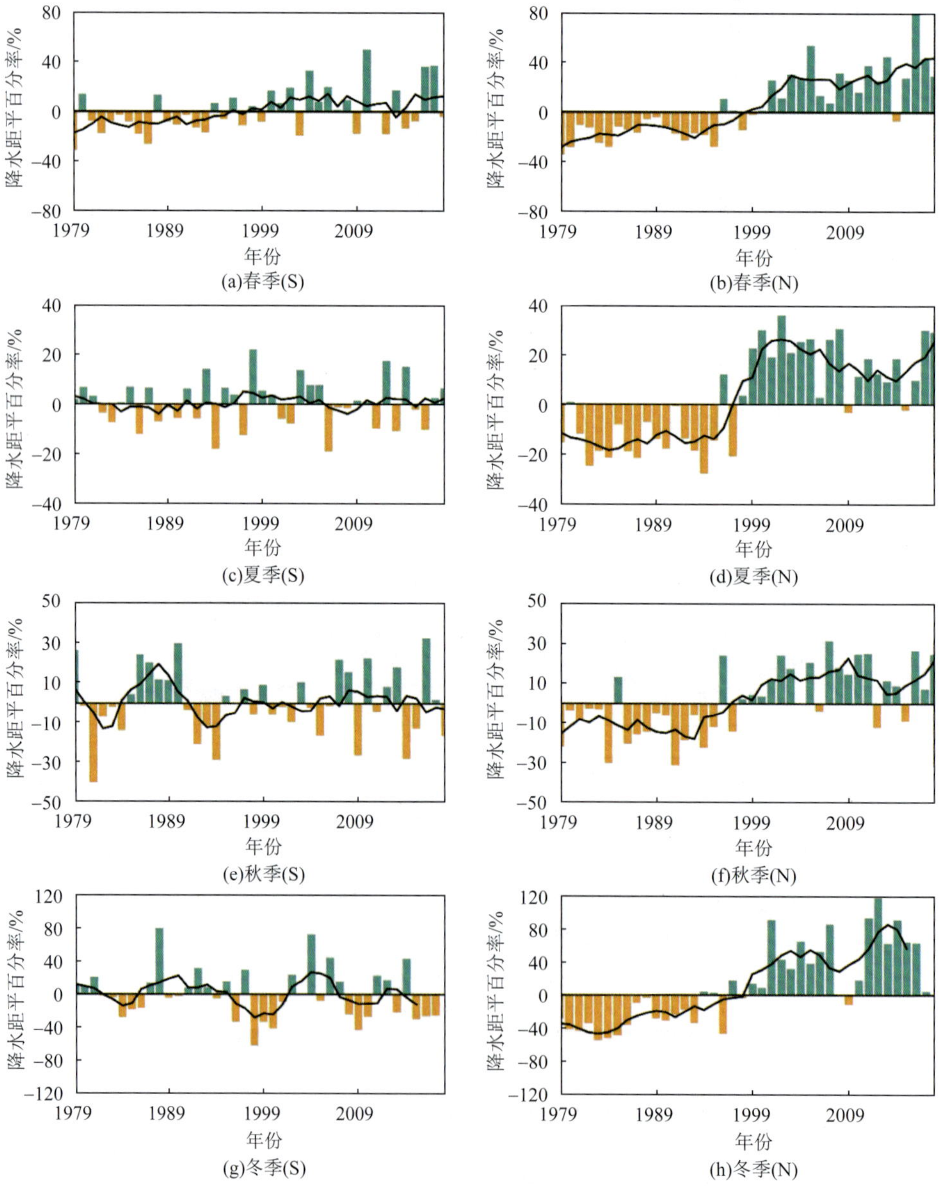

图 2.24　青藏高原南部（左侧图）和北部（右侧图）四季降水距平百分率时间序列

黑色曲线为 5 年滑动平均的降水距平百分率；S 代表青藏高原南部，N 代表青藏高原北部

2.4.2　区域水汽收支演变特征与降水的关系

水汽是影响降水多寡的一个重要因子，利用再分析资料定量计算青藏高原地区各边界水汽收支状况，对于了解高原降水的物理过程有重要意义。表 2.2 给出了四套再分析资料估算的青藏高原南北部四个季节的水汽净收支。四套再分析资料一致地显示，青藏高原北部春夏秋三个季节，水汽净收支均表现出增加趋势，而冬季的变化趋势不明显。多数再分析资料显示，青藏高原南部春季水汽净收支呈增加趋势，夏秋季节则呈减少趋势，而冬季各套资料显示趋势不尽相同。除冬季以外，高原南部和北部水汽净收支的变化与降水的变化基本一致。

表 2.2　1979 ～ 2018 年青藏高原南部和北部四季水汽净收支异常的线性趋势 [单位：10^6kg/(s·a)]

再分析资料	青藏高原南部				青藏高原北部			
	春季	夏季	秋季	冬季	春季	夏季	秋季	冬季
MERRA2	0.48*	0.41*	0.24*	0.12*	0.26*	1.43*	0.36*	0.08
JRA55	0.15	–0.10	–0.11	–0.08*	0.24*	0.20*	0.16*	–0.01
ERA5	0.08*	–0.09	–0.11	–0.10*	0.08	0.34*	0.13	–0.11
CRA40	0.22*	–0.08	–0.01	0.08*	0.16*	0.40*	0.17*	0.01

＊$P < 0.05$。

进一步估算青藏高原各边界水汽收支可以看出，受季风和西风影响，高原南边界和西边界常年是水汽输入边界，东边界为水汽输出边界。根据青藏高原降水的年代际变化特征，将其分为 1979 ～ 1998 年以及 1999 ～ 2018 年两个阶段来分析高原南部和北部降水年代际变化前后的各边界水汽收支特征（图 2.25），结合水汽收支与降水的相关关系评估各边界水汽收支的变化对降水的影响（图 2.26）。研究表明，春季青藏高原南部和北部降水的增加均与其北边界输出水汽减少显著相关；夏季高原南部降水的减少主要是由于西边界和南边界输入水汽减少，北部降水增加是由于东边界输出水汽减少；秋季南部降水的减少与南边界输入水汽减少显著相关，北部降水的增加主要与南边界水汽输入增加显著相关；冬季南部降水的变化与西边界、北边界和南边界水汽收支的异常变化均显著相关，北部降水与各边界水汽收支关系均不显著（俞静雯等，2022）。

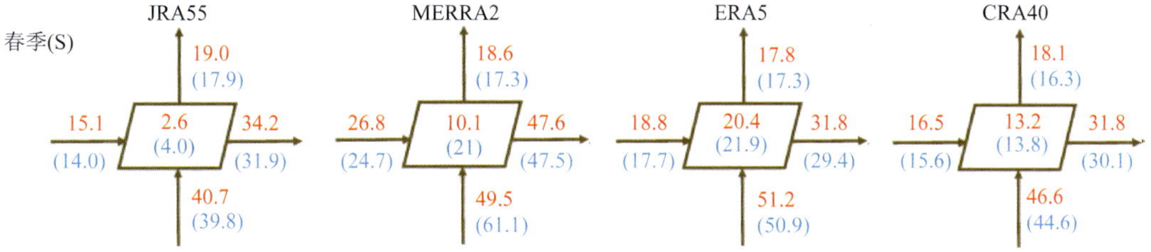

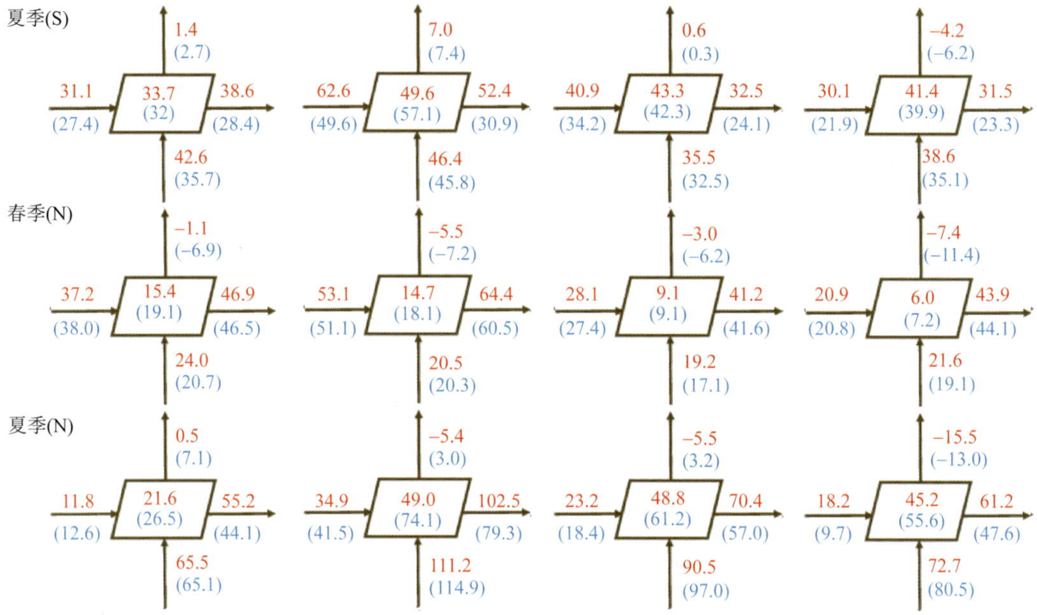

图 2.25　1979 ～ 1998 年和 1999 ～ 2018 年青藏高原南北部不同季节各个边界水汽收支情况（单位：10^6kg/s）

红色：1979 ～ 1998 年；蓝色：1999 ～ 2018 年；S 代表青藏高原南部，N 代表青藏高原北部

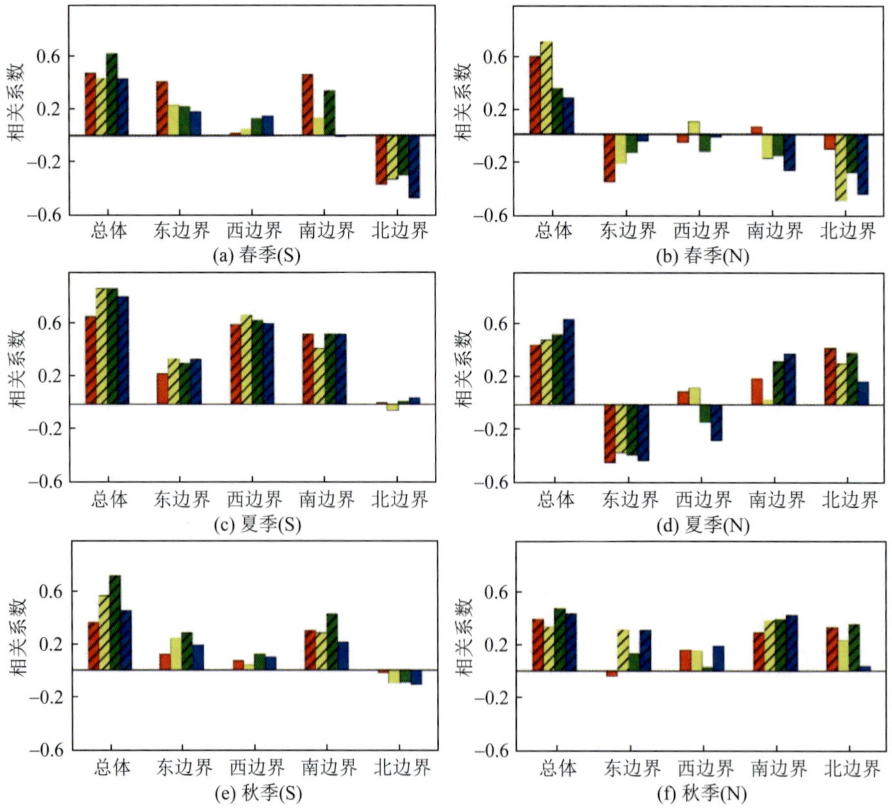

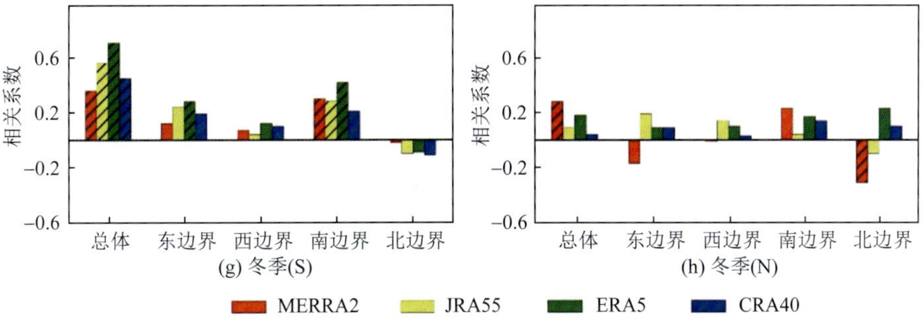

图 2.26　青藏高原四季各边界水汽收支与降水的相关系数

斜线柱子表示该相关系数通过 0.05 显著性检验；S 代表青藏高原南部，N 代表青藏高原北部

2.5　青藏高原区域江河源夏季水汽源特征

2.5.1　江河源夏季水汽源

基于 FLEXPART 的数值模拟结果（6h/ 次），挑选出 1980 ～ 2017 年夏季到达三江源区域的所有气块，利用气块三维“后向”追踪技术，对挑选出的气块实施后向追踪，进一步利用源区诊断技术，确定水汽的源区并根据源区的空间分布和变化特征，定量估算各源区对三江源区域降水的相对重要性。

图 2.27 给出了三江源夏季多年气候平均态的后向追踪 10 天的水汽源分布和整层水汽通量分布。从整体上看，水汽源区的空间分布型大致呈西南—东北方向，除了三江源地区自身以外，其周边区域的水汽源贡献呈现较大值，其中陆地区域的水汽贡献远大于来自海洋区域的水汽贡献。这显示出区域降水的局地水分再循环对水汽贡献的重要性（Chen et al.，2012；Pan et al.，2019）。三江源水汽的远距离输送源区主要来自三江源的南部、西部和北部，而来自东部边界的水汽输入较少，这与夏季风主导的季风环流有关（李生辰等，2009；Zhang C et al.，2019）。可以看到，其南侧水汽扩展至覆盖孟加拉湾北部、整个印度半岛和阿拉伯海，向南最远甚至可以从阿拉伯海经索马里半岛横跨赤道，而西北侧则能追溯到欧亚地区。这种分布一定程度上也揭示了水汽运输至三江源的路径，分别是西北侧欧亚地区西风气流输送分支和西南侧由阿拉伯海、孟加拉湾输送来的西南水汽分支。

为了进一步分析不同水汽源区形成的物理机制和可能相关的大气环流特征，图 2.27 给出了同时段整层大气的水汽通量矢量。对于短距离输送源区而言，三江源周边区域水汽源区贡献值较高，这对应于区域降水的再循环过程。比较分析可以推断，夏季三江源区域主要位于西南水汽流的控制之下，从索马里半岛跨赤道沿阿拉伯海—印度半岛输送至孟加拉湾，再北上输送至三江源地区。在此影响下，水汽源甚至可以跨越赤道地区，伸展到南半球。这也意味着三江源降水主要受到夏季印度季风水汽输送的影响。

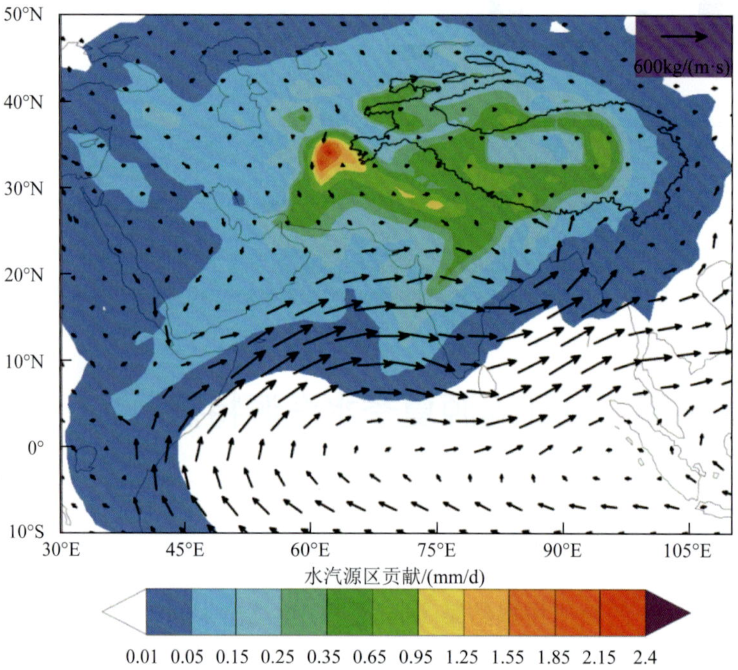

图 2.27 1980～2017 年三江源地区水汽源空间分布（矢量为整层水汽通量）

图 2.28 给出了水汽到达三江源前期的分布，在一定程度上可以确定水汽的传输路径。结果表明，短时间（1～6 天）的水汽来源基本集中在青藏高原地区以及周边陆地区域，而长时间（7～10 天）的水汽来源则可以追溯至远距离的海域。水汽在由远及近输送至三江源地区的途中覆盖范围逐渐缩小，最终集中在高原地区。从后向 10 天的结果来看，水汽大致分两路在青藏高原西侧外围集结，西路最远至黑海东侧，途经里海南侧—帕米尔高原到达青藏高原西北侧。而西南路自遥远的印度洋出发，跨赤道登上东非，经索马里半岛—阿拉伯半岛—阿拉伯海—印度半岛向北挺进。与此同时，三江源中部地区也独立存在部分水汽。后向第 7～第 8 天时，远距离水汽不再横跨赤道延伸至印度洋区域，范围缩小。与此同时，三江源中部的水汽范围扩大，向北向南扩张。后向第 4～第 6 天，水汽基本集中在陆地区域，覆盖了包含三江源在内的高原以西大片区域，三江源中部及山脉南侧是水汽集中的高值区。到了后向第 1～第 3 天，水汽进一步向三江源方向聚集，水汽更加集中分布在高原外围，在后向第 1 天时，累积的水汽部分沿山脉向东南方向向北，部分越过山脉阻挡，部分经西风输送至高原腹地，三江源的水汽输送通量加强，在周边形成水汽含量的高值区。

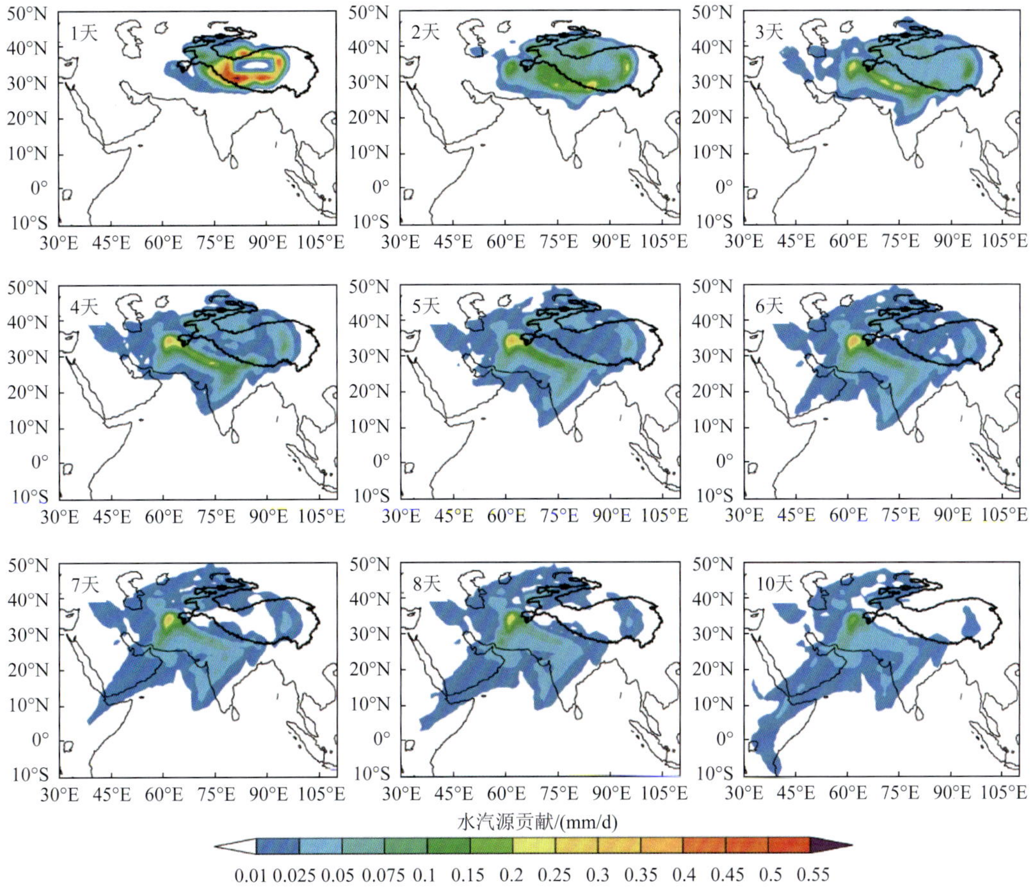

图 2.28　1980 ～ 2017 年夏季水汽到达三江源地区前 1 ～ 10 天的气候态分布

2.5.2　江河源夏季降水与水汽源变化

图 2.29 给出了三江源区域平均降水和平均水汽源贡献的年际变化时间序列。可以看到，三江源区域降水和水汽的年际变化呈现较好的一致性，从整体趋势来看，在 20 世纪 90 年代中后期，降水和水汽均出现了由少到多的转折，两者的相关系数为 0.46，通过了 0.05 的显著性水平，表明三江源区域水汽源作为降水变化的先导性信号，是区域降水年际变化的重要因子，亦进一步证实了通过研究水汽源区变化来揭示区域降水变化机理的可行性。

为了进一步识别影响三江源区域平均降水的水汽源区的空间分布，本书计算了三江源区域平均降水和格点上水汽源贡献的相关系数。从图 2.30 中可见，与区域降水变化在年际变化尺度上呈正相关的区域呈东北—西南型，其大值区主要位于三江源西北侧陆地区域及其西南部的孟加拉湾—印度半岛—阿拉伯海的广大海域，部分弱正相关区

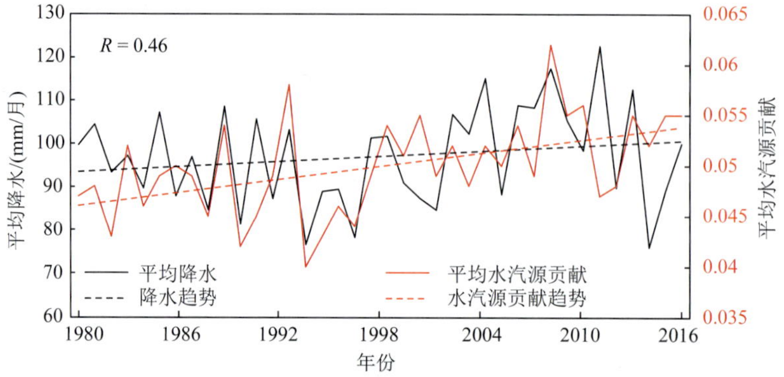

图 2.29　三江源区域平均降水和平均水汽源贡献的年际变化时间序列（相关系数 R=0.46）

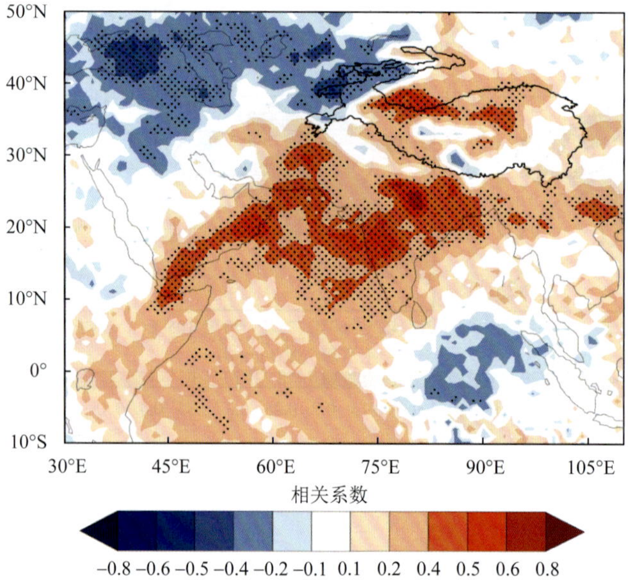

图 2.30　1980 ～ 2017 年三江源区域平均降水和水汽源贡献的相关系数空间分布

打点区域通过 0.05 显著性检验

域可以延伸至印度洋，说明来自这些区域的水汽输送变化对三江源夏季区域降水变化影响最大。长期来看，这些区域水汽源区的增加可能会导致三江源地区夏季降水增加。显而易见，该空间分布型与夏季南亚季风主导的环流型一致，表明南亚夏季风强弱是影响三江源夏季降水变化的主要因子 (Zhang C et al.，2019；王可丽等，2005)。这一结果再次印证了青藏高原西南侧、高原北部地区和印度洋远距离水汽输送贡献在三江源地区降水变化中的主导地位。

基于高分辨率拉格朗日模型模拟的水汽源区分析结果发现，三江源夏季降水的水汽可以大致分为三部分，即来自大尺度季风环流输送的水汽（阿拉伯海—印度洋海域）、西风带的水汽输送（欧亚地区）、局地水汽再循环（三江源周边及青藏高原自身水汽）。

三江源夏季降水和水汽输送有密切联系，特别是降水变化和水汽源贡献变化较为一致，表明从水汽源区变化视角去揭示降水变化的成因是切实可行的。

2.5.3　江河源夏季旱涝异常及其水汽源影响

三江源为青藏高原江河源的关键区，其中包括三个子源区，分别是位于西部的长江源区、东部的黄河源区以及西南部的澜沧江源区。青藏高原特殊的地形和丰富的水资源共同构成三江源“中华水塔”的重要背景，对三江源能量–水分循环以及蒸散的研究是三江源地区水循环研究内容的重要组成部分，在气候预测、灾害预警和水资源的动态监测等方面具有重大意义。

水汽输送的变异和异常可能导致极端旱涝事件的发生。根据三江源夏季区域平均降水原始序列及其 EOF 第一模态的时间系数（方差贡献达 45.9%）的标准化序列筛选三江源夏季降水的旱涝年，选定极端涝年为 2005 年、2009 年、2012 年、2014 年；极端旱年为 1990 年、1994 年、1997 年、2002 年、2015 年。根据选取的极端旱涝年份，对三江源夏季降水的距平场进行合成分析，涝年的三江源呈大面积正距平，正距平中心位于三江源东南角，表明在极端涝年三江源的降水量由东南向西北递减，东南部为降水最多的区域。旱年三江源呈大面积的负距平，负距平中心位于三江源南部（34°N 以南，94°E ～ 100°E），说明三江源南侧虽然在涝年降水量多，但在旱年三江源整体降水也以南侧降水减少为主，在负距平中心降水量减少量最大 [图 2.31(b) 和 (c)]。

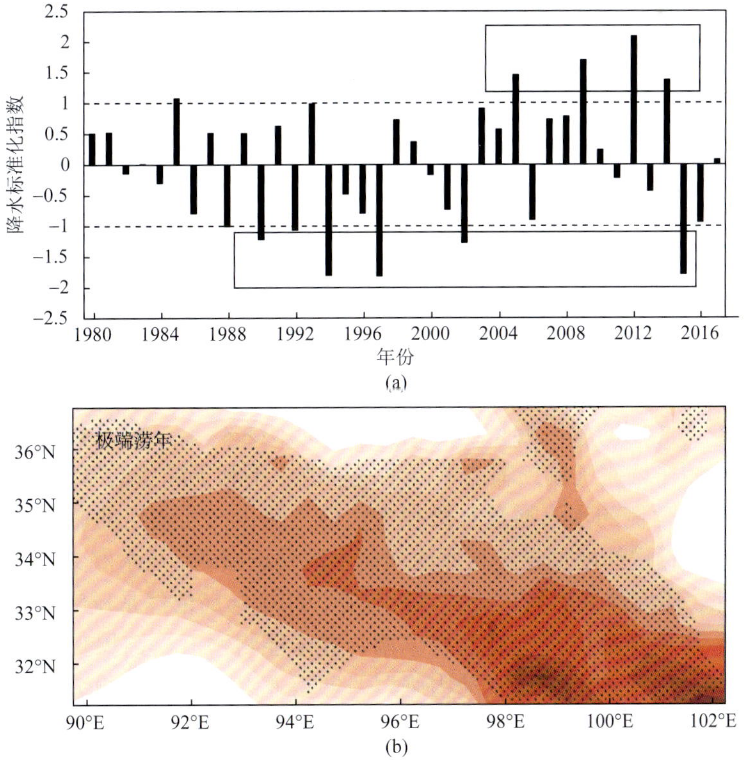

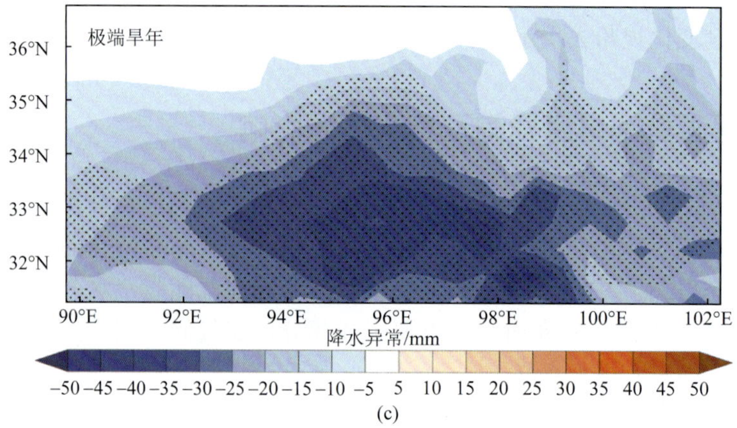

图 2.31 三江源夏季区域降水距平场 EOF 第一模态时间系数标准化序列 (a) 及三江源夏季降水距平合成场 [(b) 和 (c)]

黑框内为选取的典型代表异常年份；打点区域通过 0.05 显著性检验

从三江源夏季水汽源距平合成场叠加整层水汽通量图（图 2.32）可以看出，涝年与旱年水汽源的分布状况几乎完全相反，涝年水汽源整体呈南多北少态势，青藏高原以南印度半岛—阿拉伯海一带水汽含量偏高，青藏高原大部水汽也处于正距平之下，而高原西北侧源自欧亚陆地的水汽含量相对偏少；反观旱年水汽源则呈现北多南少态势，水汽正距平区相对范围较小，仅覆盖高原北侧欧亚地区，青藏高原大部及其以南地区全境水汽含量集体偏少。这揭示了三江源地区在降水涝年的水汽来源主要为高原自身水汽输送和西南侧远距离海洋输送分支，充足的水汽进入三江源地区，带来大范围的降水。从叠加的整层水汽通量矢量也可以看出，极端涝年青藏高原西南侧的水汽通量明显偏高，这有助于将阿拉伯海—印度洋海域的水汽输送至高原地区，为降水提供有利条件。进一步分析可知，极端涝年水汽在西南—东北向三江源区域输送经历了三个阶段，在印度洋—阿拉伯海海域的气旋式输送有利于水汽向北传输，而印度半岛的反气旋式水汽输送进一步将水汽向高原区域输送，水汽在到达高原后又呈气旋式输送状态，水汽输送在西南向整体呈“负—正—负”的分布态势。此时高原整体在偏南水汽的控制之下，水汽辐合，降水增多 [图 2.32(c)]。而极端旱年的水汽源结果表明，极端旱年的水汽主要依赖欧亚地区的水汽输送，从水汽通量的输送上看，旱年与涝年相比，位于高原西北侧的水汽通量明显增大且由西向东传输，此时高原地区为反气旋式水汽输送，整体在偏北气流控制之下，水汽辐散，不利于降水的形成 [图 2.32(d)]。虽然旱期位于高原南侧的水汽通量量级很大，但是缺少向北输送的驱动力，可能是高原西北侧向东水汽输送的增加导致高原西南侧水汽输送减弱。从水汽矢量也可以看到，和极端涝年相比，印度洋依然呈气旋式水汽输送，印度半岛依然是反气旋式环流输送，只是相比之下，印度半岛的反气旋系统偏南，并未能将水汽向高原传输，而是直接向东输送。这可能与西南水汽输送驱动力强弱，即南亚夏季风强弱相关，其主导下的不同水汽输送造成了区域干湿差异，但仍需进一步深入研究给出证据。

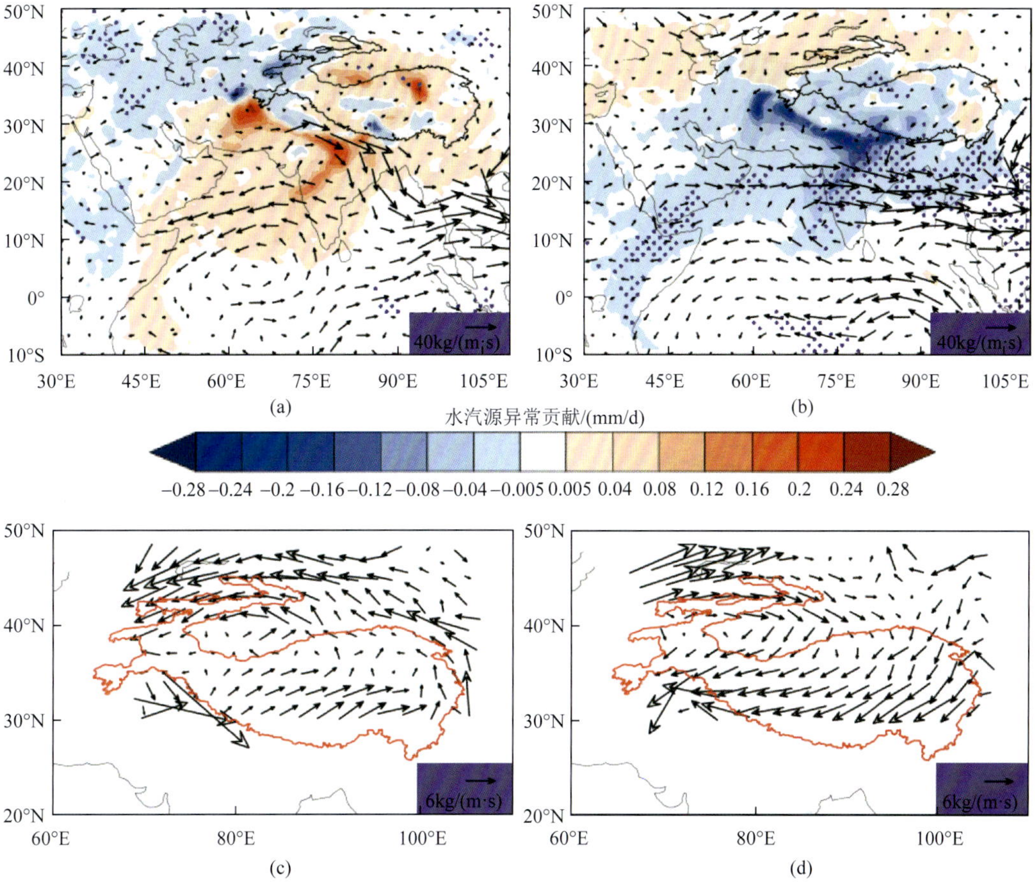

图 2.32　三江源夏季水汽源距平合成场叠加整层水汽通量

(a) 极端涝年；(b) 极端旱年；(c) 极端涝年高原整层水汽通量；(d) 极端旱年高原整层水汽通量。打点区域通过 0.05 显著性检验

水汽到达三江源前期的分布在一定程度上反映了水汽的传输路径，图 2.33 给出了极端旱涝年水汽到达三江源前 10 天的距平场分布情况。同图 2.32 较为一致，水汽在极端涝年与极端旱年的整体分布表现出较为显著的南北差异。水汽大致通过西北路及西南路两条传输路径输送至三江源地区，其中西北路途经黑海—里海—帕米尔高原，最终抵达三江源地区，西南路则最远可追溯至印度洋，水汽跨赤道后经阿拉伯海—印度半岛后再转向北继续输送。对比发现，极端涝年的水汽主要源自远距离海洋的西南路水汽输送及高原自身的水汽再循环，而极端旱年的水汽则更多依赖三江源西北侧欧亚地区的水汽，其通过西风带输送至目标区域。总的来看，对于极端涝年的降水，短期（前 1 ～ 2 天）的水汽来源主要为陆地水汽源，水汽主要分布在部分高原地区、高原西南侧局地和印度半岛部分地区；中长期（前 4 ～ 6 天）的水汽来源向西南覆盖整个印度半岛，扩展到阿拉伯海；而长期（前 8 ～ 10 天）的水汽来源则经阿拉伯海跨赤道延伸至印度洋，呈现了远距离水汽的输送，高原北侧周边地区的水汽也进一步扩展，整体水汽源呈东

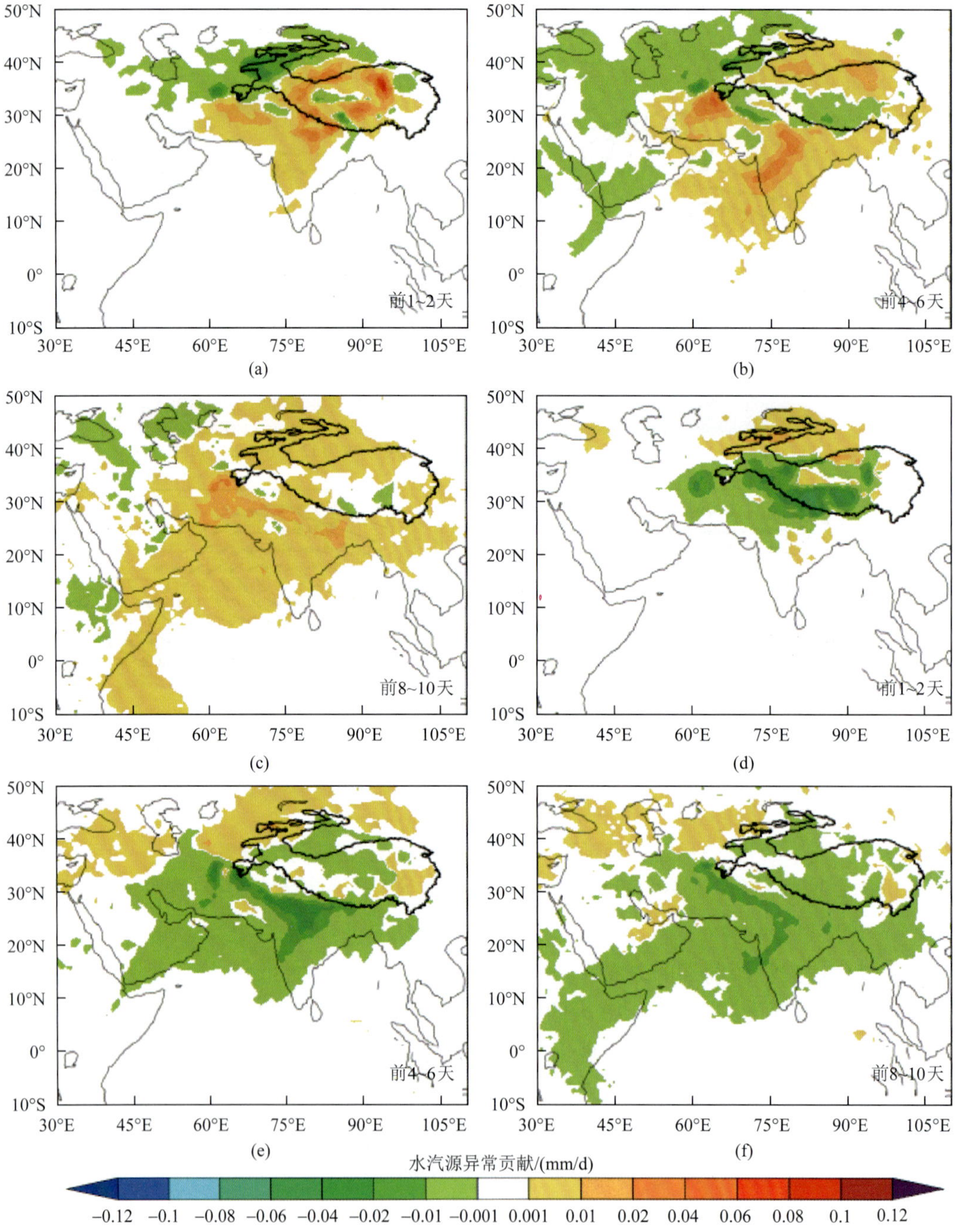

图 2.33 极端涝年 [(a) ~ (c)] 与极端旱年 [(d) ~ (f)] 水汽到达三江源前 10 天的距平场空间分布

北—西南分布，是一个明显的季风环流型的分布 (Zhang Y et al., 2019)。极端旱年的水汽主要源自高原北侧局地的水汽再循环及西北侧欧亚地区输送的水汽，同期源自高原自身及南侧印度半岛—阿拉伯海的跨赤道水汽输送显著偏低，这在一定程度上凸显了西风带水汽输送的重要性（Yao et al.，2013）。旱年水汽到达三江源前 8 ～ 10 天主要分布在欧亚地区，到达三江源前 4 ～ 6 天扩展至高原北侧局地区域，在到达三江源前 1 ～ 2 天集中在高原北侧局部地区。与极端旱年的水汽来源相比，极端涝年源自欧亚陆地的水汽明显偏少，极端旱涝年份水汽源差异显著可能与西风带及南亚季风的控制有关，相关研究结果指出，西风带和南亚季风的水汽输送分别控制三江源流域时可引起不同区域降水的显著增加（张宇等，2019）。然而，南亚季风和西风带的控制也可能同时对三江源整体的干湿情况产生显著影响，这就需要进一步深入探讨分析。

水汽源贡献的月平均分布反映了主要环流的月变化，如夏季风的变化和水汽蒸发的季节性变化。图 2.34 给出了极端涝年与极端旱年 6 ～ 8 月的水汽源差异。对于极端涝年来说，6 月的水汽来源主要集中在青藏高原部分地区及周边陆地区域附近。到了 7 月，青藏高原自身水汽源进一步加强，并且索马里急流和南亚季风也开始输送大量水汽，从南向北建立了一条稳定的水汽输送通道。在 8 月时，西南侧水汽输送迅速减弱，水汽源覆盖区域缩减，基本分布在高原及周边陆地区域，少数来自阿拉伯海。这进一

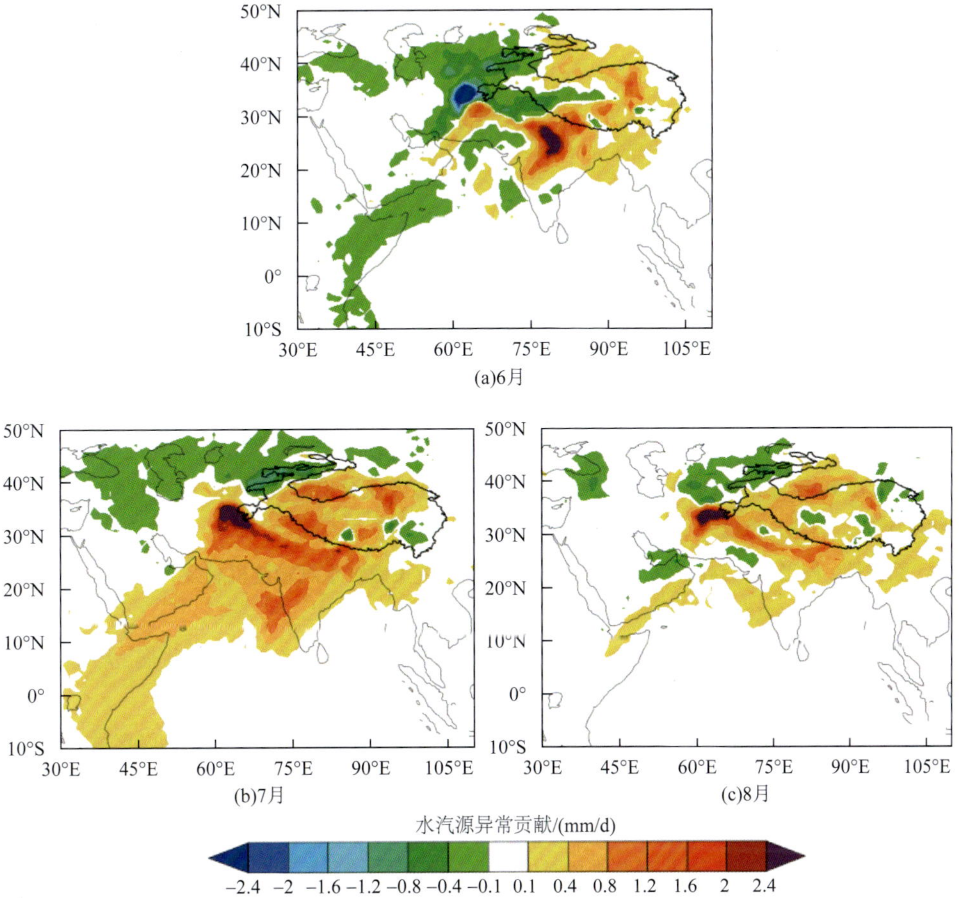

图 2.34　极端涝年与极端旱年 6 ～ 8 月水汽源差异（极端涝年平均值减极端旱年平均值）

步体现了南亚夏季风对三江源极端涝年夏季降水的影响。而对于极端旱年来说，6月的水汽主要来自高原西侧的欧亚地区，少部分源自较远距离的索马里半岛。到了7月，欧亚大陆变成主要的水汽源，高原自身及其西南侧远距离水汽输送分支几乎无贡献。在8月时，欧亚大陆水汽源缩减，只有高原西北侧周边陆地为旱期降水供给水汽。从这一点看，旱期的水汽来源较为依赖西风带的输送。总而言之，西风带和南亚夏季风对水汽输送的控制决定了三江源区域的干湿状况，南亚夏季风控制的水汽输送主导的三江源降水较充沛，而西风带控制下的水汽输送由于体量较小，无法给三江源地区带来充足的降水。

三江源地区降水距平场和水汽源距平场的合成分析结果表明，三江源涝年降水高值集中在东南部，但该区域也是旱年降水减少最多的地区。三江源地区在降水涝年的水汽来源主要为高原自身水汽供给及西南侧远距离海洋的输送。同期高原整体在偏南水汽的控制之下，水汽辐合，降水增多。而旱年的水汽主要依赖来自欧亚地区的水汽输送，此时高原地区为反气旋式水汽输送，整体在偏北气流控制之下，水汽辐散，不利于降水形成。进一步分析表明，极端涝年水汽的输送受南亚季风主导，呈现明显的季风环流型分布，极端旱年的水汽输送则体现了西风带水汽输送对三江源区域水汽供给的重要性。

参考文献

丁一汇，胡国权．2003. 1998年中国大洪水时期的水汽收支研究．气象学报，61(2)：129-147.

胡梦玲，游庆龙．2019. 青藏高原南侧经圈环流变化特征及其对降水影响分析．高原气象，38(1)：14-28.

黄荣辉，陈际龙．2010. 我国东、西部夏季水汽输送特征及其差异．大气科学，34(6)：1035-1047.

敬文琪，崔园园，刘瑞霞，等．2017. 影响长江中下游夏季降水的青藏高原水汽抽吸作用和水汽路径的定量化研究．高原气象，36(4)：900-911.

李生辰，李栋梁，赵平，等．2009. 青藏高原“三江源地区”雨季水汽输送特征．气象学报，(4)：93-100.

马宁．2021. 近40年来青藏高原典型高寒草原和湿地蒸散发变化的对比分析．地球科学进展，36(8)：836-848.

施晓晖，徐祥德，程兴宏．2009. 2008年雪灾过程高原上游关键区水汽输送机制及其前兆性“强信号”特征．气象学报，67(3)：478-487.

汤秋鸿，刘宇博，张弛，等．2020. 青藏高原及其周边地区降水的水汽来源变化研究进展．大气科学学报，43(6)：1002-1009.

唐洁，郭学良，常祎．2018. 青藏高原那曲地区夏季一次对流云降水过程的云微物理及区域水分收支特征．大气科学，42(6)：1327-1343.

汪步惟，张雪芹．2019. 1971-2014年青藏高原参考蒸散变化及其归因．干旱区研究，36(2)：269-279.

王可丽，江灏，赵红岩．2005. 西风带与季风对中国西北地区的水汽输送．水科学进展，16(3)：432-438.

王俏懿，马耀明，王宾宾，等．2021. 喜马拉雅南北坡地区地表能量通量及蒸散发量对比分析．地球科学进展，36(8)：810-825.

谢欣汝，游庆龙，保云涛，等 . 2018. 基于多源数据的青藏高原夏季降水与水汽输送的联系 . 高原气象，37(1)：78-92.

徐祥德，陈联寿，王秀荣，等 . 2003. 长江流域梅雨带水汽输送源 - 汇结构 . 科学通报，48(21)：2288-2294.

许建伟，高艳红，彭保发，等 . 2020. 1979-2016 年青藏高原降水的变化特征及成因分析 . 高原气象，39(2)：234-244.

阳坤，汤秋鸿，卢麾 . 2022. 青藏高原降水再循环率与水汽来源辨析 . 中国科学：地球科学，52(3)：5.

姚天次，卢宏玮，于庆，等 . 2020. 近 50 年来青藏高原及其周边地区潜在蒸散发变化特征及其突变检验 . 地球科学进展，35(5)：534-546.

俞静雯，李清泉，丁一汇，等 . 2022. 气候变暖背景下青藏高原夏季水汽的长期变化趋势分析 . 中国科学：地球科学，52(5)：942-954.

张文霞，张丽霞，周天军 . 2016. 雅鲁藏布江流域夏季降水的年际变化及其原因 . 大气科学，40(5)：965-980.

张宇，李铁键，李家叶，等 . 2019. 西风带和南亚季风对三江源雨季水汽输送及降水的影响 . 水科学进展，30(3)：348-358.

周长艳，唐信英，邓彪 . 2015. 一次四川特大暴雨灾害降水特征及水汽来源分析 . 高原气象，34(6)：1636-1647.

Amante C, Eakins B W. 2009. ETOPO1 1 Arc-Minute Global Relief Model: Procedures, Data Sources and Analysis. NOAA Technical Memorandum NESDIS NGDC-24. Washington DC: National Geophysical Data Center.

Brubaker K L, Entekhabi D, Eagleson P S. 1993. Estimation of continental precipitation recycling. Journal of Climate, 6(6): 1077-1089.

Chen B, Xu X D, Yang S, et al. 2012. On the origin and destination of atmospheric moisture and air mass over the Tibetan Plateau. Theoretical and Applied Climatology, 110: 423-435.

Chen S, Liu Y, Thomas A. 2006. Climatic change on the Tibetan Plateau: Potential evapotranspiration trends from 1961-2000. Climatic Change, 76(3/4): 291-319.

Dong L, Xu X, Zhao T, et al. 2019. Linkage between moisture transport over the Yangtze River Basin and a critical area of the Tibetan Plateau during the Meiyu. Climate Dynamics, 53(5-6): 2643-2662.

Dong W H, Lin Y L, Wright J S, et al. 2016. Summer rainfall over the southwestern Tibetan Plateau controlled by deep convection over the Indian subcontinent. Nature Communications, 7(1): 10927.

Dong W, Lin Y, Wright J S, et al. 2018. Connections between a late summer snowstorm over the Southwestern Tibetan Plateau and a concurrent Indian Monsoon low-pressure system. Journal of Geophysical Research, 123(24): 11-18.

Enomoto T, Hoskins B J, Matsuda Y. 2003. The formation mechanism of the Bonin high in August. Quarterly Journal of the Royal Meteorological Society, 129: 157-178.

Feng L, Zhou T J. 2012. Water vapor transport for summer precipitation over the Tibetan Plateau: Multidata set analysis. Journal of Geophysical Research: Atmospheres, 117(D20): 20114.

Gao Y H, Lan C, Zhang Y X. 2014. Changes in moisture flux over the Tibetan Plateau during 1979-2011 and possible mechanisms. Journal of Climate, 27(5): 1876-1893.

Gao Y, Chen F, Miguez-Macho G, et al. 2020. Understanding precipitation recycling over the Tibetan Plateau using tracer analysis with WRF. Climate Dynamics, 55: 2921-2937.

Gao Y, Leung L R, Zhang Y, et al. 2015. Changes in moisture flux over the Tibetan Plateau during 1979-2011: Insights from a high-resolution simulation. Journal of Climate, 28(10): 4185-4197.

Guo Y, Wang C. 2014. Trends in precipitation recycling over the Qinghai-Xizang Plateau in last decades. Journal of Hydrology, 517: 826-837.

Harris I, Osborn T J, Jones P, et al. 2020. Version 4 of the CRU TS monthly high-resolution gridded multivariate climate dataset. Scientific Data, 7: 109.

Hersbach H, Bell B, Berrisford P, et al. 2020. The ERA5 global reanalysis. Quarterly Journal of the Royal Meteorological Society, 146: 1999-2049.

Hong X, Lu R, Li S. 2017. Amplified summer warming in Europe-West Asia and Northeast Asia after the mid-1990s. Environmental Research Letters, 12: 094007.

Huang B, Thorne P W, Banzon V F, et al. 2017. Extended reconstructed sea surface temperature, version 5(ERSSTv5): Upgrades, validations, and intercomparisons. Journal of Climate, 30: 8179-8207.

Huang R, Sun F. 1992. Impacts of the tropical western Pacific on the East Asian summer monsoon. Journal of the Meteorological Society of Japan, 70: 243-258.

IPCC. 2021. Climate Change 2021: The Physical Science Basis Contribution of Working Group I to the Sixth Assessment Report of the Intergovernmental Panel on Climate Change. Cambridge: Cambridge University Press.

Jiang X, Ting M. 2017. A Dipole Pattern of summertime rainfall across the Indian Subcontinent and the Tibetan Plateau. Journal of Climate, 30(23): 9607-9620.

Li Y, Su F G, Chen D L, et al. 2019. Atmospheric water transport to the endorheic Tibetan Plateau and its effect on the hydrological status in the region. Journal of Geophysical Research: Atmospheres, 124(23): 12864-12881.

Lu R, Oh J-H, Kim B-J. 2002. A teleconnection pattern in upper-level meridional wind over the North African and Eurasian Continent in summer. Tellus A, 54: 44-57.

Nitta T. 1987. Convective activities in the tropical western Pacific and their impact on the Northern Hemisphere summer circulation. Journal of the Meteorological Society of Japan, 65: 373-390.

Oki T, Kanae S. 2006. Global hydrological cycles and world water resources. Science, 313: 1068-1072.

Pan C, Zhu B, Gao J H, et al. 2019. Quantitative identification of moisture sources over the Tibetan Plateau and the relationship between thermal forcing and moisture transport. Climate Dynamics, 52: 181-198.

Qi D M, Li Y Q, Zhou C Y, et al. 2022. Climatic change of summer rainstorms and the water vapor budget in the Sichuan Basin. Journal of Applied Meteorology and Climatology, 61(5): 537-557.

Sun B, Wang H J. 2018. Interannual variation of the spring and summer precipitation over the Three-River-Source region in China and the associated regimes. Journal of Climate, 31(18): 7441-7457.

Sun B, Wang H J. 2019. Enhanced connections between summer precipitation over the Three- River-Source region of China and the global climate system. Climate Dynamics, 52: 3471-3488.

Sun C, Xu X D, Wang P J, et al. 2022. The warming and wetting ecological environment changes over the Qinghai-Tibetan Plateau and the driving effect of the Asian Summer Monsoon. Journal of Tropical Meterology, 28(1): 95-108.

Sun J, Yang K, Guo W, et al. 2020. Why has the Inner Tibetan Plateau become wetter since the mid-1990s? Journal of Climate, 33(19): 8507-8522.

Trenberth K E. 1998. Atmospheric moisture residence times and cycling: Implications for rainfall rates and climate change. Climatic Change, 39(4): 667-694.

Wang T, Miao J P, Sun J Q, et al. 2018. Intensified East Asian summer monsoon and associated precipitation mode shift under the 1.5℃ global warming target. Advances in Climate Change Research, 9(2): 102-111.

Wang Y, Yang K, Zhou X, et al. 2019. The formation of a dry-belt in the north side of Central Himalaya Mountains. Geophysical Research Letters, 46(5): 2993-3000.

Wu P, Liu Y J, Wang J, et al. 2023. Revisiting the variations of precipitation and water vapor budget from current reanalysis over the Tibetan Plateau. Advances in Climate Change Research, 394: 77-84.

Xu X D, Zhao T L, L C G, et al. 2014b. Characteristics of the water cycle in the atmosphere of the Tibetan Plateau. Acta Meteorologica Sinica, 72(6): 1079-1097.

Xu X D, Zhao T L, Lu C G, et al. 2014a. An important mechanism sustaining the atmospheric-water tower over the Tibetan Plateau. Atmospheric Chemistry and Physics, 14: 11287-11297.

Yang X X, Yao T D, Zhao D J, et al. 2018. Possible ENSO influences on the northwestern Tibetan Platcau revealed from annually resolved ice core records. Journal of Geophysical Research: Atmospheres, 123: 3857-3870.

Yao T, Masson-Delmotte V, Gao J, et al. 2013. A review of climatic controls on δ^{18}O in precipitation over the Tibetan Plateau: Observations and simulations. Reviews of Geophysics, 51(4): 525-548.

Yao T, Thompson L G, Yang W, et al. 2012. Different glacier status with atmospheric circulations in Tibetan Plateau and surroundings. Nature Climate Change, 2(9): 663-667.

Yasui S, Watanabe M. 2010. Forcing processes of the summertime circumglobal teleconnection pattern in a dry AGCM. Journal of Climate, 23: 2093-2114.

Zhang C, Tang Q H, Chen D L, et al. 2019. Moisture source changes contributed to different precipitation changes over the northern and southern Tibetan Plateau. Journal of Hydrometeorology, 20: 217-229.

Zhang C, Tang Q H, Chen D L. 2017. Recent changes in the moisture source of precipitation over the Tibetan Plateau. Journal of Climate, 30: 1807-1819.

Zhang W X, Zhou T J, Zhang L X. 2017. Wetting and greening Tibetan Plateau in early summer in recent decades. Journal of Geophysical Research, 122(11): 5808-5822.

Zhang X, Ren Y, Yin Z, et al. 2009. Spatial and temporal variation patterns of reference evapotranspiration across the Qinghai-Tibetan Plateau during 1971-2004. Journal of Geophysical Research: Atmospheres, 114: D15105.

Zhang Y, Huang W, Zhong D. 2019. Major moisture pathways and their importance to rainy season precipitation over the Sanjiangyuan region of the Tibetan Plateau. Journal of Climate, 32: 6837-6857.

Zhao Y, Zhou T. 2021. Interannual variability of precipitation recycle ratio over the Tibetan Plateau. Journal of Geophysical Research: Atmospheres, 126: e33733.

Zhao R, Chen B, Zhang W, et al. 2023. Moisture source anomalies connected to flood-drought changes over the three-rivers headwater region of Tibetan Plateau. International Journal of Climatology, 43(12): 5303-5316.

Zhou C Y, Zhao P, Chen J M. 2019. The interdecadal change of summer water vapor over the Tibetan Plateau and associated mechanisms. Journal of Climate, 32: 4103-4119.

第3章

亚洲水塔水分循环过程的云降水尺度特征

大气降水亦是江河水源的关键“补给者”。中小尺度天气系统，尤其中尺度对流系统（MCS）也是青藏高原降水及其水资源的主要贡献者之一，同青藏高原水资源相关的总降水量与中小尺度天气系统出现的频数、极端降水量亦显著相关。因此，研究亚洲水塔关键区中小尺度对流系统分布及其变化，可为亚洲水塔江河源、湖泊、湿地水资源状况及其变化提供科学依据。探索云降水相关多尺度天气系统及其降水特性，对深入理解亚洲水塔大气水分循环过程云水资源变化具有重要科学价值。本章从高原对流天气多尺度结构特征、高原主要降水天气系统、对流云团演变发展、高原江河源强降水主要影响天气系统等方面进行归纳、梳理，以期获取对亚洲水塔关键区云降水结构与对流特征的新认知，对珠穆朗玛峰（简称珠峰）云降水特征与高原云团系统集中地对流云发展成因等方面进行深入探讨，可为青藏高原云水资源和雅鲁藏布江区域水资源开发利用、高原生态环境保护等提供重要科学依据。

3.1 珠峰地区云降水结构特征新认知

为了研究西风 - 季风协同作用对青藏高原山峰积雪冰川以及亚洲水塔云、降水变化特征的影响机理，科学评估西风 - 季风协同作用下亚洲水塔关键区水资源变化趋势及其影响因素，必须获取该地区足够的云降水观测资料。目前，国内外首次在珠峰地区开展的中小尺度天气系统雷达探测试验，基于 X 波段双偏振天气雷达观测，探索珠峰地区云、降水粒子微物理特征，以认知青藏高原云降水特征，并形成珠峰地区云、降水粒子观测数据集。通过探索珠峰云降水特征及其强对流系统结构，以深化认知亚洲水塔关键区高原强对流系统结构、强对流云团演变发展等机制，从而为青藏高原水分循环研究提供技术支撑。以上工作对深入理解亚洲水塔大气水分循环过程云水资源变化机制具有重要科学价值。为了实现这一目标，根据第二次青藏高原综合科学考察研究任务一专题五（2019QZKK0105）的统一部署，中国气象局成都高原气象研究所（简称成都高原所）承担了珠峰地区 X 波段天气雷达观测试验。试验观测从 2019 年 6 月 1 日开始至 2024 年 12 月 31 日，第一次获得了珠峰地区连续的 X 波段双偏振天气雷达观测数据，为珠峰地区开展云、降水粒子微物理特征以及青藏高原水分循环机制提供了数据保障。项目组还首次在珠峰地区开展了立体水平长距离激光雷达观测分析。

基于 X 波段双偏振天气雷达观测数据研究，揭示了不同天气（晴空、降雨和降雪）条件下珠峰地区的雷达回波特征。研究发现，珠峰地区的云、降水特征具有特殊性，与平原地区存在显著不同。珠峰地区回波强度比平原地区偏大，珠峰地区地物回波相关系数明显高于平原地区，珠峰地区太阳辐射在不同海拔产生的温度递减率明显高于平原地区；珠峰地区对流型降水的回波顶高和雨强都高于平原地区，但整层对流厚度和累积降水量低于平原地区，珠峰地区强对流降水极易出现小雹和雨夹雹，且垂直高度偏低；珠峰地区对流型降水的差分反射率谱分布较窄且对流型降水雨滴形状接近圆球形，平原地区强对流降水的差分反射率谱分布较宽，而对流型降水雨滴形状基本为扁椭圆状。

3.1.1　珠峰地区 X 波段天气雷达观测试验

根据第二次青藏高原综合科学考察研究项目任务要求，成都高原所负责开展珠峰地区 X 波段天气雷达观测试验，从而为珠峰地区云、降水粒子微物理特征研究提供观测数据基础。经综合考察，成都高原所决定在观测试验期采用成都锦江电子系统工程有限公司（简称成都锦江）生产的 X 波段双偏振天气雷达系统一套，在中国科学院珠穆朗玛峰大气与环境综合观测研究站（简称珠峰站）开展珠峰地区雷达气象观测，由成都锦江提供雷达设备，负责安装、调试、运行和维护，按成都高原所要求开展试验观测和提交观测数据。

观测试验使用 PR11D(100W) 型 X 波段全固态双偏振天气雷达，采用长短脉冲相结合的水平垂直通道电磁波同时双发双收模式，扫描模式以体积扫描 (VOL) 为主，伴随部分距离高度扫描 (RHI)。该雷达具有时空分辨率高、对小降水粒子探测敏感度较高的特点，有较强的（低含水量）云滴、云冰晶粒子探测能力，可探测和识别非球形的冰晶、冰水混合物、雪粒、霰、大雨滴或冰雹的时空结构演变过程。

2019 年 5 月 23 日，由成都锦江项目团队一行 4 人前往观测现场开展前期准备工作；2019 年 5 月 26 日，雷达设备运输到达观测现场；2019 年 5 月 28 日，雷达设备安装完成，开始雷达设备联调联网工作；2019 年 5 月 31 日完成雷达观测系统安装测试；2019 年 6 月 1 日开始观测试验，完成 2019 年 6 ～ 8 月试验观测和数据采集，按第二次青藏高原综合科学考察研究项目的要求持续完成 2020 ～ 2024 年的观测任务，试验期间雷达设备观测运行和资料收集正常。

雷达观测试验是目前国内外首次在珠峰地区开展的中小尺度天气系统观测。试验雷达安装于珠峰北坡 (86.95°E，28.36°N，海拔 4276m)，位于雷达观测站正南偏西 3° 附近，珠峰顶距雷达直线距离约 40km[图 3.1(a) 和 (b)]。

(a)

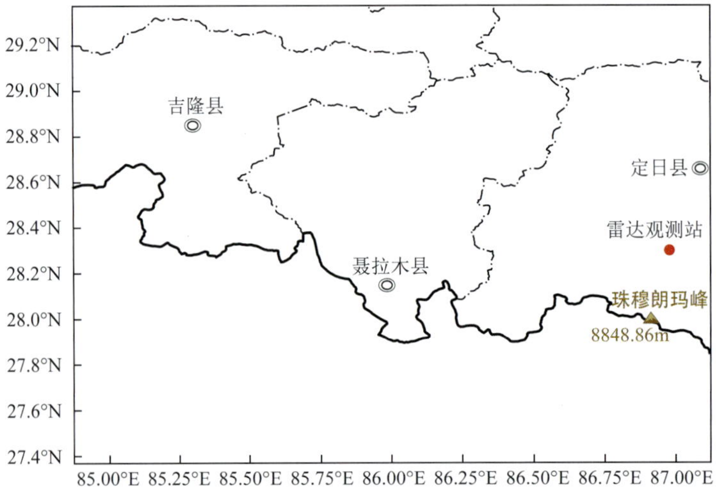

(b)

图 3.1　(a) 珠峰地区 X 波段双偏振天气雷达安装及观测现场（右图红圈处为珠峰）；(b) 雷达观测站与珠峰的相对位置

由于观测场周边遮挡较为严重，大部分区域遮挡角在 10° 以上，珠峰顶部遮挡角为 6° 左右。为了便于监测珠峰顶部的云雨过程，根据观测环境的实际情况，雷达设计为 6 层（5°、7°、8°、10°、12°、19°）体积扫描，体积扫描周期约为 3.5min，每层体积扫描采用 1000Hz 重复频率，转速 2 转，库长 120m（1024 个库），脉冲宽度（80μs：0.4μs+2μs）（80μs 脉压成 0.4μs，近区采用 2μs 补盲）。

2019 年 5 月 31 日，成都高原所代表受邀进行雷达现场测试，查看了雷达观测系统和观测环境（图 3.2），并对雷达系统技术指标进行了测试，形成了《PR11D（100W）型 X 波段全固态双偏振天气雷达现场测试报告》。

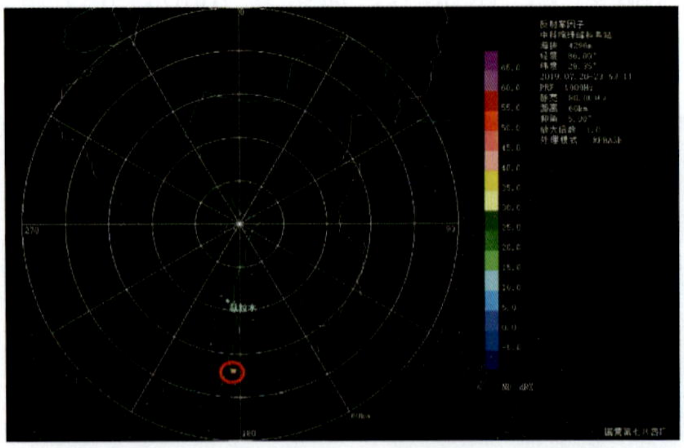

图 3.2　雷达观测站与珠峰的相对位置（红圈处珠峰顶地物回波）

经过现场测试，PR11D（100W）型 X 波段全固态双偏振天气雷达符合合同标的技术指标，可实现远端遥控操作，通过 24h 拷机运行，可自动将探测信息进行实时处理，设备运行产生的原始数据、产品数据的格式等符合国家行业相关业务规定，表 3.1 为雷达观测基本参数。

表 3.1　雷达观测基本参数

参数名称	参数值	单位	定义
λ	3.2	cm	雷达波长
P	50	W	峰值功率
θ_h	1.27	(°)	水平波束宽度
θ_v	1.3	(°)	垂直波束宽度
PRF	1000	Hz	脉冲重复频率
τ	80	μs	脉冲宽度：1 短 2 长
R_{max}	150	km	最大探测半径
H_{max}	24	km	最大探测高度
V_r	−8 ～ 8	m/s	速度范围
ρ	120	m	径向距离分辨率

3.1.2　珠峰地区云降水结构特征雷达回波综合分析

1. 资料与数据质量控制

将 PR11D(100W) 型 X 波段全固态双偏振天气雷达的观测资料分为 4 类：第一类是晴空天气下的观测数据，研究选取了 2019 年 6 月的部分典型个例观测资料；第二类是层状云弱降水的观测数据，研究选取了 2019 年 7 月的部分典型个例观测资料；第三类是对流单体降水的观测数据，研究选取了 2019 年 7 月和 2020 年 7 月的部分典型个例观测资料；第四类是降雪天气的观测数据，研究选取了 2021 年 4 月的部分典型个例观测资料。

此外，研究还利用西藏定日国家气象站探空资料、地面自动站观测资料、FY-4 卫星观测资料和欧洲中期天气预报中心（ECMWF）再分析资料，结合雷达观测资料开展了动力场、湿度场和热力条件在珠峰地区晴空、降水（雪）发展演变过程中的相互作用研究。

2. 数据质量控制

由电磁波散射原理可知（Bringi and Chandrasekar，2001），X 波段双偏振天气雷达相比 S/C 波段双偏振天气雷达，对弱降水粒子的观测更为敏感，但同时由于其波长较短，在观测强降水时，会造成反射率因子（Z_h）和差分反射率（Z_{dr}）较大衰减（Lei et al.，2012；Park et al.，2005）。另外，水平和垂直偏振电磁波在探测不规则形状粒子时产生的衰减不同还会形成相位差（Φ_{dp}），该值包含前向散射相位差（ψ_{dp}）和后向散射相位差（δ）。对于 X 波段双偏振天气雷达来说，其波长较短，δ 随着雨滴等效直径和探测距离而增大，形成 δ 相位叠加效应，从而干涉回波信号，导致 Φ_{dp} 产生抖动（Bi et al.，

2012）。因此，必须先对 X 波段双偏振物理量的原始观测数据进行质量控制，为后续各类天气系统的雷达回波特征分析提供保障。

设有 N 组水平和垂直电磁波的采样脉冲回波信号，分别为

$$\begin{cases} H_i = I_i + jQ_i \\ V_i = I_i + jQ_i \end{cases}, i = 1, 2, 3, \cdots, N \tag{3.1}$$

则 Φ_{dp} 可表示为

$$\Phi_{\mathrm{dp}} = \arg\left(\frac{\sum_{i=1}^{N}\left(H_i V_i^*\right)}{N}\right) = \psi_{\mathrm{dp}} + \delta, i = 1, 2, 3, \cdots, N$$

从式 (3.1) 中可以看出，随着探测距离增加，Φ_{dp} 也会不断增加。

采用沿径向方向上的 5 点距离库窗口中值滤波法对 Φ_{dp} 的抖动进行质量控制：

$$S = \sqrt{\frac{\sum_{i=1}^{5}\left(\Phi_{\mathrm{dpi}} - \overline{\Phi_{\mathrm{dp}}}\right)^2}{5}}$$

$$\left|\Phi_{\mathrm{dpi}} - \Phi_{\mathrm{dpmid}}\right| > S, \Phi_{\mathrm{dpi}} = \Phi_{\mathrm{dpmid}}, \quad i \in [1, 5] \tag{3.2}$$

式中，S 为 5 点均方差；Φ_{dpmid} 为 5 点中值，判断 5 点 Φ_{dp} 与中值差值的绝对值是否大于均方差，完成 δ 造成的相位差抖动。图 3.3 给出了珠峰地区 X 波段双偏振天气雷达探测强对流降水时，Φ_{dp} 质控前后数据对比。

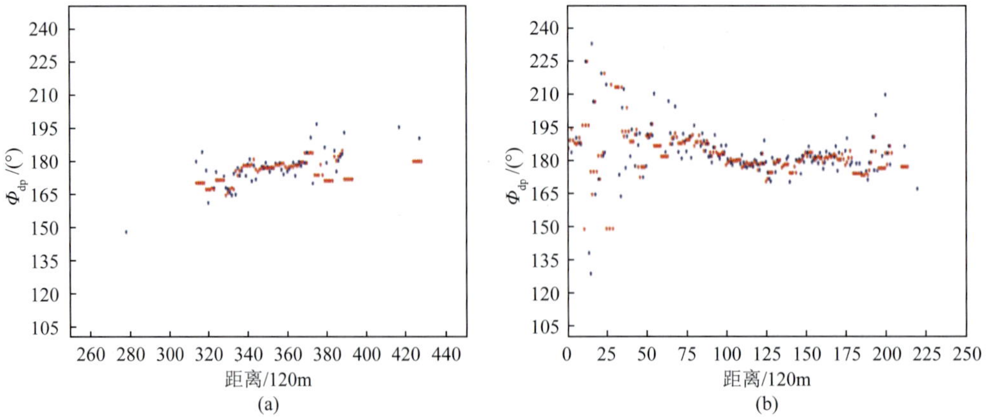

图 3.3 Φ_{dp} 随距离的变化

蓝色点表示原始数据，红色点表示质控后的数据。(a) 30 ～ 54km，观测方位 25°，观测仰角 5°，观测时间 2019 年 7 月 7 日 19：03（北京时间）；(b) 0 ～ 30km，观测方位 125°，观测仰角 5°，观测时间 2019 年 5 月 31 日 20：17（北京时间）

从图 3.3 可以看出，对珠峰地区 X 波段双偏振天气雷达的 Φ_{dp} 原始数据进行质控后，δ 造成的相位差抖动干扰被明显抑制。由于 Φ_{dp} 会随着探测距离增大而一直增加，为了更好地反映单位距离上降水粒子的相位变化，引入差分传播相移率（K_{dp}）参数进行描述。K_{dp} 定义如下：

$$K_{dp}=\frac{\left(\Phi_{dpi+1}-\Phi_{dpi}\right)}{2\times\left(r_{i+1}-r_i\right)} \tag{3.3}$$

由式（3.3）可以看出，K_{dp} 实际表示的是 Φ_{dp} 在单位距离上的变化率；r 为径向距离。图 3.4 给出了质控前后的 K_{dp}。

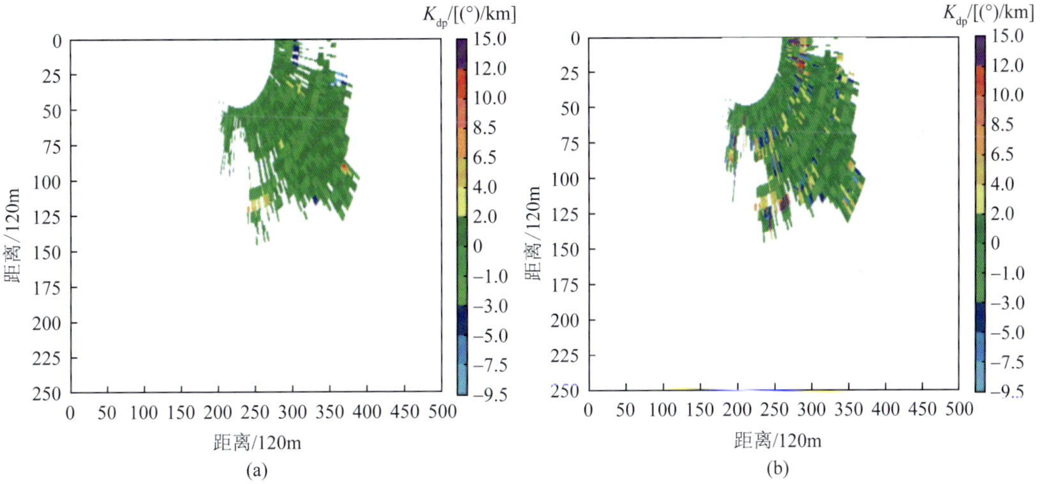

图 3.4　质控前后的 K_{dp} PPI 回波

(a) 2019 年 5 月 31 日 20：17（北京时间）500hPa 高度上原始 K_{dp} 数据；(b) 2019 年 5 月 31 日 20：17（北京时间）500hPa 高度上质控后的 K_{dp} 数据

另外，由于 X 波段双偏振天气雷达波长较短，在探测强降水粒子尤其是冰雹时，其 Z_h 和 Z_{dr} 会产生很大的衰减。已有大量研究表明（Bi et al.，2012），Z_h 和 Z_{dr} 的衰减率 A_h 和 A_{dr} 均与 K_{dp} 呈线性关系。因此，可以利用质控后 K_{dp} 对 Z_h 和 Z_{dr} 进行衰减订正。

根据相关文献观测统计的青藏高原地区 X 波段双偏振天气雷达的 K_{dp}-A_h 线性关系（Bi et al.，2012），对珠峰地区 X 波段双偏振天气雷达的 Z_h 衰减进行订正。图 3.5 为沿指定方位上的径向 Z_h 衰减订正前后对比。图 3.6 是 RHI 模式下的 Z_h 衰减订正前后对比。

Z_{dr} 衰减订正要比 Z_h 更为复杂一些，这主要是双偏振雷达在进行 VOL 模式观测时，垂直偏振波束入射角随着仰角的抬升而发生变化，导致 Z_{dr} 会随天线仰角的抬升呈指数级减小，且实际 Z_{dr} 越大，则随天线仰角的抬升减小得越快（图 3.7）。

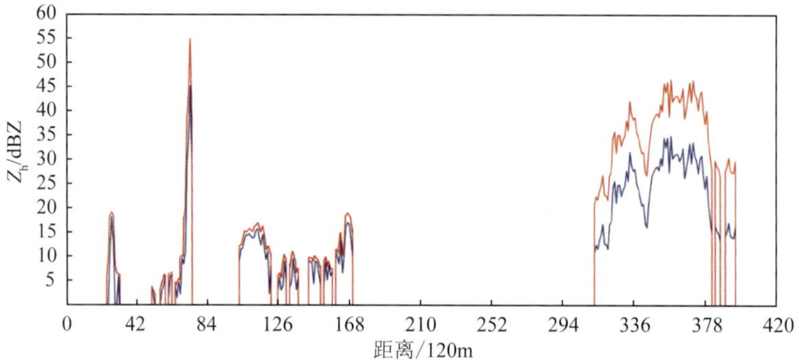

图 3.5　指定方位上径向 Z_h 衰减订正（蓝色曲线为原始数据，红色曲线为衰减订正数据）

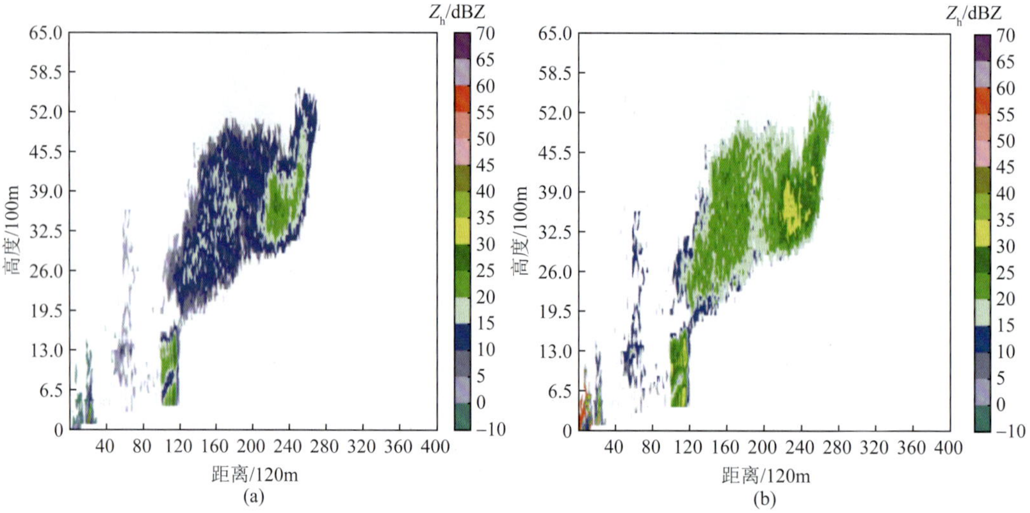

图 3.6　2019 年 5 月 31 日 20：17（北京时间）在 10° 方位上的 RHI 模式下的 Z_h 衰减订正前 (a) 后 (b) 对比

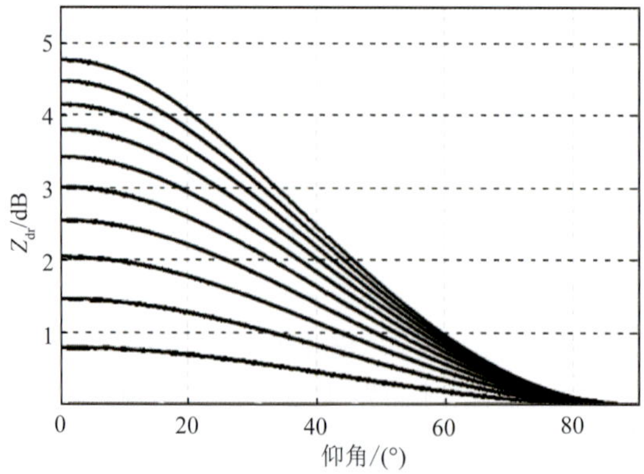

图 3.7　Z_{dr} 随仰角的抬升呈指数级衰减

从图 3.7 可以得知，在进行 Z_{dr} 衰减订正之前，首先需要将不同仰角下测得的 Z_{dr} 统一订正到 0° 仰角状态下的 Z_{dr}(Bringi and Chandrasekar，2001)：

$$Z_{dr}(0)=\frac{\cos^4\alpha\times Z_{dr}(\alpha)}{\left(1-\sqrt{Z_{dr}(\alpha)}\sin^2\alpha\right)^2} \tag{3.4}$$

式中，$Z_{dr}(\alpha)$ 表示不同仰角下测得的 Z_{dr}；$Z_{dr}(0)$ 表示统一订正到 0° 仰角状态下的 Z_{dr}。完成 Z_{dr} 的仰角订正后，进一步对其进行衰减订正，定义如下：

$$\begin{cases}A_{dr}(r)=0.04916K_{dp}(r)\\ Z_{dr}^{*}(r)=Z_{dr}(r)+2\int_0^r A(r)\mathrm{d}r\end{cases} \tag{3.5}$$

式中，$A_{dr}(r)$ 为指定径向距离处的 Z_{dr} 衰减率；$Z_{dr}^{*}(r)$ 为经过衰减订正后的实际差分反射率；0.04916 为相关文献观测统计的青藏高原地区 X 波段双偏振天气雷达的 A_{dr}-K_{dp} 线性关系系数 (Bi et al.，2012)。图 3.8 给出指定方位上径向 Z_{dr} 衰减订正前后对比。图 3.9 给出 CAPPI 模式下 Z_{dr} 衰减订正前后对比。

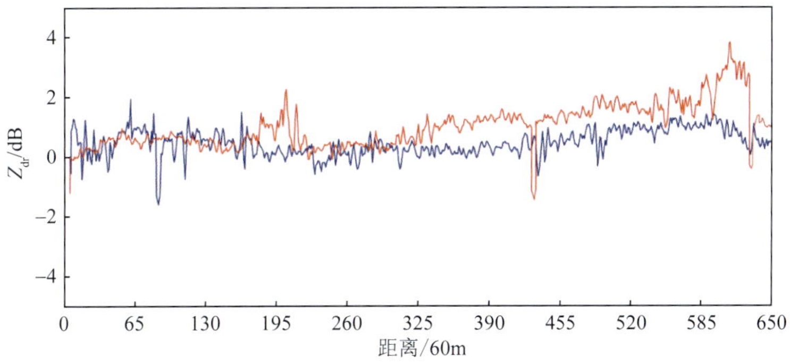

图 3.8　指定方位上径向 Z_{dr} 衰减订正（蓝色曲线为原始数据，红色曲线为衰减订正数据）

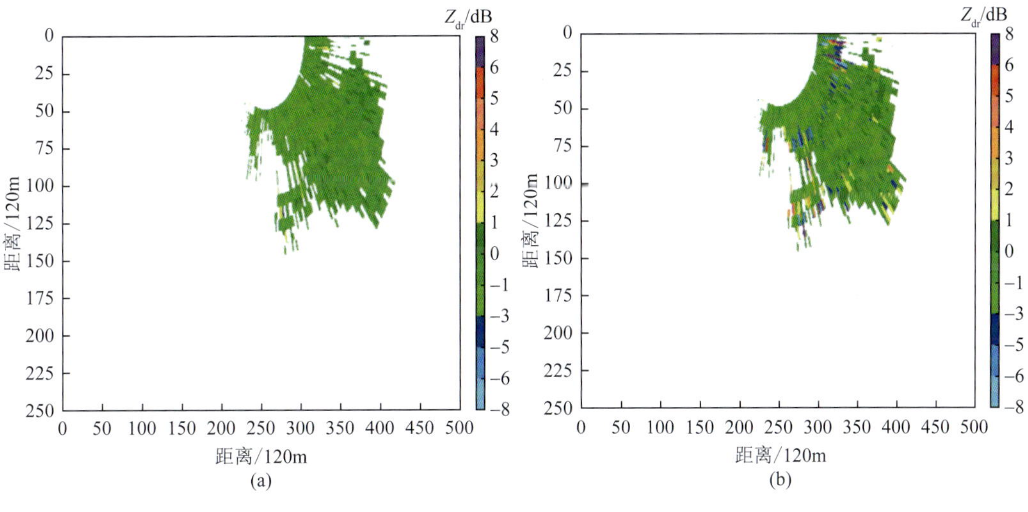

图 3.9　2019 年 5 月 31 日 20：17（北京时间）在 500hPa 高度上的 Z_{dr} 衰减订正前 (a) 后 (b) 对比

3. 珠峰地区晴空天气的雷达回波特征

选取北京时间 2019 年 6 月 18 日 21：44 ～ 21：56 的雷达连续实况观测资料进行分析。表 3.2 是北京时间 2019 年 6 月 18 日 20：00 西藏定日站探空气象要素在垂直高度上的分布。从表 3.2 可以看出，风向从 550 ～ 200hPa 均为一致的偏西风，整层没有垂直风切变，无明显动力触发机制；底层 $T-T_d$ 较大，湿度较低，水汽条件较差；根据定日站探空数据计算获取的对流指数来看，对流有效位能（CAPE）=0，沙氏指数（SI）> 3°，K 指数（K）< 20，大气层结热力结构稳定。图 3.10 是北京时间 2019 年 6 月 18 日 21：30 FY-4 卫星观测资料。从图 3.10 可以看出，长波红外通道观测到的云顶亮温为 0.47℃，说明此时的云顶高度较低；高层水汽通道观测的水汽亮温为 –26.93℃，表明大气水汽含量一般。

表 3.2　2019 年 6 月 18 日 20：00（北京时间）定日站探空资料

气压 /hPa	高度 /m	气温 /℃	露点温度 /℃	蒸气压 /hPa	风向 /(°)	风速 /(m/s)
550.0	4997	10.9	–4.7	4.3	223	1.2
544.0	5113	6.7	–5.1	4.1	219	1.5
521.0	5420	4.8	–6.5	3.8	212	2.7
500.0	5770	1.1	–9.8	5.9	216	4.4
489.0	5969	–4.9	–10.4	5.7	252	6.8
483.0	6030	–5.8	–9.1	5.5	248	9.3
459.0	6412	–9.6	–10.7	4.2	258	9.1
423.0	7010	–9.9	–12.4	3.7	265	11.5
404.0	7347	–10.2	–15.8	3.4	261	13.4
400.0	7420	–10.8	–16.1	3.3	263	13.8
362.0	8136	–12.4	–31.4	3.1	267	16.4
315.0	9106	–22.3	–51.2	2.9	267	11.4
300.0	9440	–29.2	–53.3	2.7	263	19.6
265.0	10270	–39.7	–51.9	2.4	244	23.4
250.0	10660	–42.6	–59.7	2.3	248	25.3
249.0	10686	–43.4	–60.8	2.3	247	25.0
206.0	11903	–51.8	–63.6	2.1	238	21.9
200.0	12090	–54.6	–64.8	2.1	241	29.5

图 3.11 是北京时间 2019 年 6 月 18 日 21：44，珠峰地区 X 波段双偏振天气雷达观测的晴空湍流回波。图 3.11（a）是 5° 仰角平面位置显示（PPI）反射率因子，从图 3.11 中可看出，径向距离 10 ～ 15km 处（红圈处），有一狭窄环形回波带，但对应时刻该位置附近的定日站地面自动站的雨量计无降水记录，且天气现象仪显示该地区天气晴好。图 3.11（b）～（d）是将仰角抬高到 7° ～ 10° 的晴空湍流回波，对比图 3.11（a）～（d）可以

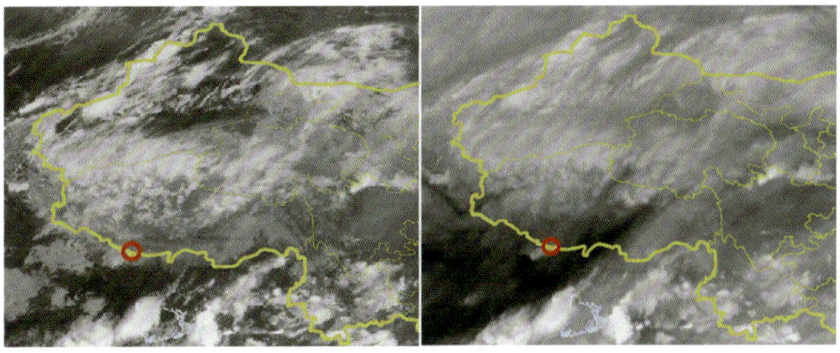

(a)　　(b)

图 3.10　2019 年 6 月 18 日 21：30（北京时间）FY-4 卫星观测资料

(a) 长波红外通道；(b) 高层水汽通道

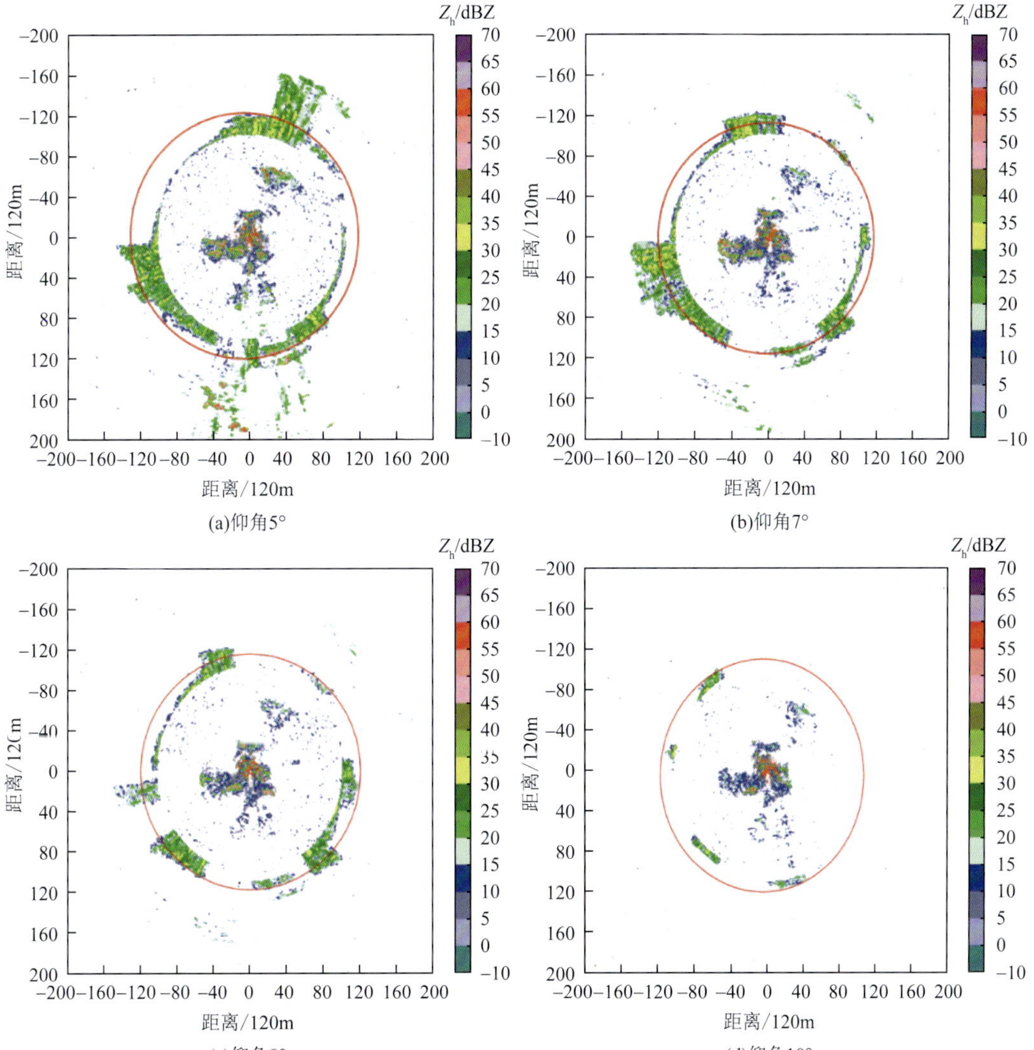

(a)仰角5°　(b)仰角7°

(c)仰角8°　(d)仰角10°

图 3.11　2019 年 6 月 18 日 21：44（北京时间）晴空湍流回波

看出，晴空湍流的 Z_h 大部分介于 20 ～ 35dBZ。5° ～ 10° 仰角的雷达强度回波图上均存在这种环形回波（红圈处），但是回波面积随仰角提高而迅速减小。当此次雷达观测仰角提高至 19° 时，环形回波带完全消失。此外，从图 3.11 中还可以看出，这种环形回波带最远径向距离不超过 20km，相对雷达观测站地面的最大垂直高度在 2km 附近。

由 Bragg 散射原理可知，晴空湍流散射机理和降水粒子后向散射不同，其反射率 η 可由式 (3.6) 表达：

$$\begin{cases} \eta = 0.39 C_n^{\ 2} \lambda^{-1/3} \\ C_n = a^2 \left(\dfrac{\lambda}{2} \right)^{4/3} N^2 \\ N = \dfrac{79.6}{T} \left(p + \dfrac{4810e}{T} \right) \end{cases} \tag{3.6}$$

式中，η 表示雷达回波，C_n 表示大气折射指数，λ 表示雷达波长，a 为常系数，N 表示水平折射率的垂直梯度，T 表示热力学温度，p 表示气压，e 表示水汽压。

从式 (3.6) 可以看出，由 Bragg 散射造成的雷达回波 η 与雷达波长、大气折射指数呈正相关。本次外场雷达观测试验采用的 X 波段双偏振雷达能够观测到 1.6cm 左右的小尺度湍流。另外，相关文献很早就根据飞行观测数据指出 (Balsley and Peterson，1981)，晴空湍流的尺度与大气垂直高度成正比，即高度越高湍流尺度越大。因此，珠峰地区能够观测到的晴空湍流均在 2km 附近以下的相对地面高度。

将定日站探空气象要素值代入式 (3.6) 中计算得到大气折射指数随高度变化曲线（图 3.12），可以看出，大气折射指数总体上随高度的增加而减小。但是，在 500hPa 附近，大气折射指数发生折拐，突然增大（红圈处），与图 3.12 中径向距离 12 ～ 14km、海拔约为 5500m 的晴空回波大值区相对应。这进一步表明，大气温湿梯度较大所造成的大气折射指数值陡然增大，是珠峰地区晴空湍流回波强度比平原地区偏大的主要原因。

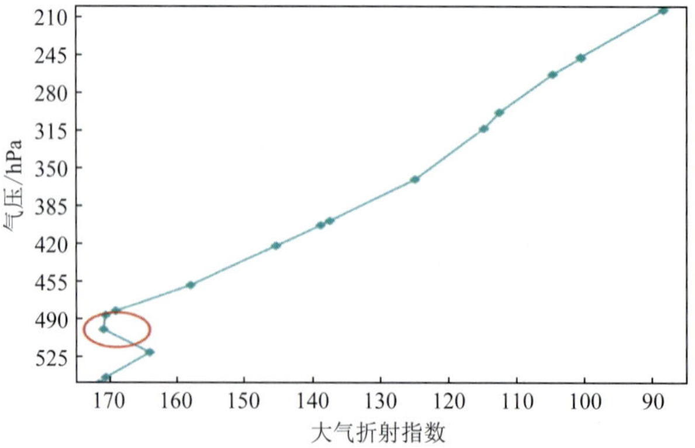

图 3.12　2019 年 6 月 18 日 20：00（北京时间）大气折射指数随高度的变化

图 3.13 是本次外场雷达观测试验 X 波段双偏振雷达观测的 5° 仰角下其他重要的

物理量。图3.13(a)是径向速度，从图3.13(a)可看出，从边界层到1.5km的相对地面高度之间，整个回波区域径向速度都在1m/s以下。从西藏定日站地面资料及探空资料可以看出，在2km相对地面高度以内，风速最大值不超过2m/s，投影到雷达径向上，与实测结果基本吻合。图3.13(b)是雷达回波的差分反射率Z_{dr}，从图3.13(b)可以看出，环形回波带上的Z_{dr}分布不均匀，其数值跨度很大，在0～10dB范围，且Z_{dr}小值区基本集中在离雷达观测站径向距离15km以内、相对高度1.5km以下，而大值区基本集中在15km以外、相对高度1.5～2.1km。结合径向速度回波和探空资料可知，由于低层回波风速较小，且X波段双偏振雷达观测晴空湍流尺度本身也很小，所以湍团的形状是较为均匀的圆球状，Z_{dr}接近于0；在1.5～2.5km的相对高度上，探空资料显示出现逆温层。逆温层中的水汽相对饱和，从式(3.6)中又可以看出，水汽e相对于压强p和温度T对大气折射指数的贡献更大，所以该位置处的晴空湍流为湿性湍流，在风向和重力作用下，湿性湍流团容易发生形变，形成非均匀扁椭球状，导致某些位置的值超过10dB。图3.13(c)是雷达回波的差分传播相移率K_{dp}，也是反映粒子形态的一个物理量。从图3.13(c)可以看出，K_{dp}大值区对应Z_{dr}大值区，K_{dp}小值区对应Z_{dr}小值区，说明K_{dp}与Z_{dr}呈正线性相关。图3.13(d)是雷达回波的相关系数ρ_{hv}。从图3.13(d)可以明显看出，对应图3.13(b)的Z_{dr}小值区，ρ_{hv}很高，在0.96以上；对应图3.13(b)的Z_{dr}大值区，ρ_{hv}偏小，最小只有0.8左右。这说明在Z_{dr}小值区的均匀小圆球湍团横纵轴尺度分布均匀，所以线性相关度很高；在Z_{dr}大值区的非均匀湿性扁椭圆湍团，横纵轴尺度分布是不均匀的，所以线性相关度偏低。

此外，由于本次外场雷达观测试验的X波段双偏振雷达观测设备采用了脉冲压缩技术，在10～12km存在长短脉冲转换区，而短脉冲无法观测到任何尺度的晴空湍流，所以图中显示雷达观测站径向距离10km以内没有任何晴空湍流回波，从而产生了这种环形回波(Wilson et al., 1994; Kusunoki, 2002)，但这并不表示在雷达观测站径向距离10km范围内不存在晴空湍流。

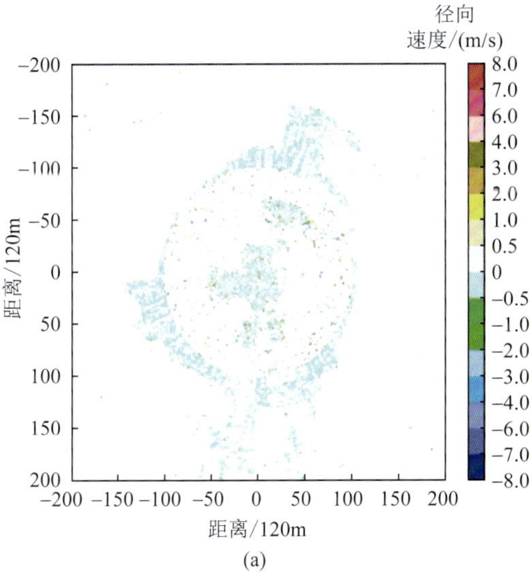

(a)

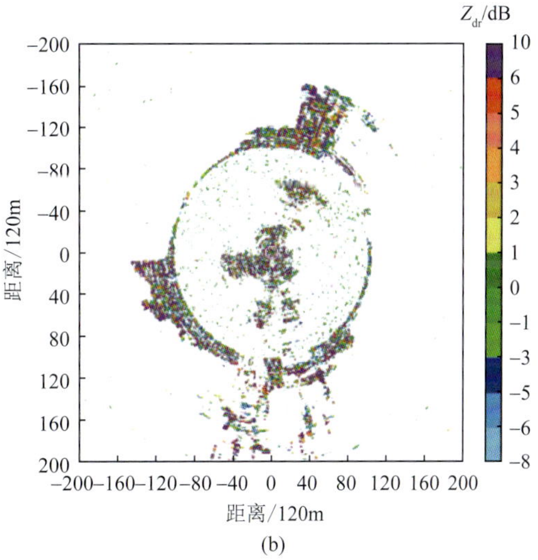

(b)

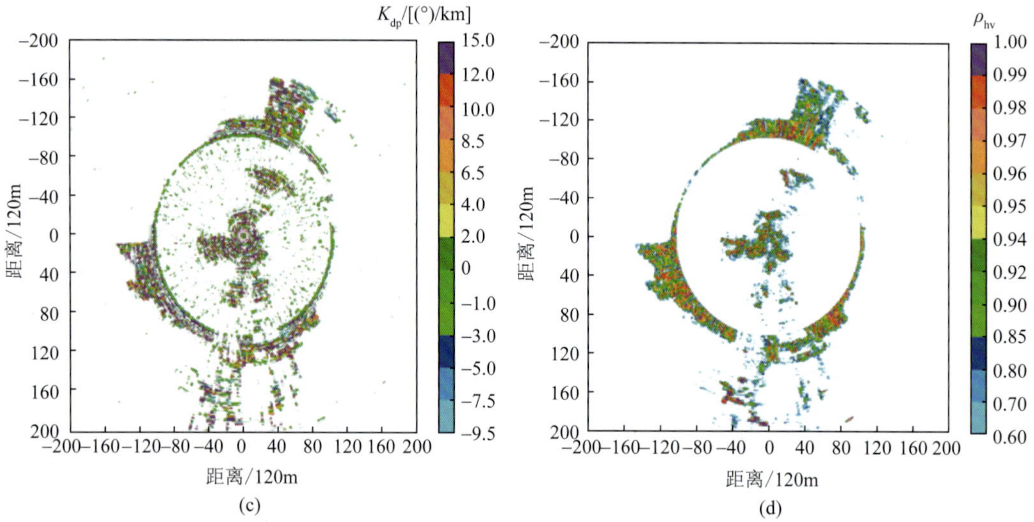

图 3.13　2019 年 6 月 18 日 21：44（北京时间）5° 仰角下的偏振物理量

图 3.14 是同一时刻 X 波段双偏振雷达观测的反射率因子数据，回波范围在雷达观测站以南 12 ～ 55km，东西水平距离跨度 36km。图 3.14(a) 是 5° 仰角下观测的反射率因子数据，从图3.14(a) 中可以看出，沿雷达观测站184° 方位，径向距离 38 ～ 43km附近，有两处明显的块状回波（黑圈 1 和黑圈 2），Z_h 在 30 ～ 60dBZ 不均匀分布，最强 Z_h 甚至超过了 60dBZ。图 3.14(b) ～ (d) 分别为 7°、8°、10° 仰角下观测的反射率因子数据，可以明显看出，随着仰角的抬升，这两处块状回波迅速消失，在抬升到 8°、10° 仰角时，已经完全消失。图 3.15 是对应位置的 X 波段双偏振雷达观测的其他物理量。图 3.15(c) 和 (d) 是观测到的 K_{dp} 和 ρ_{hv} 偏振物理量，将它们和图 3.15(a) 对比分析发现，这两处块状回波区 [图 3.14(a) 黑圈 1 和黑圈 2] 与 K_{dp} 和 ρ_{hv} 同样位置的两处块状回波区 [图 3.15(c) 和 (d) 黑圈 1 和黑圈 2] 一一对应；黑圈 2 的 K_{dp} 大值区与黑圈 2 的 ρ_{hv} 小值区对应，黑圈 1 的 K_{dp} 小值区与黑圈 1 的 ρ_{hv} 大值区对应，并且从图 3.15(a) 中可以看出，这两处块状回波的径向速度几乎为 0。结合上述这些雷达回波物理量特征以及雷达观测站与珠峰的相对位置，初步分析这两处块状回波所在位置是珠峰地区的地物杂波。另外，从黑圈 2 来看，K_{dp} 一般都在 10°/km 以上，对应位置的 ρ_{hv} 一般都在 0.6 ～ 0.8，这和平原地区的地物杂波特征相似。从黑圈 1 来看，K_{dp} 一般小于 5°/km，最小值接近 0，对应位置的 ρ_{hv} 是大值区，基本大于 0.97，最大值接近 1。分析其原因，这可能与珠峰顶长年的冰川积雪覆盖有关。相关文献指出 (Brandes and Ikeda，2004；Giangrande et al.，2008)，冰晶、干雪等水凝物粒子的 K_{dp} 一般较小，分布在 –2 ～ 2°/km，但其 ρ_{hv} 很大，可达 0.95 ～ 1.00。综上分析，初步判定黑圈 1 的块状区域为冰川积雪地貌的山峰地物回波。

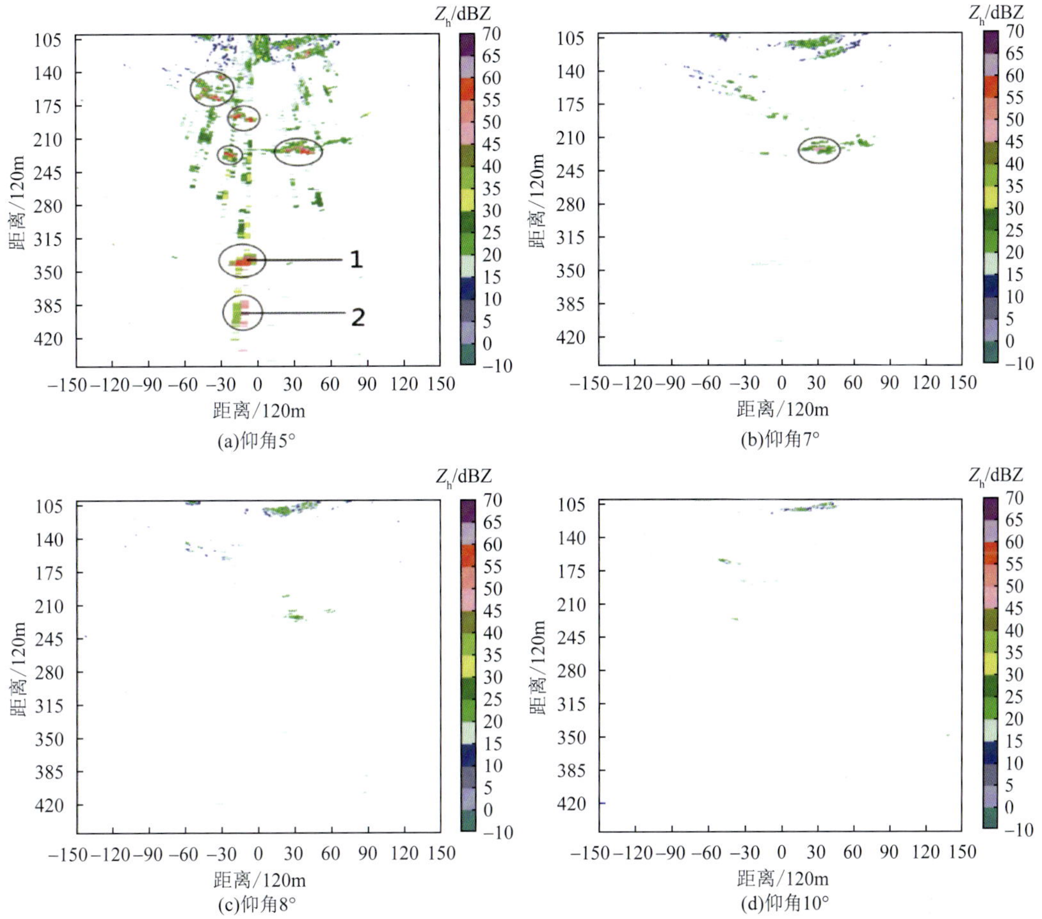

图 3.14　2019 年 6 月 18 日 21：44（北京时间）地物杂波反射率因子

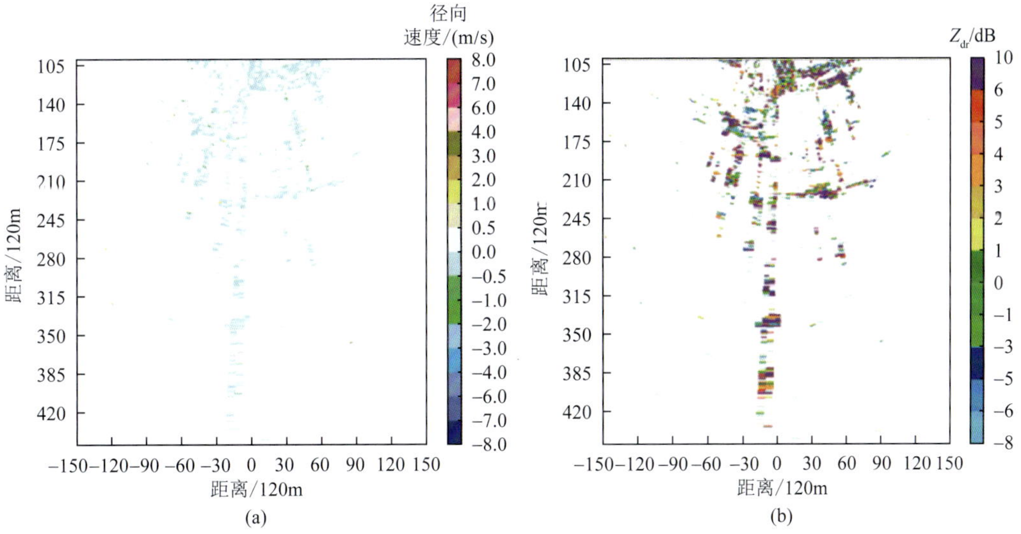

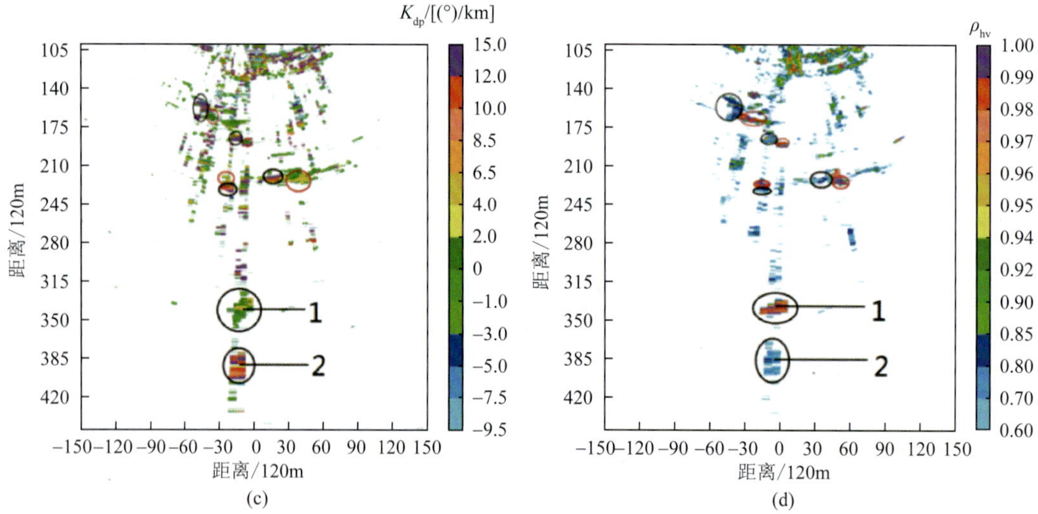

图 3.15　2019 年 6 月 18 日 21：44（北京时间）5° 仰角下的地物杂波偏振物理量

4. 珠峰地区降水天气的雷达回波特征

1）层状云弱降水

选取北京时间 2019 年 6 月 22 日 14：47 ～ 15：10 的雷达连续实况观测资料进行分析。表 3.3 是北京时间 2019 年 6 月 22 日 08：00 西藏定日站探空气象要素在垂直高度上的分布。从表 3.3 可以看出，550 ～ 200hPa，风向从低层较小风速的东南风转为偏西北风，又从中层较大风速的偏东风转为高层强盛的偏北风。整层大气垂直方向上存在较强的风垂直切变，且表现为低层暖平流、高层冷平流结构，大气动力触发条件很充分。此外，400hPa 以下中低层接近饱和、水汽含量充沛；在 7km（相对地面高度接近 3km）自由对流高度附近，存在一个温度陡然下降的区域。根据表 3.3 计算获取对流指数参数：SI=–3.4°，K=23，表明大气层结热力结构较不稳定。图 3.16 是北京时间 2019 年 6 月 22 日 14：30 FY-4 卫星观测资料。从图 3.16 可以看出，可见光通道的反照率为 0.5595，说明此时整个云体垂直厚度较大；长波红外通道观测到的云顶亮温为 –6.93℃，说明该位置的云顶高度较高；高层水汽通道的水汽亮温为 –34.83℃，表明大气水汽含量较高。

表 3.3　2019 年 6 月 22 日 08：00（北京时间）定日站探空气象要素

气压 /hPa	高度 /m	气温 /℃	露点温度 /℃	蒸汽压 /hPa	风向 /(°)	风速 /(m/s)
550.0	4997	0.7	−3.8	6.1	147	1.5
544.0	5113	−1.7	−3.1	5.8	143	1.7
521.0	5420	−2.1	−3.4	5.7	169	2.2
500.0	5770	−2.4	−2.7	5.1	193	5.4

续表

气压 /hPa	高度 /m	气温 /℃	露点温度 /℃	蒸汽压 /hPa	风向 /(°)	风速 /(m/s)
489.0	5969	−3.3	−3.5	4.7	226	6.8
483.0	6030	−5.2	−5.8	4.6	273	10.7
459.0	6412	−6.7	−9.6	4.4	88	11.4
423.0	7010	−19.8	−11.3	4.1	96	19.5
404.0	7347	−10.2	−11.7	4.2	78	20.1
400.0	7420	−11.1	−19.1	4.2	64	22.8
362.0	8136	−15.2	−25.6	3.8	62	29.4
315.0	9106	−22.2	−31.3	3.6	37	32.6
300.0	9440	−24.9	−33.4	3.7	12	41.6
265.0	10270	−210.7	−44.8	3.5	351	44.4
250.0	10660	−34.7	−49.6	3.2	348	49.3
249.0	10686	−35.6	−50.8	3.2	346	44.0
206.0	11903	−44.9	−50.6	2.9	4	43.7
200.0	12090	−45.4	−53.8	2.8	358	45.2

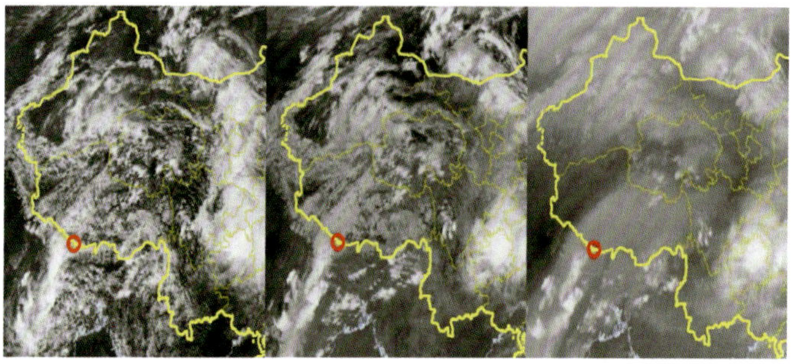

(a)　(b)　(c)

图 3.16　2019 年 6 月 22 日 14：30（北京时间）FY-4 卫星观测资料

(a) 可见光通道；(b) 长波红外通道；(c) 高层水汽通道

图 3.17 是北京时间 2019 年 6 月 22 日 14：47 X 波段双偏振天气雷达在 RHI 模式下观测的偏振物理量数据。图 3.17(a) ～ (d) 是沿 10° 方位观测的 Z_h、径向速度、Z_{dr} 和 ρ_{hv} 的 RHI 垂直剖面图，可以看出，红圈内的回波区域径向距离在 14 ～ 33km，水平尺度约 20km；相对地面的垂直高度为 2 ～ 5km，垂直厚度约 3km。该区域对应地面自动站雨量计有弱降水记录。从图 3.17(a) 中可以看出，Z_h 从 5km 到 3km 附近，是随着高度的降低而逐渐增大的，对应位置图 3.17(c) 的 Z_{dr} 则从很小的正值转变为较小的负值，图 3.17(d) 的 ρ_{hv} 随高度降低而增大。由瑞利散射机理可知，对于满足瑞利散射的水凝物粒子，考虑 FSA 规范模式中的后向散射情况有（Bringi and Chandrasekar，2001）：

$$
\begin{cases}
(S_{\mathrm{hh}})_{\mathrm{FSA}} = \dfrac{-k_0^2}{4\pi\varepsilon_0\left[\alpha+\left(\alpha_{Z_{\mathrm{b}}}-\alpha\right)\sin^2\theta_{\mathrm{b}}\sin^2\phi_{\mathrm{b}}\right]} \\
(S_{\mathrm{vv}})_{\mathrm{FSA}} = \dfrac{k_0^2}{4\pi\varepsilon_0\left[\alpha+\left(\alpha_{Z_{\mathrm{b}}}-\alpha\right)\left(\cos^2\theta_{\mathrm{i}}\sin^2\theta_{\mathrm{b}}\cos^2\phi_{\mathrm{b}}+\sin^2\theta_{\mathrm{i}}\cos^2\theta_{\mathrm{b}}+\sin2\theta_{\mathrm{i}}\sin2\theta_{\mathrm{b}}\cos\phi_{\mathrm{b}}/2\right)\right]} \\
Z_{\mathrm{dr}} = 10\lg\dfrac{S_{\mathrm{hh}}}{S_{\mathrm{vv}}}
\end{cases}
\tag{3.7}
$$

式中，S_{hh}、S_{vv} 分别表示满足上述条件的水平和垂直偏振波后向散射系数。可以看出，降水粒子 Z_{dr} 与粒子形态、介电常数 ε_0、入射角 θ_{i}、空间取向（θ_{b}、ϕ_{b}），以及特征尺寸分布（$\alpha_{Z_{\mathrm{b}}}$、α）等参数有关。

通过对式(3.7)的FSA规范模式散射物理模型分析可知，在4.5～5km高度附近混合存在大量微小冰晶和水滴粒子，所以其 Z_{h}、Z_{dr} 和 ρ_{hv} 都很小，但随着高度的下降，水滴冰晶粒子发生凝华聚合增长现象，逐渐形成较大冰晶粒子，且受高空气流影响，产生粒子翻滚，粒子空间取向和电磁波入射角度都呈非线性变化，所以 Z_{h} 仍继续增大，但 Z_{dr} 交替出现正负值，ρ_{hv} 也逐渐增大；当高度降至4km以下时，冰晶融化先是形成外包水膜结构，这种相态的粒子具有很高的介电常数，会引起后向散射回波的突然增大。随着高度的下降，冰晶最终完全融化变为较大雨滴，最后在下落到3km以下过程中，大雨滴发生破碎形成小雨滴，所以在约相对地面4km高度处 Z_{h} 首先出现大值区，最大值大于35dBZ，然后逐渐变小，到了3km以下，Z_{h} 基本小于25dBZ；Z_{dr} 在从4km降至3km以下的过程中，则是由逐渐增大变为迅速减小；ρ_{hv} 在从4km降至3km以下的过程中，则是从迅速减小变为逐渐变大。从图3.17(b)可以看出，径向速度从2km较低高度的小于2m/s增大到5km高度附近的大于4m/s，且均为一致的下沉气流。在两处黄色圈内，径向速度甚至出现了速度模糊。此外，还可以看出，在3～4km垂直高度内，径向速度出现一大值区，对应位置的 Z_{h} 也出现了大值区，表明此处有强的下沉气流。

综上分析，本次观测的RHI雷达回波剖面结构特征，与顾震潮在20世纪60年代提出的层状云降水形成的三层垂直分布模型非常吻合，即高层为冰晶层，中层为冰水混合的融化层，低层是液态水层。因此，研究分析认为，这是珠峰地区的一次典型的层状云弱降水天气。

2）对流型降水天气

选取北京时间2019年7月7日18：47～19：03的雷达连续实况观测资料进行分析。图3.18是北京时间2019年7月7日14：00欧洲中期天气预报中心（ECMWF）再分析资料，主要包含水平纬向风（U）、水平经向风（V）、温度（T）等气象要素在500hPa、

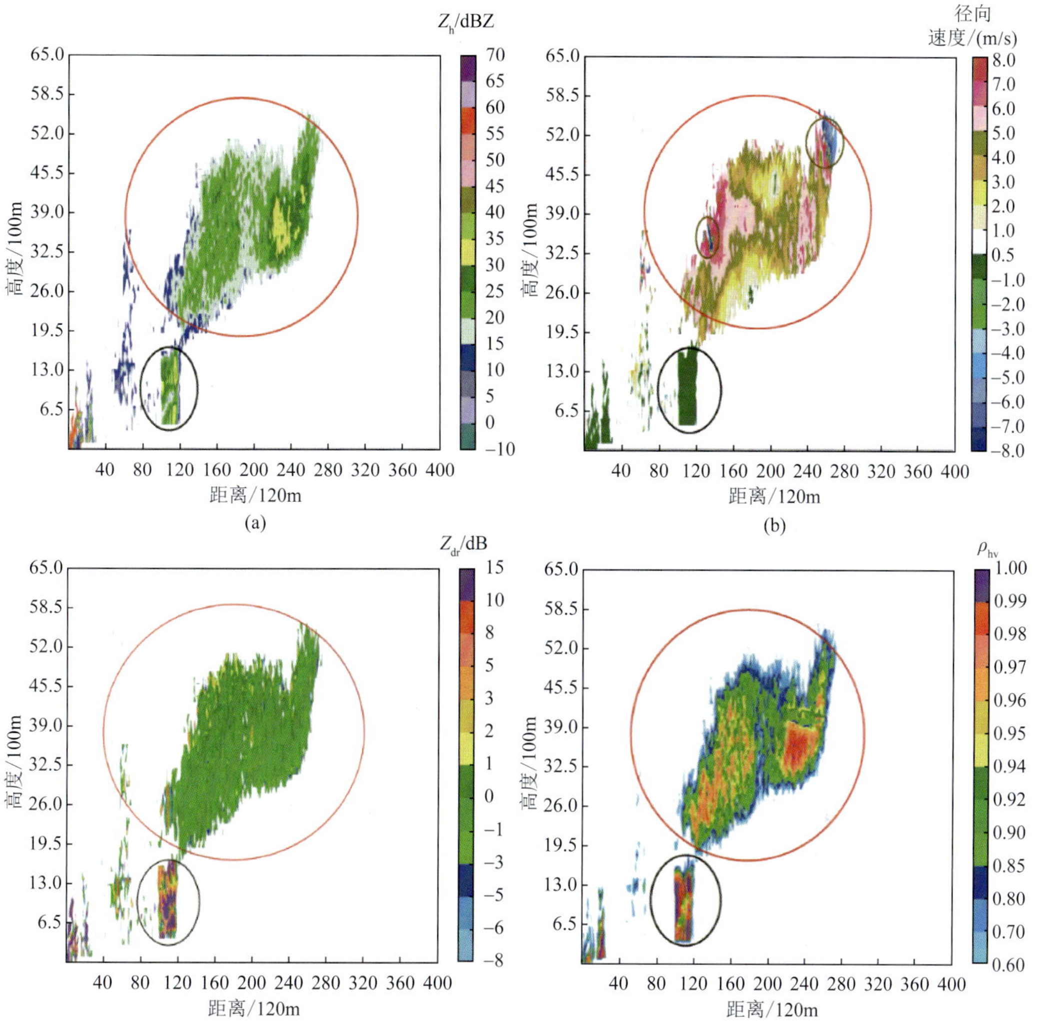

图 3.17　2019 年 6 月 22 日 14：47（北京时间）沿 10° 方位上的 RHI 模式下的弱降水垂直剖面结构

400hPa、300hPa 和 200hPa 4 个高度上的水平分布。从图 3.18(a) 中可以看出，500hPa 上，雷达观测站附近（红圆处）有水平风切变经过，延展至珠峰北侧（黄椭圆处）。白色曲线为水平风切变线，北侧为偏西风和西北风，南侧为强盛的偏东南风。从图 3.18(b) ～ (d) 可以看出，雷达观测站附近水平风场逐渐从较为一致的偏东南风顺转为较为一致的偏西风和西南风，且风速随垂直高度的增大而增大，是典型的“顺滚流”结构，预示雷达观测站附近的大气内部存在强烈上升气流，未来可能产生强对流性降水。此外，根据北京时间 2019 年 7 月 7 日 08：00 定日站探空资料，计算获取对流指数参数：CAPE=1874，SI<–2.8°，抬升指数（LI)<–4.6°，表明大气层结热力结构极不稳定。图 3.19 是北京时间 2019 年 7 月 7 日 18：30 FY-4 卫星观测资料。从图 3.19 中可知，可

见光通道的反照率为 0.8744，说明此时云体在垂直方向上厚度很大；长波红外通道观测到的云顶亮温为 –19.46℃，说明该位置云顶高度非常高；高层水汽通道的水汽亮温为 –52.73℃，表明大气水汽含量很高。

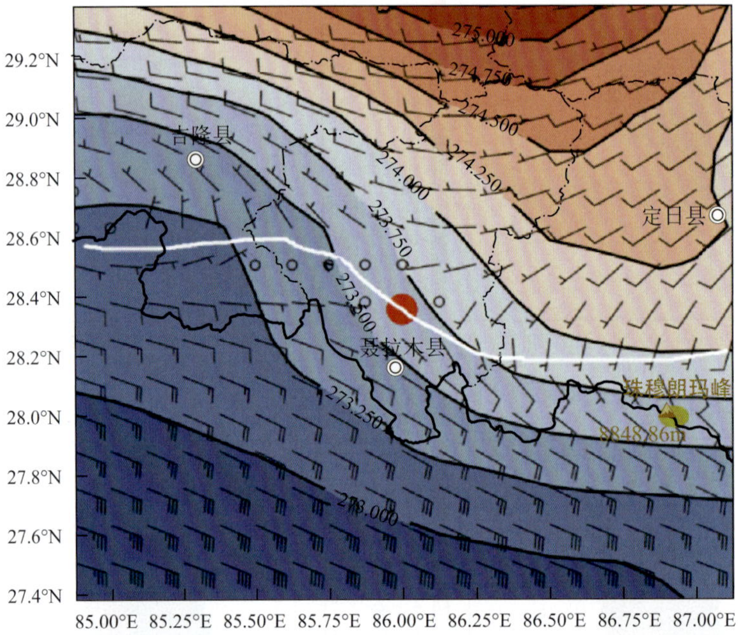

(a)500hPa

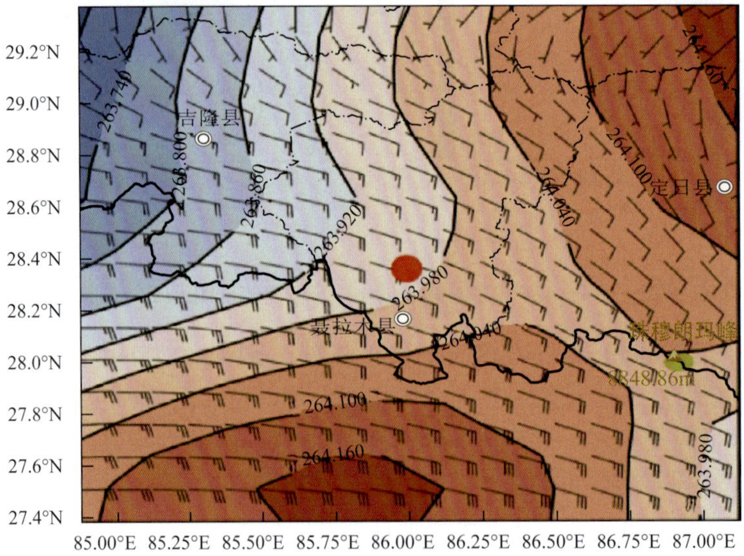

(b)400hPa

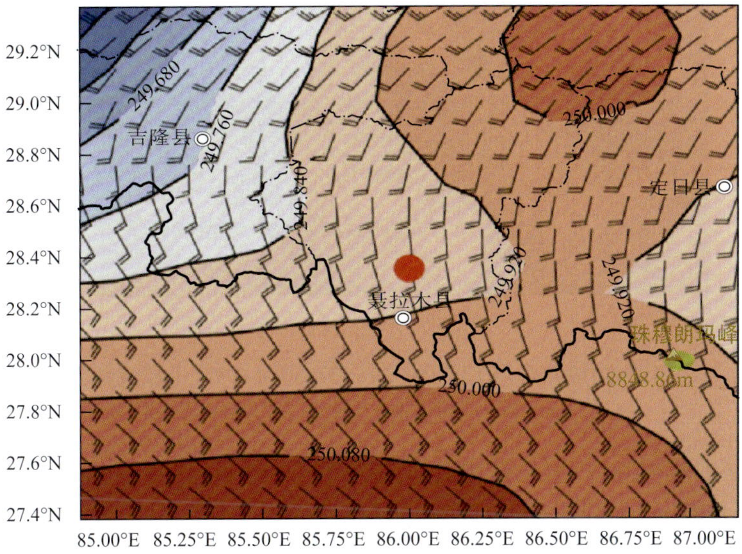

(c)300hPa

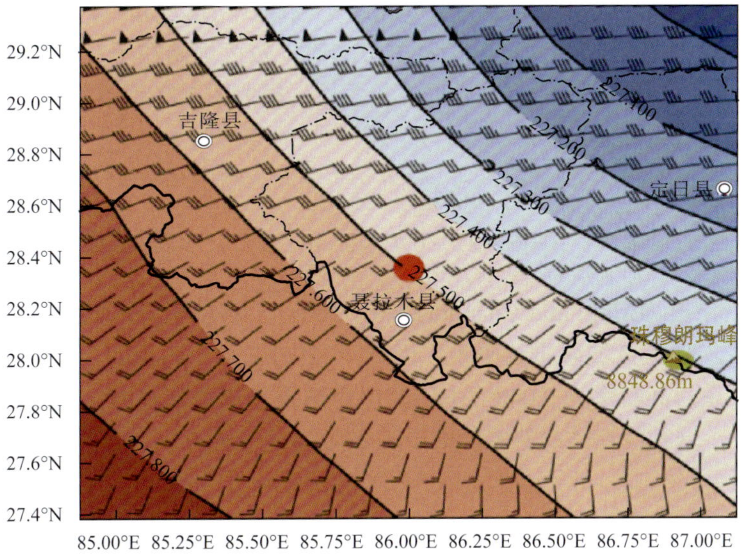

(d)200hPa

图 3.18　2019 年 7 月 7 日 14：00（北京时间）ECMWF 可再分析资料

图 3.20 是北京时间 2019 年 7 月 7 日 19：03，在 500hPa 上，珠峰地区 X 波段双偏振天气雷达观测的强对流降水的偏振物理量数据。从图 3.20 可以看出，本次强对流天气水平尺度较小，东西宽约 18km，南北长约 17km，为孤立的对流性降水回波。从图 3.20(a) 可以看出，2 号黑圈内存在 35dBZ 以上的强回波区，最大强度大于 45dBZ；从图 3.20(b) 中可以看出，从左至右的 3 个黑圈内，径向速度从强辐合中心转变为强辐散中心，尤其是中间的小黑圈内，甚至出现速度模糊，强辐合中心对应图 3.20(a)1 号黑圈

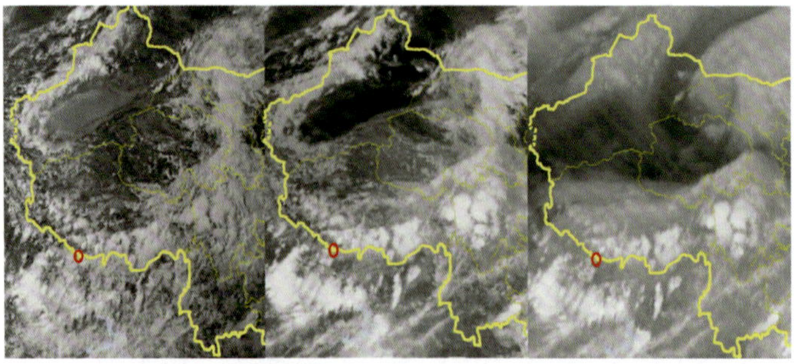

(a) (b) (c)

图 3.19　2019 年 7 月 7 日 18：30（北京时间）FY-4 卫星观测资料

(a) 可见光通道；(b) 长波红外通道；(c) 高层水汽通道

内 20 ～ 35dBZ 的较弱回波，强辐散中心对应图 3.20(a) 2 号黑圈内 35 ～ 50dBZ 的强回波。对比图 3.20(a) 和 (c) 可以看出，Z_h 和 Z_{dr} 存在一定的约束关系。将两图中 1 ～ 3 号圆圈内的数据进一步拟合分析，得出 Z_h 和 Z_{dr} 关系散点图（图 3.21）。由此可以明显看出，当 Z_h<25dBZ 时，Z_{dr} 基本在 0 附近，这主要是由于小雨滴在下落过程中，形变较小，几乎接近于球形，因而 Z_{dr} 接近于 0；而当 $Z_h \geqslant$ 25dBZ 时，较大雨滴粒子在下落过程中发生形变，为扁椭球形，Z_h 和 Z_{dr} 有较好的正线性相关性。根据图 3.21 散点数据，拟合 Z_h 和 Z_{dr} 关系可由式 (3.8) 表示：

$$Z_{dr}=\begin{cases}-0.5\sim0.5; Z_h<25\text{dBZ}\\ 0.0674Z_h-0.438; 25\text{dBZ}\leqslant Z_h<60\text{dBZ}\end{cases} \tag{3.8}$$

相关文献指出 (Bringi and Chandrasekar，2001)，对流型降水的 Z_h 和 Z_{dr} 存在一种线性约束关系，对于 C 波段雷达来说，当 Z_h < 20dBZ 时，$Z_{dr}\approx 0$；当 Z_h > 25dBZ 时，两者呈线性关系，其斜率为 0.048。本研究拟合结果与相关文献结论类似，只是对于 X 波段雷达来说，这种线性关系斜率要大于 C 波段雷达，为 0.0674。

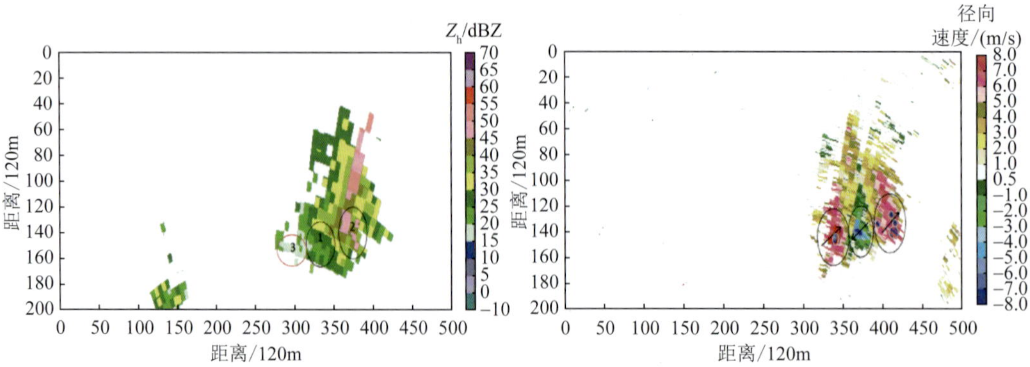

(a) (b)

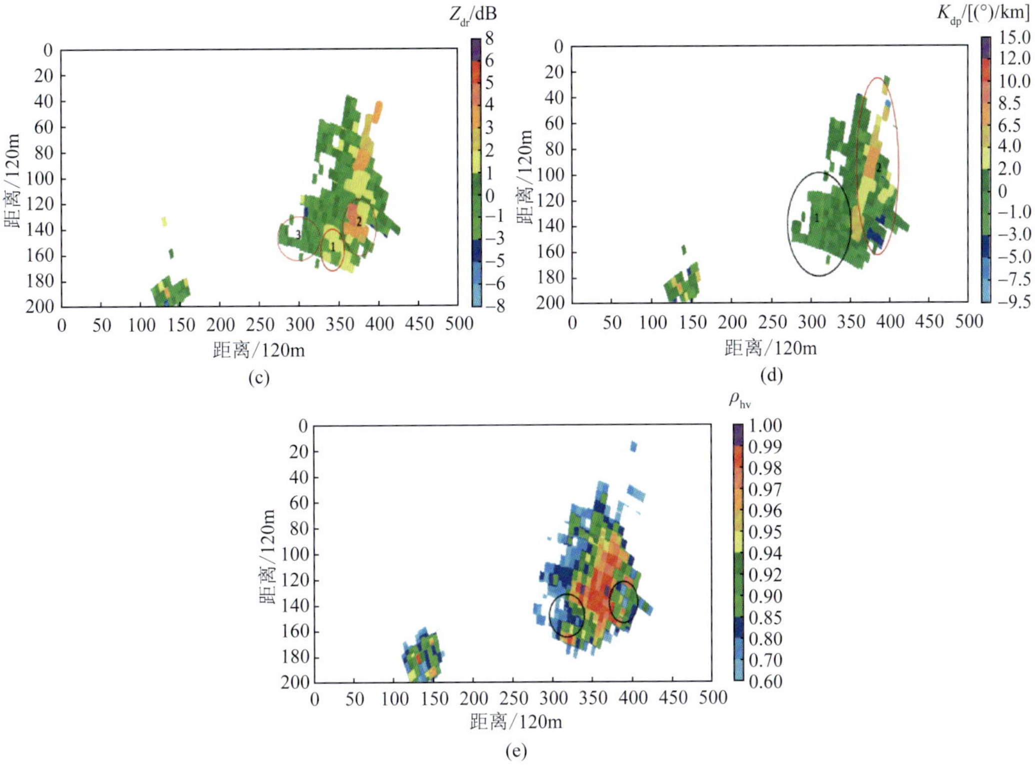

图 3.20　2019 年 7 月 7 日 19：03（北京时间）500hPa 上对流型单体降水的雷达偏振物理量

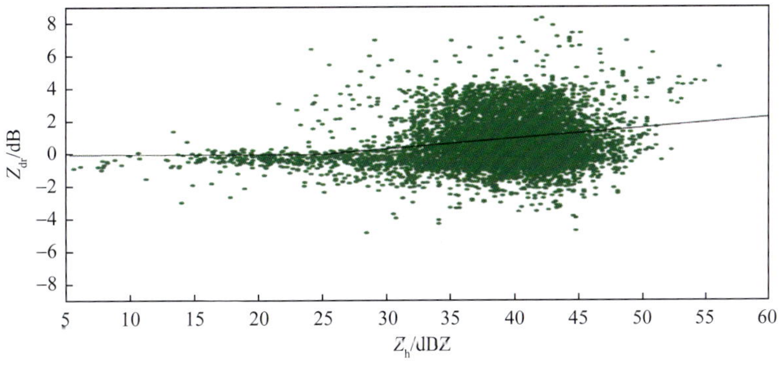

图 3.21　强对流降水的 Z_h 和 Z_{dr} 拟合关系

对比图 3.20(a) 和 (d) 可以看出，图 3.20(a) 中 1 号、3 号圆圈内为 Z_h < 35dBZ 的小到中雨，对应图 3.20(d) 中 1 号黑圈内，K_{dp} 分布在 0°/km 附近，极大值小于 0.5°/km，此处 K_{dp} 的使用具有一定的局限性。图 3.20(a) 中 2 号圆圈内为 Z_h > 40dBZ 的大到暴雨，对应图 3.20(d) 中 2 号红圈内，K_{dp} 显著增大，最大值接近 8°/km，这表明 K_{dp} 对大雨以下强度的降水识别效果不明显，而对暴雨识别的敏感度较好。另外，从图 3.20(e) 可以看出，强对流降水的 ρ_{hv} 总体较高。这表明在大部分的双偏振雷达采样体积内，粒子群形状及空间取向较为一致。但是，在图 3.20(e) 的两个黑圈位置处，ρ_{hv} 偏低，最小在 0.8 左右。结合图 3.20(b) 的径向速度数据分析可知，这两个位置恰好是此次强对流降水的辐合辐散中心，风速很大，粒子群剧烈旋转翻滚，导致其空间取向、特征尺寸分布参数分布极不均匀，因而出现较低的 ρ_{hv}。

图 3.22 是对流型降水的 Z_{dr} 概率密度分布，图中红色曲线是本次珠峰地区的对流型降水的 Z_{dr} 概率密度，蓝色曲线是发生在成都平原地区的一次强对流降水的 Z_{dr} 概率密度。对比两者可以看出，成都平原地区强对流降水的 Z_{dr} 谱分布较宽，5 ～ 6dB 的雨滴数量最多，且 Z_{dr} 正值数量远多于负值数量；而珠峰地区对流型降水的 Z_{dr} 谱分布较窄，0 ～ 0.5dB 的雨滴数量最多，且 Z_{dr} 正值和负值数量基本相当。

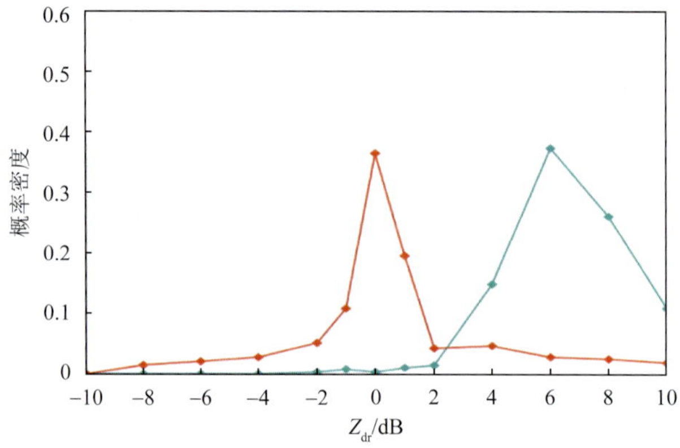

图 3.22　对流型降水 Z_{dr} 概率密度分布

图 3.23(a) ～ (d) 是同时刻沿 25° 方位，采用 RHI 模式观测获取的 Z_h、径向速度、Z_{dr} 和 ρ_{hv} 的垂直剖面数据。从图 3.23(a) 可以看出，黑圈内的强回波区 Z_h 在 35dBZ 以上，最大达到 45dBZ 左右，强回波区分布在相对地面高度 2km 以下，附近地面自动站雨量计有强降水记录，但相较于成都平原地区，珠峰地区的孤立强对流降水雨强偏大。对应图 3.23(b) 可以看出，径向速度从相对地面高度 2.5km 以上的负值转变为相对地面高度 2.5km 以下的正值。由于此时扫描方位为 25°，可以推断该强对流降水的中高层为偏北风，中低层为偏南风，整层存在较强的垂直风切变。从图 3.23(c) 可以看出，黑圈内的 Z_{dr} 大值区对应着图 3.23(a) 中黑圈内的 Z_h 大值区，二者具有较好的正线性相关度。从图 3.23(d) 可以看出，黑圈内的 ρ_{hv} 大部分在 0.95 以上，但在中低层的圆圈内，出现了一个 ρ_{hv} 平均值仅为 0.8 左右的低值带，相对地面高度在 1.5 ～ 2km，对应位置的 Z_h 和 Z_{dr} 均为大值区。相关文献（李典等，2012）在 2012 年通过 TRMM 卫星资料分析指出，青藏高原的冰雹相对地面的垂直高度比成都平原地区偏低，更多地集中在低层，这也是青藏高原地区夏季冰雹频发的原因之一。因此，综合分析认为，此处可能存在一个雨夹雹区域。此外，在下降过程中小冰雹逐渐融化，在近地面形成形状较为一致的扁椭圆状的较大雨滴，ρ_{hv} 又转而增大。

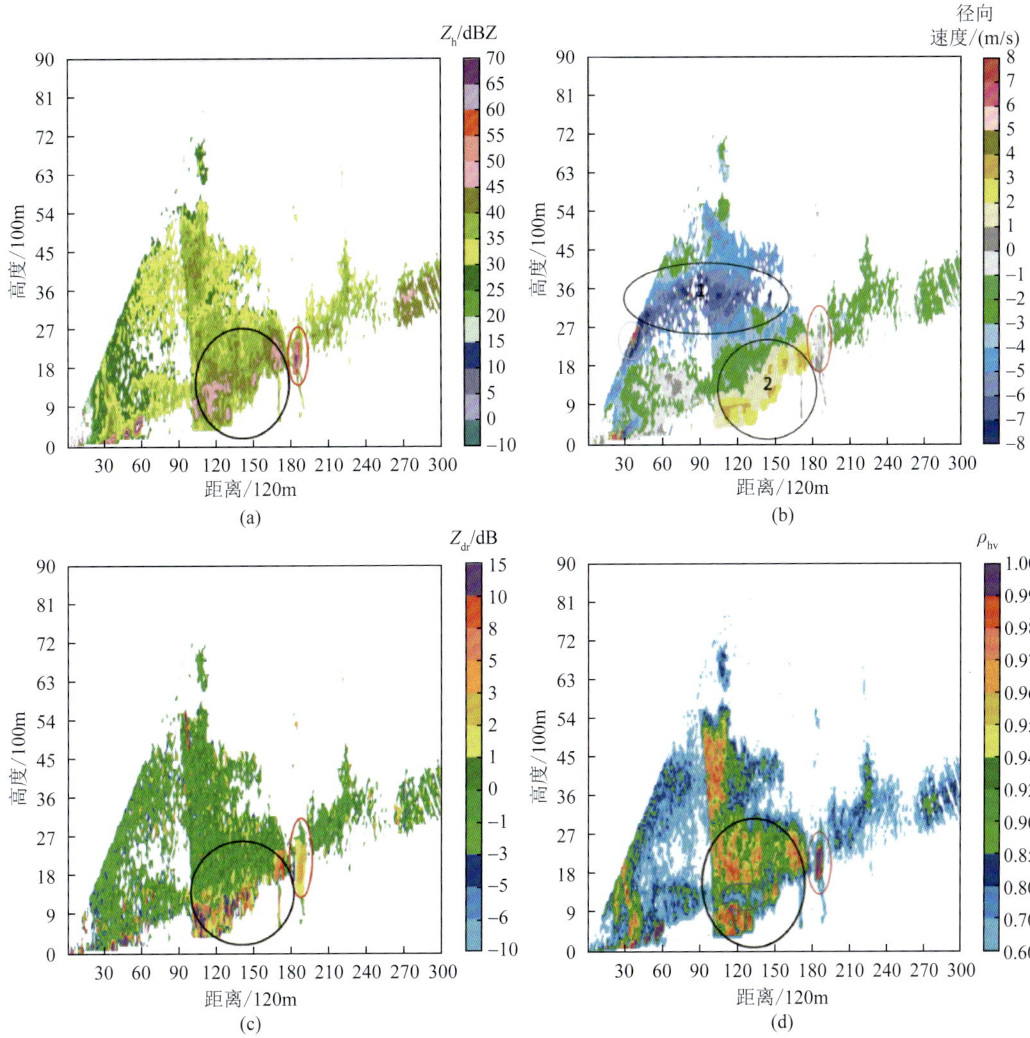

图 3.23　2019 年 7 月 7 日 19：03（北京时间）沿 25° 方位上的 RHI 模式下的强对流降水雷达偏振物理量

从图 3.23 强对流降水回波的垂直结构特征来看，珠峰地区发展至成熟阶段的对流性降水，其回波顶高可达 13km 以上，明显高于成都平原地区。但由于其海拔很高（站点海拔 4.3km），所以其整层厚度约为 8km。图 3.24 是一组中小尺度强对流天气个例的 Z_h 垂直廓线，图中红色曲线是成都平原地区的一次强对流降水天气的 Z_h 廓线，绿色和蓝色曲线是珠峰地区的两次强对流降水天气的 Z_h 廓线。从图 3.24 中可以看出，成都平原地区强对流降水的整层厚度很大，约 12km；珠峰地区强对流降水的整层厚度较小，约 8km。但是，珠峰地区小尺度的强对流天气降水雨强很大，Z_h 最大值接近 50dBZ，而成都平原地区 Z_h 最大值小于 45dBZ。此外，分析珠峰地区两次强对流降水 Z_h 随高度的变化趋势可以发现，图中 1 号和 2 号黑色圈内有两处 Z_h 峰值区，而成都平原地区 Z_h

随高度的增大仅仅是单纯的指数递减。

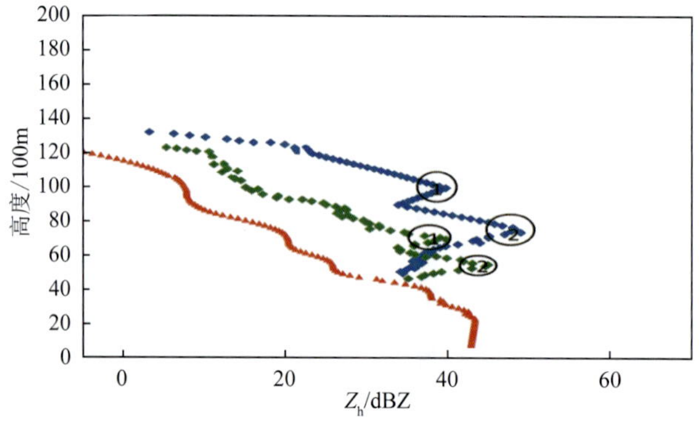

图 3.24　成都平原地区和珠峰地区对流型降水反射率因子垂直廓线

在对流性天气系统中，气块垂直运动速度与温度递减率成正比（Lorenc，1986）。在相同时段内，温度递减率越大，则气块垂直运动速度就越大。图 3.25 给出了平原地区和高原地区太阳辐射在不同海拔产生的温度递减率变化。图 3.25 中地表温度为 T_s，对流层顶温度均为 T_{st}，对流层顶到高原地表和平原地表的距离分别为 ΔH_1 和 ΔH_2。设高原和平原的大气垂直运动速度分别为 w_1 和 w_2，则有

$$\begin{cases} \dfrac{T_s - T_{st}}{\Delta H_1} \cong 1.7143 \dfrac{T_s - T_{st}}{\Delta H_2} \\ \dfrac{dw_1}{dt} \cong 1.7143 \dfrac{dw_2}{dt} \end{cases} \tag{3.9}$$

从式 (3.9) 可以看出，在一般情况下，春夏季节高原地区比平原地区在垂直方向上的大气运动速度更大，气流上升速度更快，更易触发强对流单体。

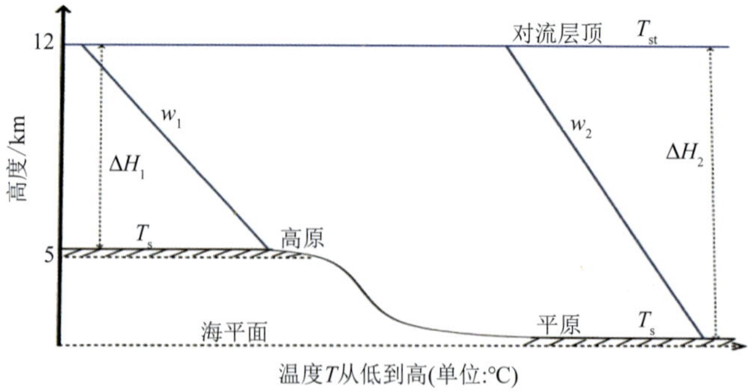

图 3.25　平原地区和高原地区气块温度递减率

3）珠峰地区降雪天气

选取北京时间 2021 年 4 月 22 日 08：00 定日站探空资料，计算获取 T-log$P$ 图（图

3.26)。从图 3.26 中可以看出，在距离雷达观测站垂直高度不到 1km 内，风向从西风突变为东风，边界层附近有强垂直风切变，整层垂直方向上为顺滚流，有利于对流的发展。自由对流高度 (LFC) 接近边界层，低于抬升凝结高度 (LCL)，且 CAPE 达到 2300，风暴强度指数 SSI=211.4，说明整层大气热力结构极不稳定。另外，云底高度 (CCL) 相对地面不到 2km，说明此时的边界层低温高湿，使得水汽很快凝结，在整层大气的中低层形成层云，层云内水汽的凝结释放潜热，使得层云顶部增温增湿，与中高层大气形成热力不稳定结构。此外，在 400hPa 以上风速超过 70m/s，强风速的抽吸作用也促进了中高层气流的抬升，易导致高架对流型降雪的发生。图 3.27 是北京时间 2021 年 4 月 22 日 09：30 FY-4 卫星观测资料。图 3.27(a) 是长波红外通道数据，雷达观测站位置（红圈内）的云顶亮温为 0.47℃，说明此时的云顶高度较低；图 3.27(b) 是高层水汽通道数据，雷达观测站位置（红圈内）的水汽亮温为 –26.93℃，表明大气水汽含量很高。

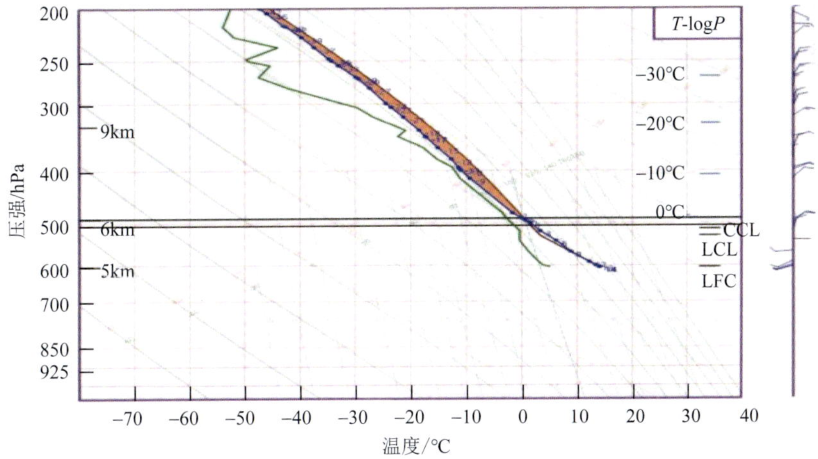

图 3.26　2021 年 4 月 22 日 08：00（北京时间）定日站 T-log$P$ 图

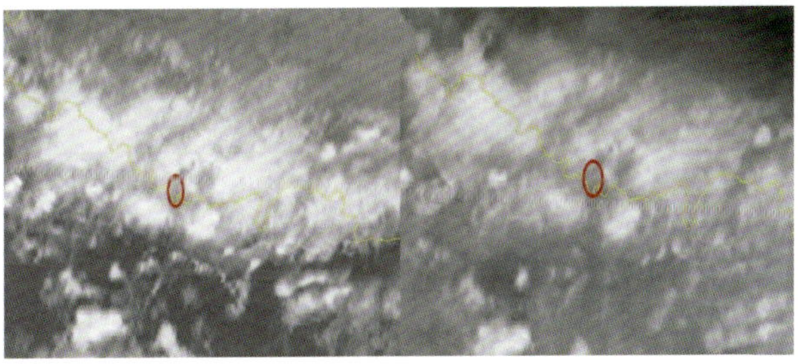

图 3.27　2021 年 4 月 22 日 09：30（北京时间）FY-4 卫星观测资料

(a) 长波红外通道；(b) 高层水汽通道

图 3.28(a) ～ (d) 是北京时间 2021 年 4 月 22 日 09：45 珠峰地区 X 波段双偏振天气雷达 VOL 模式 5° 仰角下观测的 Z_h、Z_{dr}、K_{dp} 和 ρ_{hv} 数据。从图 3.28(a) 中可以看出，

整个回波区域水平尺度东西宽为 14 ～ 33km，南北长约 20km；相对地面的垂直高度为 1.5 ～ 7km。其中，红圈区内回波高度相对地面约 6.5km，该区域 Z_h < 25dBZ，Z_{dr} 较大，接近 4dB，K_{dp} 为 –0.8 ～ 1，跨度很大，ρ_{hv} 平均值为 0.92，相对较低，这与 Doviak 和 Zrnic（1993）给出的北美地区降雪时的冰晶粒子雷达偏振量特征值比较吻合；两个黑框内回波高度在 1.5 ～ 2.5km，该区域 Z_h 基本大于 30dBZ，Z_{dr} 为 1.5 ～ 4dB，跨度较大，K_{dp} 最大超过 1.0，ρ_{hv} 很小，在 0.85 以下，说明在这一高度区域存在冰晶、干雪和湿雪的冰水混合相态的水凝物，且地面自动站雨量计有降雪记录。

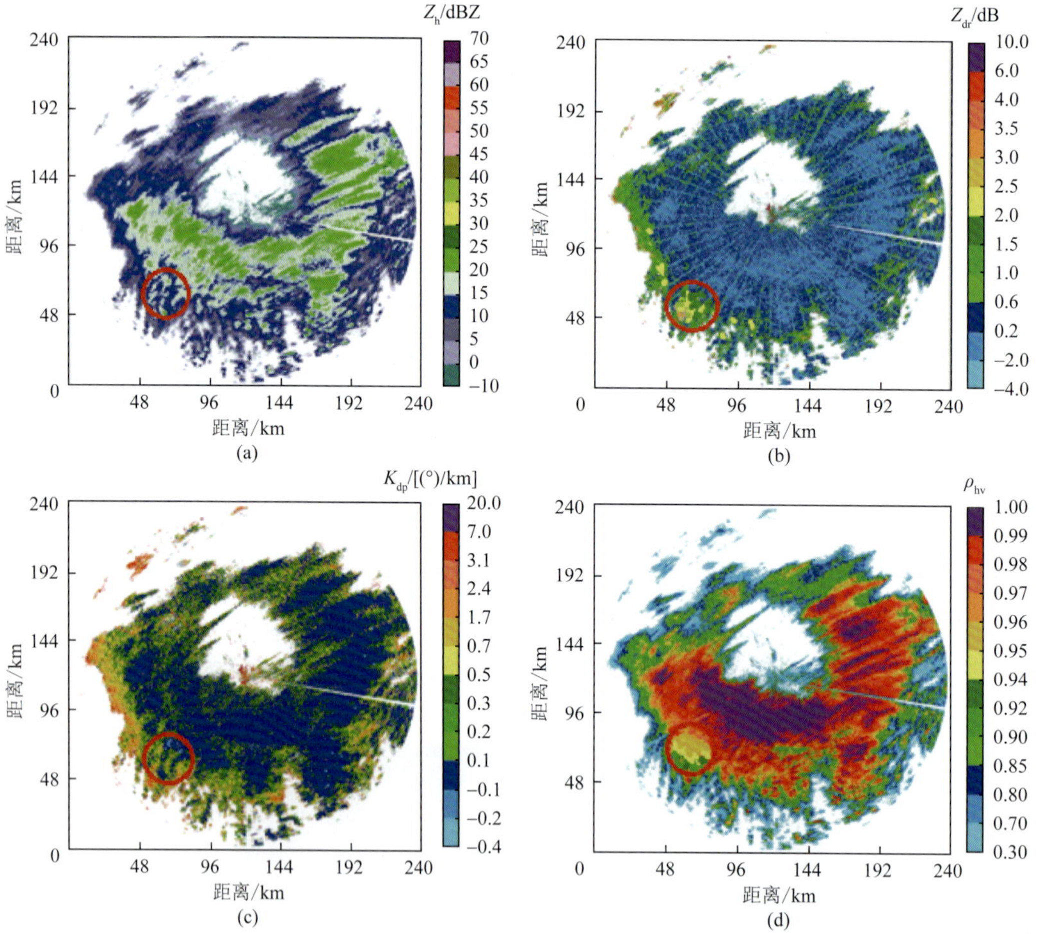

图 3.28　2021 年 4 月 22 日 09：45（北京时间）X 波段双偏振雷达在 VOL 模式 5° 仰角下观测的降雪天气偏振物理量

图 3.29 是同时刻的雷达 VOL 模式 5° 仰角下的速度和谱宽数据。从图 3.29（a）中可以看出，在距离中心雷达观测站径向距离 50 ～ 55km 处（黑圈内），存在明显的风切变区，且相对地面垂直高度在 4 ～ 5km，从 4km 高度附近的低层辐合到 5km 高度附近的高层辐散，这种垂直风切变促进了对流的上升运动。此外，低层和中高层均存在

速度模糊，说明整层风速也很大，与探空实况一致，较强风速的抽吸作用更有利于对流运动的快速发展，维持强降雪过程。从图 3.29（b）可以看出，距离地面相对高度 4 ～ 5km 内存在约 5m/s 的环形谱宽大值区，这一区域恰好与前述冰晶粒子及垂直风切变区的位置对应，说明该高度内的大量水凝物粒子存在很强的速度扰动，这有利于促进冰晶和过冷水的凇附效应（Giangrande et al.，2008），形成冰晶云。

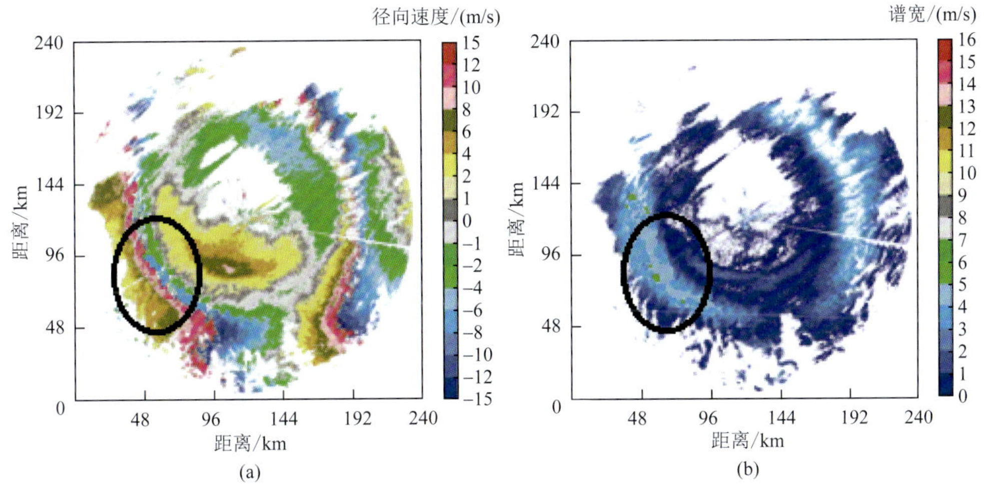

图 3.29　2021 年 4 月 22 日 09：45（北京时间）X 波段双偏振雷达在 VOL 模式 5° 仰角下观测的降雪天气径向速度（a）和谱宽（b）

图 3.30 是同时刻沿 250° 方位，采用 RHI 模式观测获取的 Z_h、谱宽、Z_{dr} 和 ρ_{hv} 的垂直剖面偏振雷达物理量数据，可见整个回波区域的水平距离跨度约为 100km，垂直高度从边界层延展至相对地面高度约 6km 附近。图 3.31 是在距离雷达观测站 39km 处，相对地面垂直高度 0 ～ 6km 的 Z_h、谱宽、Z_{dr} 和 ρ_{hv} 的垂直廓线及其与等温线的对应关系。从图 3.31 中黑色方框处可以看出，该位置相对地面垂直高度为 4 ～ 4.5km。对应图 3.31 综合分析，此处温度在 –25 ～ –20℃，且 $Z_h <$ 10dBZ，Z_{dr} 接近 4dB，谱宽值很大达到 5m/s，ρ_{hv} 低于 0.8，对应前述在此高度的径向速度、谱宽和偏振物理量等参数特征，表明这一区域存在高密度非球形冰晶粒子和过冷水，表现为雷达高带（Brandes and Ikeda，2004）。此高度位置由于温度较低，风场湍流扰动较强，高空过冷水和雪花冰晶粒子反复碰并，并在表面瞬间冻结，产生凇附增长效应，小冰晶逐渐增长为大冰晶，并开始下落，在接近地面时，温度的升高，使其外层融化变为密度较大的湿雪。从对应位置的地面激光雨滴谱仪也可以看出，本次累积降雪量约为 2.6mm 的中雪，且粒子相态为外表融化的雪花。另外，从图 3.31 中红色方框可以看出，在距离地面 2 ～ 4km 的高度范围内，存在一个 Z_h 小值（15 ～ 25dBZ）、Z_{dr} 大值（1 ～ 4dB），谱宽值接近 0，ρ_{hv} 低于 0.8 的降水回波区域。对应温度廓线图上，在边界层约 1.5km 处温度小于 0℃，但是在约 3.5km 处温度大于 0℃，说明这个红色方框区域内存在暖层云。在本次降雪

过程中，距离地面 2 ～ 4km 的该层状云具有低温高湿的特征，地面温度低，且有大量水汽输送，在中低层水汽就发生凝结形成层状云，水汽凝结过程中又释放潜热使得层状云顶增温，这与对流层底的低温又构成了热力不稳定，促进了水凝物的进一步对流抬升，揭示出珠峰地区冬季降雪具有高架对流特征。

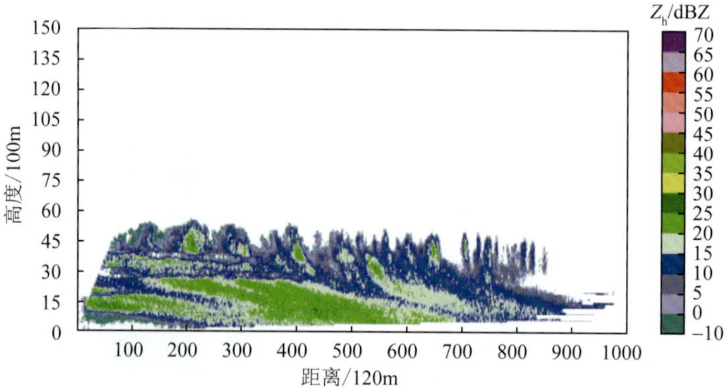

(a)

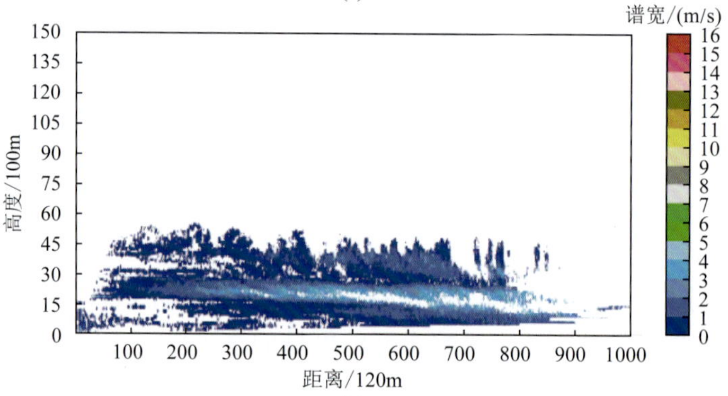

(b)

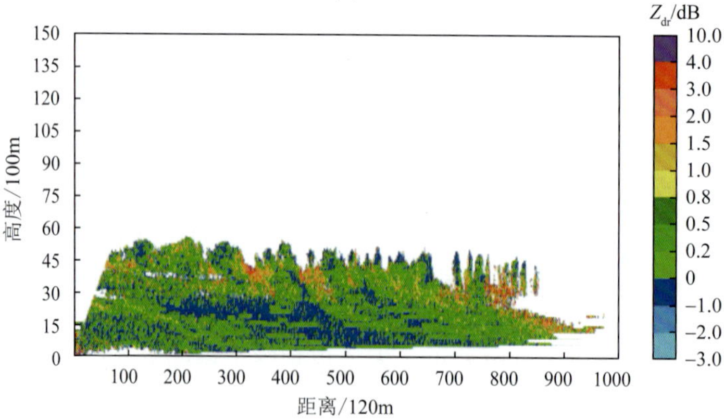

(c)

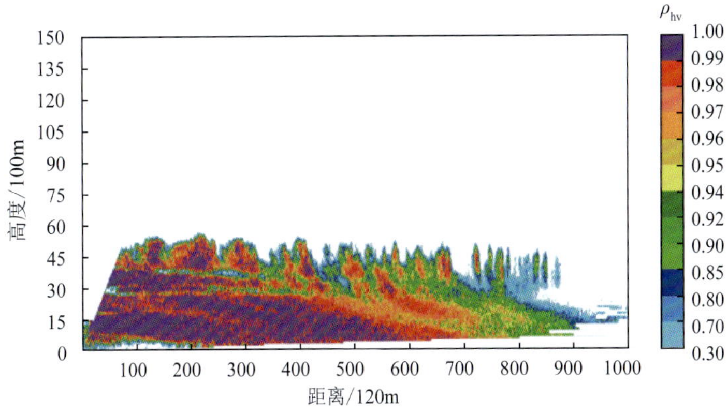

(d)

图 3.30　2021 年 4 月 22 日 09：45（北京时间）沿 250° 方位上的 X 波段双偏振雷达 RHI 模式降雪天气的观测物理量垂直剖面

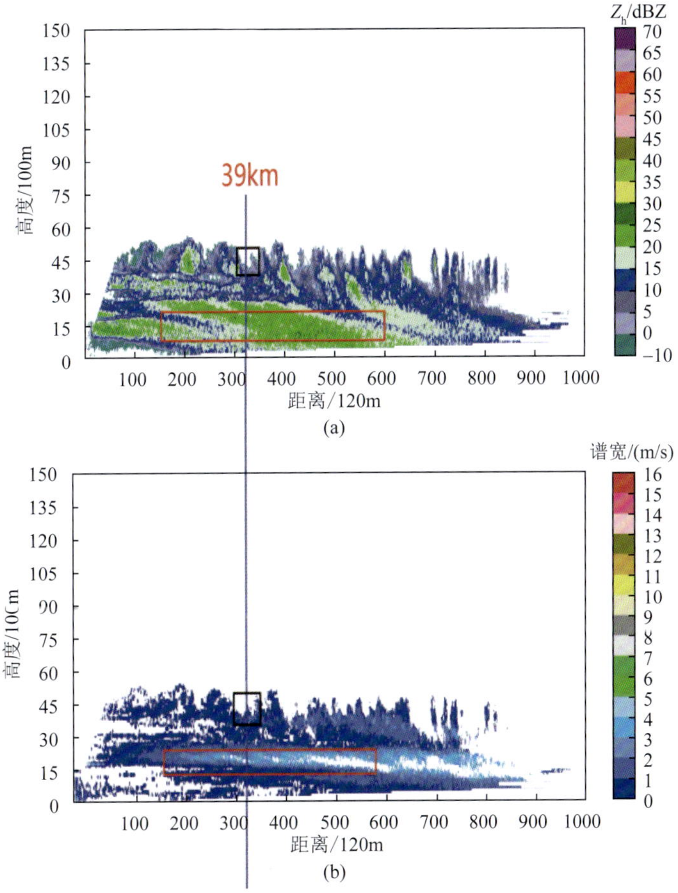

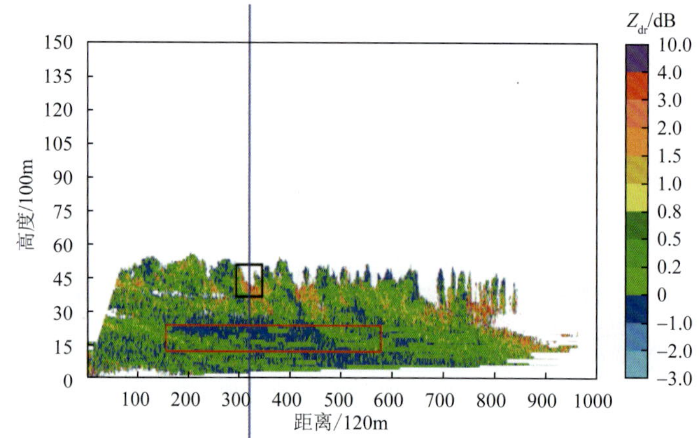
Zdr/dB
10.0
4.0
3.0
2.0
1.5
1.0
0.8
0.5
0.2
0
−1.0
−2.0
−3.0
高度/100m
150
135
120
105
90
75
60
45
30
15
0
100 200 300 400 500 600 700 800 900 1000
距离/120m
(c)

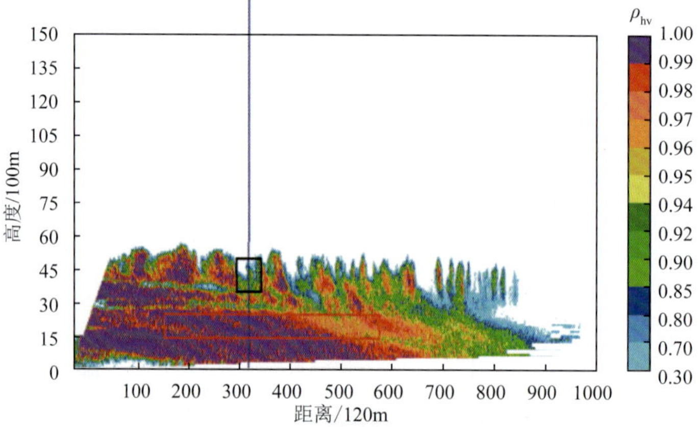
ρhv
1.00
0.99
0.98
0.97
0.96
0.95
0.94
0.92
0.90
0.85
0.80
0.70
0.30
高度/100m
150
135
120
105
90
75
60
45
30
15
0
100 200 300 400 500 600 700 800 900 1000
距离/120m
(d)

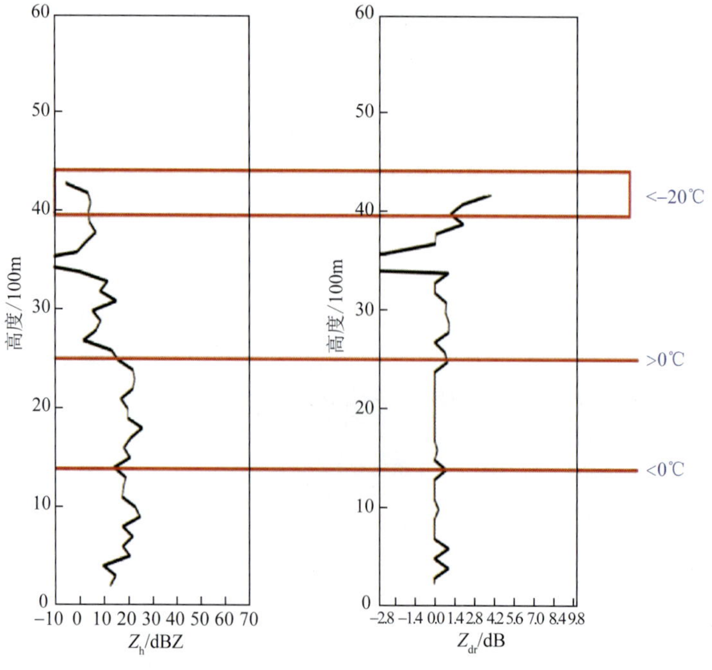
高度/100m
60
50
40
30
20
10
0
−10 0 10 20 30 40 50 60 70
Zh/dBZ
−2.8 −1.4 0.0 1.4 2.8 4.2 5.6 7.0 8.4 9.8
Zdr/dB
<−20℃
>0℃
<0℃

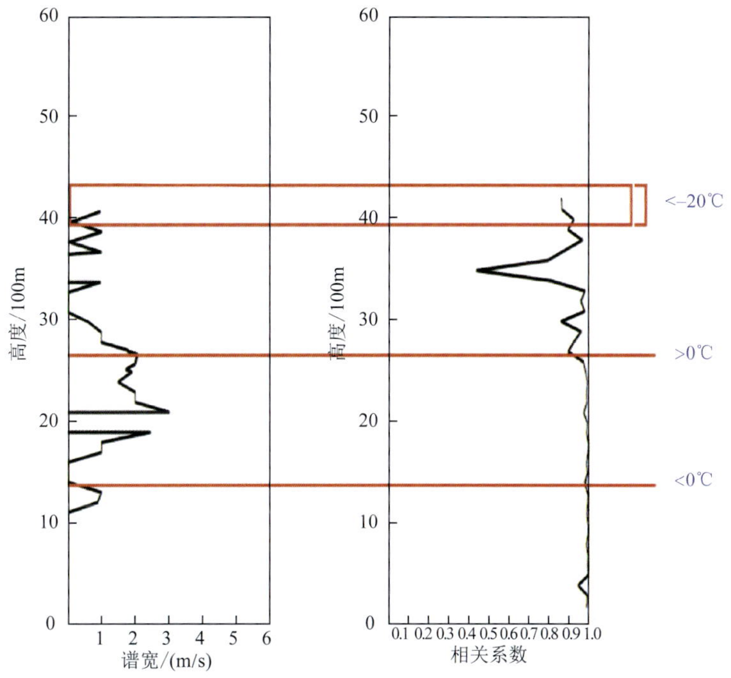

图 3.31　X 波段双偏振雷达径向距离 39km 处的偏振量垂直廓线及其与等温线的位置关系

3.1.3　珠峰地区激光雷达气溶胶观测分析

首次在青藏高原地区开展立体水平长距离激光雷达（图 3.32）观测。将激光雷达安装在珠峰站，望远镜视场对着珠峰最高点（两点水平距离 41.59km，海拔差 4.75km，两者直线距离 41.86km）。采用 1.46° 左右的倾角进行近水平的每日实时观测。观测时段为 2021 年 7 ～ 12 月。

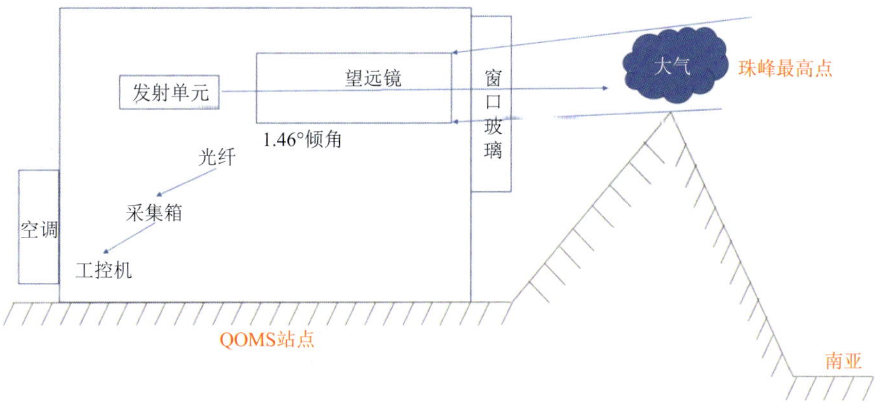

图 3.32　激光雷达珠峰水平立体观测示意图

1. 珠峰地区气溶胶水平观测数据

新研制的水平观测激光雷达系统可获取观测点位 0.3 ～ 15km 近水平范围内高分辨率的大气气溶胶数据，此外还可以提供退偏（球形粒子和非球型粒子）等后处理结果数据，可实现全天时观测，时间分辨率可达到 3 ～ 10min。

2. 珠峰地区激光雷达水平观测

从整体结果来看，7 月消光系数基本保持在 $0.15km^{-1}$ 以内，2021 年 7 月 21 ～ 28 日存在消光系数超过 $0.2km^{-1}$ 的高值现象（图 3.33）。8 月观测到的结果与 7 月相当，尤其是 8 月上旬和 8 月下旬，较高的消光系数基本保持在 $0.15km^{-1}$ 以上。9 月污染主要集中在 7 ～ 12 日。10 月高值时间段主要集中在 1 日、20 日、25 日以及 31 日，11 月每天观测点位都出现了 $0.2km^{-1}$ 以上的高值。最后，从 7 ～ 11 月的消光系数结果对比可以发现，从季风期到季风后期，消光系数整体上逐渐增大。

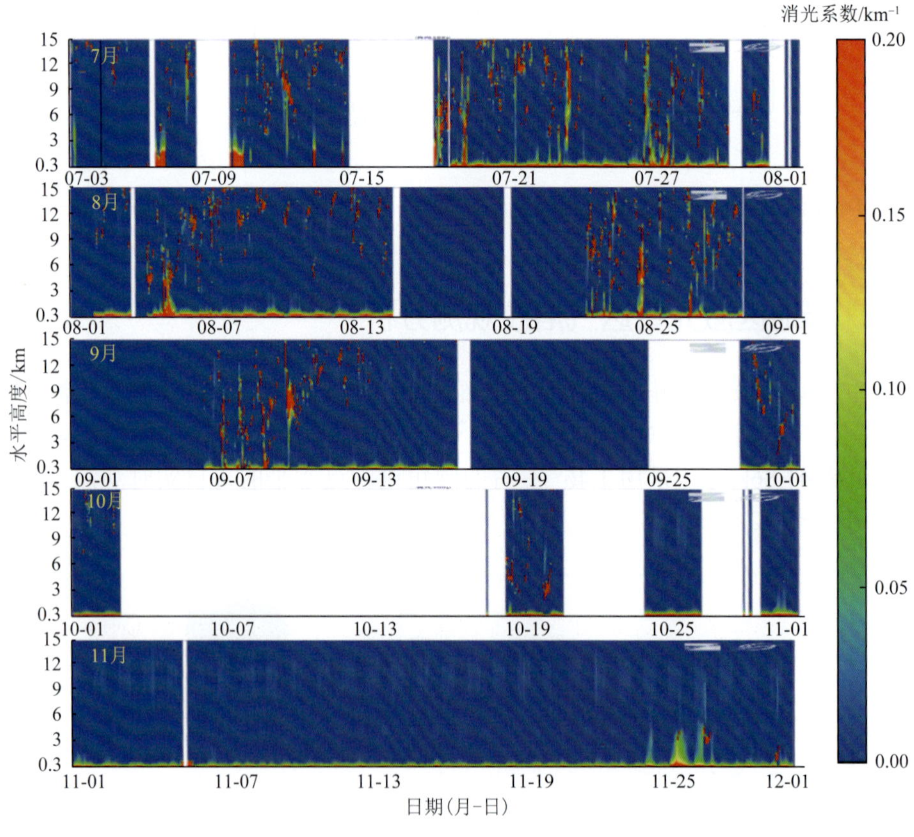

图 3.33 2021 年 7 ～ 11 月珠峰地区水平观测气溶胶激光雷达消光系数

3. 珠峰地区后向轨迹分析

图 3.34 是珠峰地区 2021 年 7 ～ 12 月的后向轨迹，可以看出，珠峰地区主要受到来自西南等方向气流的影响。

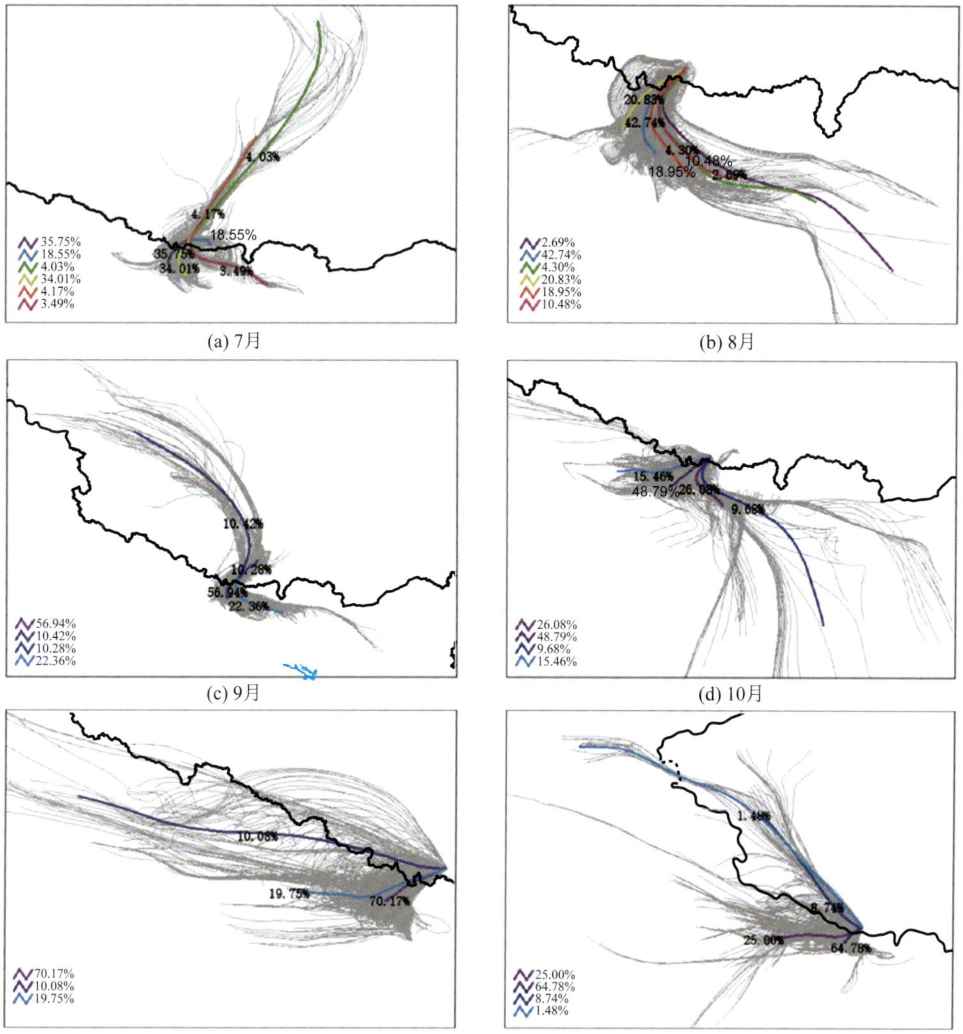

(a) 7月　(b) 8月　(c) 9月　(d) 10月　(e) 11月　(f) 12月

图 3.34　2021 年 7 ～ 12 月珠峰地区后向轨迹聚类分析

从具体统计结果来看，在 7 月东北通道气流占 8.2%，其余气流均来自境外输送；在 8 ～ 12 月，珠峰地区主要受到来自境外气流输送的影响，基本不受内地气流的影响，每个月具体的传输通道所占比例见表 3.4。

表 3.4　2021 年 7 ～ 12 月珠峰地区气流传输通道占比统计　（单位：%）

月份	东北通道	西南通道	西北通道	偏南通道	偏东通道
7	8.2	69.76	—	3.49	18.55
8	—	100	—	—	—
9	—	79.3	20.7	—	—
10	—	100	—	—	—
11	—	89.92	10.08	—	—
12	—	89.78	10.22	—	—

3.2 青藏高原主要降水天气系统与对流天气系统特征

青藏高原是全球气候变化的敏感区和关键区，对全球天气气候有重要影响和指示作用（陆龙骅等，2011），关于青藏高原气候变化及极端降水的研究很多，这些研究结果表明青藏高原中北部年降水量增加趋势显著（中国气象局气候变化中心，2021），同样极端降水也呈现增加趋势（曹瑜等，2019；冀钦等，2018；谢欣汝等，2018）。西藏高原地处青藏高原主体，研究西藏高原极端降水变化特征的内容还是较少，同时，近年来西藏高原强对流天气过程的突发性、多发性及强度大、影响重的特征尤为显著。

3.2.1 强对流天气系统

中尺度对流系统经常在东移出青藏高原后强烈发展，青藏高原就成为中国东部地区对流云系统的重要源地之一（赵平等，2018）。中尺度对流系统也是一个地区降水的主要贡献者（Fritsch et al.，1986；徐祥德和陈联寿，2006），其出现的数量也是一地总降水量和极端降水量的体现（Mohr，2004）。中尺度对流系统总是与强降水相联系（Li et al.，2017），因此，研究高原的中尺度对流系统分布及变化，可为研究湖泊湿地、河流密集区中尺度对流系统特征提供参考。研究指出，影响西藏高原强对流天气的主要系统有高原切变线、高原低涡、高原低槽（Jia and Xiao，2010）。

1. 高原切变线

朱乾根等（2000）指出，夏半年在青藏高原地区经常出现的 500hPa 高原切变线是西藏高原最重要的降水系统之一。据统计，在 6 ～ 8 月，几乎每次切变线过程都有降水。高原切变线一般有横切变线和竖切变线两种类型。前者比后者出现次数平均多一倍，横切变线多出现在 30°N ～ 35°N 的高原地区，而且横切变线维持的时间较长，过程降水量也比较大。根据对 2002 ～ 2008 年高原切变引起的强对流天气个例的分析（肖天贵等，2011），横切变线发生在北面高压脊和南面南支槽之间，它的北侧小高压是经常存在的。500hPa 高原切变线是高原南部西南气流与高原北部东北气流之间风场的不连续线，南边的西南气流是经常存在的。初夏的南支槽及地形槽，盛夏高原上的热低压和印度低压以及西太平洋副热带高压，都有利于高原南部盛行西南气流。因此，切变线的形成关键就在于高原东北部的偏东气流的出现，而切变线北侧的小高压对偏东风的出现和维持起着重要的作用。从卫星水汽云图看，高原切变线附近存在切变线云带、切变串涡云系和槽尾切变线云系（朱乾根等，2000）。高原切变线出现次数和移出数在 1998 ～ 2013 年呈增加趋势（姚秀萍等，2021）。

2. 高原低涡

朱乾根等（2000）根据 1979 年青藏高原科学实验资料的统计分析结果得出，1979 年 5 ～ 8 月青藏高原地区共出现低涡过程 54 次。其中，除 3 次低涡是从 70°E 以西移上青藏高原外，其余 51 次都是在青藏高原上生成的，而在这 51 次中多数（41 次）

出现在青藏高原雨季（6 ～ 8 月）中，其中 65% 以上的低涡导致降水（朱乾根等，2000）。所以青藏高原低涡也是青藏高原地区的主要降水系统之一。青藏高原低涡在其中心附近自低层到 100hPa 都是上升运动，低涡降水主要集中在低涡中心附近 400km 范围内，初生涡降水中心偏在低涡中心的东南侧，成熟涡降水中心偏在低涡中心东侧，二者的西北象限都是少雨区。2000 ～ 2007 年，夏季青藏高原低涡切变线观测事实中对低涡和切变线的生成源地以及相互作用关系的研究指出（何光碧等，2009），低涡的 3 个主要源地分别在托托河、那曲一带，曲麻莱附近，西藏、青海与四川交界的玉树、达日一带。横切变线的高频中心与低涡高频中心比较吻合，这些都表明高原低涡、切变线更易出现在海拔较高和地形坡度陡峭的地区，青藏高原加热和陡峭地形的动力作用可能是低涡、切变线形成的原因之一；低涡过程、切变线过程和低涡－切变过程通常给青藏高原及临近地区带来降水，低涡切变线过程常带来中等强度以上的降水，表明低涡与切变线相互作用过程更容易带来剧烈的天气。研究指出，1979 ～ 2016 年青藏高原低涡的年际变化随时间呈现出增加的趋势（关良和李栋梁，2019）。

3. 高原低槽

在每年的 6 月以前和 10 月以后，青藏高原常常受西风槽的影响，一般青藏高原低槽引发强对流天气环流，都有着大的低涡或低槽配合，使其能够加深或持续占据强对流天气发生的区域，引发强对流天气。在夏季（尤其是初夏），青藏高原的高空槽是高原上常见的一种降水天气系统。研究分析表明，影响青藏高原的高空槽分为短波槽和长波槽两种：短波槽出现在平直西风环流形势下，它们可以一个一个地相继越过高原。当这种短波槽越过高原时，一般不会造成严重的天气，只是引起高原上云量的增多，不产生明显的降水。这种短波槽在移出高原后，可产生强对流天气；西风带高空大槽在青藏高原西部受到山脉的影响往往发生断裂，不容易整体通过高原地区。有时大槽可以从青藏高原南部移过高原，在青藏高原中部和东部产生强烈的降雨和降雪。长波槽不是从西面或西北面移入的，而是青藏高原两边的南北两个短波槽到高原中部叠加而成的长波槽。这种长波槽对青藏高原天气有重要影响，在初夏常导致新疆地区的冷空气移上高原，成为青藏高原中部地区雨季开始的一个重要条件，在盛夏则往往形成青藏高原上的一次大范围对流性降水过程。青藏高原特定地形的作用下，中低层山脊坡造成气流下沉，暖湿西南气流沿其倾斜上升，与高层冷空气形成下暖湿、上干冷的大气不稳定层结；上升气流与高空急流汇合产生强上升运动，高原上强辐散层在高层，高层强辐散的抽吸作用对强对流天气的发生起了重要作用。

3.2.2　强对流天气动力结构特征

为了进一步加强对强对流天气过程的诊断分析，选取日降水量≥ 10mm，并伴有冰雹和雷暴的天气作为典型个例。国内有学者也针对美国国家环境预报中心 / 美国国家大气研究中心（NCEP/NCAR）再分析资料在青藏高原的适用性方面做了相关工作（魏丽和李栋梁，2003；周顺武和张人禾，2009）。我们基于 NCEP/NCAR 再分析资料，着眼水汽、动力、不稳定和热力条件，从比湿、涡度、水平散度、垂直速度、相当位温和温度等方面进行了分析，首先，从动力条件方面，500hPa 平均垂直涡度值为 $1.6\times10^{-5}s^{-1}$，200hPa 平均垂直涡度值为 $-3.6\times10^{-5}s^{-1}$，500hPa 平均水平散度值为 $-1.1\times10^{-5}s^{-1}$，200hPa 平均水平散度值为 $9\times10^{-4}s^{-1}$。在 65 个个例中，64 个个例 500hPa 涡度值≥ 0，61 个个例 200hPa 涡度值≤ $-2\times10^{-5}s^{-1}$，水平散度值 500hPa 大部分为负值，200hPa 为正值，从而在强对流发生区域具有显著的低层正涡度（负散度）、高层负涡度（正散度），表明低层气旋性（辐合）、高层反气旋性（辐散）的特征。同时，在 500hPa、300hPa 高度上平均垂直速度分别为 –0.1Pa/s 和 –0.2Pa/s，其中 64 个个例垂直速度均为负值，在 500hPa 上最低可达 –0.4Pa/s，300hPa 上最低为 –0.5Pa/s，从低层到高层的垂直速度均为负值分布，表明强对流天气发生区域上空具有上升运动。其次，从热力条件方面，中低层高温、高湿大气是暴雨产生的关键因子，假相当位温（θ_{se}）不仅考虑了气压对温度的影响，也考虑了水汽的凝结和蒸发对温度的影响，是对大气热力、水汽条件的综合反映。研究指出，θ_{se} 高能舌和 850hPa 的正涡度中心的位置对暴雨落区预报有较高参考价值（刘希文等，2013）。同时，也有学者认为，江淮流域低层 θ_{se} 高能舌与水汽通量辐合区有较好的对应关系，指出地面假相当位温中心（可达 90℃以上）及相当位温密集带内出现异常能量积累，最大降雨出现在假相当位温密集带（孙云等，2015）。同时，假相当位温大值区（360K 左右）的移动方向与雷雨大风、短时强降水天气有关，假相当位温也是一个能够同时表征大气水汽和热力状况的物理量，对流层低层假相当位温的显著增加可以造成对流不稳定。因此，850hPa 假相当位温作为一个暴雨指标被广泛应用于日常暴雨预报业务的诊断分析中（张艳和马旭林，2015；施望芝等，2004）。对西藏 65 个个例强降水过程的 500hPa 假相当位温（θ_{se}）进行了统计分析，强对流发生区域 500hPa 假相当位温（θ_{se}）为 73 ～ 93℃，平均值为 83℃，最大值可达 93℃，降水量≥ 10mm，并伴有冰雹和雷暴天气，发生区域与 500hPa 假相当位温（θ_{se}）高值区基本一致。同时，通过对 200hPa 和 500hPa 温度差分析，可以发现强对流发生区域温度差在 45 ～ 50℃，平均值为 48℃，最大值可达 50℃，温度差可以表征温度垂直递减率，即温度差越大，大气不稳定更加明显。最后，从水汽条件方面，比湿在 500hPa 平均值为 6.5g/kg，400hPa 平均值为 3.0g/kg，65 个个例 500hPa 比湿≥ 5g/kg，最大值可达 8g/kg，400hPa 比湿≥ 2g/kg，最大值可达 4g/kg，明显高于冬季降雪比湿值，说明强对流发生区域上空空气湿度条件较好。

通过以上分析，得出了基于 NCEP/NCAR 再分析资料的各物理量可以作为西藏高原强对流天气物理量的诊断指标。研究可为数值模式预报产品在西藏高原的适用性及改进提供基础。

3.2.3 强对流云团演变发展个例分析

采用相当黑体温度（equivalent black body temperature，TBB）资料，对 2005 ～ 2015

年西藏汛期（6～9 月）中尺度对流复合体（MCC）活动特征进行分析（图 3.35），得出西藏高原 MCC 活动高频区位于雅鲁藏布江中上游，这里处于喜马拉雅山和冈底斯山之间；次高频区为沿唐古拉山和念青唐古拉山的狭长地带，向东延伸至金沙江流域，MCC 的活动空间分布可能与山脉的走向和地形有联系。高原西北部地区和东南部地区是 MCC 活动的低频区，高原西北部地区是西藏降水最少的地区，而高原东南部则是西藏降水最多的地区，这两个地区的 MCC 活动却都最少，可以说明西藏高原西北部本身强对流性引发的降水少，而高原东南部强对流性降水少且对总降水量贡献小，这与前面强对流天气概况分析中，除林芝、昌都南部（除芒康）和沿喜马拉雅山南麓外，其余地方≥ 10mm/d 降水中对流性降水占有很大部分，特别是冰雹、雷暴多发区域该特征更为显著的结论相一致，同时，也与西藏高原第 97 百分位日强降水阈值空间分布一致。

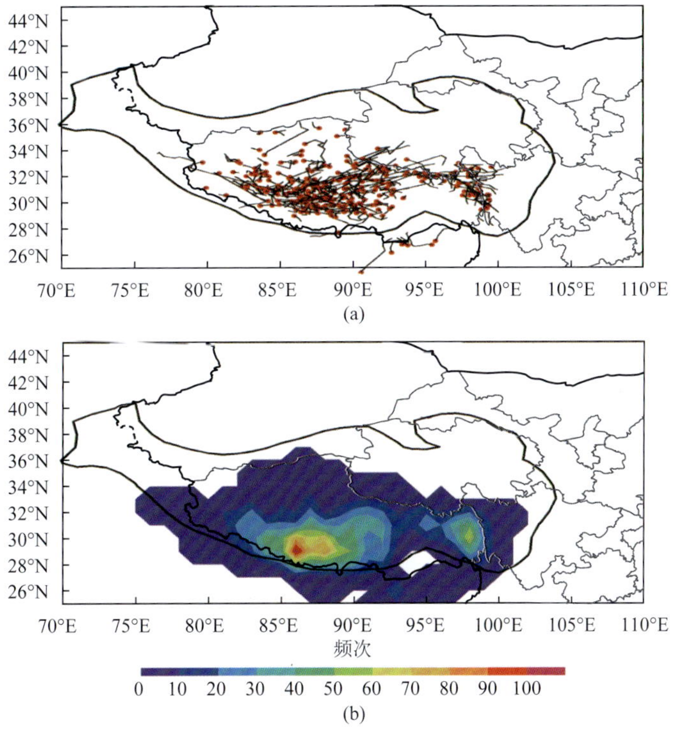

图 3.35　西藏高原 MCC 路径（a）及频次（b）

为了进一步分析对流云团的特征，云顶亮温产品结合红外多光谱带差进一步进行分析。在 65 个个例中选取其中 2 个个例作为典型的研究对象。

1. 个例 1：2012 年 6 月 18 日

强对流天气实况：2012 年 6 月 18 日 08：00～19 日 08：00，强降水主要集中在昌都市、那曲市东北部和沿雅鲁藏布江的南木林至尼木一带。其中，芒康 34mm、卡若 21mm、类乌齐 23mm、丁青 18mm、南木林 20mm、索县 17mm、左贡 12mm、安多和尼木 10mm、墨竹工卡 9mm；其中 18 日 20：00 6h 降水量芒康 24mm、卡若 13mm 和南木林 10mm，19 日 02：00 6h 降水量丁青 18mm、南木林 10mm；同时，18 日 14：00 ～ 23：00 尼木、墨竹工卡、浪卡子、加查、安多、索县、嘉黎、丁青出现了雷暴大风，类乌齐出现了冰雹，直径为 1mm。

对流云团演变（图 3.36）：2012 年 6 月 18 日 14：00 在西藏北部与青海交界区域、昌都市范围和申扎附近有多个对流云生成。15：00 ～ 17：00 西藏北部与青海交界区域对流云团稳定少动，但其强度明显加强，最大云顶亮温达到 –60℃，范围扩大明显。申扎附近对流云团发展东移过程中，为那曲东部对流发展维持起到了补充作用，同时昌都境内对流云团发展迅速，其最大云顶亮温接近 –60℃。18：00 ～ 19：00 那曲东部上空对流发展旺盛，其云顶亮温达到 –70 ～ –65℃，此时申扎、日喀则北部、拉萨交界处对流云团强度较弱，但是在雅鲁藏布江南侧拉孜至加查一带有新生对流发展，20：00 ～ 22：00 那

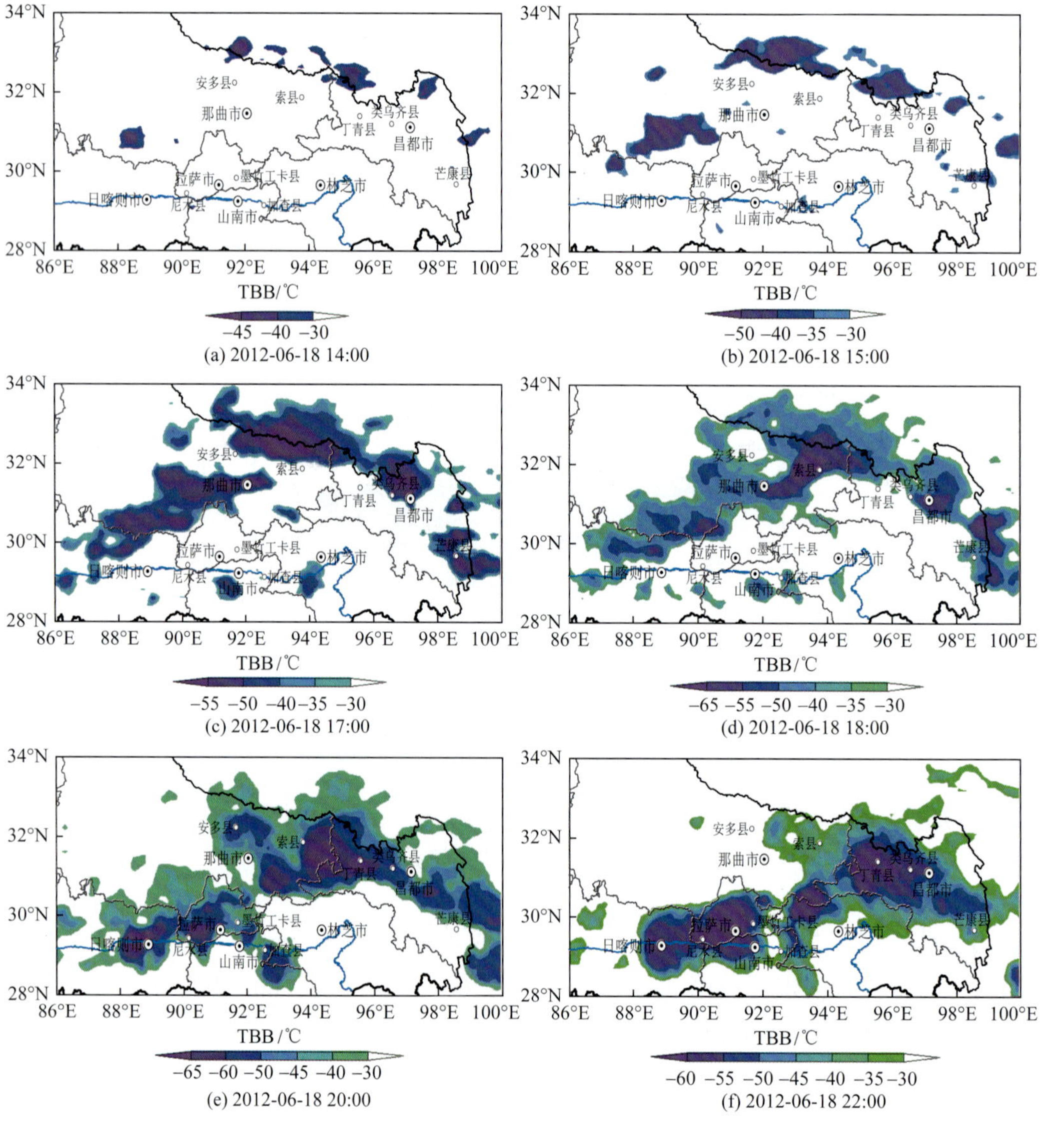

(a) 2012-06-18 14:00
(b) 2012-06-18 15:00
(c) 2012-06-18 17:00
(d) 2012-06-18 18:00
(e) 2012-06-18 20:00
(f) 2012-06-18 22:00

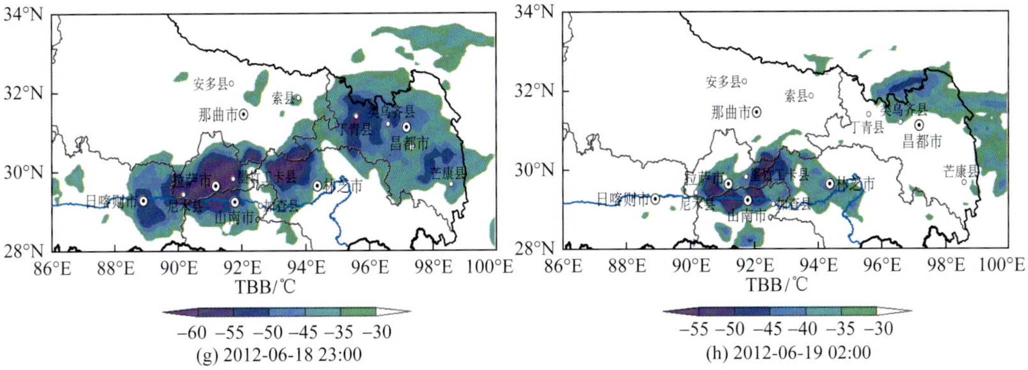

图 3.36　2012 年 6 月 18 ～ 19 日对流云团演变（TBB）

曲东部、昌都大部的对流云团维持，日喀则东部、拉萨、山南北部和林芝西部的对流云团得到进一步发展。23：00 那曲东部和昌都云系明显减弱，沿江中东段对流云团东移维持，到 19 日 02：00 才减弱。

红外多光谱带差分析：此次过程中，昌都市强降水较集中，其中 5 个站降水量超过 10mm，同时 2012 年 6 月 18 日 20：00 丁青出现了雷暴大风，类乌齐出现了冰雹，直径为 1mm。故选取丁青为代表（图 3.37），从丁青（日降水量 18mm）逐小时降水情况看，2012 年 6 月 19 日 19：00 ～ 20：00 出现了 0.2mm 的阵雨，20：00 ～ 21：00 降水量 3mm、21：00 ～ 22：00 降水量 3mm、22：00 ～ 23：00 降水量 5mm、23：00 ～ 00：00 降水量 5mm，其中 18 日 20：00 丁青出现了雷暴大风。按照 IR1 长波红外（10.3 ～ 11.3μm）与 IR2 长波红外分裂窗（11.5 ～ 12.5μm）、IR1 与 IR3 水汽（6.3 ～ 7.6μm）红外多光谱带差分析，丁青降水出现（19：00 之前）之前，IR1 长波红外与 IR2 长波红外分裂窗多光谱带差在 0 ～ 2℃波动，19：00 开始红外多光谱带差变为 0℃以下，最低达到 –4℃；而 IR1 长波红外与 IR3 水汽红外多光谱带差变化更加显著，19：00 之前（无降水期间）红外多光谱带差在 24 ～ 38℃波动，平均为 29℃，18：00 ～ 19：00 从 30℃迅速减小到 16℃，开始出现阵性降水，20：00 维持在 –4 ～ 8℃，平均为 0.8℃。IR1 与 IR2 红外多光谱带差为 –4 ～ –2℃，20：00 丁青出现了雷暴大风，20：00 ～ 00：00 累计降水量达到 16mm。

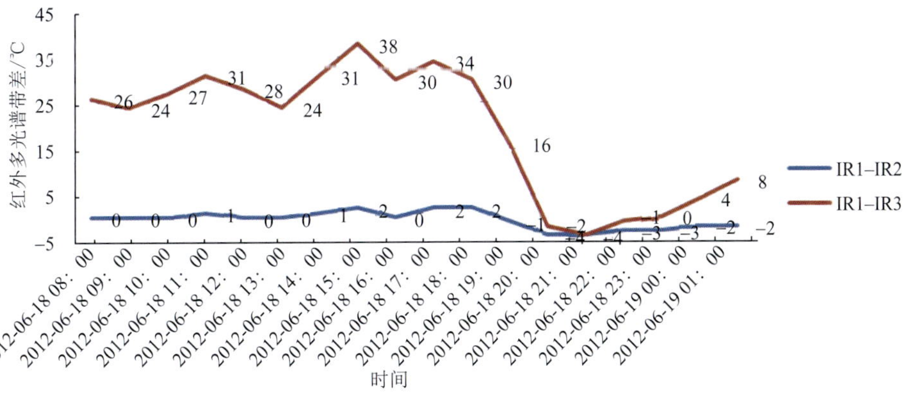

图 3.37　2012 年 6 月 18 ～ 19 日丁青红外多光谱带差

2. 个例 2：2013 年 6 月 21 日

强对流天气实况：2013 年 6 月 21 日 08：00 ～ 22 日 08：00，强降水集中在日喀则东部、拉萨市和山南北部及昌都中部，其中卡若 44mm、类乌齐 26mm、八宿 22mm 和贡嘎 36mm、墨竹工卡 30mm、拉萨 18mm、拉孜 15mm、桑珠孜 11mm；21 日 20：00 贡嘎 6h 降水量为 12mm；21 日 14：00 ～ 23：00 拉孜、桑珠孜、江孜、贡嘎、琼结、拉萨、墨竹工卡、加查、洛隆和卡若出现了雷暴大风，墨竹工卡出现冰雹，直径为 1mm。

对流云团演变（图 3.38）：此次过程中对流云团分别在沿雅鲁藏布江北侧的墨竹工卡—南木林—谢通门北部和日喀则、山南的南部边境生成，到 16：00 南部的对流迅速发展，其中心云顶亮温接近 –60℃，雅鲁藏布江北侧的对流云团也在发展但强度较弱。17：00 ～ 20：00 雅鲁藏布江南北两侧的云团在日喀则中部和拉萨山南合并发展，对流云团最大云顶亮温达到 –70℃，这种对流云团一直维持到 23：00，到 22 日 01：00 云团开始减弱。

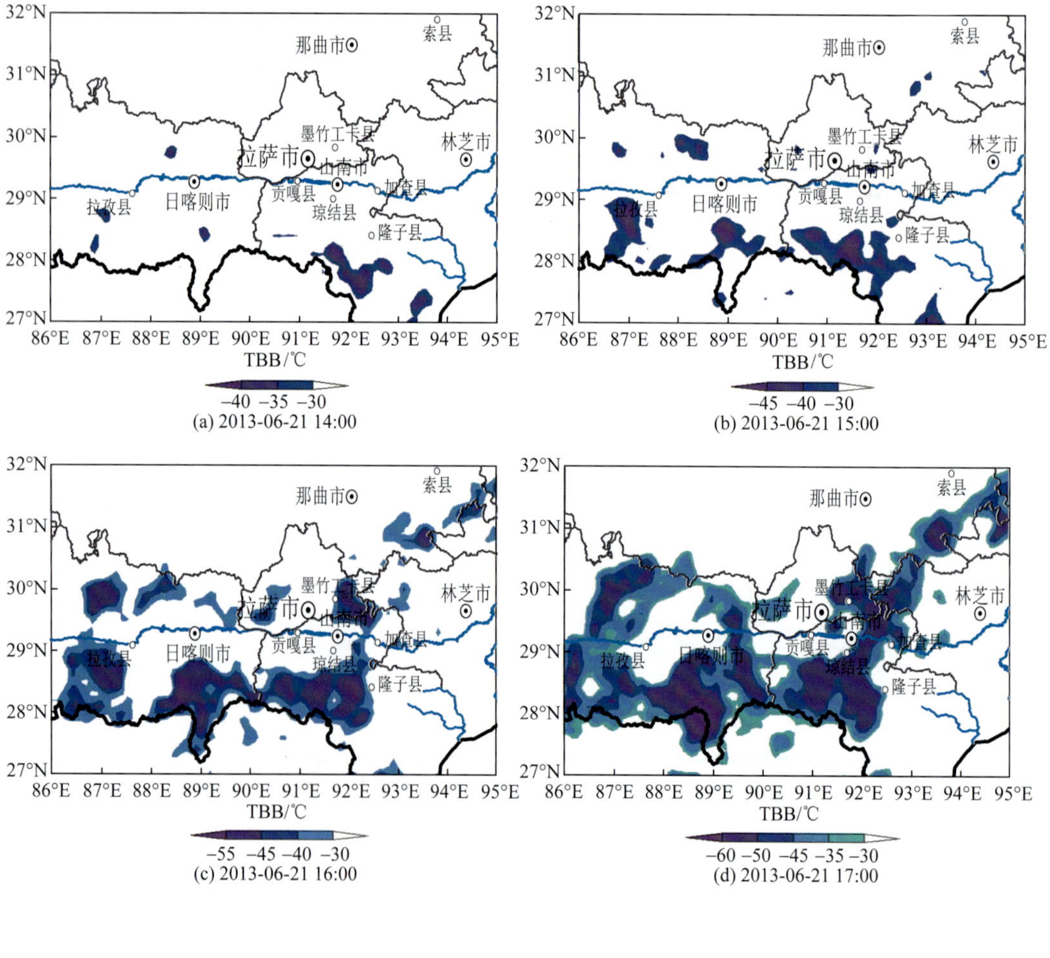

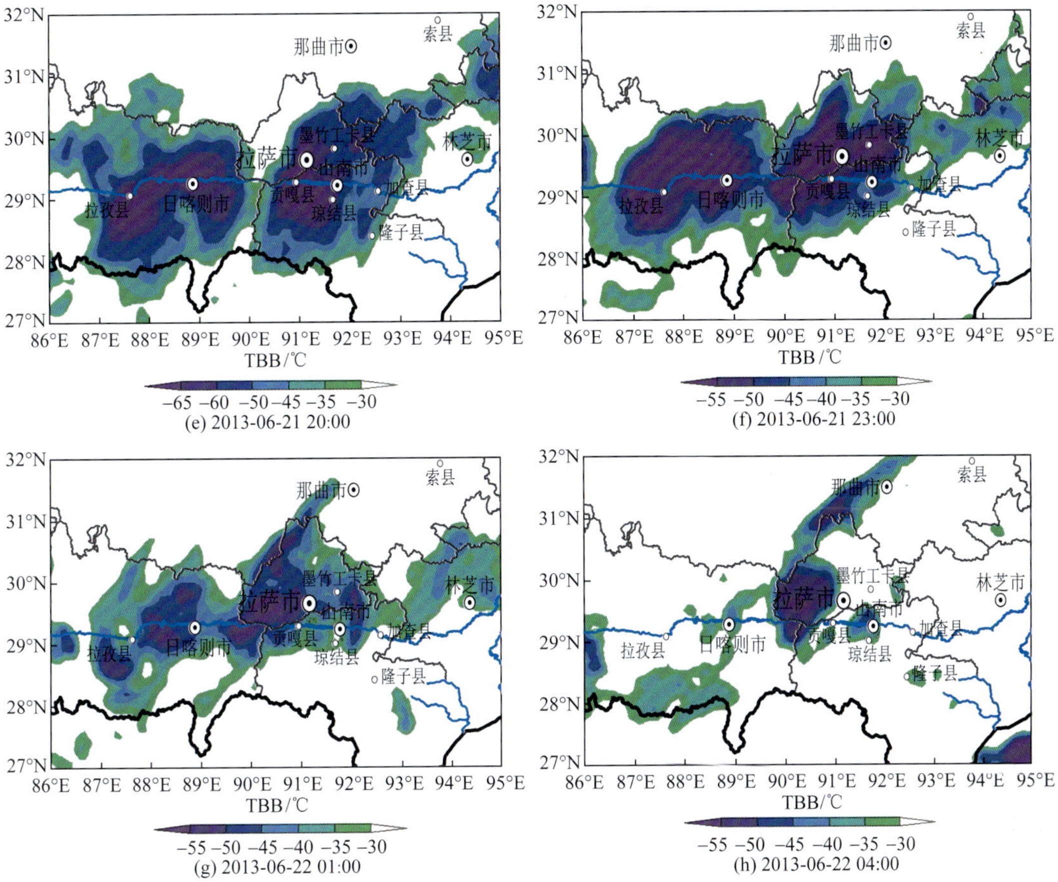

图 3.38　2013 年 6 月 21 ～ 22 日对流云团演变（TBB）

红外多光谱带差分析：此次过程中，卡若 44mm、类乌齐 26mm、八宿 22mm 和贡嘎 36mm、墨竹工卡 30mm、拉萨 18mm、拉孜 15mm、桑珠孜 11mm；14：00 ～ 23：00 拉孜、桑珠孜、江孜、贡嘎、琼结、拉萨、墨竹工卡、加查、洛隆和卡若出现了雷暴大风，墨竹工卡出现冰雹，直径为 1mm。选取墨竹工卡为代表（图 3.39），从墨竹工卡（日降水量 30mm）逐小时降水、雷暴情况看，20：00 出现雷暴、冰雹，冰雹直径为 1mm。按照 IR1 长波红外（10.3 ～ 11.3μm）与 IR2 长波红外分裂窗（11.5 ～ 12.5μm）、IR1 长波红外与 IR3 水汽红外（6.3 ～ 7.6μm）多光谱带差分析，可以发现，墨竹工卡 08：00 ～ 15：00，IR1 与红外多光谱带差在 0 ～ 2℃波动，16：00 ～ 17：00 红外多光谱带差为 0℃，之后逐渐减小，18：00 开始降至 0℃以下，最低达到 −5℃；IR1 与 IR3 红外多光谱带差变化更加显著，8：00 ～ 15：00 红外多光谱带差值很大，在 26 ～ 45℃波动性增大，平均为 35℃，16：00 ～ 17：00 红外多光谱带差突降至 18 ～ 19℃，17：00 ～ 18：00 又迅速从 18℃减小到 7℃，之后维持在 2 ～ 3℃，平均为 3℃。

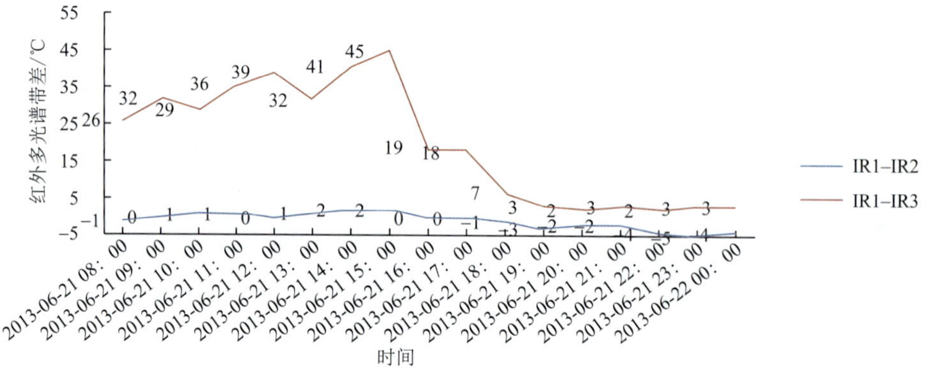

图 3.39 2013 年 6 月 21 ～ 22 日墨竹工卡红外多光谱带差

以上分析表明，汛期那曲东部、昌都北部及沿雅鲁藏布江中段的强对流天气过程中，对流云演变具有新生、移动、发展、溃散的传播特征显著，短时强降水、冰雹、雷暴大风出现在对流云发展强盛的 TBB 梯度较大区域，强对流天气发生时段，对流云的 TBB 一般都低于 –50℃。

从红外多光谱带差的变化分析看，强对流天气发生前后红外多光谱带差具有显著的变化：在强对流（短时强降水、冰雹、雷暴大风）发生之前 IR1 与 IR2 光谱带差在 –2 ～ 3℃波动，在强对流天气发生阶段 IR1 与 IR2 光谱带差均在 0℃以下，最低可达 –5℃；IR1 与 IR3 红外多光谱带差变化更加显著，在强对流（短时强降水、冰雹、雷暴大风）发生之前 IR1 与 IR3 红外多光谱带差比较大，在 24 ～ 45℃变化，平均为 30℃，当强对流天气即将发生之前，IR1 与 IR3 红外多光谱带差迅速减小，在强对流天气过程中 IR1 与 IR3 红外多光谱带差在 10℃以下，最低可达 0℃以下。在这种强对流天气的发生、发展过程中，对流云的红外多光谱带差数值变化指标为短时临近预报提供指标依据。

3.3 青藏高原江河源强降水系统结构特征

三江源地区位于青藏高原腹地，是贯穿中国最主要的三大水系——长江、黄河和澜沧江的发源地，被誉为“中华水塔”（图 3.40)，也是青藏高原生态屏障的敏感和脆弱区。

降水增加是气候转型和径流增加最关键的途径之一。张士锋等 (2011) 指出，降水对三江源地区的径流起正向的驱动作用，径流量的变化趋势与降水是一致的。因此，了解西风 - 季风协同作用下，三江源地区降水分布、变化特征与成因，有助于掌握三江源地区空中水资源分布和变化情况，并且适时进行人工影响天气作业，不仅可以增加该地区河流的径流量，补充其水源，对当地的生态和经济建设产生直接影响，而且可以为下游社会和经济发展提供保障，甚至对全国气候变化及生态平衡都会起到极其重要的作用。

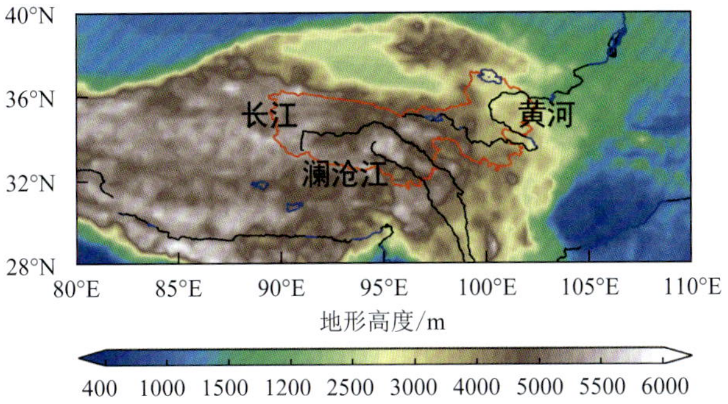

图 3.40　三江源地区（红色等值线所围）地理位置及地形高度

其中从北到南的三条江分别为黄河、长江和澜沧江

众多的湖泊湿地和水系支流汇集，在三江源形成天然的水汽供应源；而且该地区在夏季是一个巨大的热源，能够引起其上空频繁而强烈的上升运动，成为大气–水分循环的触发区（Xu et al.，2014）；在青藏高原复杂地形的作用下，气流易在三江源形成辐合，使其成为低涡、切变线等低值系统的活跃区，为对流活动的产生提供动力条件（叶笃正和高由禧，1979）。中尺度对流系统在大气能量和水分循环中扮演重要角色，因其将动量、质量、水汽向上输送，易引起强对流天气（Houze，2004）；甚至会产生诸如冰雹、雷电、下击暴流等灾害性天气，给当地生产生活带来重大影响（Doswell et al.，1996；Schumacher and Johnson，2006）。同时，中尺度对流系统也是一个地区降水的主要贡献者（Fritsch et al.，1986；徐祥德和陈联寿，2006），其出现的数量也是一地总降水量和极端降水量的体现（Mohr，2004），而降水正是三江源水源的重要补充者。中尺度对流系统总是与强降水相联系（Li et al.，2017），因此，研究三江源的中尺度对流系统分布及变化，可为湖泊湿地、河流密集区中尺度对流系统特征提供参考；而探索中尺度对流系统降水的特性，对深入理解青藏高原大气–水分循环机制具有重要意义。青藏高原的中尺度对流系统易发生东移，并可在移出青藏高原后强烈发展，青藏高原也就成为中国东部地区对流云系统的重要源地之一（赵平等，2018）。青藏高原中尺度对流系统随时间表现出从青藏高原向长江中下游特大暴雨区东移的趋势（胡亮等，2008）。但这些研究多着眼于中尺度对流系统东移后的影响，未涉及中尺度对流系统引发的降水特性。实际上，不是所有中尺度对流系统都能产生降水，那么产生降水的中尺度对流系统比率是多少，是否以强降水为主；中尺度对流系统是否在成熟阶段才会产生降水？

鉴于此，本章前文对近几十年来三江源地区降水及与降水紧密联系的空中云水资源的空间分布与时间变化特征进行了回顾与总结；后文将基于中国 FY-2 系列地球静止卫星数据 TBB 资料，介绍三江源地区不同尺度（中 α、中 β 和中 γ）中尺度对流系统的时空分布与变化特征；最后将介绍三江源中尺度对流系统的降水特征。

三江源地区平均海拔在 4000m 左右，降水的空间分布与海拔呈负相关关系（强安丰等，2020)，降水量随海拔的增加而减少，年平均降水量在空间上大致呈现出由东南向西北递减的分布特征，东部海拔较低而降水较多，降水最大值中心经常出现在东南部，年平均降水量达到 500mm 以上，西北部海拔最高，降水却是最少的，年平均降水量在 300mm 左右。三江源地区降水主要集中在 6 ～ 9 月，这几个月的降水量可占到全年降水量的 85%，表明三江源地区的降水具有季节性集中的特征，而且干湿季节非常明显，夜雨量比例达 65%(高顺年等，2006；王菊英，2007；刘晓琼等，2019)。三江源地区降水量≥ 10mm 的降水日数较少，以中等强度 (<10mm) 以下的降水日数为主(李仑格和孙安平，2004；李璠等，2016)。

对三个子源区降水特征的研究表明，澜沧江源区受西南季风的影响最为强烈，相较于其他两个子源区而言属相对多雨区；其次为黄河源区，区内的久治县为降水最稳定区；而长江源区的平均海拔最高，降水相对较少，但降水的增加率最高(刘晓琼等，2019)，主要受强降水的影响(李璠等，2016)。

近年来，为了弥补三江源地区观测站点有限的不足，很多学者采用多源融合降水数据，如李琼等 (2016) 使用 TRMM 3B43 降水数据，张昂等 (2017) 采用分辨率较高、精度可靠的卫星降水融合产品 (CMORPH)，崔园园等 (2018) 采用 CLDAS-V2.0 和 GLDAS-NOAH 陆面模式产品，李宏宇等 (2020) 采用多源陆面通量数据融合同化结果得到的一套新格点化资料，进行了不同融合数据在三江源地区适用性分析和降水的特征研究，在很大程度上改善了观测站点稀疏和不均匀及观测次数稀少造成的时空分辨率低的资料问题，得出了更为精细的结果。

综上，三江源区降水大致呈现出由东南向西北递减的空间分布，具有季节性集中的特征，多源融合降水数据结果更详细。

大气降水是三江源地区水资源的重要补给源，探讨三江源地区的中尺度对流系统 (MCS) 时空分布特征，可以为高原江河源的湖泊湿地、河流密集区形成的特殊云降水结构及 MCS 特征提供科学支撑；对高原江河源 MCS 降水特性的探索，对于深入理解亚洲水塔形成及其大气水分循环机制具有重要科学价值。MCS 在大气能量和水分循环中扮演重要角色，因将动量、质量、水汽向上输送，易引起强对流天气，同时，MCS 也是一个地区降水的主要贡献者(徐祥德和陈联寿，2006)。

以下基于 2005 ～ 2020 年 FY-2 系列地球静止卫星(包括 FY-2C、FY-2E、FY-2F、FY-2G) 时间分辨率为逐小时、空间分辨率为 0.1°×0.1° 的 TBB 数据，采用“最大空间相关跟踪技术” (MASCOTTE) (Carvalho and Jones，2001) 的客观算法与主观判断相结合的方法，判断和识别 MCS，获得三江源 MCS 数据集，由此研究三江源不同尺度(中 α、中 β 和中 γ) MCS 的时空分布与变化特征。

1. MCS 的分类与频数

参照 TBB ≤ –52℃和 MCS 的分类标准，将三江源的 MCS 分为 $M_{\alpha}CS$、$M_{\beta}CS$ 和 $M_{\gamma}CS$ 三种类型，$M_{\alpha}CS$ 和 $M_{\beta}CS$ 再进一步细分为大、小类型，即 $LM_{\alpha}CS$、$SM_{\alpha}CS$ 及 $LM_{\beta}CS$、$SM_{\beta}CS$ 四种次类型，具体分类标准见表 3.5。统计中，以初次达到水平尺度和

冷云范围标准的时刻作为 MCS 初生阶段，以不再满足标准的时刻为消散阶段，从初生阶段到消散阶段称为 MCS 的生命期。

表 3.5　MCS 分类一览表

要素	$M_\alpha CS$		$M_\beta CS$		$M_\gamma CS$
	$LM_\alpha CS$	$SM_\alpha CS$	$LM_\beta CS$	$SM_\beta CS$	
水平尺度 /km	≥ 250	[200 ～ 250)	(100 ～ 200)	(50 ～ 100]	≤ 50
冷云范围（TBB ≤ –52℃）面积 /km^2	≥ 50000	[30000 ～ 50000)	(8000 ～ 30000)	(2000 ～ 8000]	≤ 2000

按照以上分类，统计得到 2005 ～ 2020 年暖季（5 ～ 8 月）三江源地区 MCS 各类型出现的频数和占比（表 3.6）。由表 3.6 可见，16 年间三江源地区共出现 3118 个 MCS，每年出现 MCS 近 200 个。其中，$M_\beta CS$ 出现的频数最多，占所有 MCS 的 41.1%，$M_\gamma CS$ 次之，占比为 37.3%，$M_\alpha CS$ 最少。四种次类型中以 $LM_\beta CS$ 和 $SM_\beta CS$ 的频数较多，但在同一类型内部却表现出较大尺度的 MCS 频数更多的特性，即 $LM_\alpha CS$/$LM_\beta CS$ 的频数多于 $SM_\alpha CS$/$SM_\beta CS$。

表 3.6　2005 ～ 2020 年暖季（5 ～ 8 月）MCS 频数和占比

类型	$M_\alpha CS$		$M_\beta CS$		$M_\gamma CS$	合计
频数 / 个	673		1281		1164	3118
占比 /%	21.6		41.1		37.3	100
次类型	$LM_\alpha CS$	$SM_\alpha CS$	$LM_\beta CS$	$SM_\beta CS$		
频数 / 个	399	274	758	523		
占比 /%	12.8	8.8	24.3	16.8		

2. MCS 空间分布

三江源 MCS 初生阶段和生命期内的 MCS 频数空间分布如图 3.41 所示。可以看到，MCS 初生位置主要在 32°N ～ 35°N 区域 [图 3.41（a）]，高频区域沿河流的源头分布，其中高频中心有 2 个，一个在西部的澜沧江源区，该处是最明显的 MCS 初生区域，另一个在东部黄河源区，但其频数较西部区域少很多。MCS 在这区域集中生成的原因为，三江源地区作为大河的发源地，其间支流水系、湖泊密布，“水塔存储池”效应明显（Xu et al.，2014），通过水分蒸发循环交换为 MCS 的形成提供了水汽汇流和水分供应，而且这些支流汇合之后受地形作用自西北向东南方向流动，构成了 MCS 高频中心分布走向。

MCS 生命期内 [图 3.41（b）] 的高频位置与初生位置相差不大，其中心则表现为略向东北，即略有移动特征，西部、东部的高频区域均是如此，但总体上 MCS 呈准静止的状态。

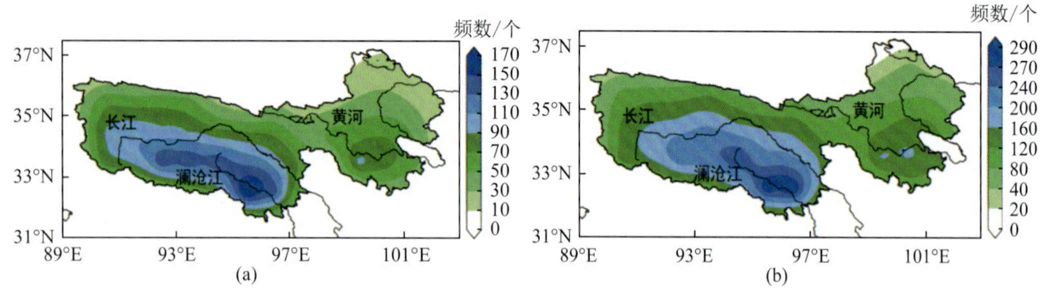

图 3.41　MCS 初生阶段 (a)、MCS 生命期 (b) 频数空间分布

图 3.42 给出了三种类型 MCS 初生阶段和生命期内所有阶段的频数空间分布。尽管图 3.41 所示的 MCS 三种类型的高频中心与图 3.42 类似，但是不同的类型不尽相同。M_{α}CS 初生阶段 [图 3.42(a)] 频数较少，西、东部两个高频中心位置均较 M_{β}CS 和 M_{γ}CS 更偏东、偏北，而且有较明显的东移特征。M_{α}CS 生命期内所有阶段 [图 3.42(b)] 与初生阶段一样在西部区域为最明显的 MCS 高频区域，东部也有一个较少的区域，不同的是，生命期所有阶段中两个高频中心的位置略偏东北些，这与移动有联系。M_{β}CS[图 3.42(c) 和 (d)] 与 M_{γ}CS[图 3.42(e) 和 (f)] 的高频中心位置在生命期内与初生阶段相比变化不大，其移动特征并不明显，即原地生消的特征更清楚。

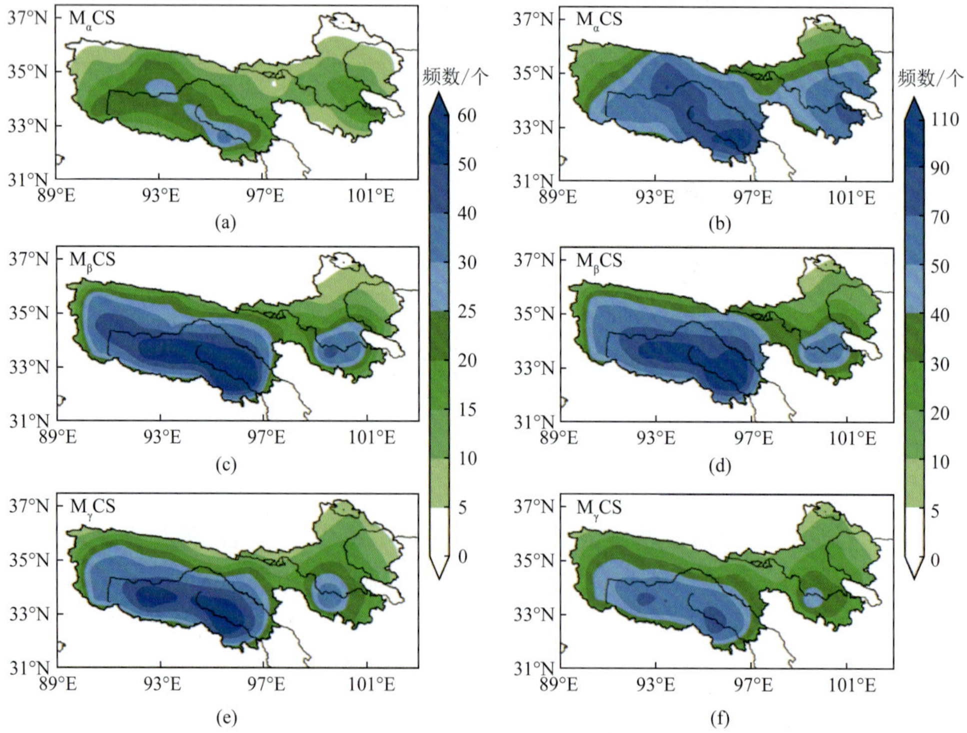

图 3.42　MCS 三种类型 M_{α}CS、M_{β}CS 和 M_{γ}CS 的初生阶段 [(a)(c)(e)]、生命期 [(b)(d)(f)] 频数空间分布

图 3.43 是 MCS 四种次类型初生阶段和生命期内所有阶段的频数空间分布。可以看到，它们的高频分布位置也表现出相同的特征，其中 $LM_{\alpha}CS$ 初生位置的两个高频中心偏北、偏东的特征最明显，即移动特征最明显；$LM_{\beta}CS$ 与 $SM_{\beta}CS$ 则是高频中心的分布在所有阶段与初生阶段相比基本一致，即原地生消特征明显。

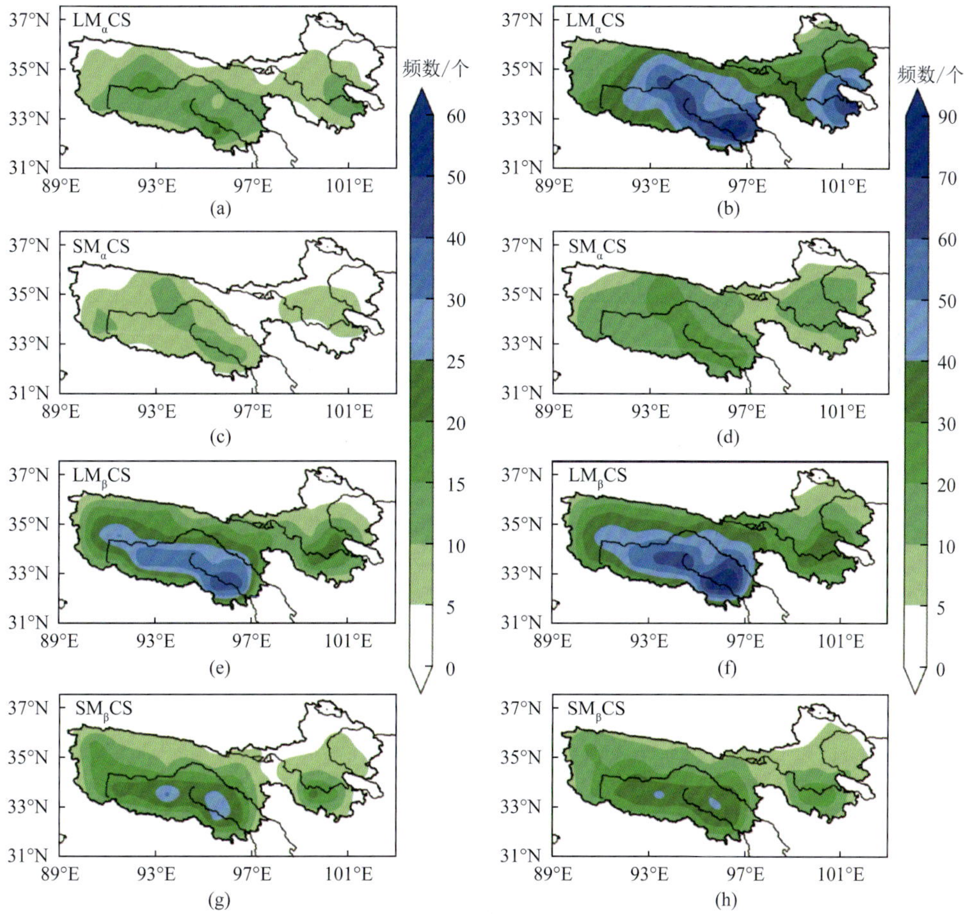

图 3.43　MCS 四种次类型 $LM_{\alpha}CS$、$SM_{\alpha}CS$、$LM_{\beta}CS$ 和 $SM_{\beta}CS$ 的初生阶段 [(a)(c)(e)(g)]、生命期 [(b)(d)(f)(h)] 频数空间分布

综上，三江源地区 MCS 出现的区域主要在 32°N ～ 35°N，高频中心有 2 个，即西部澜沧江源区和东部在黄河源区。除了 $LM_{\alpha}CS$ 具有明显移动特征外，其他 MCS 呈准静止状态，即原地生消特征明显。

3. MCS 年际和年代际变化

2005 ～ 2020 年暖季中，三江源 MCS 平均每年有 195 个（图 3.44）。MCS 频数的峰值在 2010 年，达到 407 个。MCS 频数的谷值年有 3 个，分别是 2020 年（115 个）、

2008 年（129 个）和 2015 年（131 个）。

不同尺度 MCS 频数均在 2010 年出现峰值，$M_\alpha CS$ 频数在 2008 年出现谷值，$M_\beta CS$、$M_\gamma CS$ 频数存在多谷值的波动变化。四种次类型中，除 $SM_\beta CS$ 峰值出现在 2017 年外，其余各类型均在 2010 年峰值上表现出统一的特征，而在谷值上也呈现多个年份的特性。

就年代际变化趋势来看（图 3.44），MCS 频数在 2005 ～ 2020 年总体呈减少趋势，减少率约为每年 5 个，该减少趋势主要出现在 2013 年之后。2005 ～ 2012 年 MCS 频数是增加的，增加率约为每年 9 个，2013 ～ 2020 年 MCS 频数的减少率约为每年 6 个。三江源 MCS 频数的减少可能与其气候暖干化有关。$M_\alpha CS$、$M_\beta CS$ 和 $M_\gamma CS$ 三种类型总体也呈减少趋势，$M_\beta CS$ 频数减少趋势最显著，$M_\alpha CS$ 最不显著。四种次类型虽然也呈减少趋势，但除了 $LM_\beta CS$ 外，减少的趋势并不显著。

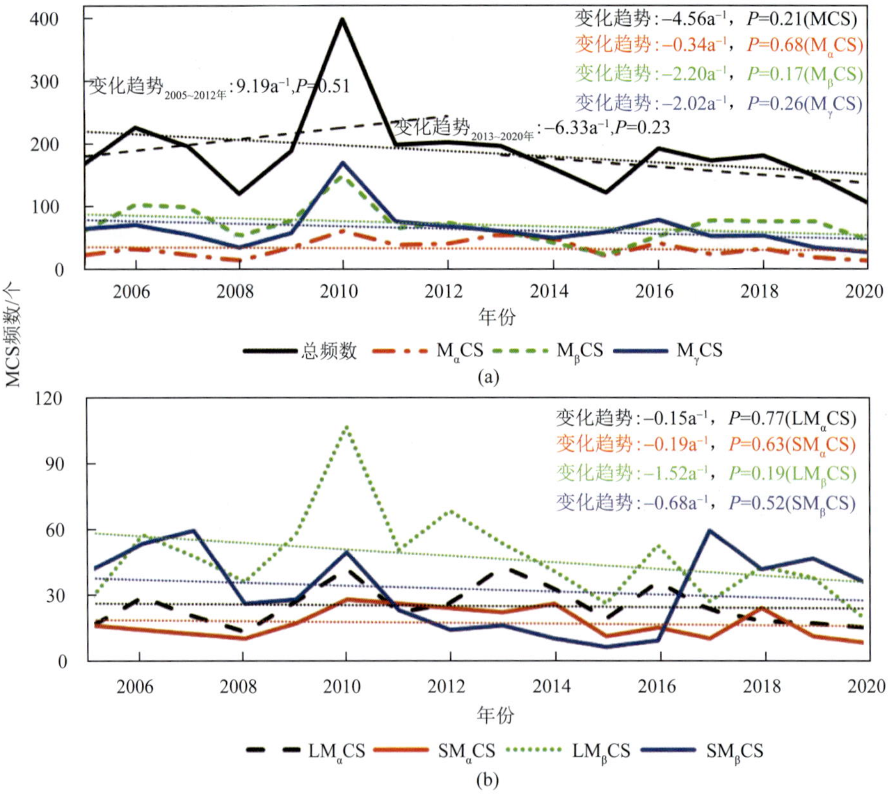

图 3.44 MCS 频数年际变化

P 为检验值

三江源地区 2005 ～ 2020 年 MCS 频数年际变率的空间分布如图 3.45 所示。从图 3.45 可见，MCS 频数年际变率具有显著的区域特征，以 95°E 为界，95°E 以西呈增加趋势，最大增加率在长江源区；95°E 以东呈明显减少趋势，最大减少率在澜沧江和黄河源区。

前者可能与 2000 年后长江源区水资源量明显增多有关，后者可能与澜沧江和黄河源区云量减少、地表植被覆盖率降低、冰川面积收缩有关（强安丰等，2020）。

MCS 频数年际增加率区域小于减少率 [图 3.45(a)]。M_αCS 频数年际增加率超过了减少率 [图 3.45(b)]，以 LM_αCS 的增加率 [图 3.45(e)] 最明显；M_βCS 减少率超过增加率 [图 3.45(c)]，以 LM_βCS 的减少率最明显 [图 3.45(g)]；而 M_γCS 两者差别不大，只是减少率的区域较大。总体上，三江源地区 MCS 频数的减少趋势是由澜沧江和黄河源区的 MCS 减少所造成的。

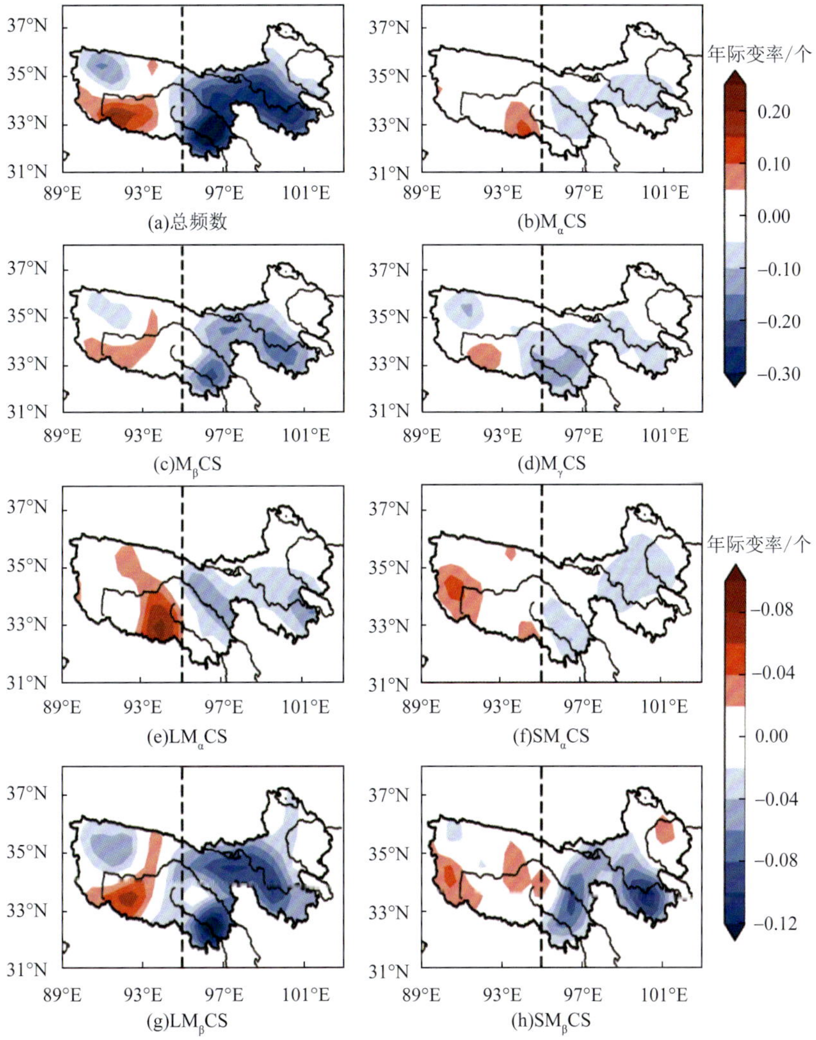

图 3.45　三江源地区 MCS 频数年际变率的空间分布

图中黑色虚线表示 95°E

综上，三江源地区 MCS 具有显著的年际变化特征。MCS 频数在 2005 ～ 2020 年总体呈减少趋势，每年减少约 5 个，以 2013 年后最为显著。MCS 频数年际变化趋势在 95°E 以西呈增加趋势，长江源区最为显著；95°E 以东呈明显减少趋势，澜沧江和黄河源区最为显著。三江源地区 MCS 频数 2010 年为峰值，无论是 $M_{\alpha}CS$、$M_{\beta}CS$，还是 $M_{\gamma}Cs$ 均是如此，谷值呈现多年份的特性。MCS 频数总体呈减少趋势，是由澜沧江和黄河源区的 MCS 频数减少所造成的。

4. MCS 月际分布与日变化

月际变化中，三江源地区暖季 MCS 频数月均 49 个（图 3.46），8 月频数最多，占所有 MCS 频数的 38.4%，7 月次之 (34.5%)，5 月最少，与青藏高原 MCS 频数的月际分布 (7 月最多）存在差异（麦子等，2020；Liu et al.，2021)。不同类型 MCS 频数的月际变化有所不同，$M_{\alpha}CS$ 频数 7 月最多，8 月次之，$M_{\beta}CS$ 频数和 $M_{\gamma}CS$ 频数却是 8 月最多，7 月次之。四种次类型中除了 $LM_{\alpha}CS$ 频数为 7 月最多外，其余 3 种都是 8 月多于 7 月。

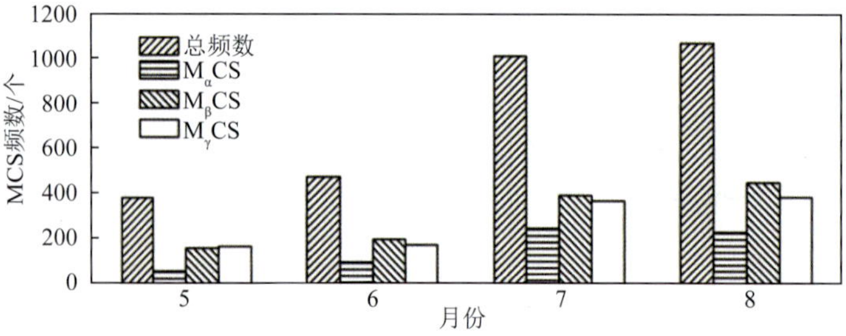

(a)

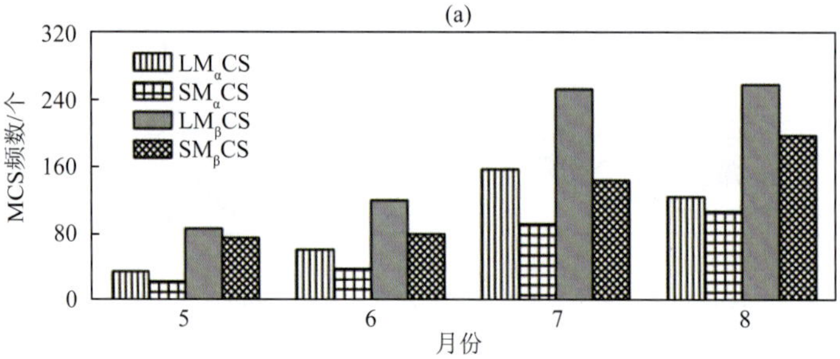

(b)

图 3.46　三江源地区 5 ～ 8 月 MCS 初生频数分布

总之，三江源地区 MCS 总体 8 月最多，7 月次之，5 月最少，只有 $LM_{\alpha}CS$ 在 7 月最多。可见，8 月是 MCS 的高频月，尤其是水平尺度小于 250km 的 $M_{\beta}CS$ 和 $M_{\gamma}CS$ 出现的频数最多。

三江源地区 MCS 的初生表现出明显的日变化特征（图 3.47)，MCS 初生主要集中在 16：00 ～ 21：00，即下午至前半夜。就日循环而言，MCS 初生频数在 16：00 开始增加，18：00 达到峰值 (487 个），其后 5 个小时，频数逐渐降低，至 01：00 降到第一个谷值 (66 个），02：00 又略增多，03：00 ～ 07：00 初生 MCS 维持在 40 ～ 70 个，清晨至下午 (08：00 ～ 14：00) 几乎没有 MCS 初生。

不同类型 MCS 的初生频数虽然表现出相似的日变化特征，但是也存在独特性。M_{α}CS 高频数持续近 5h（16：00 ～ 21：00），00：00 之后极少出现。M_{β}CS 的初生高频数主要在 16：00 ～ 21：00，且在 02：00 ～ 06：00 会出现次峰值。M_{γ}CS 则表现出了与 M_{β}CS 相似的日变化特征，但其在 23：00 之后出现的频数更少一些。四种次类型也呈现出一致的日变化特征，但 SM_{α}CS 的峰值出现时间则略推后。

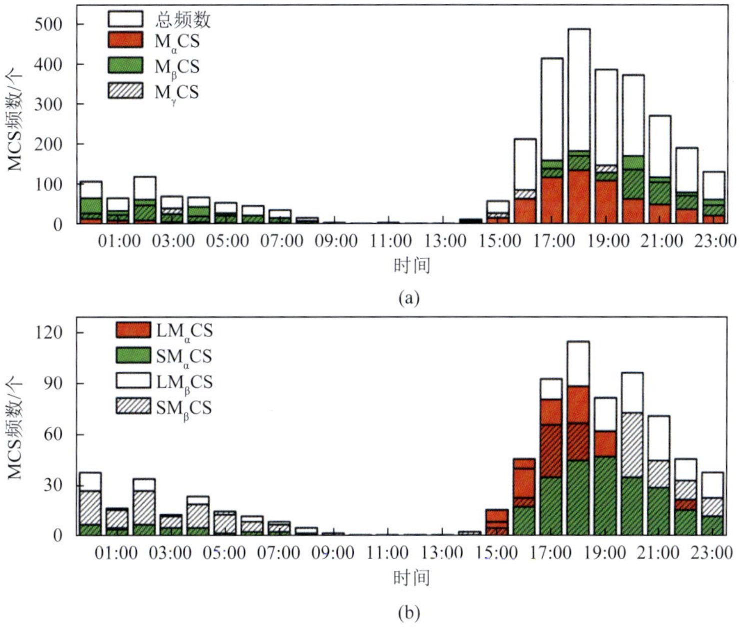

图 3.47　MCS 初生频数日变化

总之，三江源地区 MCS 通常在 16：00 初生，到 18：00 前后最多，22：00 之后开始明显减少。这种变化与青藏高原日间出现更为强烈的不稳定性相联系，是太阳辐射日变化驱动的高原热力条件和环流影响的结果。M_{β}CS、M_{γ}CS 在 02：00 ～ 06：00 的次峰值与夜间天气系统发展和移动有关。

5. MCS 属性特征

MCS 属性以 MCS 最大面积、最大强度（MCS 生命史中最小 TBB）及持续时间来表征（图 3.48）。

由图 3.48（a）可以看出，三江源地区 MCS 平均最大面积为 $2.6\times10^{4}km^{2}$（平均值为图中 × 所指，下同），最大值达到 $6.8\times10^{5}km^{2}$。M_{α}CS 中 LM_{α}CS、SM_{α}CS 平均最大面积分别达到 $1.3\times10^{5}km^{2}$、$4.0\times10^{4}km^{2}$。M_{β}CS 的平均最大面积为 $1.2\times10^{4}km^{2}$，其中 LM_{β}CS 较 SM_{β}CS 大，M_{γ}CS 的平均最大面积最小，为 $1.4\times10^{3}km^{2}$。

从图 3.48（b）可以看出，三江源地区 MCS 平均强度为 –64.8℃，M_{α}CS、M_{β}CS、M_{γ}CS 的平均强度分别为 –72.3℃、–64.4℃、–61.0℃，MCS 最大强度也随着水平尺度的

增大而增强，3 种类型分别达到了 –98.0℃（$M_{\alpha}CS$）、–80.0℃（$M_{\beta}CS$）和 –61.1℃（$M_{\gamma}CS$）。4 种次类型中 $LM_{\alpha}CS$ 平均强度最强，为 –74.4℃；$SM_{\beta}CS$ 最弱，为 –62.6℃。

从图 3.48(c) 可见，MCS 持续时间平均为 2.1h。$M_{\alpha}CS$ 持续时间平均为 4.2h，其中 $LM_{\alpha}CS$、$SM_{\alpha}CS$ 分别为 5.5h 和 2.3h，最长生命史分别达到 21.0h 和 10.0h。$M_{\beta}CS$ 持续时间平均为 1.8h，其中 $LM_{\beta}CS$ 持续时间平均较 $SM_{\beta}CS$ 长。$M_{\gamma}CS$ 持续时间更短，平均只有 1.3h，最长持续时间也只有 4.0h。可见，MCS 水平尺度越大，持续时间越长。三江源平均持续时间最长的 $LM_{\alpha}CS$ 较高原上 MCS 平均 7.2h 的持续时间要短，也比中国中东部地区 MCS 平均 8.6h 的持续时间要短。

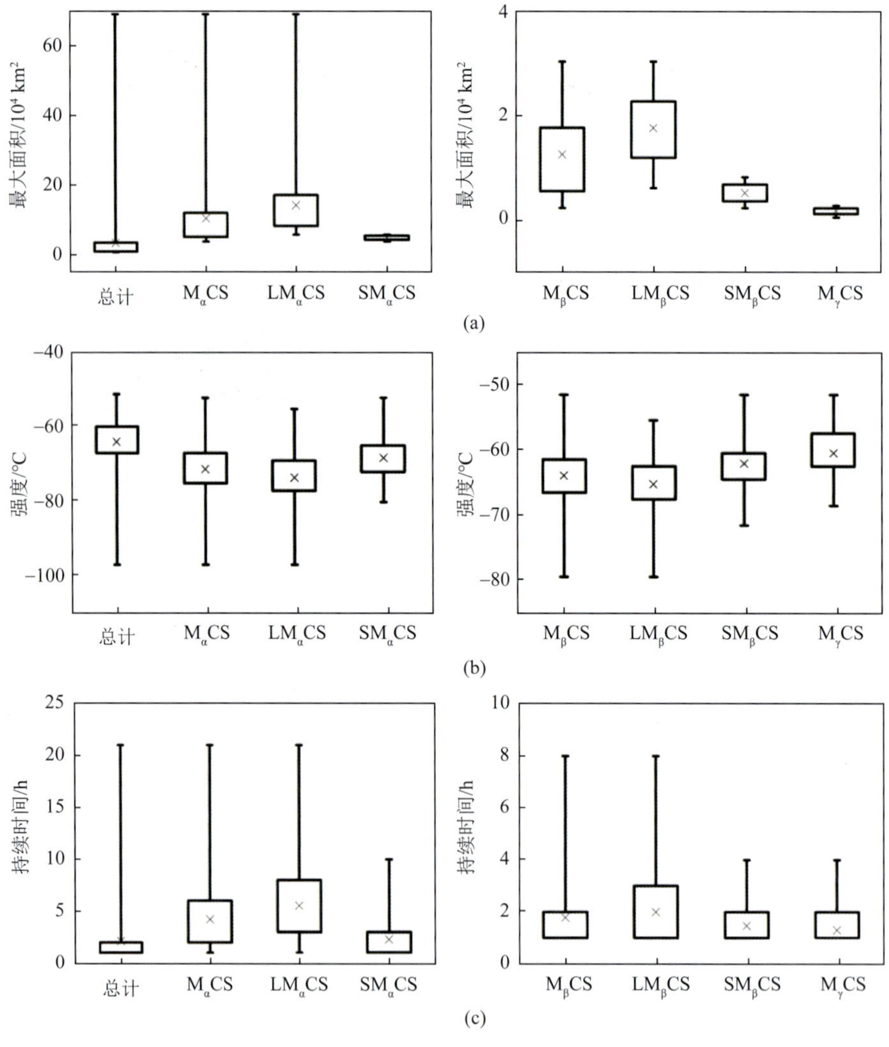

图 3.48　MCS 最大面积、强度及持续时间的属性特征

总之，三江源地区 MCS 的最大面积、强度及持续时间均与水平尺度成正比，$M_{\alpha}CS$($M_{\gamma}CS$) 面积最大（小）、强度最强（弱）、持续时间最长（短）。

6. 降水强度

以 MCS 生命期内出现的最大小时降水量作为降水强度。图 3.49 是 MCS 降水强度与其最大面积、强度及持续时间的相关性。可以看出，MCS 降水强度与其最大面积、强度及持续时间均呈正相关，均通过了信度为 99% 的置信度检验，而且 MCS 的面积越大、强度越强、持续时间越长，其降水强度也越大。就不同类型，$M_{\alpha}CS$ 的降水强度与最大面积、强度及持续时间的相关性最好，且 $LM_{\alpha}CS$($LM_{\beta}CS$) 的相关性较 $SM_{\alpha}CS$($SM_{\beta}CS$) 更显著。$M_{\gamma}CS$ 降水强度只与持续时间的相关性通过了 95% 的置信度检验，表现出 $M_{\gamma}CS$ 降水强度受持续时间影响显著，与其面积和强度关系不大。

总之，MCS 降水强度与最大面积、强度及持续时间均呈正相关，而且水平尺度越大，相关性也越显著。

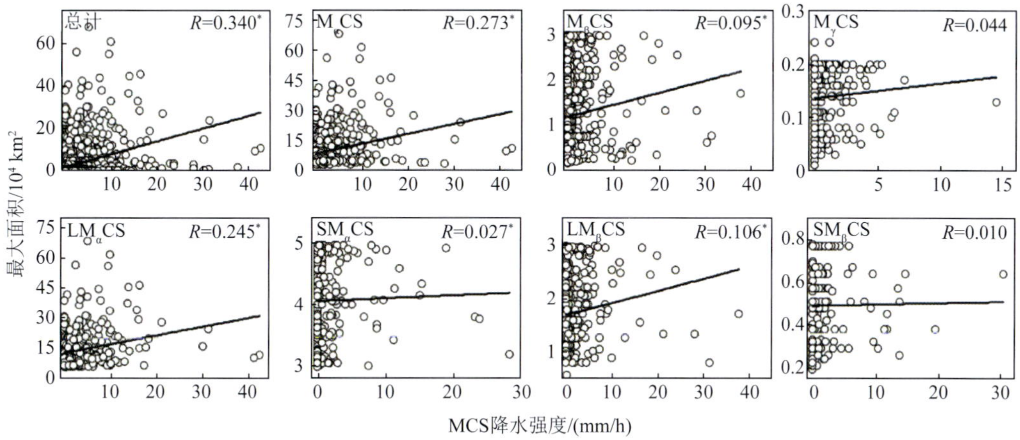

(a)

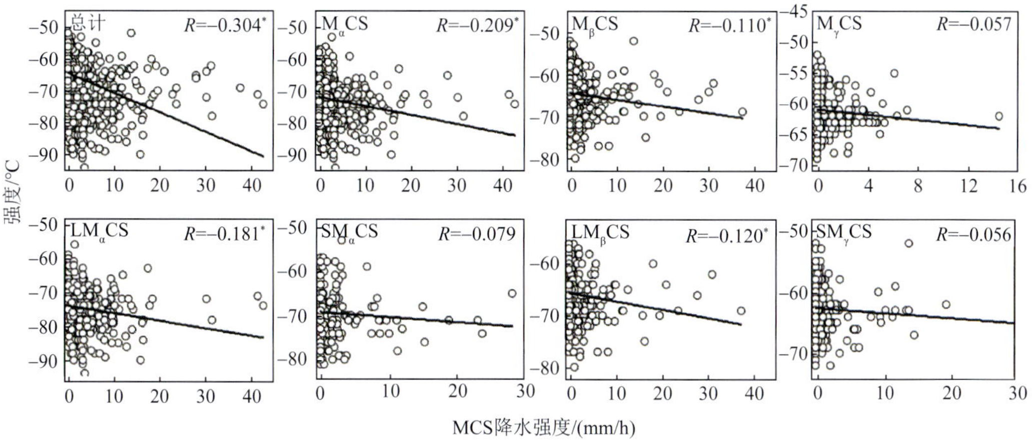

(b)

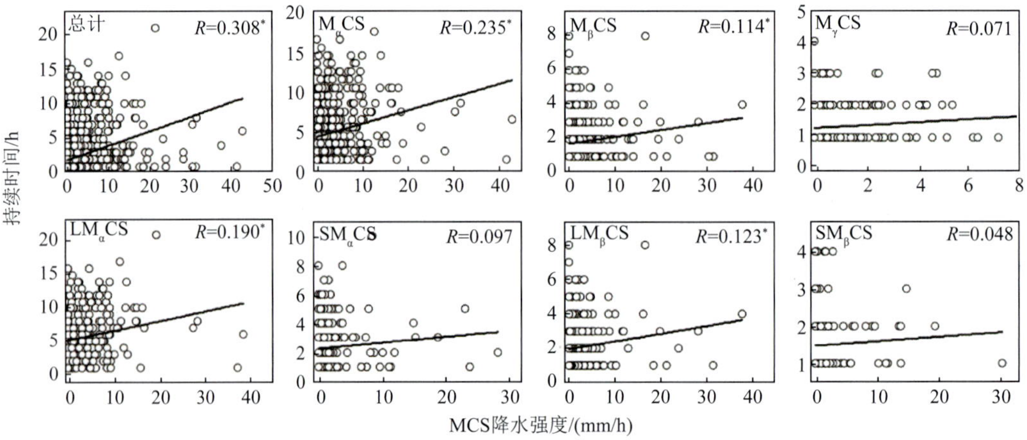

(c)

图 3.49 MCS 降水强度与最大面积、强度及持续时间的相关性

R 表示相关系数；＊表示通过 99% 置信度检验

7. 降水比率

众所周知，MCS 是降水的直接天气系统，通过计算产生降水的 MCS 频数与所有 MCS 频数的百分比，以此揭示三江源地区 MCS 的降水效率。根据《短时强降水等级》（DB 62/T 2755—2017）标准，确定降水强度 ≥ 10.0mm/h 为强降水，降水强度 <10.0mm/h 为弱降水。表 3.7 给出了 MCS 各类型的降水比率。

由表 3.7 可知，三江源地区 MCS 降水比率为 37.7%，水平尺度越大，降水比率也越大，其中 M_αCS 最高，达到 67.2%，M_βCS 为 36.9%，M_γCS 最低，为 21.1%。水平尺度超过 250km 的 LM_αCS 降水比率超过 75.0%。

由表 3.7 可见，三江源地区 MCS 强降水和弱降水比率分别为 2.4% 和 35.3%，后者约是前者的 15 倍，M_αCS、M_βCS 中弱降水比率分别是强降水比率的 9 倍、16 倍，而 M_γCS 基本为弱降水。可见，三江源地区 MCS 对降水的贡献以弱降水为主，尺度越大，MCS 引发的弱降水对降水的贡献比重越大。另外，M_αCS、M_βCS、M_γCS 的弱降水比率分别为 60.4%、34.7%、21.0%，其中 LM_αCS 弱降水比率最大，超过 66%，依然存在“MCS 尺度越大，MCS 的弱降水比率越大”的特征。总之，三江源地区 MCS 对降水的贡献率接近 40%，小时降水量小于 10mm 的弱降水占绝对优势，MCS 水平尺度越大，MCS 降水比率越高，引发的弱降水对降水的比重越大。

表 3.7 MCS 的降水比率 （单位：%）

类型	MCS 降水比率		
	弱降水	强降水	总计
MCS	35.3	2.4	37.7
M_αCS	60.4	6.8	67.2

续表

类型	MCS 降水比率		
	弱降水	强降水	总计
$M_\beta CS$	34.7	2.2	36.9
$M_\gamma CS$	21.0	0.1	21.1
$LM_\alpha CS$	66.3	9.1	75.4
$SM_\alpha CS$	51.1	4.1	55.2
$LM_\beta CS$	39.7	2.5	42.2
$SM_\beta CS$	27.8	1.9	29.7

MCS 降水比率存在年际变化，从图 3.50 可以看出，MCS 降水比率在 16 年间呈波动变化特征，总体趋势并不显著，即 MCS 对降水贡献的变化率并不明显。三种类型降水比率的变化趋势也不一致，$M_\alpha CS$ 呈略增加趋势，这类 MCS 对降水贡献有所增加，$M_\beta CS$ 和 $M_\gamma CS$ 呈减少趋势，对降水贡献减少。四种次类型中 $LM_\alpha CS$ 呈增加趋势，其余类型减少趋势并不显著。总之，$M_\alpha CS$ 尤其是 $LM_\alpha CS$ 对降水贡献有所增加，其余类型 MCS 对降水的贡献呈减弱趋势，但均未通过显著性检验。

MCS 降水比率年际变化（图 3.50）与 MCS 频数年际变化（图 3.44）并非一一对应，如 2010 年为 MCS 频数峰值年，却为 MCS 降水比率相对小年。其可能原因在于，降水的产生与 MCS 自身的组织形态有关，在 2010 年，$M_\beta CS$、$M_\gamma CS$ 的频数之和占比尽管高达 82.8%，但这两类 MCS 对降水贡献并不大，使得 2010 年降水比率相对小。

从 MCS 降水比率的月际变化来看（图 3.51），7 月最大（52.3%），6 月次之（32.9%），弱降水比率与强降水比率均是如此，不同类型表现也基本如此，即无论是弱降水还是强降水，$M_\alpha CS$、$M_\beta CS$ 与 $M_\gamma CS$ 降水比率都在 7 月最大。三江源地区 MCS 降水比率 7 月最大与 7 月最易产生降水的 $M_\alpha CS$ 频数最多有关，同时，7 月是三江源水汽净收入最大的月份，这为更多降水的形成提供了积极反馈作用。

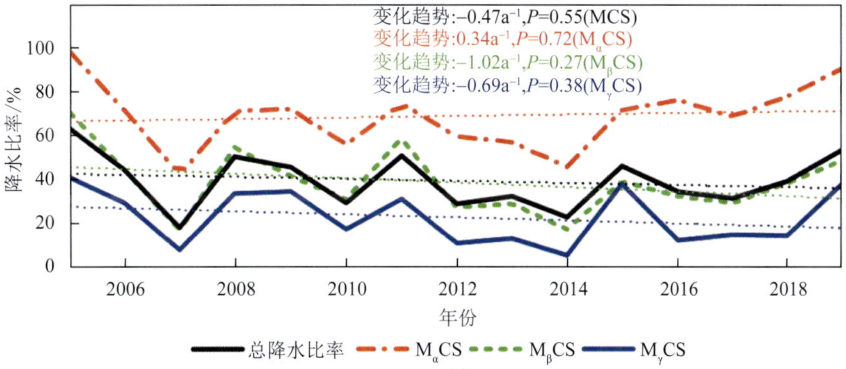

(a)

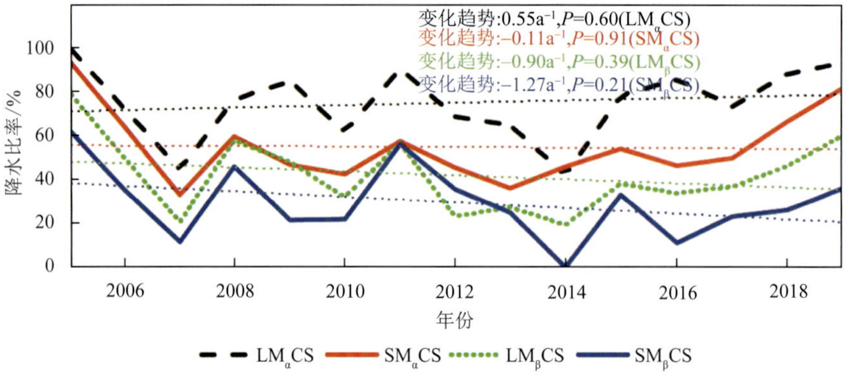

(b)

图 3.50 MCS 降水比率的年际变化

P 为检验值

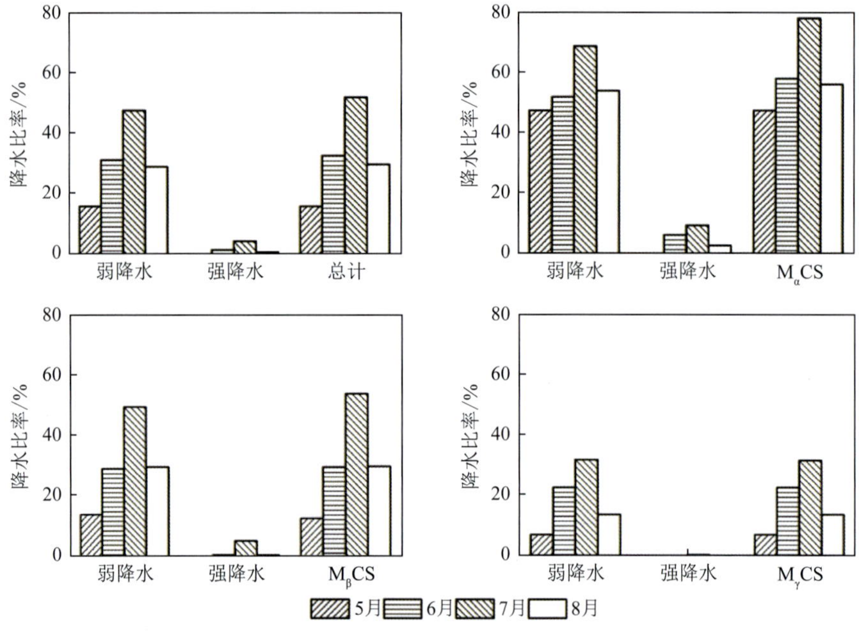

(a)

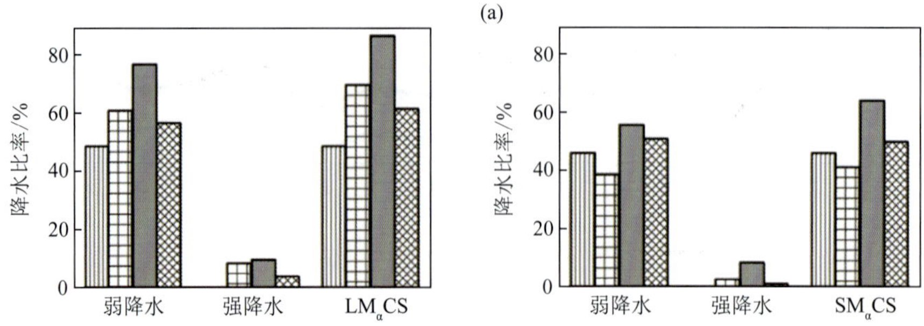

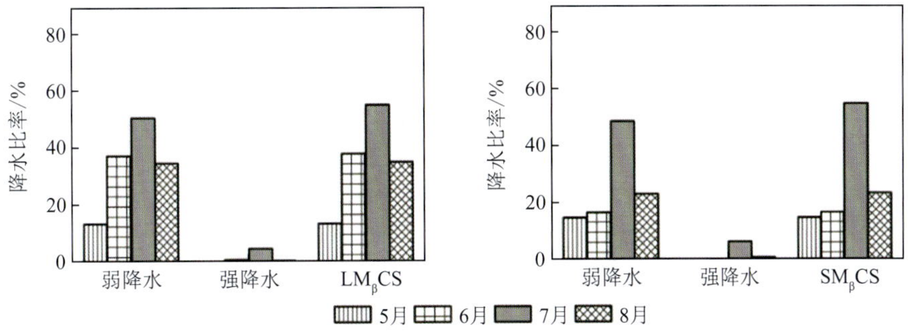

(b)

图 3.51　MCS 降水比率的月际变化

值得注意的是，8 月 MCS 频数最多，但降水比率却比 6 月小，这与不易产生降水的较小尺度 MCS（$M_\beta CS$、$M_\gamma CS$）出现频数比例有很大关系。而且，6 月和 8 月 MCS 各类型的降水比率也不同，$M_\alpha CS$、$LM_\alpha CS$ 及 $M_\gamma CS$ 的降水比率在 6 月大于 8 月，$SM_\alpha CS$ 是 8 月较大，$M_\beta CS$ 的降水比率在 6 月和 8 月接近。

综上，三江源地区 MCS 降水比率随水平尺度增大而增大，$M_\alpha CS$ 降水比率最大，达到 67.2%，对降水贡献 16 年间有所增加。MCS 对降水的贡献主要体现在降水强度小于 10.0mm/h 的弱降水上。MCS 降水包括强弱降水比率均是 7 月最大，表明 MCS 在 7 月最易产生降水。

8. 降水出现时间

鉴于三江源地区 $M_\beta CS$ 和 $M_\gamma CS$ 的平均持续时间约为 1h，为了更好地揭示 MCS 与降水时间的相关性，选取持续时间 ≥ 2h 的 MCS 进行统计，再计算各时间差的频率，得到 MCS 最大面积、最大强度与最大降水出现的时间差频率分布图（图 3.52），其中 0 表示最大面积/强度与最大降水同时出现，负值表示最大面积/强度先于最大降水出现，体现了 MCS 最大面积/强度对降水的预报指示性，正值则相反，即最大降水先于最大面积（强度）出现。

从 MCS 最大面积与最大降水出现的时间差频率来看 [图 3.52(a)]，其主要集中于 ±1h，其中 0h 最多（占 37.2%），1h 次多（占 27.4%），–1h 占 18.3%。$M_\alpha CS$ 最大面积与最大降水出现的时间差频率的分布与 MCS 的类似，$M_\beta CS$ 的 1h 频率明显超过 –1h（主要受 $LM_\beta CS$ 的影响），$M_\gamma CS$ 的 ±1h 出现的频率一样。

MCS 最大强度与最大降水出现的时间差频率除了集中于 –1 ～ 1h 外 [图 3.52(b)]，–2h 的频率也较高。–1h 达到了 24.7%，–2h 也有 8.6%，这表明最大强度出现时间经常较 MCS 最大降水更早，也比最大面积更早出现，对降水的提前预报指示性更强。$M_\alpha CS$ 和 $M_\beta CS$ 具有 MCS 的类似分布，$M_\beta CS$ 的 –1h 频率达到 30.2%。$M_\gamma CS$ 则 –1h、1h 出现的频率一致，均为 24.6%。

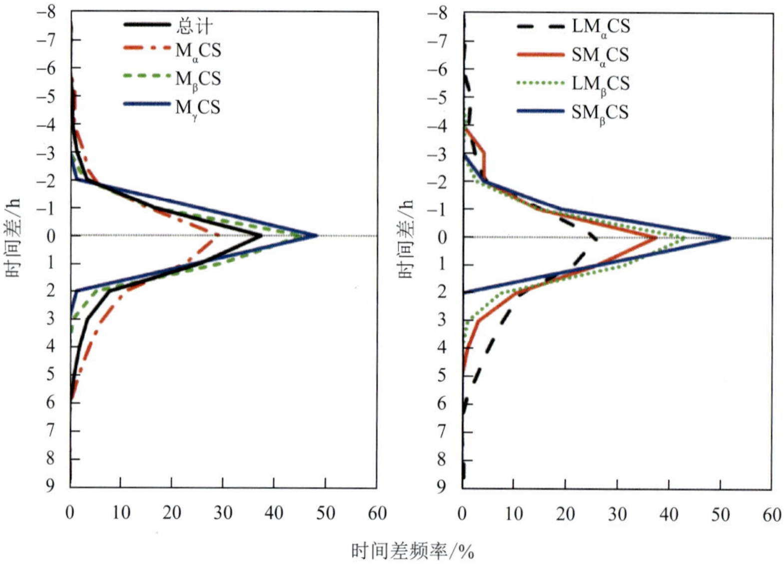

(a)

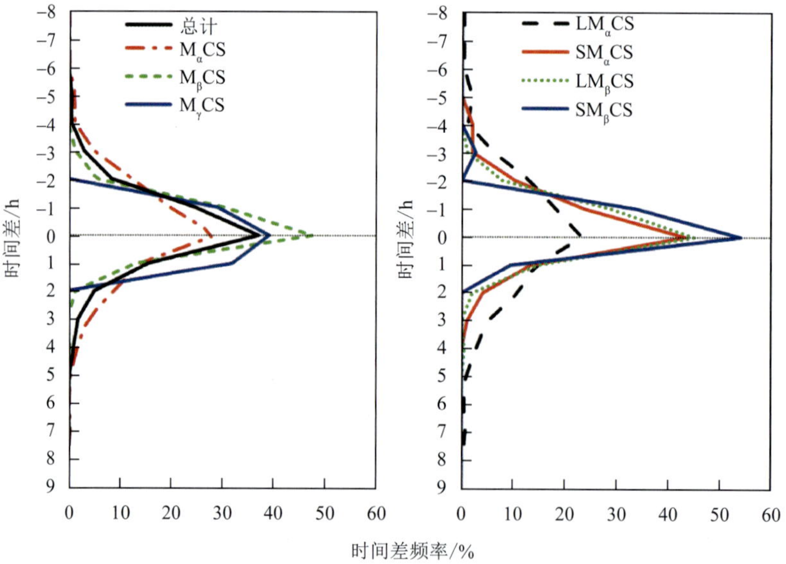

(b)

图 3.52　MCS 最大面积 (a)、最大强度 (b) 与最大降水出现的时间差频率分布图

图中黑点线表示 0h

综上，三江源地区 MCS 最大面积、最大强度与最大降水出现的时间差频率主要集中于 –1 ～ 1h，最大降水往往出现在最大强度之后，其中 $M_{\alpha}CS$ 引发的最大降水可滞后于最大强度约 2h。

3.4　西藏高原强降水概况

研究采用的资料分为 3 个时段：西藏高原 38 个观测站点 1981 ～ 2020 年逐日降水资料和 1985 ～ 2013 年逐日雷暴日、冰雹日资料以及 2005 ～ 2015 年卫星 TBB 资料。由于西藏观测业务调整，2014 年开始闪电定位仪逐步取代了雷暴人工观测，鉴于保证资料连续性和可靠性，涉及分析雷暴日、冰雹日资料截至 2013 年。

目前，中国气象局中央气象台定义的强对流天气是指出现直径 5mm 及以上的冰雹、任何级别的龙卷风（17m/s 或者 8 级）及以上的雷暴大风或 20mm/h 及以上的短时强降水等任意一种或几种天气。而青藏高原具有雷暴活动频繁、多冰雹的特点，雷暴、冰雹日数与北半球同纬度地区相比多十几倍，甚至几十倍（中国科学院青藏高原综合科学考察队，1984；叶笃正和高由禧，1979）。但是，有学者指出（拉巴次仁等，2014；尼玛央珍等，2014；张雷等，2012），西藏近几十年雷暴、冰雹事件发生频数表现为减少趋势，其中雷暴平均每 10 年减少 9 天，冰雹平均每 10 年减少 7.7 天。

据统计发现，西藏高原降水量≥ 10mm/d 概率为 1% ～ 14%，平均仅为 8%，按照中央气象台对强对流天气的定义，西藏以冰雹或雷暴来确定强对流天气个例，个例次数众多，按 20mm/h 及以上的短时强降水标准确定的个例非常少。在强降水的定义研究方面，特别是西藏暴雨阈值上，杨勇等（2013）指出，西藏暴雨阈值为 17.2 ～ 41.2mm/d，呈自东南向西北逐渐变小的分布规律，在冰雹、雷暴多发区域暴雨指标在 20mm/d 左右，明显低于全国标准。

为了更准确地定义强降水性质及标准，对 1985 ～ 2013 年 5 ～ 9 月不同量级降水、冰雹和雷暴之间的 4437 个样本进行了统计分析（图 3.53），发现西藏降水量大小基本与冰雹或雷暴出现概率成正比，总体上无降水情况下，出现雷暴的概率为 11.1%，降水量在 0.1 ～ 4.9mm/d 时出现冰雹和雷暴的平均概率分别为 5.9% 和 38.8%，降水量≥ 5mm/d 时出现冰雹和雷暴的平均概率分别为 10.3% 和 46.2%，降水量≥ 10mm/d 时出现冰雹和雷暴的平均概率分别为 11% 和 46.1%，说明 5 ～ 9 月西藏大部较强降水是对流性降水。为了进一步说明这一点，对每个站进行统计分析，发现雷暴和冰雹高发区域的那曲市和阿里地区东部及沿江中部，降水量≥ 10mm/d 时出现雷暴的概率达到 65% 以上，其中安多 82%、那曲 79%、改则 78%、拉萨 76%、班戈 75%、桑珠孜 72%、贡嘎 72%、浪卡子 71%、当雄 70%、墨竹工卡 69%、申扎 66%；降水量≥ 5mm/d 时出现雷暴的概率也在 65% 以上，其中安多 77%、那曲 75%、桑珠孜 75%、拉萨 74%、改则 73%、班戈 72%、贡嘎 72%、当雄 67%、墨竹工卡 68%、申扎 67%、浪卡子 66%，但总体上略低于降水量≥ 10mm/d 时出现雷暴的概率；降水量在 0.1 ～ 4.9mm/d 和无降水时出现雷暴的概率逐渐降低，概率分别为 38.8% 和 11.1%，冰雹的概率更低。同时，从不同降水量级的冰雹和雷暴出现概率的空间分布来看，自北向南逐渐减少。在林芝、昌都大部和沿喜马拉雅山南麓区域，降水量≥ 5mm/d、降水量≥ 10mm/d 时出现冰雹和雷暴的平均概率不足 30%，同样，1985 ～ 2013 年 5 ～ 9 月西藏降水量≥ 50mm/d 都集中在林芝和沿喜马拉雅山南麓，主要以南支槽和孟加拉湾风暴大尺度天气系统引起的稳定性降水为主。

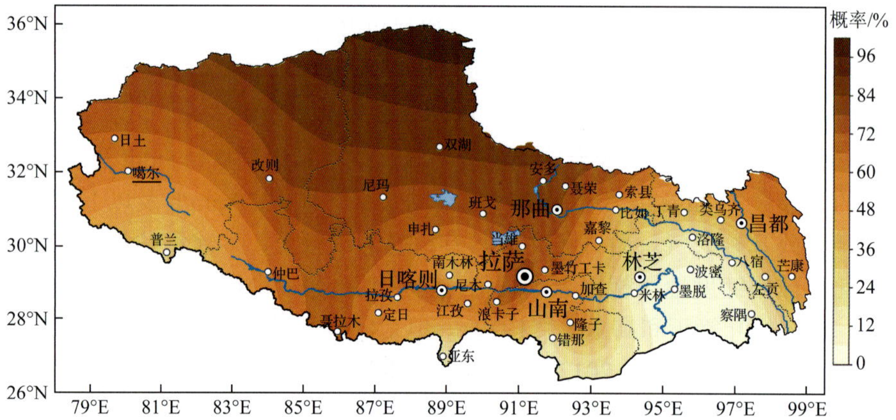

图 3.53　降水量≥ 10mm/d 天气过程中伴有雷暴的概率分布

从以上分析得出，除林芝、昌都南部（除芒康）和沿喜马拉雅山南麓外，其余地方降水量≥ 10mm/d 降水中对流性降水占很大比例，特别是冰雹、雷暴多发区域该特征更为显著。同时，把降水量≥ 10mm/d 作为西藏对流性强降水的基础参考阈值。

3.4.1　西藏高原强对流灾害天气特征

1. 中雨以上降水

西藏高原降水量≥ 10mm/d 年平均日数为 13.3 天，最多出现在林芝大部和那曲东部嘉黎，为 22 ～ 27.3 天，其中波密 27.3 天，拉萨东部墨竹工卡，林芝米林，昌都北部丁青、类乌齐，昌都南部芒康，那曲东部索县、比如，日喀则桑珠孜、南木林，拉萨以及日喀则南部聂拉木为 15.2 ～ 19.5 天；昌都中部、山南大部、拉萨西部和那曲中部在 10.7 ～ 14.8 天；那曲西部，日喀则东南部、西部，山南西部，阿里以及昌都八宿为 1.2 ～ 9.6 天，其中阿里各站不足 5 天；阿里狮泉河仅为 1.2 天。5 ～ 9 月降水量≥ 10mm/d 年平均日数为 11.9 天，占全年的 89%，其余月份出现降水量≥ 10mm/d 天数较多集中在西藏南部，西藏东南的波密、察隅和西藏南部的聂拉木，为 7.7 ～ 10.4 天，最多为波密 10.4 天；林芝巴宜，山南南部隆子，昌都北部，那曲东部嘉黎，阿里南部普兰为 1.5 ～ 2.3 天，其余各地不足 1 天（图 3.54）。

从西藏高原四季降水量≥ 10mm/d 季节分布情况看（图 3.55），西藏高原春季降水量≥ 10mm/d 年平均日数为 1.6 天，林芝波密和察隅为 8.5 ～ 10.2 天，波密最多为 10.2 天，日喀则、聂拉木，林芝巴宜、米林，那曲嘉黎为 3.1 ～ 3.4 天，昌都大部，山南错那，那曲东部和日喀则南部帕里以及拉萨中东部为 1.0 ～ 2.0 天，其余不足 1 天，其中狮泉河为 0 天。

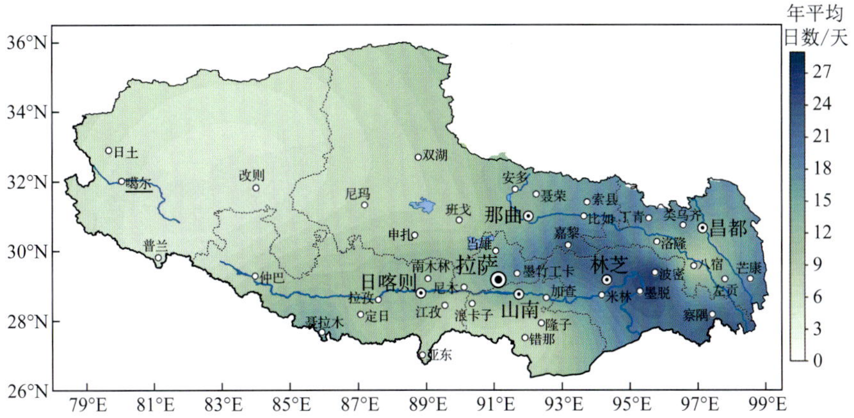

图 3.54　西藏高原降水量≥ 10mm/d 年平均日数分布

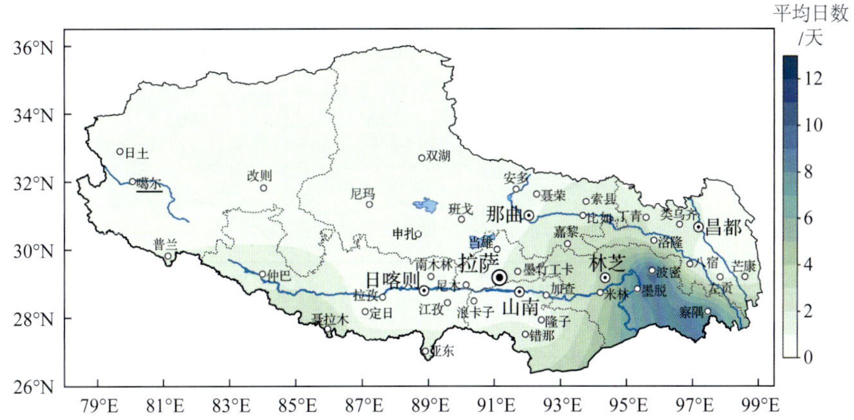

(a)春季

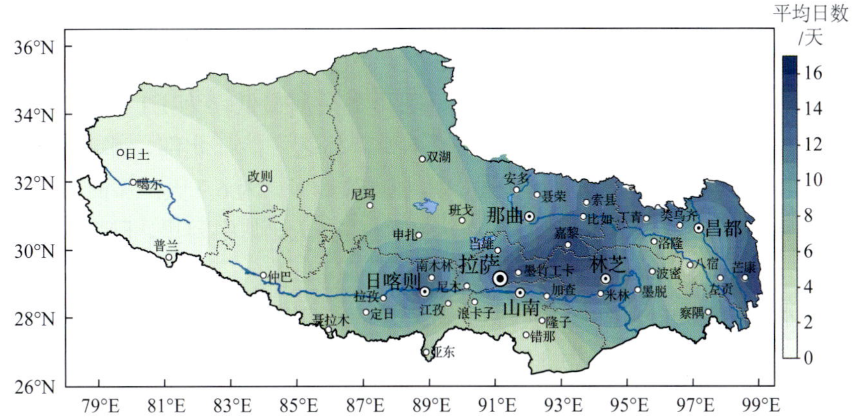

(b)夏季

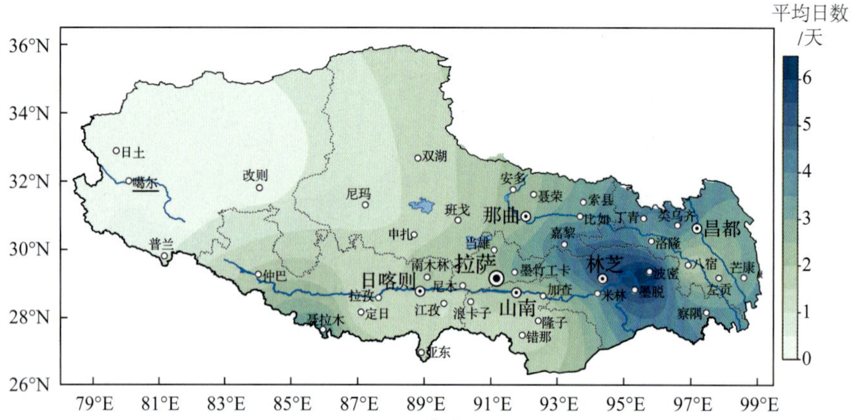

(c)秋季

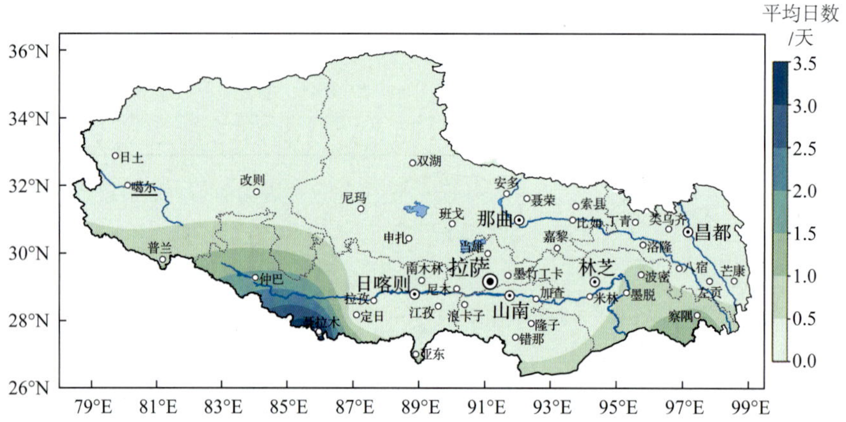

(d)冬季

图 3.55　西藏高原降水量≥ 10mm/d 各季平均日数分布

夏季降水量≥ 10mm/d 年平均日数为 9.1 天，其中那曲嘉黎、拉萨墨竹工卡、昌都芒康最多，分别为 15.2 天、14.7 天和 14.7 天，林芝中西部、拉萨大部、那曲东部、昌都北部、左贡、日喀则中部为 10.4 ～ 13.6 天，其余大部不足 10 天，其中阿里、山南南部错那和昌都八宿平均日数在 4 天以下，阿里狮泉河最低，为 1.1 天。

秋季降水量≥ 10mm/d 年平均日数为 2.4 天，林芝，昌都北部、那曲东部嘉黎及日喀则聂拉木为较多区域，为 3.6 ～ 6.7 天，其中波密最多，为 6.7 天；那曲中东部、色尼，昌都南部，山南北部为 1.7 ～ 3.3 天，其余为 0.1 ～ 1.7 天，其中阿里，日喀则江孜、定日，山南隆子不足 1 天，阿里大部在 0.5 天以下。

冬季降水量≥ 10mm/d 年平均日数为 0.2 天，主要集中在西藏高原东南部和南部区域，其中日喀则聂拉木最多，为 3.7 天，林芝察隅、波密、阿里普兰，日喀则帕里，山南错那在 0.3 ～ 1.3 天，其余地方为 0 ～ 0.1 天。

图 3.56 是西藏高原降水量≥ 10mm/d 降水日数月际变化。从图 3.56 可以看出，西藏地区降水量≥ 10mm/d 主要发生在 6 ～ 9 月，其中 7 月、8 月为多发期；平均次数分别达到 3.7 天和 3.2 天，其中 7 月最多。6 ～ 9 月占全年的 82%，6 ～ 8 月占全年的 69%。

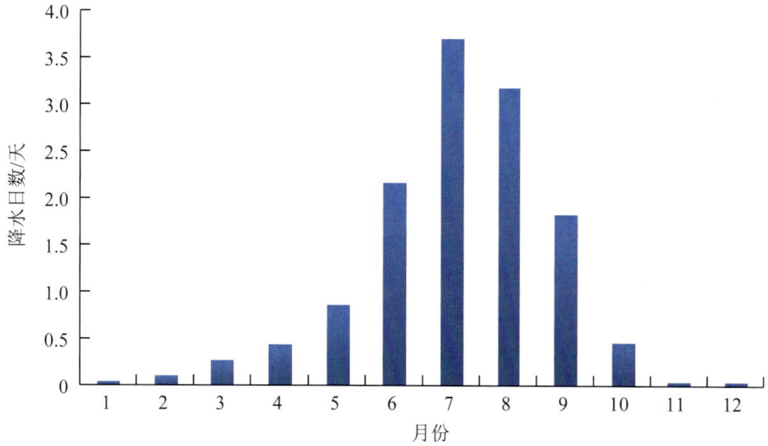

图 3.56　西藏高原降水量≥ 10mm/d 降水日数月际变化

2. 夏季强降水

由夏季西藏高原各站第 90、第 95、第 97、第 99 百分位日强降水阈值（表 3.8）可以看出，西藏各站相同百分位的日强降水阈值最大值和最小值差异较大。目前，在实际预报业务中，西藏高原日降水量超过 25mm 的降水定义为强降水过程，这与表 3.8 中第 99 百分位的日强降水平均阈值接近，但该百分位降水的出现频次百分比仅为 1%，降水量百分比仅为 7%，因此该百分位的日强降水阈值过高。第 95 和第 90 百分位日强降水的平均阈值均不足 20mm，不能更好地体现西藏东部区域的降水强度。第 97 百分位日强降水的平均阈值为 20.4mm，其出现频次百分比仅为 3%，相对较低，但是结合第 97 百分位强降水强度平均值为 26.1mm，这与业务中强降水过程标准较一致，故把第 97 百分位日强降水阈值作为西藏高原日强降水标准。

表 3.8　西藏高原各站不同百分位日强降水阈值

百分位	日强降水阈值 /mm			出现频次百分比 /%	降水量百分比 /%	强降水强度平均值 / mm
	最小值	最大值	平均值			
99	18.1	33.9	26.6	1	7	32.3
97	11.9	26.4	20.4	3	16	26.1
95	9.2	23.0	17.3	5	24	23.1
90	6.6	18.2	13.0	10	33	19.0

从西藏高原第 97 百分位日强降水阈值空间分布可以看出（图 3.57），由于西藏地域复杂、气候多样，第 97 百分位日强降水阈值空间分布与西藏夏季降水量≥ 10mm/d 分布一致，但与西藏年降水量分布有一定的差异，年降水量大的林芝东南和日喀则南部夏季第 97 百分位日强降水阈值并不是大值区域，阈值大值区在昌都南部、北部，拉萨中东部，日喀则中部，林芝中西部和那曲嘉黎，为 22.2 ～ 26.4mm，其中三个大值中

心位于昌都南部芒康、拉萨东部墨竹工卡和日喀则桑珠孜，分别为 26.5mm、26.2mm 和 25.6mm；沿喜马拉雅一带错那，隆子，帕里，聂拉木，阿里大部，那曲中西部以及昌都八宿、洛隆阈值不足 20mm，为 11.9 ～ 19.1mm，其中山南南部错那最低，为 11.9mm；其他区域日强降水阈值为 20.0 ～ 21.4mm。

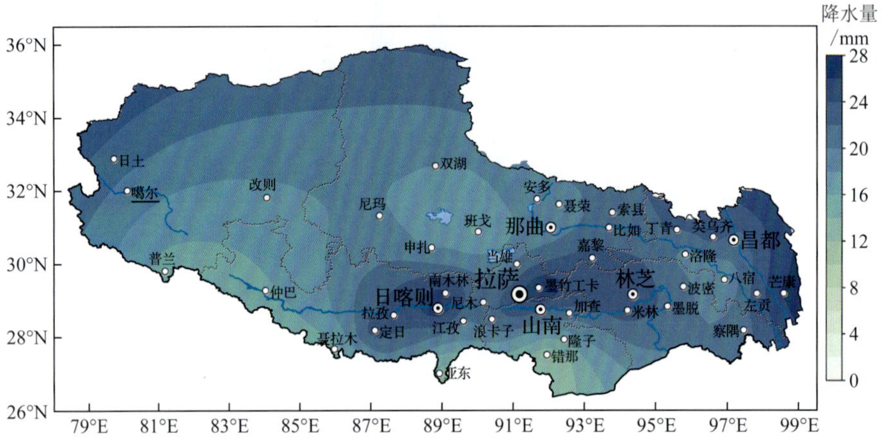

图 3.57　西藏高原第 97 百分位日强降水阈值空间分布

3. 雷暴

西藏地区多年平均雷暴日数的空间分布（图 3.58）表明，年平均雷暴日数分布的总体特征为中部多东西少，西藏年平均雷暴日数为 44.6 天。那曲和沿江中段为西藏地区雷暴日数最多的区域，阿里、林芝、昌都及南部地区雷暴日数相对较少。在雷暴多发区年平均雷暴日数达到 70 ～ 75.7 天，其中心位于那曲，为 75.7 天，贡嘎、索县、墨竹工卡、当雄、安多为 70 ～ 74.8 天，山南大部、拉萨和嘉黎、丁青为 50 ～ 69 天；日喀则沿江、阿里东部、昌都大部和尼木年雷暴日数也在 35 ～ 50 天。阿里、日喀则西南部和林芝雷暴日数在 20 天以下，其中西部的普兰和东部的察隅、波密三地，年平均雷暴日数最少。

从西藏雷暴日数季节分布状况看（图 3.59）：西藏春季平均雷暴日数为 6.6 天，索县、加查、墨竹工卡为 12.4 ～ 13.5 天；那曲中东部、昌都北部、拉萨、山南大部和林芝中西部、日喀则南部为 4.6 ～ 11 天；阿里、日喀则西部、林芝东部和昌都南部在 4 天以下，其中普兰 2 天、左贡波密 1.8 天、察隅 1.3 天、狮泉河 0.9 天、八宿 0.5 天。夏季平均雷暴日数为 30.5 天，占全年平均雷暴日数的 68%，其空间分布与年平均分布一致，那曲中西部和沿江中段为西藏雷暴日数最多的地区，为 45 ～ 50.7 天；阿里、林芝及其南部地区、八宿、洛隆相对较少，在 15 天以下，其中聂拉木最少为 1.7 天；其余为 20 ～ 44.8 天。秋季平均雷暴日数为 7.4 天，那曲和拉萨市东北部较多，为 13.6 ～ 15.2 天；沿江一线、昌都北部和林芝西部及改则为 5.8 ～ 11.8 天；阿里、林芝大部、日喀则西南部和昌都南部在 5 天以下，其中聂拉木、波密、普兰、察隅和狮泉河不足 1 天。冬季西藏平均雷暴日数为 0 天。

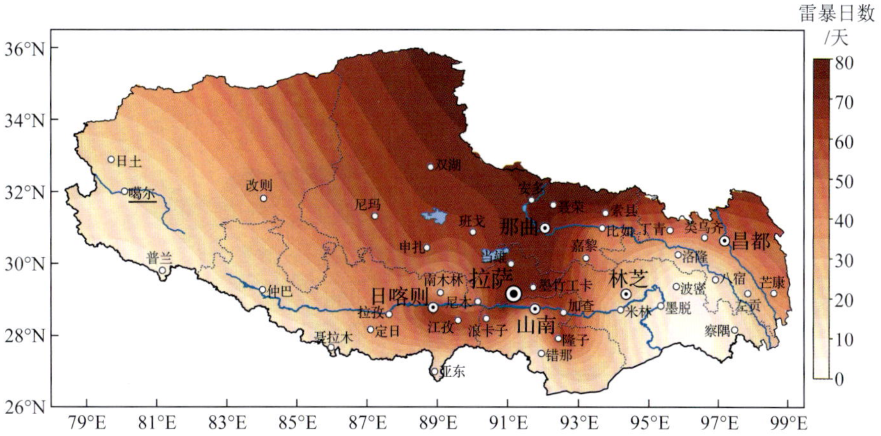

图 3.58 西藏多年平均雷暴日数空间分布

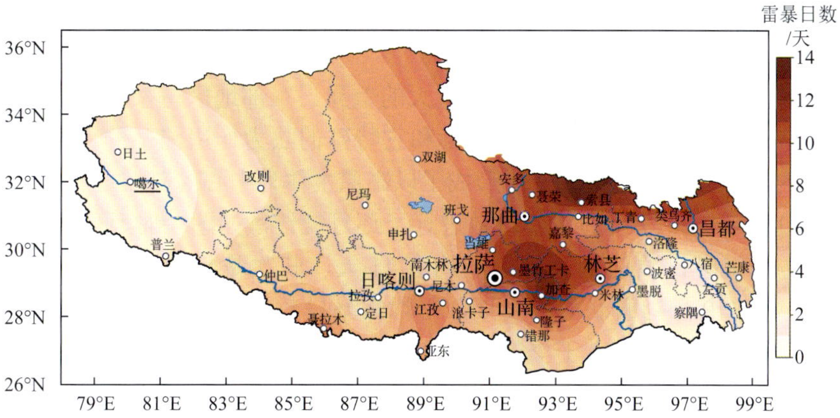

(a)春季

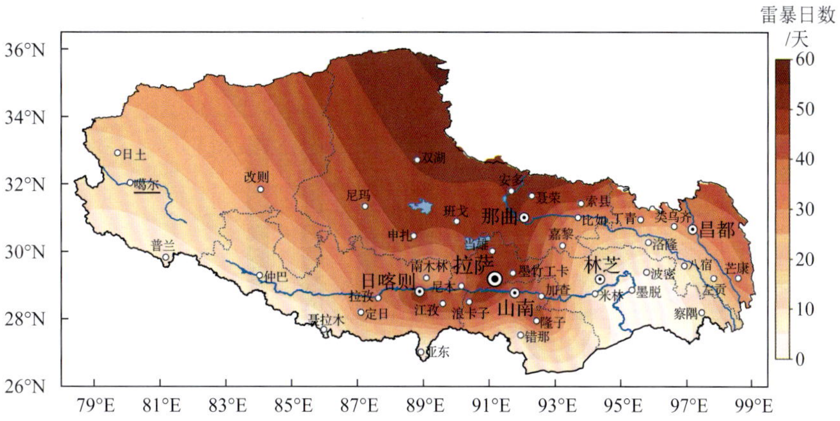

(b)夏季

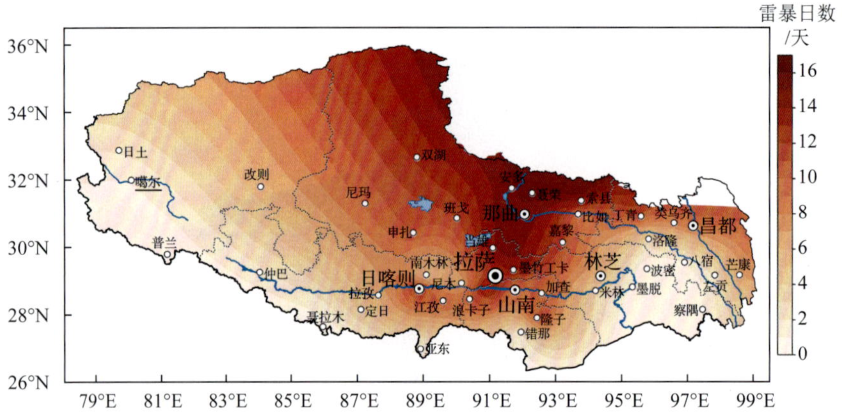

(c)秋季

图 3.59 西藏雷暴日数季节分布

西藏春季雷暴发生率为 14.8%，夏季为 68.4%，秋季为 16.7%，冬季几乎为 0，属于典型的夏暴型，有研究表明，西藏地区雷暴的这种季节变化特征与大气环流的季节性突变及高原热力作用的季节变化密切相关。

西藏雷暴的分布与我国东部地区有较大的差异。东部地区雷暴分布一般随纬度的增高而减少，但在西藏，由于高原大地形和它特殊的热力作用因子的作用，这种由纬度因子决定的雷暴分布规律被改变，形成了以高原主体为中心的分布形势。

对西藏 1985 ～ 2013 年的雷暴日数进行了逐月统计，如图 3.60 所示，雷暴活跃期始于 4 月，7 月雷暴日数达到高峰，平均有 11 天，其次是 8 月达 10 天，7 ～ 8 月占全年的 49%。5 ～ 9 月为雷暴的高发期，平均雷暴日数为 40.1 天，占全年雷暴日数的 90%；10 月至次年 3 月，随着干季的来临，各地雷暴日数迅速减少（图 3.60）。

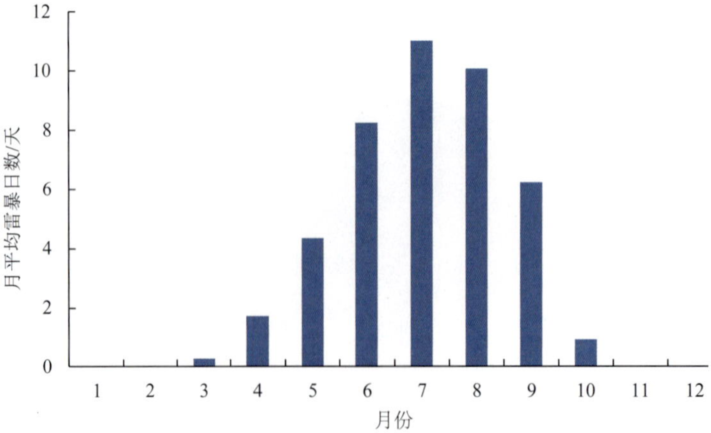

图 3.60 西藏雷暴日数月变化特征

4. 冰雹

西藏年平均冰雹日数为 6.5 天，冰雹较多区域位于那曲、阿里东部、拉萨北部和昌都西北部及浪卡子、隆子、芒康一带，其中那曲、班戈和安多为 23.6 ～ 29.2 天，最大中心位于那曲，申扎、索县、嘉黎、当雄及浪卡子为 12.6 ～ 16.6 天；除上述地方外，在昌都西北部、隆子、芒康及改则年平均冰雹日数为 7.3 ～ 9.1 天，沿江中东段为 1 ～ 5.9 天，林芝、阿里、日喀则南部和林芝东部不足 1 天；多雹区基本上与多雷暴区一致（图 3.61）。

西藏的冰雹降雹季节性强，冰雹日数高度集中在夏季，从图 3.62 显示，西藏平均冰雹日数春季为 0.8 天，占全年的 11%；秋季为 1.7 天，占全年的 26%，夏季为 4.1 天，占全年的 63%；冬季为 0 天。春季冰雹多发区在林芝西部、那曲东部、昌都北部和拉萨北部，为 1.5 ～ 2.4 天，其余不足 1 天，其中帕里春季历年未出现过冰雹。夏季平均冰雹日数与西藏年平均冰雹日数分布基本一致，冰雹日数较多的位于那曲、阿里东部、拉萨北部、昌都西北部及浪卡子、隆子、芒康一带，那曲中西部达到 12.4 ～ 18.8 天；那曲东部、阿里西部和浪卡子为 6.3 ～ 9.2 天；沿江一线、昌都和山南大部为 0.7 ～ 4.9 天；林芝、阿里大部和日喀则南部在 0.3 天以下，其中察隅几乎未出现过冰雹。秋季平均冰雹日数也与西藏年平均冰雹日数分布基本相同，冰雹日数较多的位于那曲、阿里东部、拉萨北部、昌都北部及浪卡子、芒康一带，其中那曲、拉萨北部和浪卡子为 3.4 ～ 8.4 天；沿江一线、昌都、拉萨和山南大部为 0.5 ～ 2.4 天；其余地区不足 0.5 天，其中察隅、波密和普兰最少。

对西藏 1985 ～ 2013 年的冰雹日数进行了逐月统计，如图 3.63 所示，冰雹活跃期始于 5 月，6 ～ 9 月为冰雹高发期，出现冰雹平均日数为 1.4 ～ 1.5 天，其中 9 月达到高峰，平均有 1.5 天，6 ～ 9 月平均冰雹日数占全年的 85%。在冰雹多发区域的那曲、浪卡子、隆子三站，9 月出现冰雹日数较其他月份多。10 月开始随着干季的来临，北部冷空气势力加强，西藏冰雹日数迅速减少。

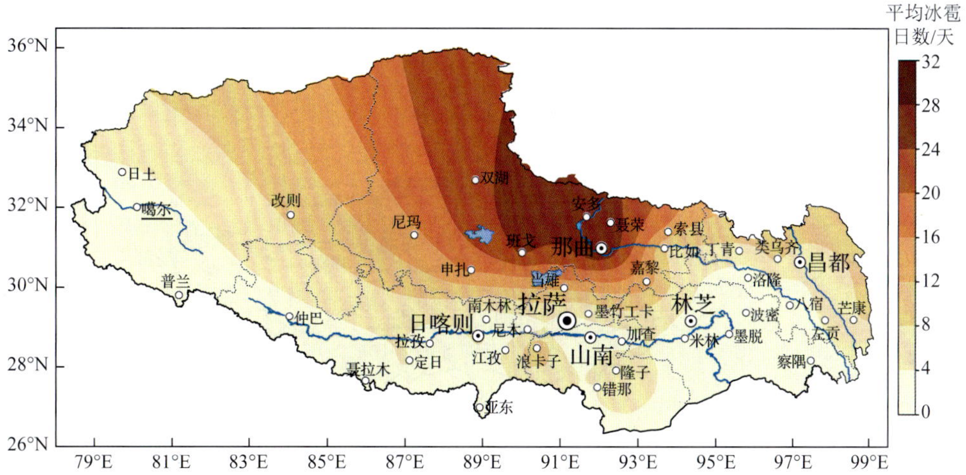

图 3.61　西藏年平均冰雹日数分布

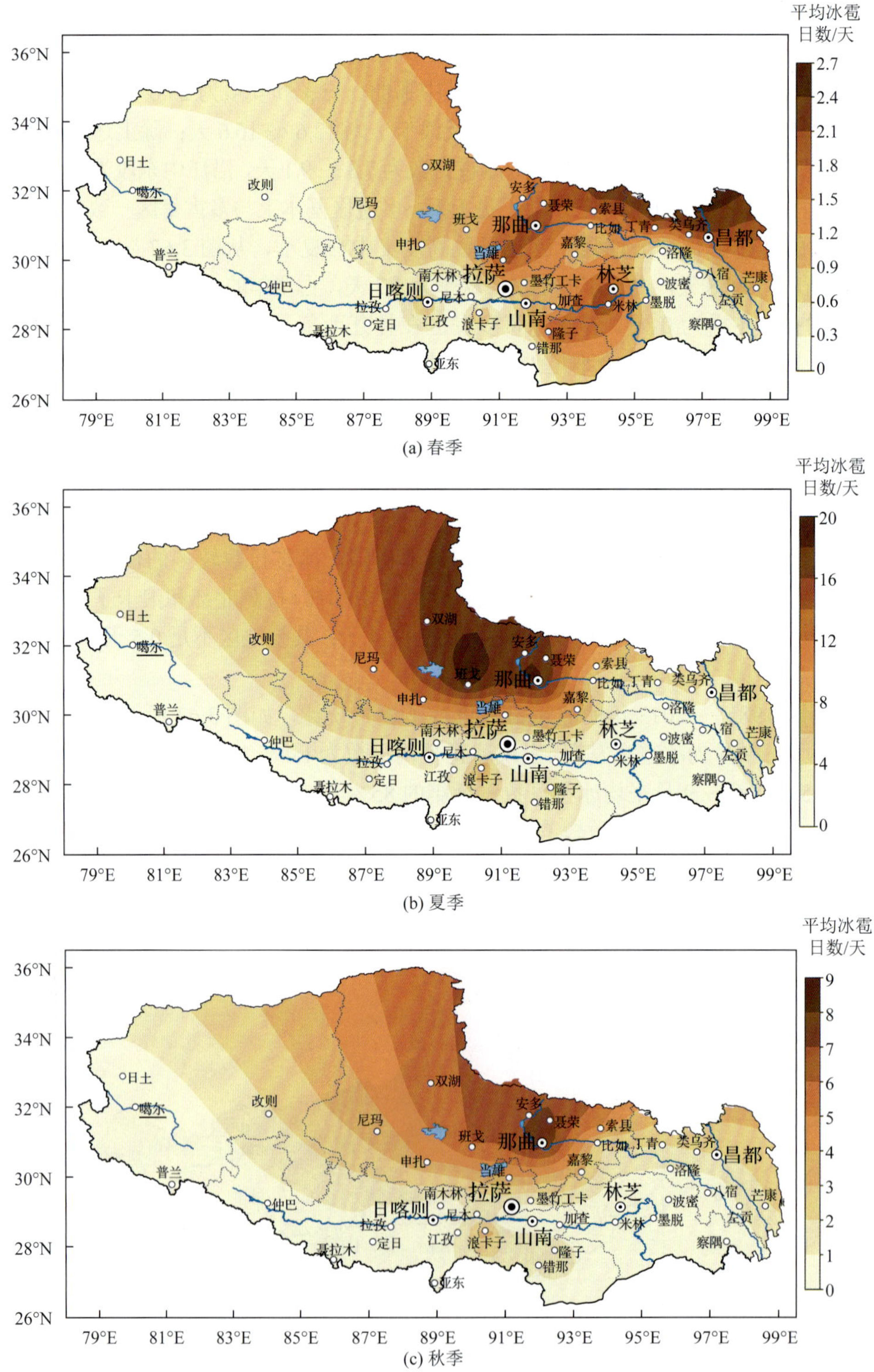

图 3.62　西藏平均冰雹日数季节分布

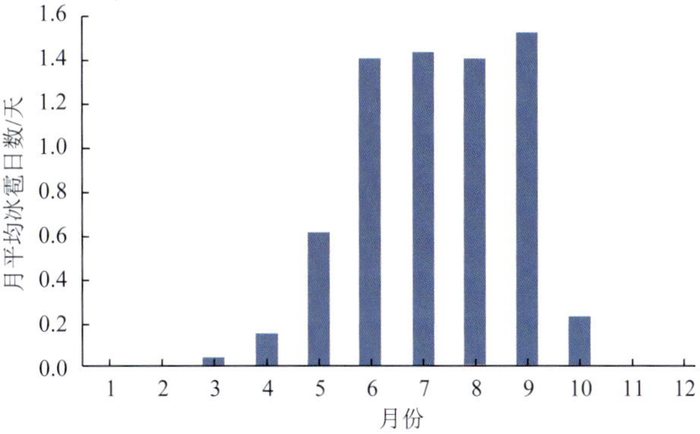

图 3.63　西藏月平均冰雹日数分布

3.4.2　夏季降水变化趋势

从西藏高原夏季降水量≥ 10mm/d 频次变化趋势分析（图 3.64）中可以看出，各站降水量≥ 10mm/d 平均频次为 9.1 天，1981 ～ 1990 年平均频次为 8.3 天，1991 ～ 2000 年平均频次为 9.5 天，2001 ～ 2010 年平均频次为 9.0 天，2011 ～ 2020 年平均频次为 9.4 天，1998 年开始连续 7 年超过平均值，其中 1998 年最高，为 13.4 天，最少为 2006 年，为 6.0 天；40 年中前 20 年降水量≥ 10mm/d 平均频次为 8.9 天，近 20 年降水量≥ 10mm/d 平均频次达到 9.2 天。1981 ～ 2020 年西藏高原夏季降水量≥ 10mm/d 频次气候倾向率为 0.3d/10a，总体呈现增多趋势。

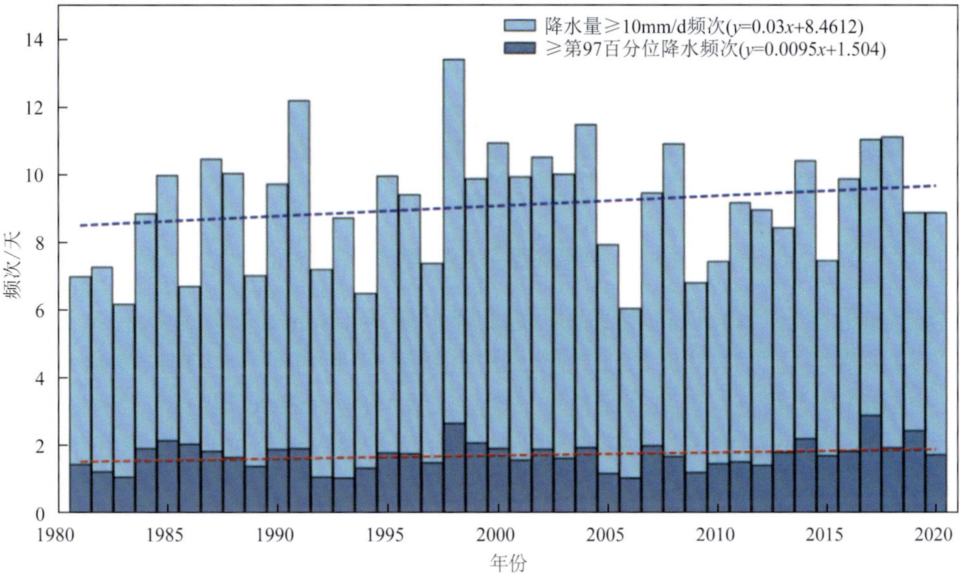

图 3.64　西藏高原降水频次变化趋势

各站≥第 97 百分位降水平均频次为 1.7 天，1981 ～ 1990 年平均频次为 1.6 天，1991 ～ 2000 年平均频次为 1.7 天，2001 ～ 2010 年平均频次为 1.5 天，2011 ～ 2020 年平均频次为 1.9 天，2017 年最高，为 2.9 天，最少为 2006 年，为 1.0 天；40 年前 20 年≥第 97 百分位降水平均频次为 1.66 天，近 20 年≥第 97 百分位降水平均频次为 1.73 天。40 年来西藏高原夏季≥第 97 百分位降水平均频次气候倾向率为 0.095d/10a，总体趋势变化不显著。

从西藏高原夏季平均降水量、≥ 10mm/d 平均降水量以及≥第 97 百分位平均降水量的变化趋势分析（图 3.65）可以看出，近 40 年三者平均降水量气候倾向率分别为 8.5mm/10a、5.9mm/10a、3.1mm/10a，西藏高原降水量增加趋势显著。同时，从 40 年年代际分析，西藏高原夏季平均降水量、≥ 10mm/d 平均降水量以及≥第 97 百分位平均降水量在 1981 ～ 1990 年分别为 262.6mm、138.3mm 和 41.9mm，1991 ～ 2000 年分别为 294.0mm、156.3mm 和 43.5mm，2001 ～ 2010 年分别为 286.2mm、147.2mm 和 39.7mm，2011 ～ 2020 年分别为 290.4mm、159.1mm 和 51.3mm。

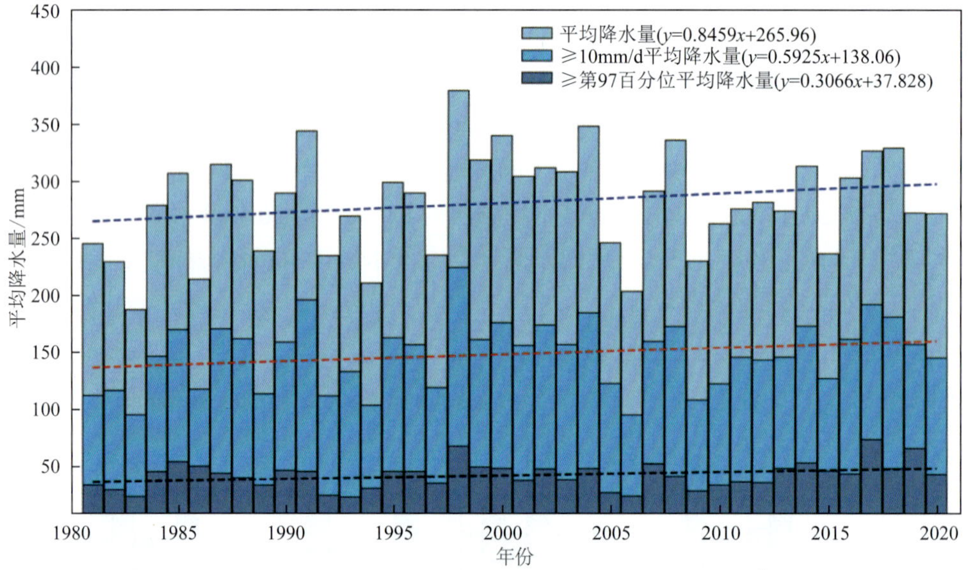

图 3.65　西藏高原平均降水量变化趋势

以上分析得出，40 年来西藏高原夏季降水量≥ 10mm/d 平均频次和≥第 97 百分位平均频次变化总体呈现增加趋势，其中≥第 97 百分位平均频次变化近 10 年（2011 ～ 2020 年）最高；西藏高原夏季平均降水量 1991 ～ 2000 年最高，2011 ～ 2020 年为次高。≥ 10mm/d 平均降水量和≥第 97 百分位平均降水量 2011 ～ 2020 年最高，说明近 10 年西藏高原夏季强降水频次和强度处在高位水平。

图 3.66 为西藏高原降水量≥ 10mm/d 平均频次变化趋势空间分布，可以看出西藏高原中、西部和东部的左贡、芒康气候倾向率为 0.1 ～ 1.7d/10a，为频次增多区域，拉萨中东部，日喀则中西部，阿里北部，那曲中西部、嘉黎，山南浪卡子气候倾向率在

0.6d/10a 以上，其中拉萨市区、那曲申扎、拉萨墨竹工卡和日喀则南木林最为显著，分别为 1.7d/10a、1.4d/10a、1.3d/10a、1.2d/10a。林芝、昌都中西部、那曲东北部、日喀则东部、拉萨西部和西藏南部气候倾向率在 –0.6 ～ 0d/10a，其中林芝米林最低，为 –0.6d/10a。

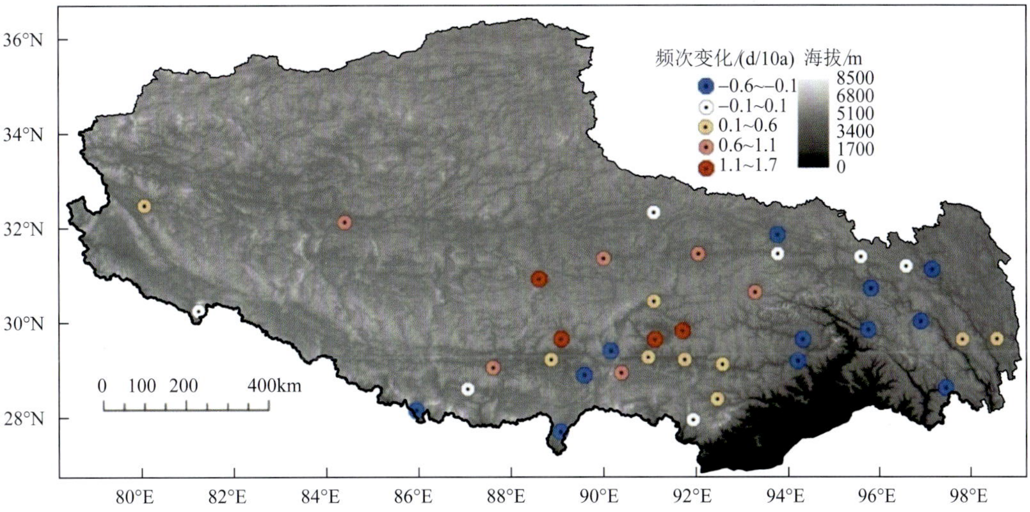

图 3.66　西藏高原降水量≥ 10mm/d 频次变化趋势空间分布

图 3.67 给出了西藏高原≥第 97 百分位平均频次变化趋势空间分布，可以看出，气候倾向率为正值的区域主要为西藏中西部和东南部，其中芒康最高，为 0.7d/10a，西藏西部的改则，中部的拉萨、班戈、南木林、浪卡子在 0.4 ～ 0.5d/10a；林芝东部，那曲东北部，阿里南部，日喀则南部和东部，拉萨西部，昌都洛隆、左贡为 –0.3 ～ –0.1d/10a，其中帕里、波密、左贡均为 –0.3d/10a。

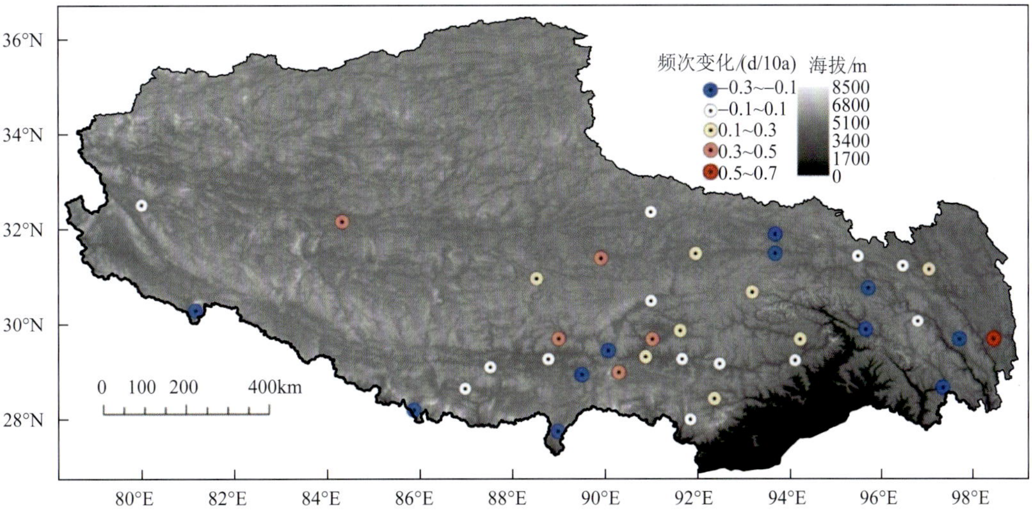

图 3.67　西藏高原≥第 97 百分位降水频次空间变化趋势分布

以上可以看出，强降水频次增多区域主要位于西藏高原中西部和靠近川西高原的芒康，西藏南部、林芝大部、那曲东北部、昌都中北部、日喀则东部、拉萨西部强降水频次略有减少。

参考文献

曹瑜，游庆龙，马茜蓉. 2019. 青藏高原中东部夏季极端降水年代际变化特征. 气象科学，39(4)：437-445.
崔园园，敬文琪，覃军. 2018. 基于 TIPEX Ⅲ资料对 CLDAS-V2. 0 和 GLDAS-NOAH 陆面模式产品在青藏高原地区的适用性评估. 高原气象，37(5)：1143-1160.
高顺年，白彦芳，张青梅，等. 2006. 三江源区降水的时空分布特征. 青海科技，(6)：34-38.
关良，李栋梁. 2019. 青藏高原低涡的客观识别及其活动特征. 高原气象，38(1)：55-65.
何光碧，高文良，屠妮妮. 2009. 2000-2007 年夏季青藏高原低涡切变线观测事实分析. 高原气象，28(3)：549-555.
胡亮，李耀东，付容，等. 2008. 夏季青藏高原移动性对流系统与中国东部降水的相关关系. 高原气象，27：301-309.
冀钦，杨建平，陈虹举. 2018. 1961-2015 年青藏高原降水量变化综合分析. 冰川冻土，40(6)：1090-1099.
拉巴次仁，来志云，索朗白玛，等. 2014. 近 40 年西藏地区雷暴事件的时空变化特征. 高原气象，33(4)：1131-1134.
李典，白爱娟，黄盛军. 2012. 利用 TRMM 卫星资料对青藏高原地区强对流天气特征分析. 高原气象，31(2)：304-311.
李璠，肖建设，颜亮东，等. 2016. 1964-2014 年青海省三江源地区日降水格局分析. 干旱地区农业研究，34(5)：282-288.
李宏宇，张强，王春玲，等. 2020. 基于多源陆面通量数据相融合的新资料及其在中国夏季风影响过渡区的应用. 大气科学，44(6)：1224-1242.
李仑格，孙安平. 2004. “三江源”空中大气水资源分析与利用. 青海科技，(5)：18-23.
李琼，杨梅学，万国宁，等. 2016. TRMM 3B43 降水数据在黄河源区的适用性评价. 冰川冻土，38(3)：620-633.
刘希文，徐双柱，王艳，等. 2013. 湖北梅雨期 3 次大暴雨过程诊断分析. 气象与环境学报，29(6)：1-7.
刘晓琼，吴泽洲，刘彦随，等. 2019. 1960-2015 年青海三江源地区降水时空特征. 地理学报，74(9)：1803-1820.
陆龙骅，卞林根，张正秋. 2011. 极地和青藏高原地区的气候变化及其影响. 极地研究，23(2)：82-89.
麦子，傅慎明，孙建华. 2020. 近 16 年暖季青藏高原东部两类中尺度对流系统（MCS）的统计特征. 气候与环境研究，25：385-398.
尼玛央珍，央金，洛桑曲珍. 2014. 近 30 年西藏地区雷暴日数的气候分布特征. 高原山地气象研究，34(3)：36-40.
强安丰，汪妮，魏加华，等. 2020. 近 50 年三江源地区云水资源分布及降水效率研究. 应用基础与工程科学学报，28(3)：575-593.

施望芝，金琪，郭施，等. 2004. 湖北一次冰雹天气过程的落区诊断分析和预报. 热带气象学报，(2): 212-217.
孙云，刘伟，李国翠，等. 2015. 2011 年盛夏石家庄一次短时暴雨分析. 干旱气象，33(1): 156-161.
王菊英. 2007. 青海省三江源区水资源特征分析. 水资源与水工程学报，18(1): 91-94.
魏丽，李栋梁. 2003. 青藏高原地区 NCEP 新再分析地面通量资料的检验. 高原气象，(5): 478-487.
肖天贵，假拉，肖光梁. 2011. 西藏高原强对流天气及短临预报研究进展. 成都信息工程学院学报，109(2): 163-172.
谢欣汝，游庆龙，保云涛，等. 2018. 基于多源数据的青藏高原夏季降水与水汽输送的联系. 高原气象，37(1): 78-92.
徐祥德，陈联寿. 2006. 青藏高原大气科学试验研究进展. 应用气象学报，17: 756-772.
杨勇，罗骕翾，尼玛吉，等. 2013. 西藏地区暴雨指标及暴雨事件的时空变化. 暴雨灾害，32(4): 369-373.
姚秀萍，包晓红，刘俏华，等. 2021. 近 10a 高原切变线研究进展综述. 暴雨灾害，40(6): 569-576.
叶笃正，高由禧. 1979. 青藏高原气象学. 北京：科学出版社.
张昂，李铁键，傅汪，等. 2017. 基于卫星降水融合产品的黄河源区汛期径流模拟. 应用基础与工程科学学报，25(1): 1-18.
张雷，石汉青，燕亚菲，等. 2012. 西藏冰雹的气候特征. 高原山地气象研究，32(1): 56-60, 76.
张士锋，华东，孟秀敬，等. 2011. 三江源气候变化及其对径流的驱动分析. 地理学报，66(1): 13-24.
张艳，马旭林. 2015. 泰安市一次致灾冰雹过程分析. 现代农业科技，(5): 274-276.
赵平，李跃清，郭学良，等. 2018. 青藏高原地气耦合系统及其天气气候效应：第三次青藏高原大气科学试验. 气象学报，76: 833-860.
中国科学院青藏高原综合科学考察队. 1984. 西藏气候. 北京：科学出版社.
中国气象局气候变化中心. 2021. 中国气候变化蓝皮书 (2021). 北京：科学出版社.
周顺武，张人禾. 2009. 青藏高原地区上空 NCEP/NCAR 再分析温度和位势高度资料与观测资料的比较分析. 气候与环境研究，14(3): 284-292.
朱乾根，林锦瑞，寿绍文. 2000. 天气学原理和方法. 3 版. 北京：气象出版社.
Balsley B, Peterson V L. 1981. Doppler radar measurements of clear air atmospheric turbulence at 1290 MHz. Journal of Applied Meteorology, 20(3): 266-274.
Bi Y H, Liu J L, Duan S, et al. 2012. Attenuation correction of reflectivity for X-Band dual-polarization radar. China Journal of the Atmospheric Sciences, 36: 495-506.
Brandes E A, Ikeda K. 2004. Freezing-Level estimation with polarimetric radar. Journal of Applied Meteorology, 43(11): 1541-1553.
Bringi V N, Chandrasekar V. 2001. Polarimetric Doppler Weather Radar: Principles and Applications. Cambridge: Cambridge University Press.
Carvalho L M V, Jones C. 2001. A satellite method to identify structural properties of mesoscale convective systems based on the maximum spatial correlation tracking technique (MASCOTTE). Journal of Applied Meteorology and Climatology, 40(10): 1683-1701.

Doswell C A, Brooks H E, Maddox R A. 1996. Flash flood forecasting: An ingredients-based methodology. Weather and Forecasting, 11(4): 560-581.

Doviak R J, Zrnic D S. 1993. Doppler Radar and Weather Observations. Pittsburgh: Academic Press.

Fritsch J M, Kane R J, Chelius C R. 1986. The contribution of mesoscale convective weather systems to the warm-season precipitation in the United States. Journal of Applied Meteorology, 25(10): 1333-1345.

Giangrande S E, Krause J M, Ryzhkov A V. 2008. Automatic designation of the melting layer with a polarimetric prototype of the WSR-88D radar. Journal of Applied Meteorology and Climatology, 47(5): 1354-1364.

Houze R A. 2004. Mesoscale convective systems. Review of Geophysics, 42: 1-43.

Jia L, Xiao T G. 2010. Research into Meteorological Disaster Risk Regionalization in Xizang. Chengdu: 2010 the 6th International Conference on Wireless Communications Networking and Mobile Computing(WiCOM-SIP2010).

Kusunoki K. 2002. A Preliminary survey of clear-air echo appearances over the Kanto Plain in Japan from July to December. Journal of Atmospheric and Oceanic Technology, 19(7): 1063-1072.

Lei L, Zhang G, Doviak R J, et al. 2012. Multilag correlation estimators for polarimetric radar measurements in the presence of noise. Journal of Atmospheric and Oceanic Technology, 29(6): 772-795.

Li N, Ran L K, Zhang L N , et al. 2017. Potential deformation and its application to the diagnosis of heavy precipitation in Mesoscale Convective Systems. Advances in Atmospheric Sciences, 34: 894-908.

Liu Y, Yao X P, Fei J F, et al. 2021. Characteristics of mesoscale convective systems during the warm season over the Tibetan Plateau based on FY-2 satellite data sets. International Journal of Climatology, 41(4): 2301-2315.

Lorenc A C. 1986. Analysis methods for numerical weather prediction. Quarterly Journal of the Royal Meteorological Society, 112: 1177-1194.

Mohr K I. 2004. Interannual, monthly, and regional variability in the wet season diurnal cycle of precipitation in sub-Saharan Africa. Journal of Climate, 17: 2441-2453.

Park S G, Maki M, Iwanami K, et al. 2005. Correction of radar reflectivity and differential reflectivity for rain attenuation at X band. Part Ⅰ: Theoretical and empirical basis. Journal of Atmospheric and Oceanic Technology, 22: 1621-1632.

Schumacher R S, Johnson R H. 2006. Characteristics of U. S. extreme rain events during 1999-2003. Weather and Forecasting, 21: 69-85.

Wilson J W, Weckwerth T M, Vivekanandan J, et al. 1994. Boundary layer clear-Air radar echoes: Origin of echoes and accuracy of derived winds. Journal of Atmospheric and Oceanic Technology, 11(5): 1184-1206.

Xu X D, Zhao T L, Lu C, et al. 2014. An important mechanism sustaining the atmospheric “water tower” over the Tibetan Plateau. Atmospheric Chemistry and Physics, 14: 11287-11295.

第4章

亚洲水塔江河源“供水”驱动系统

亚洲水塔关键区域三江源为长江、黄河、澜沧江等世界著名江河的源头，蕴藏着“世界屋脊”庞大的“蓄水池”，其丰富的水资源储量为近 40% 世界人口提供生存用水。本章重点探索了亚洲水塔江河源水资源成因，从青藏高原大气 – 水文过程的视角探讨了亚洲水塔“供水系统”，获取了此江河源头丰富水资源的动力驱动机制新认知；揭示了三江源水分循环结构及其大气 – 水文过程交互影响特征；剖析了三江源径流上游降水高影响区分布特征，并发现高影响降水区特殊水资源存储功能特征，该区域为河流水网区与湖泊群集中地，并为局地降水高频区。本章研究还揭示出三江源热源结构起着“供水系统”的关键驱动作用，且在东亚和印度季风驱动下的青藏高原南侧低纬度海洋亦为亚洲水塔供水系统的暖湿气流的主要源地。高耸于对流层中部的“世界屋脊”“热岛”亦是驱动低纬度海洋水汽强“汇流”的动力源；研究表明，三江源不仅是“世界屋脊”降水频发持续集中的区域，而且是类似台风“自激反馈”机制的大气水分循环加速器。另外，通过青藏高原地形高度影响模拟试验，揭示出亚洲水塔关键区丰富云水资源与青藏高原隆升构成的大地形高度因素亦密切相关，即青藏高原大地形的“热岛”热源强度特征与地形高度密切相关，进一步印证了亚洲水塔三江源区特殊大气降水机制中青藏高原隆升所构建的大地形热源驱动效应。

4.1 亚洲水塔关键区三江源

青藏高原是全球最大与最高的大地形，其平均海拔 4000 多米，位于对流层中部，被称为“世界屋脊”，青藏高原也被誉为“亚洲水塔”。如图 4.1 所示，该区域江河纵横，湖泊、沼泽、雪山冰川星罗棋布，是世界上海拔最高、面积最大、河流分布最集中的地区，也是欧亚大陆上孕育大江大河源头的集中地，对亚洲乃至全球水分循环、生态环境保护具有重大影响（Wang et al.，2017；Immerzeel et al.，2010）。全球冰雪储量除南北极以外，青藏高原处于第三位，冰川总储量占我国的 80%，被誉为地球的永久冻土和山地“冰川王国”。另外，我国七大湿地集中区，青藏高原就占了三个，青藏高原的湖泊占我国湖泊总面积的约 50%，是地球上海拔最高的湖泊群。长江、黄河、澜沧江源头区域简称为三江源，图 4.1 方框内（30°N ～ 35°N，90°E ～ 102°E）为三江源区域，该区域还包括部分“冰川群”（“冰川之乡”波密）。三江源区孕育的大小河流 180 多条，三大主要河流为长江（通天河）、黄河、澜沧江水系，流域总面积为 237957km^2，多年平均总流量为 1022.3m^3/s，年总径流量 3.2417×10^{10}m^3（马致远，2004；杨应梅，2005）。因此，青藏高原大气水分循环对中国、亚洲，乃至全球水资源状况时空分布均具有重大影响。三江源地区总面积 3.63×10^{5}km^2，是中国面积最大、海拔最高的天然湿地和生物多样性分布区以及生物物种形成、演化的中心之一，同时也是国际科技界瞩目的研究气候和生态环境变化的敏感区和脆弱带（李林等，2006）。

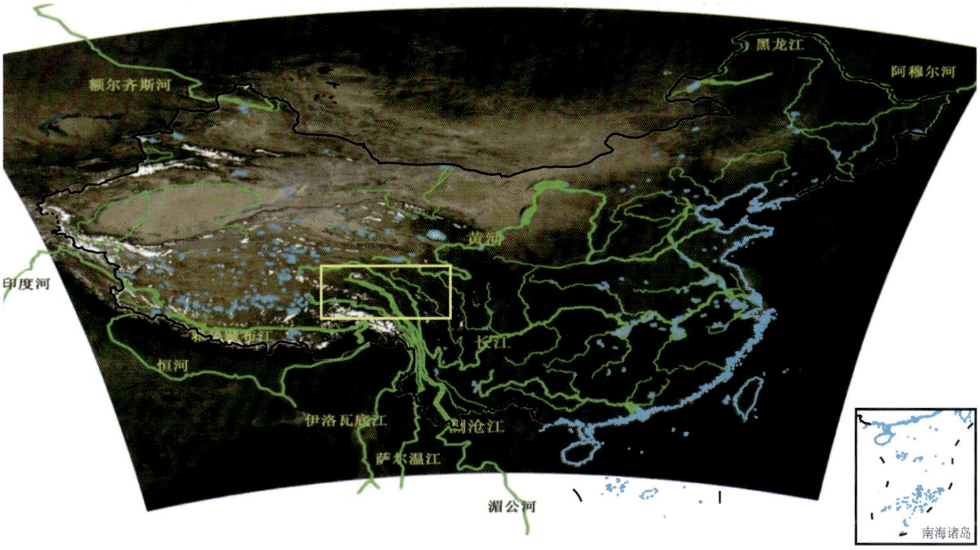

(a)

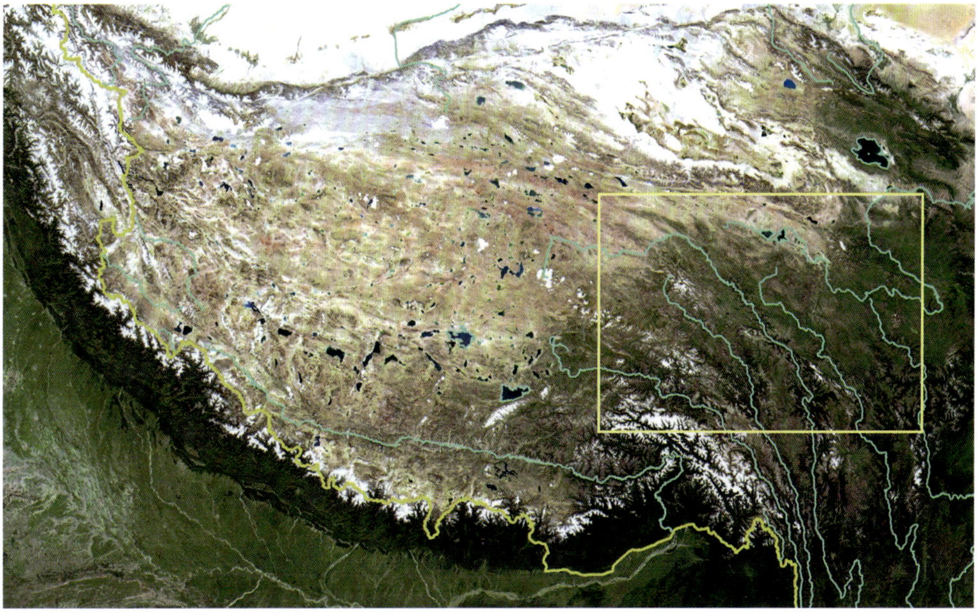

(b)

图 4.1　中国及周边水资源地理分布 (a)，青藏高原及周边水资源地理分布 (b)

(a) 框内为三江源区域；(b) 方框区域为三江源“水网区”区域，该区域包括部分“冰川群”（“冰川之乡”波密），以及积雪（白色）和湖泊（深蓝）

由于地处高海拔地区，三江源地区的变暖趋势更加明显，1961～2010年，长江源区、黄河源区和澜沧江源区气温持续攀升，平均增温速率分别为 0.20℃ /10a、0.23℃ /10a 和 0.15℃ /10a，明显高于全球平均水平。20 世纪 80 年代末至 2007 年，三江源地区的降水在年际变化上呈现增加趋势，在地理分布上呈现由东南向西北方向逐渐递减的趋势（刘光生等，2010；王可丽等，2006；王勤宜，2004）。在全球变暖背景下，这些与三江源水循环状况密切相关的影响因子的变化趋势将是三江源水资源未来预估的关键环节。

亚洲水塔关键区三江源异常活跃的对流活动与降水频发现象的驱动机制是什么？三江源及“冰川之乡”波密“冰川群”水循环过程的交换、输送的机制是什么？青藏高原特殊水环境“供水系统”及其与亚洲、全球大气水分循环格局的关联性亦是科考研究的重点目标。

4.2 青藏高原三江源的“供水系统”

三江源区水网交叉，湖泊、沼泽密布，雪山冰川林立，源区内黄河、长江、澜沧江三条大江干流长度分别占其全长的36%、19%、10%，年均向下游输送水量约570亿m^3，三江源区径流水源由降水直接汇流、冰雪融水和沼泽地下水等复合形式构成。大小湖泊1800余个，湖水面积在0.5km^2以上的天然湖泊有188个，总面积5100km^2（刘光生等，2012；马致远，2004；杨应梅，2005）。蒋元春和李栋梁（2011）计算分析了黄河源区唐乃亥站1956～2010年年径流量与黄河上游降水量的相关性，结果显示，唐乃亥站年径流量与黄河上游年降水量的相关系数高达0.73，达到0.01显著性标准。澜沧江源径流量与大气降水亦显著相关，其相关系数为0.64，达到0.01显著性标准（张万诚等，2014）。以上研究表明，三江源区大气降水量是影响该区河流径流量的主导因素。

探索亚洲水塔江河源水资源成因，重点研究目标是三江源的水分循环结构及其大气-水文过程机理，认知其江河源头丰富水资源的热力驱动机制是关键的科学研究问题，亚洲水塔水资源的海洋-大气“供水系统”如何实现？选取长江源、黄河源和澜沧江源的水文代表站，即直门达站、唐乃亥站和香达站（青海省水文水资源勘测局），其中直门达站、唐乃亥站径流资料时段为1956～2019年夏季，香达站径流资料时段为1961～2019年夏季。为了进一步认识三江源大气“供水系统”，本节分析计算三个代表性水文站径流量与该区域降水量的相关分布区域性特征。图4.2(a)～(c)给出了长江源、黄河源和澜沧江源气象代表站径流量与流域源头上游区域气象站降水量相关分布图，可以发现，三个代表性水文站径流量与各自上游降水呈大范围高相关的空间分布，且不同流域降水相关分布格局呈明显的区域性差异，黄河源降水偏北，长江源居中，澜沧江源区偏南。图4.2描述了三江源径流与上游大气降水呈大范围超信度标准(90%)的高相关区，这些气象站降水高相关区覆盖着二级河流“水网区”与相对集中的小型“湖泊群”，表明该区域为局地降水高频区；上游高相关特征反映了该区域上游大气降水为下游水文过程的重要供水源，上述研究结论揭示出上游大气降水对三江源区域丰富水资源起着“供水系统”的关键作用。

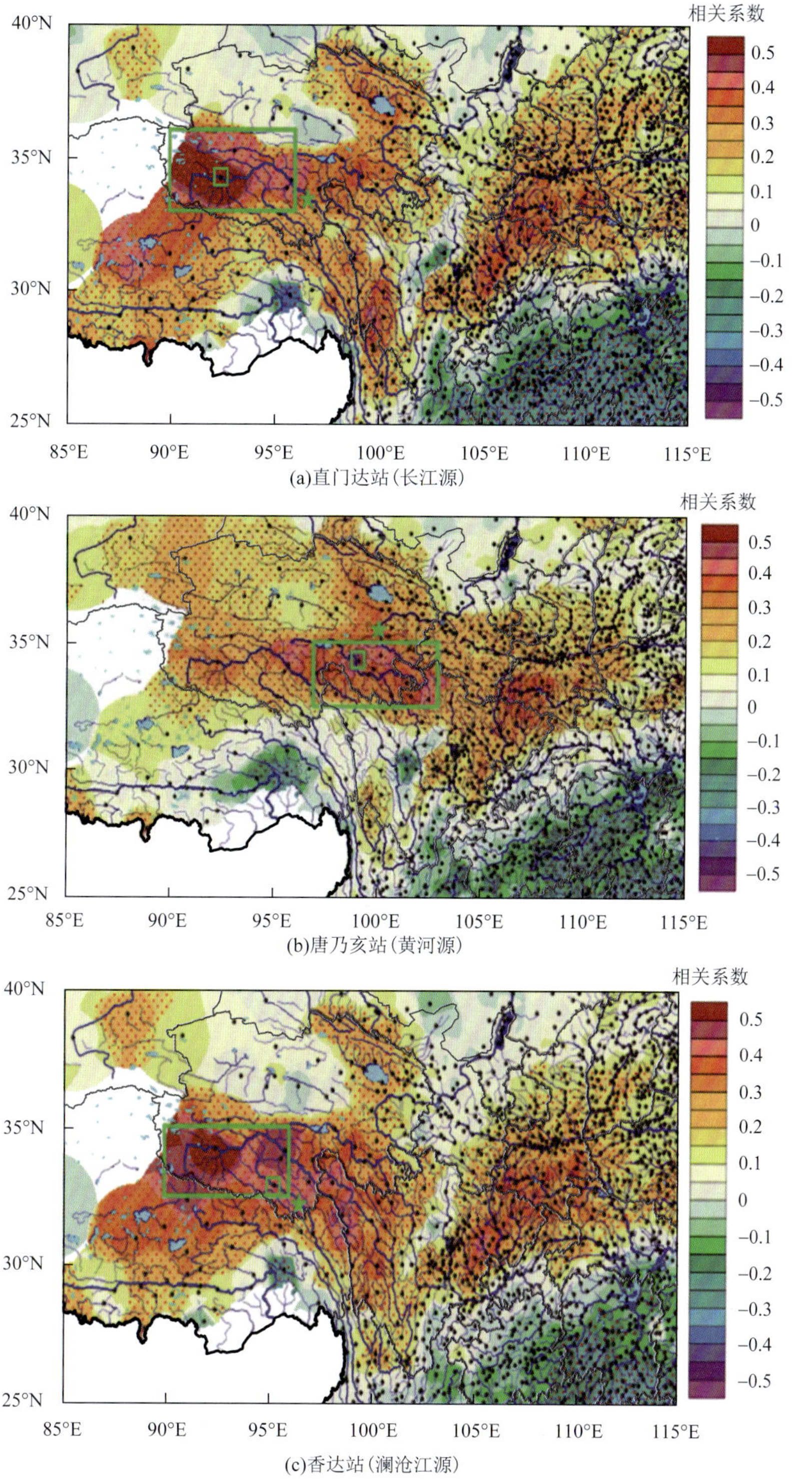

图 4.2　直门达、唐乃亥站、香达站 3 个站夏季径流量与降水量的相关分布图

绿色小框为一级河流上游降水最大相关站；绿色大框为径流代表站上游降水关键高相关区

图 4.3 描述出夏季长江源、黄河源和澜沧江源代表站径流量与一级河流上游最大相关站降水量的相关散点图，可以发现，该三江源区降水量与径流量呈显著的相关关系，其相关系数分别为 0.573、0.479、0.456，均超过 0.01 显著性标准。另外，对比直门达站、唐乃亥站、香达站夏季径流量与上游区域高相关降水量区的年际变化及其趋势（图 4.4）可知，三江源径流量不仅与上游沿河气象站降水量显著相关，而且与上游大范围关键区显著相关，且两者年际变化趋势呈一致性波动特征，尤其进入 21 世纪以来三江源径流量与上游降水量均呈显著上升趋势。这也进一步印证了三江源大气的降水具有该区域水资源“供水系统”的功能，并扮演着三江源水资源关键的“调控”角色。

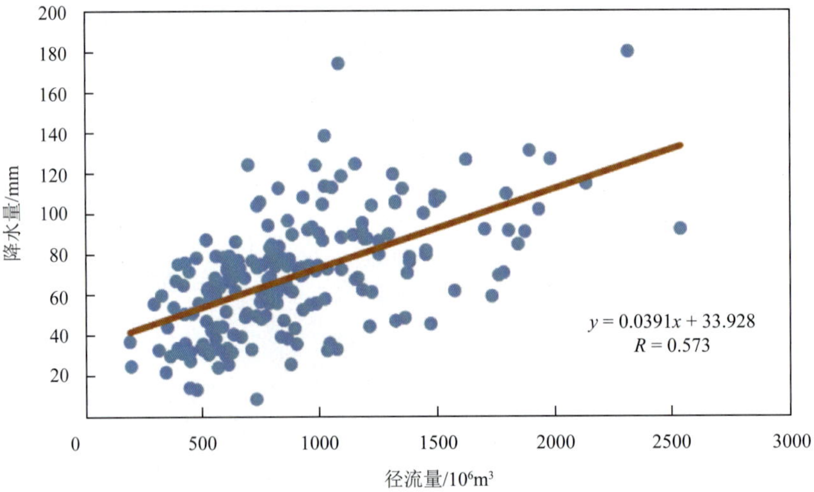

(a)直门达站（长江源）

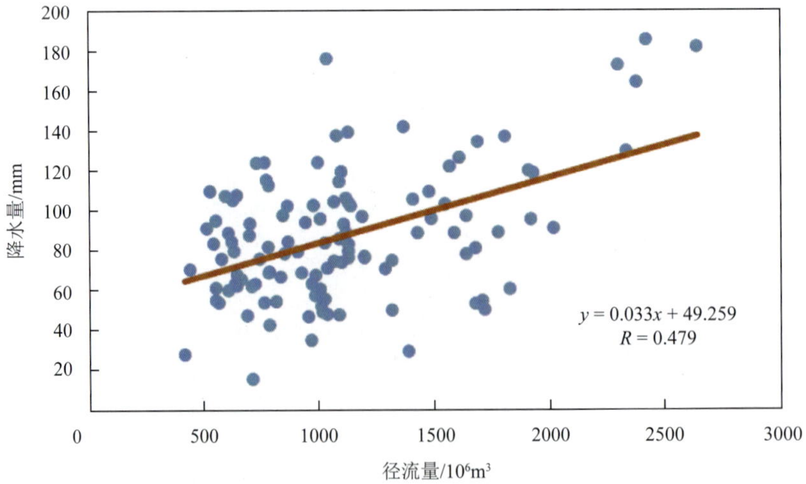

(b)唐乃亥站（黄河源）

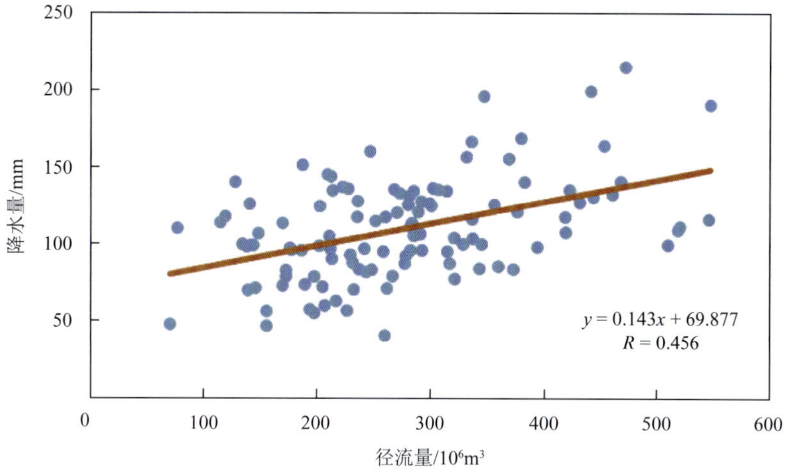

(c)香达站(澜沧江源)

图 4.3　长江源区直门达站、黄河源区唐乃亥站和澜沧江源区香达站夏季降水量与径流量相关散点图

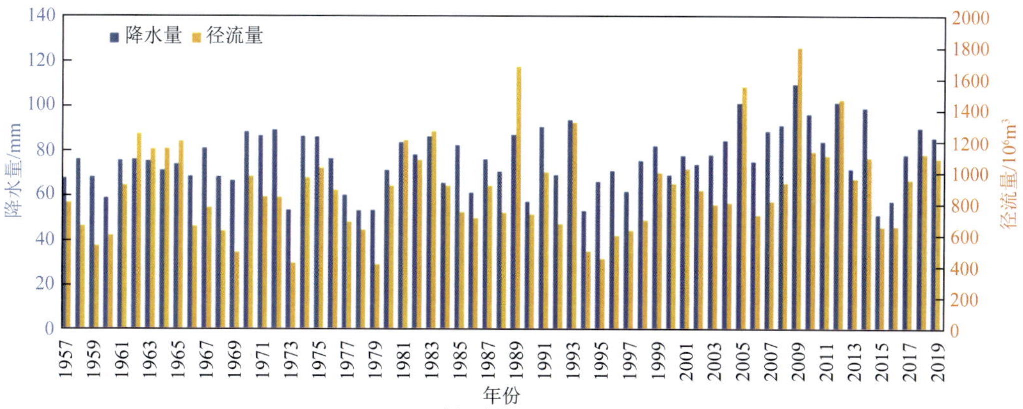

(a)直门达站(长江源)

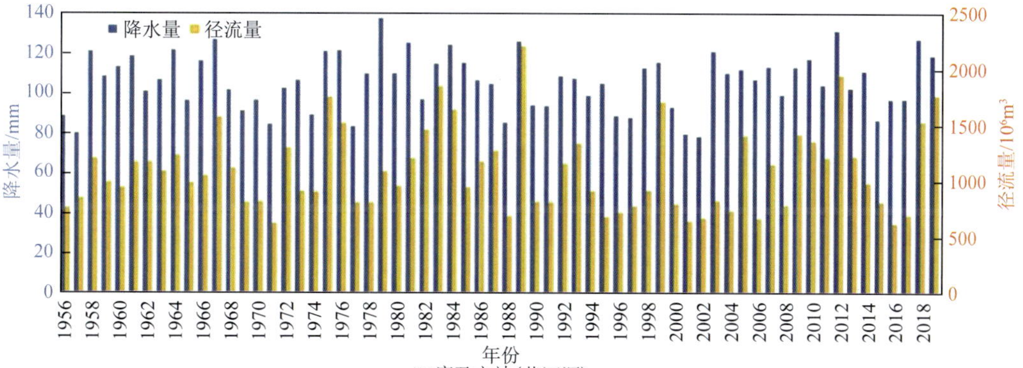

(b)唐乃亥站(黄河源)

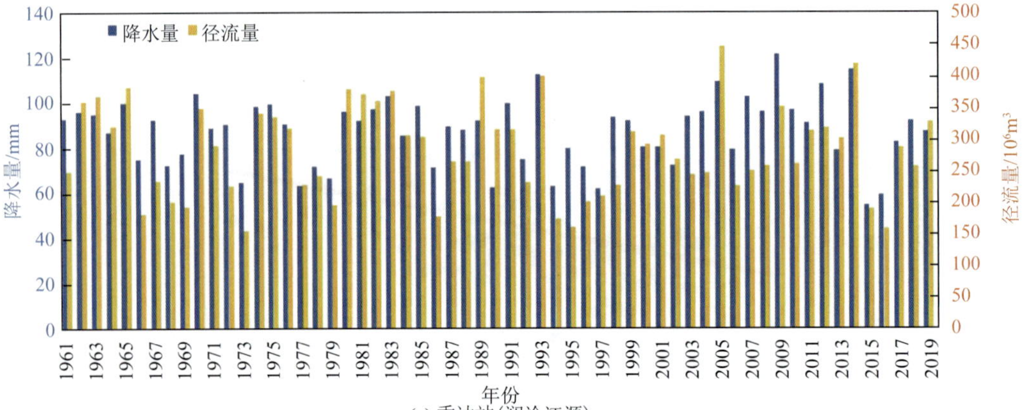

(c) 香达站(澜沧江源)

图 4.4　直门达站、唐乃亥站、香达站夏季径流量与上游区域高相关降水量区年际变化直方图

4.3　青藏高原三江源“供水”驱动机制

青藏高原东部在夏季以凝结潜热为主，该地旺盛的中尺度对流活动和巨大的积雨云的“烟囱效应”持续对上层大气输送热量和水汽。

通过调研大量历史资料和科考观测，分析表明，青藏高原是总辐射超过太阳常数高频区。青藏高原总辐射量为世界上最大的地区，远大于北半球热带和副热带沙漠地区太阳总辐射量极值。上述占亚洲近六分之一面积的青藏高原夏季异常太阳常数高频区，其强辐射导致高耸于大气对流层中部的庞大的“热岛”现象。本节通过对比三江源流域夏季降水与视热源分布特征可以发现，青藏高原夏季降水分布特征为以三江源为中心的高原主体中东部向东南延伸处为降水集中区，且源自三江源的降水量递增雨带与源头河流走向地理分布一致 [图 4.5(a)]。青藏高原核心区三江源及其南坡是降水异常高值区，而高原北坡与主体中西部则相反，均为降水偏少区。三江源区域，尤其是著名的三江（澜沧江、金沙江与怒江）并流区为高原南部降水高值区，其与整层视热源极值区分布十分吻合（图 4.5)，上述分析在一定程度揭示出三江源丰富的云水资源与青藏高原该区域特殊的热源结构分布密切相关。

李生辰等 (2009) 指出，在东亚季风和印度季风驱动下，西南暖湿气流是三江源区空中的主要水汽来源，大尺度环流背景的气流汇集到三江源区，使该地区在 6 ～ 9 月处在水汽辐合区内，源源不断的降水为这一区域形成江河源头创造了条件。如果说热力驱动是青藏高原大气水塔机制 (Xu et al.，2002，2008a，2008b)，那么三江源这一高原水资源关键区是否与青藏高原热力驱动核心区密切相关？在青藏高原大气水分循环过程中是否扮演着关键的角色？青藏高原“三江源”热源驱动如何将低纬度海洋丰富的水汽“抽吸”汇聚到位于对流层中部的“世界屋脊”，并汇合在青藏高原水资源关键区——“三江源”？从而使亚洲水塔关键区蕴藏着如此丰富的冰川与水资源储量。

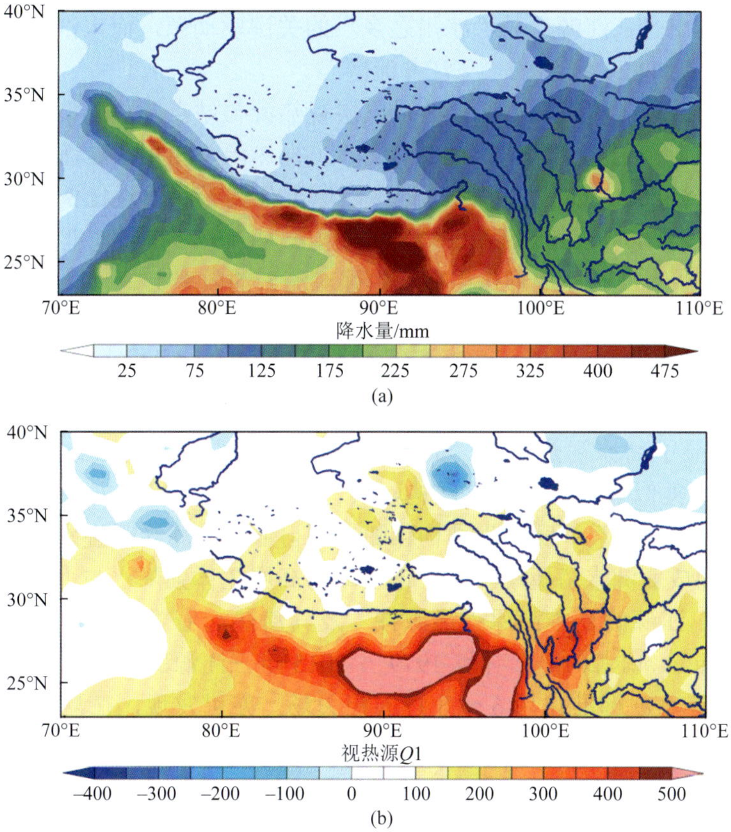

图 4.5　2008 ～ 2017 年青藏高原夏季降水 (a) 与三江源视热源 $Q1$ 分布 (b)

青藏高原夏季降水分布资料源自中国气象局“CLDAS 大气驱动场产品 V2.0”

从青藏高原特殊“热岛”驱动水分循环的视角，认识三江源（长江、黄河、澜沧江）区域丰富降水及其云水资源形成机理。通过对三江源流域夏季降水、整层视热源分布特征综合分析，可以发现三江源区域云水资源与该区域特殊的热源结构分布密切相关。值得注意的是，三江源与南部雅鲁藏布江构成的亚洲江河源头“水网区”，三江源流域毗邻的念青唐古拉山东侧及其南部帕隆藏布地区为主要“冰川群”，“冰川群”恰位于青藏高原大地形向南“开口”的隘口与雅鲁藏布大峡谷北侧。分析研究发现，青藏高原三江源源头“水网区”“冰川之乡”波密地理分布与青藏高原及南坡夏季降水关键区分布特征十分吻合，位于青藏高原中东部的三江源不仅分别与高原降水极值区、低云频发区分布相吻合，而且为整个青藏高原区域视热源极值区。这揭示出特殊热源驱动效应在此区域扮演着亚洲水塔关键区的重要作用。

在东亚季风和印度季风驱动下，青藏高原南侧低纬度海洋是亚洲水塔主要的暖湿气流水汽源，且使该地区在 6 ～ 9 月处在水汽辐合区内，形成此江河源头丰富的云水资源。本章研究揭示出高耸于对流层中部的“热岛”驱动水汽流形成强“汇流”效应，并使低纬度海洋水汽源与该高原“热岛－湿岛”关键区构成了强暖湿水汽通道。分析结果清晰地描绘出“三江源”与“冰川之乡”的关键驱动源，而水汽输送“汇合口”恰位于澜沧江、金沙江、怒江的“三江并流区”。

从 1961 ～ 2010 年青藏高原 3 ～ 8 月整层视热源与站点感热模型的分析结果可以发现，青藏高原近地层感热与大气“热源柱”（视热源）亦存在显著的相关性，相关系数达 0.341，超过 0.10 显著性水平。青藏高原上各类云状出现比例中，强对流云出现比例达 4.0% ～ 21.0%，其中高原中部的积雨云为 21%，是其他非青藏高原地形区的 5 倍左右，说明青藏高原地形作用在产生强对流云的效率上是有很大贡献的 (Luo et al.，2011)。青藏高原东部在夏季以凝结潜热为主，该地旺盛的中尺度对流活动和巨大的积雨云“烟囱效应”持续向上层大气输送热量和水汽。另外，由东—西向、南—北向垂直剖面图 [图 4.6(a) 和 (d)] 可以发现，三江源区域 (90°E ～ 102°E)，南坡至 32°N 上空均突显了高原视热源 $Q1$ 高值区类似“热岛”结构特征，且在对流层高层 300 ～ 400hPa 为类似台风“暖心”结构，其“蘑菇云”柱状“热岛”延伸至 100hPa 平流层，且这一“热岛”“暖心”结构伴随着源自低纬度海洋暖湿水汽南坡爬升汇流的上升气流，构成亚洲水塔驱动机制。该区域为高原主体强降水与上升运动核心区，此结论印证了三江源的夏季高原“热源柱”及其潜热起着类似台风热力驱动“抽吸汇流”作用 (Xu et al.，2014)。计算 1979 ～ 2015 年三江源的视热源 $Q1$ 和水汽汇 $Q2$ 与近地层上升运动 ω 标准化后 6 ～ 8 月的相关场，亦可发现，在夏季三江源视热源 $Q1$、水汽汇 $Q2$ 均与近地层上升运动 ω 显著相关，其相关系数分别达到 R^2_{Q1}=0.4022 与 R^2_{Q2}=0.686，均超过 0.10 显著性水平。上述分析表明，三江源区视热源 $Q1$ 与水汽汇 $Q2$ 均为夏季上升运动的重要强迫源。

以青藏高原热源驱动效应为切入点，剖析三江源地区大气动力、热力过程三维结构特征与青藏高原热源驱动的关联性。分析表明，三江源为中高层“热岛”，位于 300 ～ 500hPa，即视热源极值区，且其与对流云及其上升运动显著相关。本章计算获取了夏季三江源“核心区”视热源 $Q1$ 分别与涡度、散度在东—西向 (30°N ～ 35°N) [图 4.6(b) 和 (c)]、南—北向 (90°E ～ 102°E)[图 4.6(e) 和 (f)] 的相关垂直剖面图，由图 4.6(b) 与 (c) 可清晰地描述出位于青藏高原三江源视热源 $Q1$ 与 30°N ～ 35°N 区域高层强负涡度、辐散极值区显著相关；另外，在对流层低层则与强涡度、强辐合极值区显著相关。青藏高原三江源区域南—北向 (90°E ～ 102°E) 视热源 $Q1$ 与高层 (300 ～ 150hPa) 强负涡度、强辐散极值核心区亦显著相关，在对流层低层则与强涡度、强辐合极值区显著相关，构成与南坡水汽爬升效应相耦合的动力结构；上述结论可揭示出在三江源区域低层辐合、气旋环流－高层辐散、反气旋环流相配置的有效耦合的“抽吸效应”。这表明三江源不仅是“世界屋脊”降水频发持续集中的区域，而且是“亚洲水塔”热力驱动机制关键区。三江源“核心区”视热源 $Q1$ 与散度、涡度相关场亦描述出该区域高、低层动力结构，类似热带气旋“自激反馈”综合相关模型。

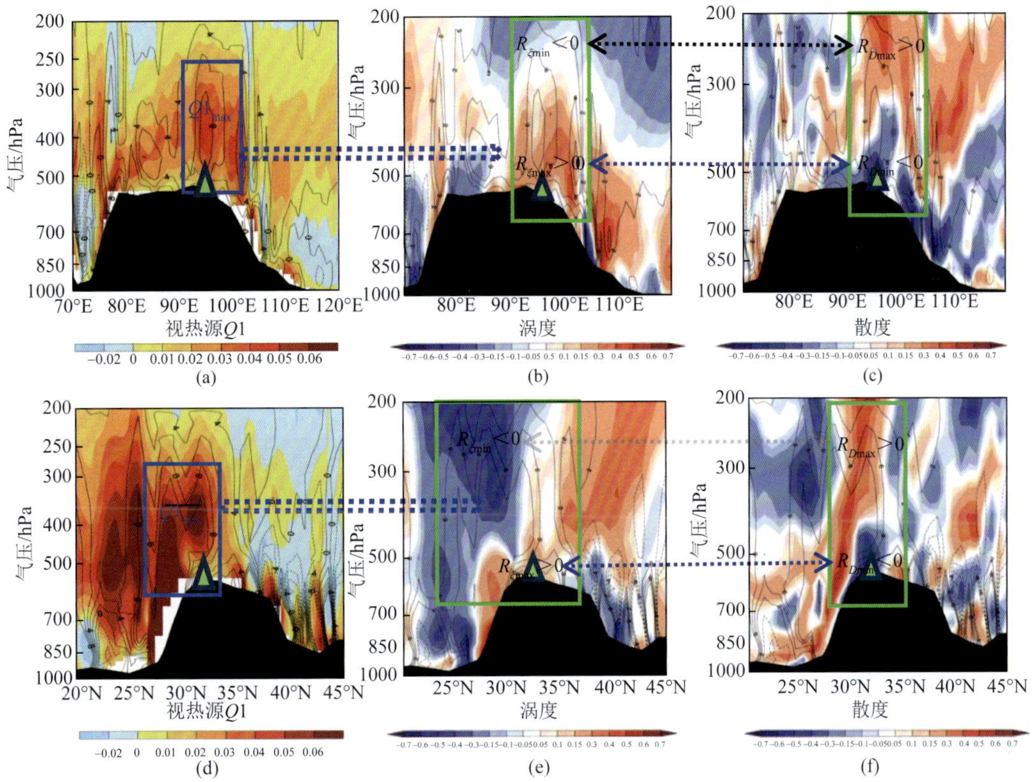

图 4.6　夏季三江源“核心区”东—西向（30°N ～ 35°N）视热源（a）、涡度（b）、散度（c），南—北向（90°E ～ 102°E）视热源（d）、涡度（e）、散度（f）

各层散度、涡度相关场（填色）、垂直运动相关场（等值线）；绿色三角为三江源核心区

长江洪涝过程中，青藏高原地区中部和东部出现爆米花状对流云频发现象，且连续成串从高原中部或东部发生、发展的对流云团族呈显著东移的特征。研究发现，1998 年长江特大洪水的初始对流云系统可追溯到青藏高原。青藏高原上的降水大多是对流性降水。根据卫星云图估算青藏高原地区积雨云的密度，发现青藏高原东南部巨大的积雨云对于上层大气输送热量具有烟囱效应（Flohn，1968）。青藏高原地形作用在产生强对流云的效率上是有重要贡献的。青藏高原整体年平均积雨云出现次数为345次，远高于我国其他地形区域（戴加洗，1990）。

对比分析 2008 年 6 ～ 8 月夏季三江源逐日降水量 [图 4.7(a)] 与各层散度垂直时间剖面图 [图 4.7(b)] 可以发现，三江源逐日降水量变化与逐日低层强辐合（正涡度）-高层强辐散（负涡度）“耦合”特征变化呈显著的对应关系，突显出三江源天气尺度过程“亚洲水塔”“驱动源”效应。此研究结果从不同尺度的视角揭示出区域热源相关动力结构变化对天气过程云降水变化的影响效应。

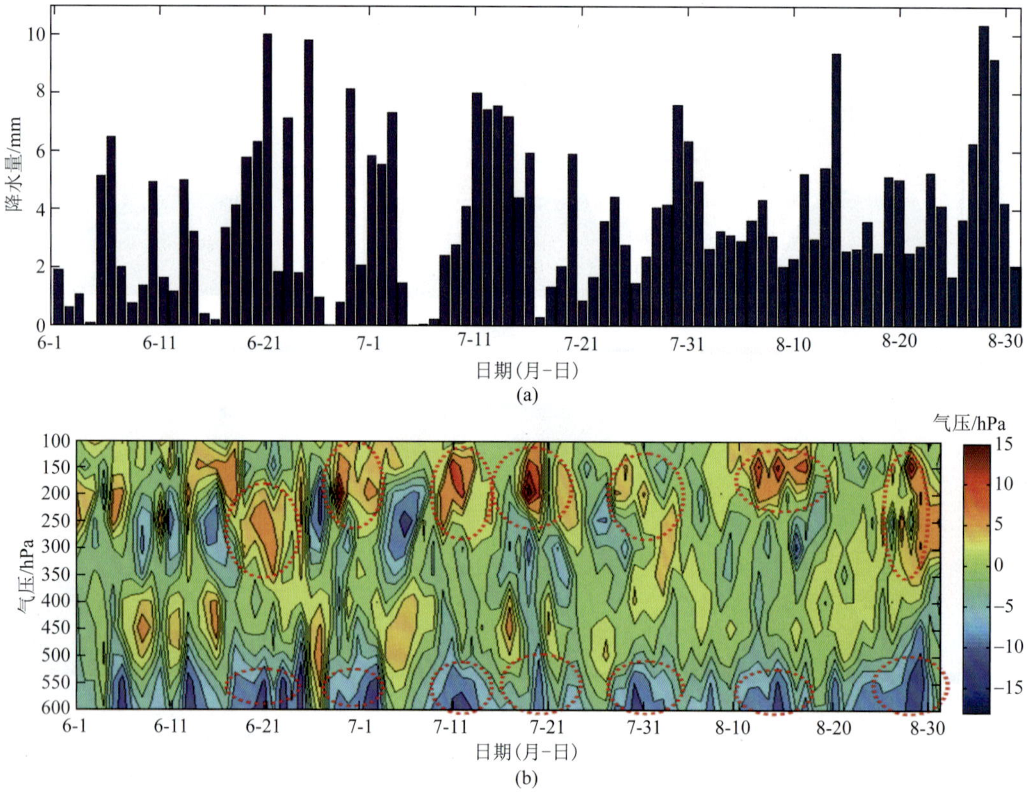

图 4.7　2008 年 6 ～ 8 月夏季三江源逐日降水量 (a) 与各层散度垂直时间剖面图 (b)

参考文献

戴加洗 . 1990. 青藏高原气候 . 北京 : 气象出版社 .

蒋元春 , 李栋梁 . 2011. 近 50 年黄河上游径流量与气候变化特征研究 . 气象与减灾研究 , 34(2): 51-57.

李林 , 李凤霞 , 郭安红 , 等 . 2006. 近 43 年来“三江源”地区气候变化趋势及其突变研究 . 自然资源学报 , 21(1): 79-85.

李生辰 , 李栋梁 , 赵平 , 等 . 2009. 青藏高原“三江源地区”雨季水汽输送特征 . 气象学报 , 67(4): 591-598.

刘光生 , 王根绪 , 胡宏昌 , 等 . 2010. 长江黄河源区近 45 年气候变化特征分析 . 资源科学 , 32(8): 1486-1492.

刘光生 , 王根绪 , 张伟 . 2012. 三江源区气候及水文变化特征研究 . 长江流域环境 , 21(3): 302-309.

马致远 . 2004. 三江源地区水资源的涵养和保护 . 地球科学进展 , 19(S1): 108-111.

王可丽 , 程国栋 , 丁永建 , 等 . 2006. 黄河、长江源区降水变化的水汽输送和环流特征 . 冰川冻土 , 28(1): 8-14.

王勤宜 . 2004. 长江源区降水特征及变化趋势分析 . 水文 , 24(1): 57-60.
杨应梅 . 2005. 三江源区水资源保护与利用 . 节水灌溉 , (5): 25-27.
张万诚 , 郑建萌 , 万云霞 . 2014. 气候变化背景下低纬高原地区水资源的分布及其变化 . 北京 : 气象出版社 .
Flohn H. 1968. Contribution to a Meteorology of the Tibetan Plateau on the Formation of Asia Monsoon Circulation. Atmospheric Science Paper (Blue Books). Fort Collins: Colorado State University.
Immerzeel W W, van Beek L P, Bierkens M F. 2010. Climate change will affect the Asian water towers. Science, 328(5984): 1382-1385.
Luo Y, Zhang R, Qian W, et al. 2011. Intercomparison of deep convection over the Tibetan Plateau-Asian monsoon region and subtropical north America in boreal summer using CloudSat/CALIPSO data. Journal of Climate, 24: 2164-2177.
Wang Z, Duan A, Yang S, et al. 2017. Atmospheric moisture budget and its regulation on the variability of summer precipitation over the Tibetan Plateau. Journal of Geophysical Research Atmospheres, 122(2): 614-630.
Xu X D, Lu C G, Shi X H, et al. 2008a. World water tower: An atmospheric perspective. Geophysical Research Letters, 35(20): L20815.
Xu X D, Shi X Y, Wang Y Q, et al. 2008b. Data analysis and numerical simulation of moisture source and transport associated with summer precipitation in the Yangtze River Valley over China. Meteorology and Atmospheric Physics, 100: 217-231.
Xu X D, Zhao T, Lu C, et al. 2014. An important mechanism sustaining the atmospheric “water tower” over the Tibetan Plateau. Atmospheric Chemistry and Physics, 14(20): 11287-11295.
Xu X D, Zhou M Y, Chen J Y, et al. 2002. A comprehensive physical pattern of land-air dynamic and thermal structure on the Qinghai-Xizang Plateau. Science China Earth Sciences, 45(7): 577-594.

第5章

亚洲水塔暖湿化特征与大气圈结构异常响应

青藏高原整体区域在 1961 ～ 2020 年经历了快速的增暖。区域平均气温的增加趋势为 0.34℃ /10a，该增暖速率明显高于全球。基于平均和极端温度 / 降水的观测事实，研究提出高原暖湿化格局观测新事实，青藏高原 1961 ～ 2020 年的降水量具有 0.8%/10a 的增加趋势，这一趋势也高于全球、北半球、同纬度及周围陆地区域的水平。青藏高原暖湿化是对大气圈结构异常响应的重要特征。

本章指出青藏高原正朝暖湿化方向变化，海拔是影响气温变化的重要因素，研究提出高原海拔依赖型变暖空间模态，并分析了高原海拔依赖型变暖物理机制，研究揭示出在高原北部，冷位相的年代际太平洋涛动（IPO）和暖位相的大西洋多年代际振荡（AMO）的协同作用对高原北部水汽净收支的年代际转折有重要影响；AMO 由冷位相转为暖位相亦是高原南北部降水趋势差异的一个重要影响因子；另外，青藏高原降水变化趋势呈南北反向区域性变化特征，研究发现，此现象与高原低涡发生频数区域性差异特征有密切关系，高原低涡的发生频数与高原高层大气升温呈显著的正相关；高原北侧的高空西风急流增强，导致高原低涡在南北部发生频数的变化速率的不同，进而导致高原降水变化的南北反向变化趋势。研究发现，气候变化对人类活动的响应夏季可显著增加高原北部降水，而高原南部夏季降水减少则主要受到气候系统内部变率影响。

在全球变暖背景下，青藏高原大气圈和冰冻圈正在发生显著变化，青藏高原气候复杂多变，且受冰川、积雪变化与海拔等因素影响，青藏高原水资源、生态环境产生深刻变化。

5.1 青藏高原暖湿化海拔依赖型变化趋势

青藏高原气候环境独特，平均海拔超过 4000m，其上大面积被冰川、积雪、冻土覆盖，常年低温，被称为除南北极外的地球“第三极”。亚洲大部分流域的干流都发源于青藏高原，因此青藏高原也被称为“亚洲水塔”。青藏高原气温变化存在显著的时空差异，海拔也是影响气温变化的重要因素（You et al.，2016a，2015，2020a，2020b；Liu et al.，2019；Wu et al.，2013）。越来越多的证据表明，高山地区变暖的速度快于海拔较低的地区，这种现象被称为海拔依赖型变暖，即升温速率随海拔升高而系统变化（You et al.，2015；Rangwala and Miller，2012；Pepin et al.，2015）。有学者认为，青藏高原变暖的海拔依赖型很可能是云 – 辐射反馈和积雪 – 反照率反馈联合作用的结果（Liu et al.，2009）。

5.1.1 高原海拔依赖型变暖空间模态

青藏高原作为一个高大地形，其变暖幅度和海拔也有密切关系，不仅整个高原的变暖幅度大于周围低海拔地区，高原内部不同海拔的变暖幅度也不一致（You et al.，2016a，2016b；Kang et al.，2010；Wang et al.，2014）。

高山环境的温度变化比低海拔环境要快，因此海拔依赖型变暖可以加快山地生态系统、冰层系统、水文状况和生物多样性的变化速度（You et al.，2020a）。海拔依赖型变暖可以对高海拔地区冰冻圈保护和相关径流、生态系统稳定性及农牧业生产产生重大影响（Bolch et al.，2012）。因此，海拔依赖型变暖已成为高山地区的一个重要问题，全球和区域尺度的研究表明，其表现形式存在显著的空间差异（You et al.，2020a；Kang et al.，2010；Wang et al.，2014）。从整体上看，大多数研究都表明，在观测和气候模式中都存在海拔依赖型变暖，但在一些地区具有很强的季节性，这与地表观测的稀缺性、地面气象网格在高原上发展的相对局限性，以及与量化方法相关的不确定性 / 局限性等相关（You et al.，2015；Rangwala and Miller，2012；Pepin et al.，2015）。以往对于高原海拔依赖型变暖的研究多把青藏高原作为整体来研究，缺少对此特征在青藏高原分区上的研究。中分辨率成像光谱仪（MODIS）数据精度高（本研究使用的分辨率为 0.05°×0.05°）、覆盖高原全区域，MODIS 白天地温与观测的最高气温在时间上存在显著的一致性，不同海拔区间内的相关系数为 0.66 ～ 0.80，且每 500m 海拔间隔中，站点对应像元上（海拔区间平均）的 MODIS 白天地温与观测的最高气温趋势变化存在显著的相关关系，相关系数为 0.91（$P<0.05$），以上结果表明，MODIS 白天地温能够基本再现观测到的海拔依赖型变暖特征，在年尺度上用 MODIS 白天地温对更高海拔的增温趋势做预测是可行的。故本节以 MODIS 白天地温为例，结合青藏高原干湿分区（图 5.1），在年尺度上分析青藏高原 2001 ～ 2018 年海拔依赖型变暖特征，以期加深对青藏高原海拔依赖型变暖空间模态的理解与认知（吴芳营等，2022）。

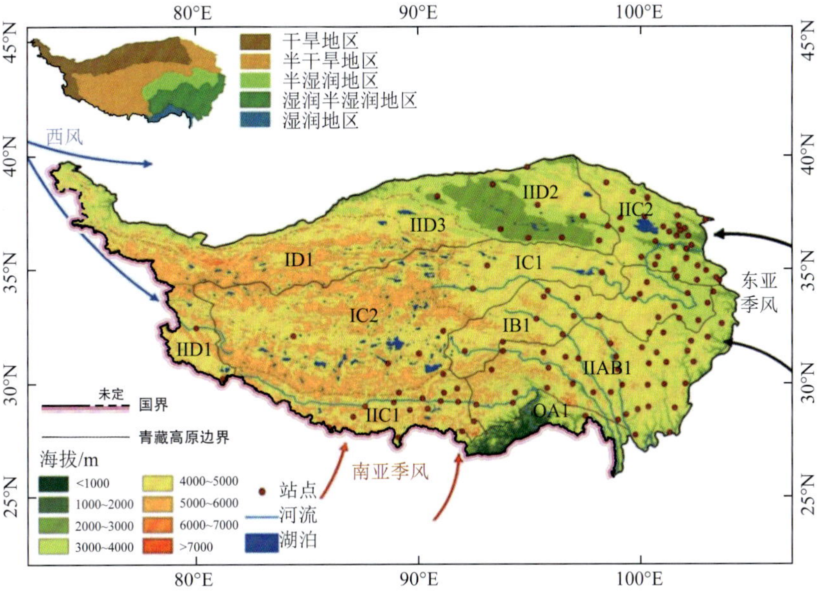

温度带	干湿地区	自然地带
I 高原亚寒带	B 半湿润地区	IB1 果洛那曲，高寒灌丛草甸地带
	C 半干旱地区	IC1 青南，高寒草甸草原地带
		IC2 羌塘，高寒草原地带
	D 干旱地区	ID1 昆仑，高寒荒漠地带
II 高原温带	AB 湿润半湿润地区	IIAB1 川西藏东，山地针叶林地带
	C 半干旱地区	IIC1 藏南，山地灌丛草原地带
		IIC2 青东祁连，山地草原地带
	D 干旱地区	IID1 阿里，山地半荒漠、荒漠地带
		IID2 柴达木，山地荒漠地带
		IID3 昆仑山北翼，山地荒漠地带
O 山地亚热带	A 湿润地区	OA1 东喜马拉雅山南翼山地常绿阔叶林地带

图 5.1　青藏高原分区以及气象站点分布（吴芳营等，2022）

由图 5.2 可见，MODIS 白天地温的年际变化趋势在青藏高原以及五个干湿分区随海拔区间的变化呈不同的特征，结合表 5.1 可见，从高原整体方面来说，>2km 海拔与变暖趋势的相关系数为 0.23，海拔区间的平均趋势从 –0.05℃ /10a 左右（2 ～ 2.5km）增加到

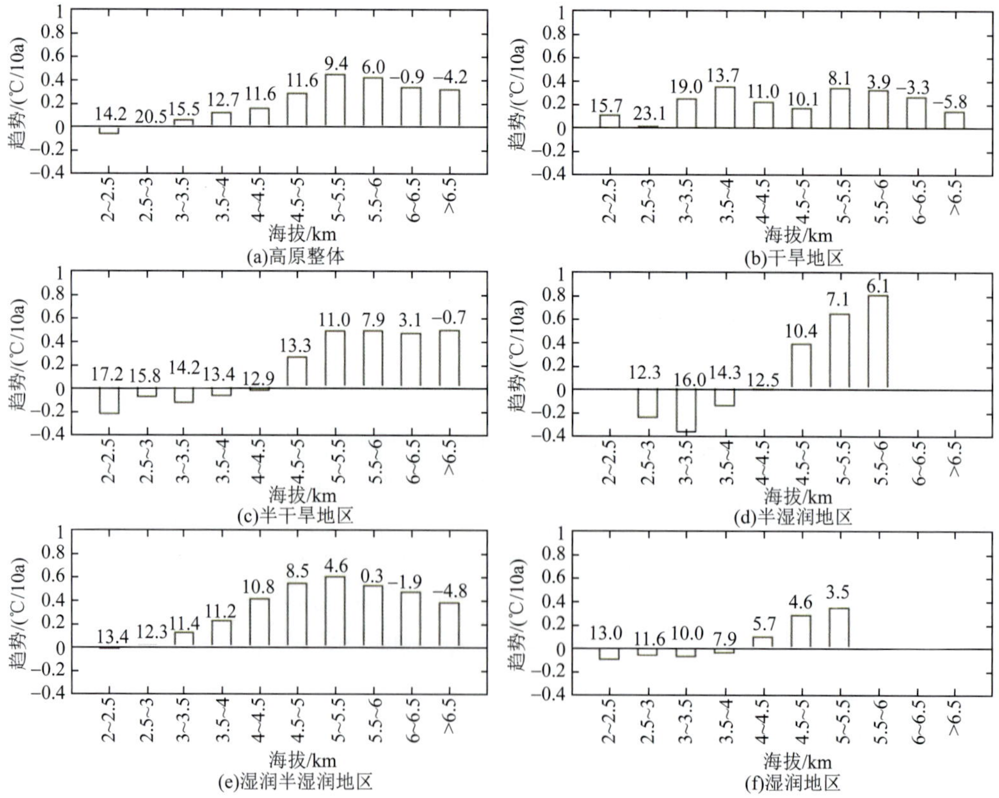

图 5.2　青藏高原以及五个干湿分区下 2001 ～ 2018 年 MODIS 白天地温的年际趋势随海拔区间的变化
柱状图上数字代表相应海拔区间的平均白天地面温度（单位：℃）

0.5℃ /10a 左右（5 ～ 5.5km）；>5.5km 海拔保持在较高水平，表明高原存在显著的海拔依赖型变暖，且平均海拔每增加 100m，地温增加 0.02℃ /10a；2 ～ 5km 海拔与变暖趋势的相关系数为 0.17，>5km 海拔与变暖趋势的相关系数为 –0.01，表明虽然 >5km 海拔区间变暖趋势没有随海拔继续升高，但其保持在较高水平，加强了整体的变暖趋势与海拔的相关性。

从五个干湿分区来说，>2km 海拔与变暖趋势的相关系数为 0.11 ～ 0.46，表明各分区存在显著的海拔依赖型变暖，但存在差异。其中，半湿润地区特征最显著，表现为相关系数（0.46）最大，同时该区域平均海拔每增加 100m，地温增加 0.06℃ / 10a；湿润半湿润地区相关系数为 0.40，平均海拔每增加 100m，地温增加 0.03℃ / 10a；半干旱地区相关系数为 0.34，平均海拔每增加 100m，地温增加 0.03℃ / 10a；湿润地区相关系数为 0.29，平均海拔每增加 100m，地温增加 0.01℃ / 10a；干旱地区相关系数为 0.11，特征最弱，平均海拔每增加 100m，地温增加 0.01℃ / 10a。各分区 2 ～ 5km 海拔与变暖趋势的相关系数为 0.06 ～ 0.41，>5km 海拔与变暖趋势的相关系数为 –0.07 ～ 0.18，因相关系数总体较小（绝对值≤ 0.1）或未通过显著性检验，故认为 >5km 各分区均不存在显著的海拔依赖型变暖特征（图 5.2、表 5.1）。总的来说，海拔依赖型变暖特征在青藏高原表现为偏湿润地区强于偏干旱地区、季风区强于西风区（吴芳营等，2022）。

表 5.1　青藏高原以及五个干湿分区下 2001 ～ 2018 年 MODIS 白天地温的年际趋势与海拔的相关系数

分区	高原整体	干旱地区	半干旱地区	半湿润地区	湿润半湿润地区	湿润地区
>2km	0.23***	0.11***	0.34***	0.46***	0.40***	0.29***
2 ～ 5km	0.17***	0.06***	0.26***	0.41***	0.39***	0.28***
>5km	–0.01	–0.02*	0.03***	0.10***	–0.07***	0.18
地温随海拔变化速率 /[℃ /(10a·100m)]	0.02	0.01	0.03	0.06	0.03	0.01

*** 表示 P<0.01；** 表示 P<0.05；* 表示 P<0.1。

海拔依赖型变暖是世界范围内众多山区气候变暖的一大显著特征，在全球尺度以及区域尺度（欧洲阿尔卑斯山、北美洲落基山、南美洲安第斯山、非洲乞力马扎罗山以及亚洲青藏高原及周边山系）都有不同程度的海拔依赖型变暖被检测到，但是由于所用资料、变量、研究区域以及研究时段的选取不同，海拔依赖型变暖是否存在以及其存在的特征如何还存在争议。例如，全球 1084 个站点的研究认为，1948 ～ 2002 年 500 ～ 4700m 海拔间存在海拔依赖型变暖，但基于全球 2367 个站点的研究则认为，1961 ～ 2010 年不存在海拔依赖型变暖。瑞士阿尔卑斯山及周边近期（1981 ～ 2017 年）的海拔依赖型变暖存在于 203 ～ 3580m，落基山及其周边的海拔依赖型变暖则大多存在于海拔 1000 ～ 4000m，安第斯山在 1950 ～ 2010 年海拔 0 ～ 4800m 存在海拔依赖型变暖，乞力马扎罗山的 990 ～ 5803m 海拔范围在 2004 ～ 2015 年检测到海拔依赖型变暖。而大多数研究都表明，青藏高原 5000m 以下存在显著海拔依赖型变暖，然而基于 1961 ～ 2010 年青藏高原 144 个站点和 1901 ～ 2007 年印度喜马拉雅山 121 个站点的研究，结果表明海拔依赖型变暖并不存在，故海拔依赖型变暖的特征还需更长时间和更广覆盖面的高质量数据进一步研究（You et al.，2020a）。

5.1.2 高原海拔依赖型变暖物理机制

对于青藏高原变暖的物理机制，前人研究取得不少结果，但仍存在诸多争论，对控制青藏高原海拔依赖型变暖的主要物理机制还未达成共识（You et al.，2020a）。积雪、冰川、冻土是高原冰冻圈的主要要素。积雪 / 冰 – 反照率反馈是冰冻圈变暖过程最主要的机理之一（吴芳营等，2022；You et al.，2019；Duan and Wu，2006；Guo et al.，2019），主要是指气温升高导致积雪 / 冰融化，积雪 / 冰 – 反照率降低，地表吸收太阳辐射增加进一步导致气温升高。有学者认为，青藏高原海拔依赖型变暖很可能是云 – 辐射反馈和积雪 – 反照率反馈联合作用的结果（Liu et al.，2009）。CO_2 加倍试验结果表明，青藏高原东部主要是云 – 辐射反馈过程导致高原增温幅度随海拔升高而增大，而青藏高原西南部则是积雪反照率反馈起主导作用（Chen et al.，2003）。各季节的增暖主导作用也不尽相同。冬、春季节高海拔地区气候异常变暖通常与积雪日数减少和积雪反照率降低有关，而在某些区域，云、土壤湿度以及低海拔区与海洋之间的距离可能是导致气温变化出现海拔依赖型特征的外部强迫因素（Kotlarski et al.，2012；张渊萌和程志刚，2014）。有研究表明，青藏高原地表水汽含量的增加使向下长波辐射增强，导致青藏高原冬季增温最显著（Rangwala et al.，2009）。同时，白天、夜间云量的作用对青藏高原增温的影响机制也有差异（Duan and Wu，2006），白天云覆盖增加使地表太阳辐射减少，导致最高气温降低，夜间云覆盖增加增强了大气逆辐射，向下长波辐射增加，导致最低气温增加。人为温室气体的排放（Duan et al.，2006）、土地利用的改变（Frauenfeld et al.，2005）以及城市化（You et al.，2008）等都会导致青藏高原变暖放大效应以及海拔依赖型变暖现象（图 5.3）。

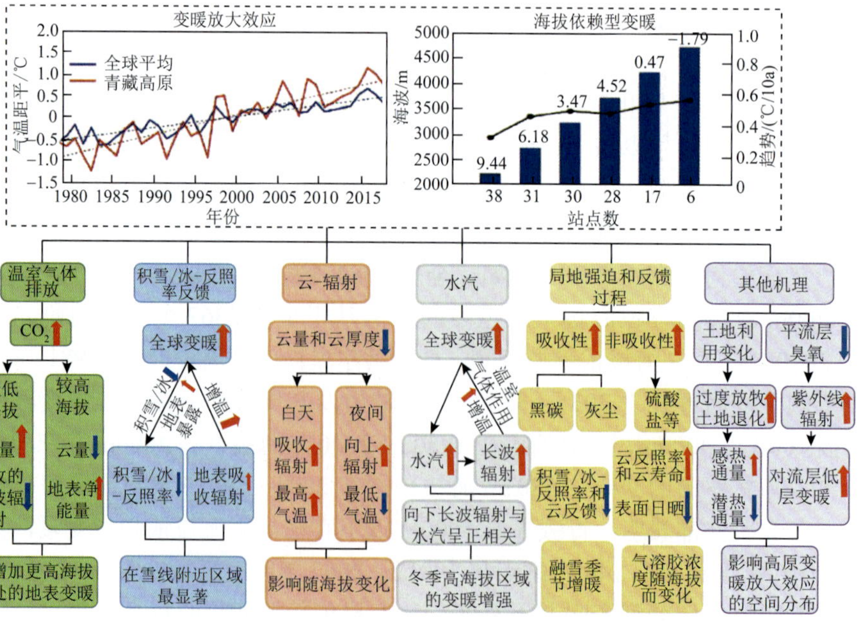

图 5.3 青藏高原变暖放大效应和海拔依赖型变暖的物理机制示意图（You et al.，2015；游庆龙等，2021）

同时，青藏高原西部资料缺乏，特别是海拔 5000m 以上的观测资料十分欠缺，青藏高原高海拔地区变暖放大效应、海拔依赖型变暖现象及其具体物理机制缺乏定量研究，未来亟须开展该科学问题的研究（You et al.，2015；游庆龙等，2021）。

5.2　青藏高原暖湿化格局观测新事实

基于中国气象局 CN07.1 格点化观测数据集（吴佳和高学杰，2013），对青藏高原 1961 ～ 2020 年的气温和降水变化趋势进行分析，从观测事实的角度揭示青藏高原气候暖湿化的特征。在以下分析中基准时段统一取为 1981 ～ 2010 年，线性趋势的计算采用经典的最小二乘法。

青藏高原整体区域在 1961 ～ 2020 年经历了快速的增暖（图 5.4）。区域平均气温的增加趋势为 0.34℃ /10a，该增暖速率明显高于全球、北半球、同纬度及周围陆地区域的水平（表 5.2）。青藏高原日最低气温的增加趋势（0.47℃ /10a）明显高于日最高气温的增加趋势（0.27℃ /10a）。同时，日较差（DTR）出现了显著的下降趋势（–0.20℃ / 10a）。许多研究报道，全球气候增暖在 1998 ～ 2013 年出现了短暂的“停滞”（hiatus）现象，但同期在青藏高原区域研究中没有明显的“停滞”现象（You et al.，2016a；段安民等，2016）。从空间分布来看，总体上增暖趋势突出的区域出现在海拔较高的青藏高原中西部，对于平均（日最低）气温，其上升趋势最高可达 0.4(0.5) ℃ /10a 以上，而青藏高原东南缘是增暖趋势值最低的区域，气温上升趋势甚至不足 0.2℃ /10a，表明青藏高原整体上存在海拔依赖型变暖的现象。在增暖趋势突出的区域，日较差的下降趋势也比较突出，尤其是在青藏高原西部出现了一个高值中心，其变化可能和该区域的总云量变化有关（图 5.5）(You et al.，2016b；Duan and Wu，2006)。

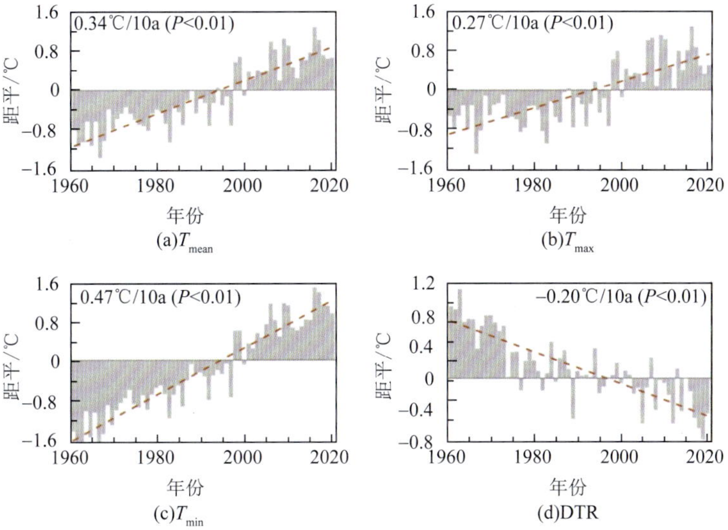

图 5.4　青藏高原平均气温（T_{mean}）、日最高气温（T_{max}）、日最低气温（T_{min}）和日较差（DTR）的时间序列（相对于基准时段的距平）

表 5.2　青藏高原和其他陆地区域年平均气温和年降水量在 1961 ～ 2020 年变化趋势的对比

区域	年平均气温趋势 /(℃/10a)	年降水量趋势 /(%/10a)
全球	0.21***	0.13
北半球	0.24***	0.35**
中国	0.25***	0.56
25°N ～ 40°N	0.24***	0.27
青藏高原	0.34***	0.80*

*** 表示 $P<0.01$；** 表示 $P<0.05$；* 表示 $P<0.1$。

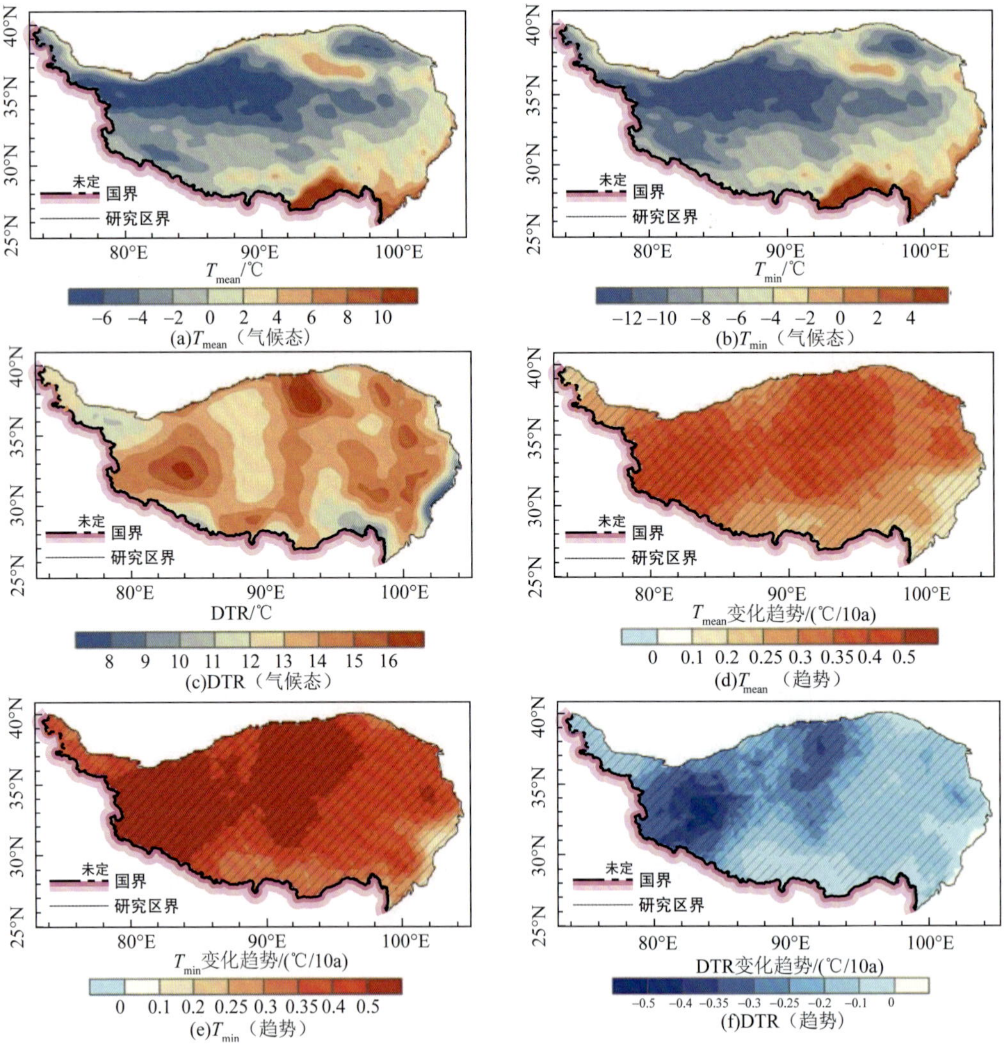

图 5.5　青藏高原平均气温（T_{mean}）、日最低气温（T_{min}）和日较差（DTR）的气候态（1981 ～ 2010 年平均值）和变化趋势（1961 ～ 2020 年）空间分布

画线区域表示趋势具有统计显著意义（$\alpha = 0.05$）

进一步基于 6 个极端温度指标（表 5.3），分析青藏高原区域 1961 ～ 2020 年变化趋势的观测事实（图 5.6），所有变化趋势均在 99% 的置信水平上显著。结果表明，TXx 和 TNn 都具有显著的上升趋势，且 TNn 的上升趋势 (0.58℃ /10a) 远高于 TXx 的上升趋势 (0.23℃ /10a)，与日最低气温上升趋势高于平均气温上升趋势的现象一致。两个具有重要生态学意义的极端温度指标，即 GSL 具有 2.74d/10a 的显著上升趋势，而 FD 具有 –5.84d/10a 的显著下降趋势。TX90p 和 TN10p 分别以 6.50d/10a 和 –14.60 d/10a 的趋势显著上升和下降，表明极端热（冷）事件在快速增加（减少），且极端冷事件的减少速率较极端热事件的增加速率更快。从空间分布来看（图 5.7），TXx 显著上升的区域主要出现在青藏高原中东部，而在高原西部没有显著变化趋势；TNn 上升最明显的区域是高原中部，而在高原东南缘上升趋势相对最弱。GSL 显著上升的区域主要分布在高原东南部和东北部海拔较低的带状区域，而 FD 在整个高原范围内都有不同程度的显著减少趋势。TX90p 的上升趋势和 TN10p 的下降趋势最明显的区域都出现在高原西部，在高原北部和东南部也出现了次高值中心。

表 5.3　极端温度和降水指标名称以及定义（Zhang et al.，2011）

类别	名称	缩写	定义
极端温度	极端高温	TXx	日最高气温的年最大值
	极端低温	TNn	日最低气温的年最小值
	生长期长度	GSL	每年第一次连续至少 6 天日平均气温大于 5℃至第一次连续至少 6 天日平均气温小于 5℃的日数
	霜冻日数	FD	日最低气温低于 0℃的总日数
	暖昼日数	TX90p	日最高气温超过基准期 90% 分位数阈值的日数
	冷夜日数	TN10p	日最低气温低于基准期 10% 分位数阈值的日数
极端降水	最大 1 日降水量	Rx1day	日降水量的年最大值
	极端强降水	R95p	超过基准期 95% 分位数阈值的强降水总量
	降水强度	SDII	所有的降水日（日降水量≥ 1mm）的总降水量除以总降水日数
	连续干旱日数	CDD	最长连续无降水（日降水量 <1 mm）日数

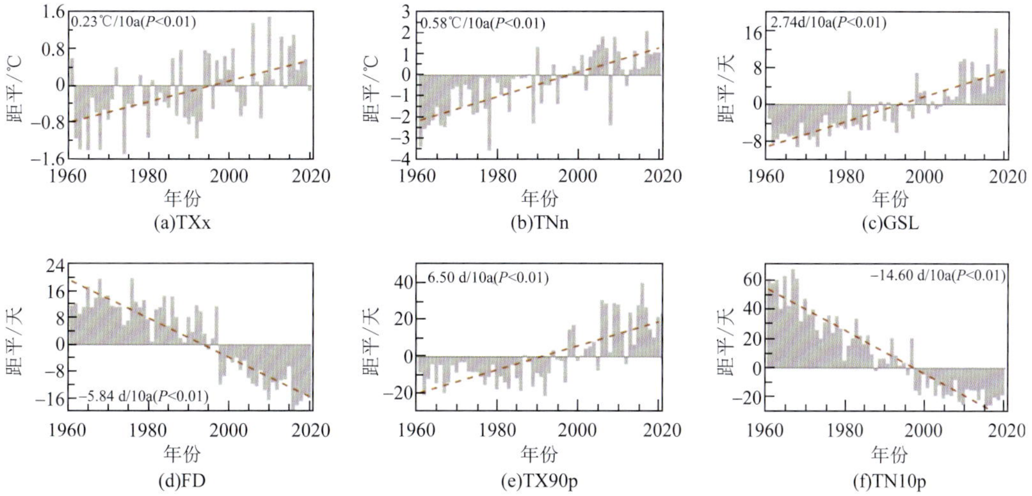

图 5.6　青藏高原极端温度指标变化的时间序列（相对于基准时段的距平）

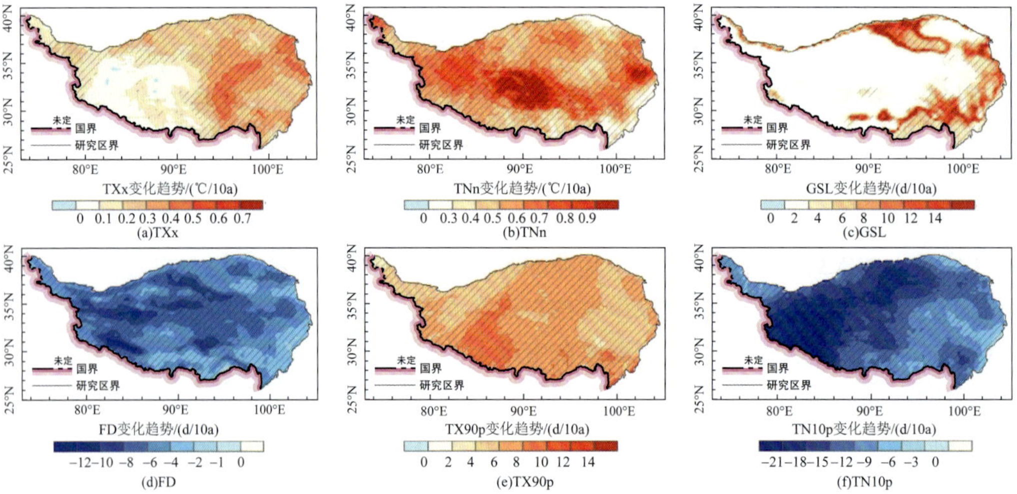

图 5.7 青藏高原极端温度指标变化趋势的空间分布

画线区域表示趋势具有统计显著意义（$\alpha = 0.05$）

降水方面，首先分析年降水量的变化。青藏高原 1961 ～ 2020 年的降水量具有 0.8%/10a 的增加趋势（在 90% 的置信水平上显著，图 5.8），这一趋势也高于全球、北半球、同纬度及周围陆地区域的水平（表 5.2）。相对于年平均温度的变化（图 5.4），年降水

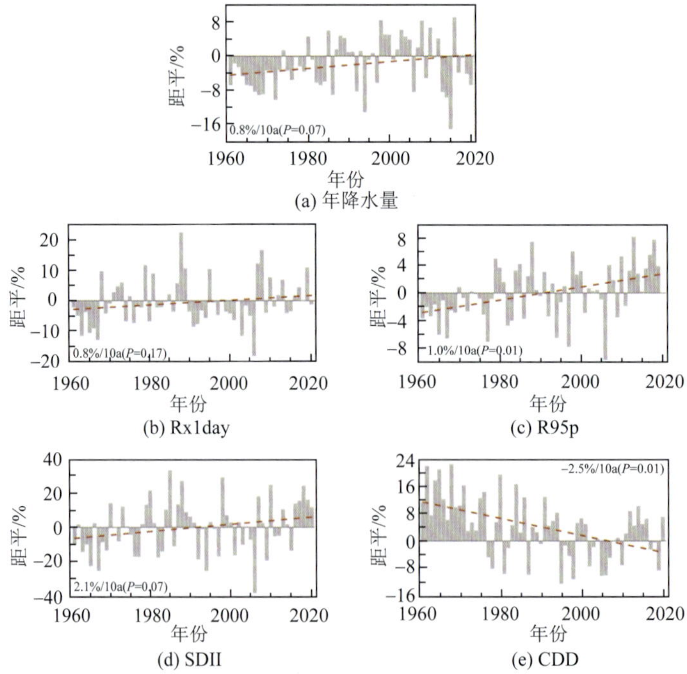

图 5.8 青藏高原年平均降水量和极端降水指标变化的时间序列（相对于基准时段的距平）

量的变化出现更为明显的波动，且波动幅度也随着时间推移有增大的态势，但总体上整个区域平均的年降水量还是呈现出增加趋势。不过从空间分布来看（图 5.9），年降水量的变化趋势出现了空间差异，其中在高原北部的增加趋势最为突出，而在高原西部和东南部局地出现显著的下降趋势。

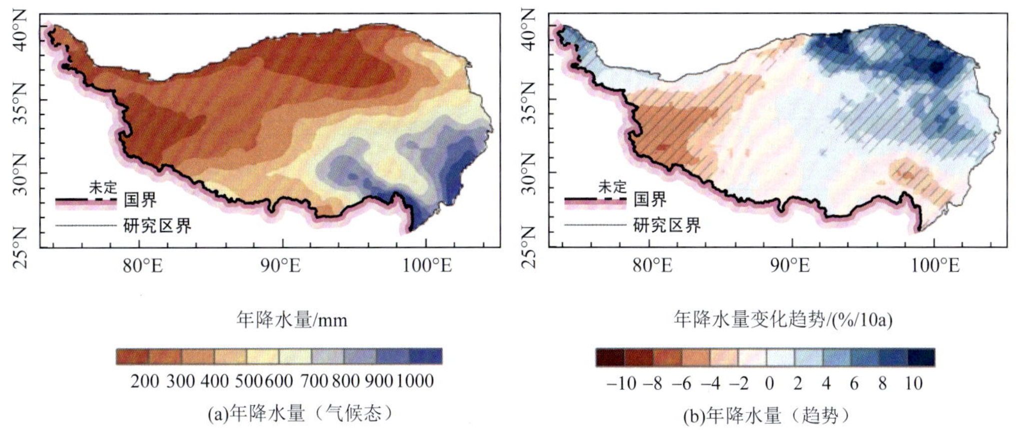

图 5.9 青藏高原年降水量气候态（1981 ～ 2010 年平均值）和变化趋势（1961 ～ 2020 年）的空间分布

画线区域表示趋势具有统计显著意义（$\alpha = 0.05$）

进一步分析青藏高原 1961 ～ 2020 年极端降水指标（表 5.3）的变化趋势。各指标呈现出不同的变化趋势（图 5.8），其中 Rx1day 具有和年降水量接近的增加趋势（0.8%/10a），但在 90% 的置信水平上不显著；R95p 具有 1.0%/10a 的显著增加趋势（在 99% 的置信水平上显著）；SDII 具有 2.1%/10a 的显著增加趋势（在 90% 的置信水平上显著）；CDD 具有 –2.5%/10a 的显著减少趋势（在 99% 的置信水平上显著）。从空间分布来看（图 5.10），Rx1day 和 R95p 变化趋势的空间格局类似，仅幅度有差异，两个指标在高原北部和东部局地的增加最突出，而在中部和东南部等区域有比较明显的下降趋势；SDII 在高原大部分区域（除中部和东南部局地）均呈现不同程度的增加趋势，其中以北部和西部最为明显；CDD 出现下降趋势的范围涵盖了高原中北部的绝大部分区域，仅在南部边缘区域有一些区域出现了 CDD 的增加趋势。需要注意的是，由于青藏高原上的观测台站稀缺，难以准确刻画降水时空变异性突出的现象，上述结果存在一定的不确定性（You et al.，2015；Gao et al.，2018）。尽管极端强降水（Rx1day 和 SDII）的变化具有较大的不确定性，但 CDD 在高原大部分区域的显著减少表明干旱状况很可能具有缓解的态势，有利于气候向暖湿化转变。

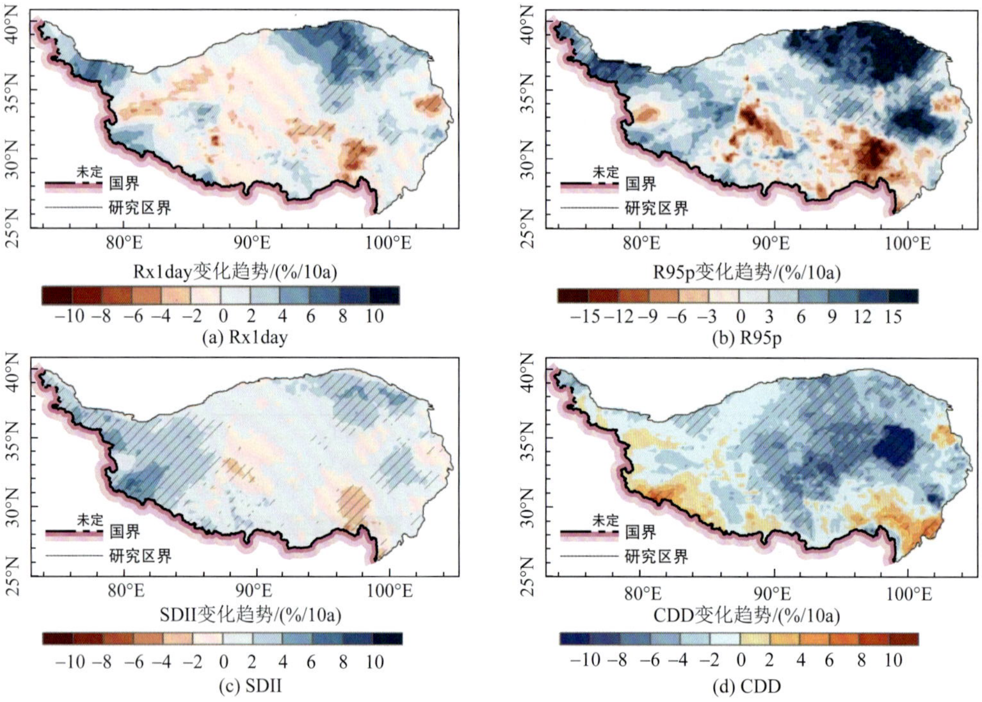

图 5.10　青藏高原极端降水指标变化趋势的空间分布

画线区域表示趋势具有统计显著意义（$\alpha = 0.05$）

综上所述，基于平均和极端温度 / 降水的观测事实，研究揭示了青藏高原在 1961 ～ 2020 年经历了快速的增暖过程，同时降水也呈现出增加态势，区域平均的气温升高速率和降水增加速率均高于全球、北半球、同纬度及周围陆地区域的水平，上述结果证明，青藏高原的区域气候正朝暖湿化的方向变化。分区域来看，整个高原的温度增加趋势都非常显著，高原北部的暖湿化趋势更为突出（温度和降水均显著增加），而其他区域降水的变化趋势还存在一些不确定性，但上述现象不影响青藏高原总体上的暖湿化趋势。

5.3　青藏高原暖湿化与大气圈环流结构异常变化

5.3.1　大气圈环流结构变化

青藏高原地形复杂，是西风带和季风气流的交汇区，同时也是降水低值系统和对流活动的主要源地。因此，导致其降水变化空间差异的机制非常复杂，目前对其认识还很有限。

在水汽源方面，Zhang 等（2019）指出，被西风气流控制的西北地区（从青藏高原到欧洲）提供了青藏高原北部降水 38.9% 的水汽；而东南地区（从青藏高原到印度洋和中南半岛）提供了青藏高原南部降水 51.4% 的水汽。青藏高原北部增加的降水的水汽主要来源于东南地区（37.8%）和青藏高原（51.7%），但这两个地区的水汽对高原南部降水增加的贡献很小；高原南部降水的减少主要是由于西北地区水汽的显著减少。在雨季，来自亚洲季风区的水汽对高原北部的水汽贡献更大，对高原南部的水汽贡献较小。分析还表明，来自印度半岛的水汽在高原北部有所增加，在南部则有所下降。

青藏高原降水变化的空间差异与海表温度（SST）的变化有密切联系。Yue 等（2021）针对高原南部降水减少的原因进行了分析，指出 1979 ～ 2018 年高原南部的季风降水量（6 ～ 9 月）变化具有年代际变化特征，1979 ～ 1998 年为上升趋势，之后为下降趋势。由于高原南部的降水量在 2009 年以后出现反弹，减弱了 1999 年以来高原南部降水量的下降趋势。高原南部降水的年代际变化与赤道中太平洋和印度 – 太平洋暖池的偶极子型 SST 模态有关。高原南部降水量多对应赤道中太平洋负 SST 异常以及印度 – 太平洋暖池正 SST 异常。赤道西太平洋的 SST 梯度导致东风异常和偶极子型降雨异常（即海洋性大陆的正降雨异常和赤道中西太平洋的负降雨异常）。由于在赤道西太平洋的降水较少，被抑制的大气热源激发了从菲律宾海延伸到孟加拉湾沿 15°N ～ 20°N 的异常反气旋带。孟加拉湾上空的低空反气旋式环流进一步增强了向高原南部的水汽运输，并通过改变局地经向环流促使了高原南部的上升运动，进而使得高原南部降水增多。

不仅高原南部的夏季降水趋势在 20 世纪 90 年代末存在年代际转折，而且北部的降水趋势也发生了年代际转折。Liu 等（2021）指出，1976 ～ 2015 年青藏高原南部降水先增加后减少，北部降水先减少后增加，水汽收支和对流活动在高原降水的年代际变化中起着重要作用。高原南部的降水变化主要是由于感热的持续减弱，它抑制了上升运动并阻碍向北的水汽输送。在高原北部，冷位相的年代际太平洋涛动（IPO）和暖位相的大西洋多年代际振荡（AMO）的协同作用对高原北部水汽净收支的年代际转折有重要影响：AMO 可以通过异常的波传播来影响贝加尔湖反气旋，从而减少高原东部的水汽输出；IPO 使西风减弱，有利于高原北部水汽增加，水汽净收支的变化导致高原北部夏季降水的年代际变化。

从图 5.11 的夏季环流场的变化趋势可以看出，在北半球中高纬地区对流层高层位势高度呈现显著的“正—负—正—负—正—负”结构，表现为从中高纬北大西洋附近到青藏高原和副热带东亚上空的一个定常 Rossby 波列 [图 5.11(a)]，造成青藏高原东北部出现异常反气旋式环流，高原东南部和副热带东亚地区出现异常气旋式环流，南亚高压中心偏东偏北。在低空，中高纬地区出现与高层相似的异常中心，表现为准正压结构特征 [图 5.11(b)]。中国北部、蒙古国附近以及青藏高原南部受到高压系统控制，西南季风环流减弱。由此，高低空环流配置有利于青藏高原北部局地抬升运动增强，降水增加，而青藏高原南坡抬升运动减弱，降水减少。沿 80°E ～ 100°E 平均的经向垂直环流结构也表现出一致的特征，形成由高原北部上升支和南坡下沉支组成的闭合垂直环流圈（图 5.12）。此结果与 Wang 等 (2022) 近期揭示的高原南坡降水减少的成因分析是一致的。那么，是什么因子导致了该定常 Rossby 波列的形成呢？

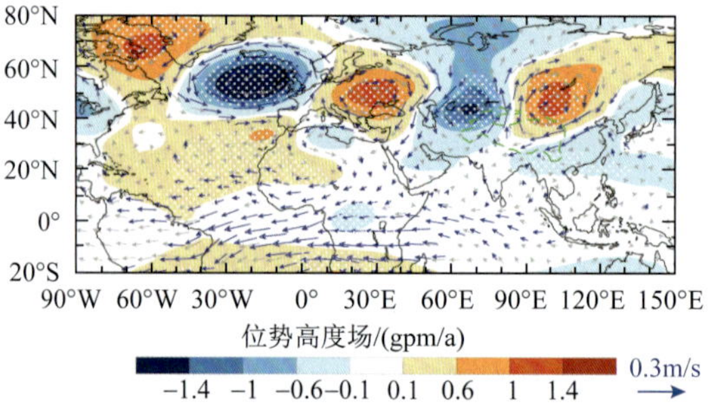

(a)200hPa位势高度场和水平风场趋势（1981~2020年）

(b)海平面气压和850hPa水平风场趋势（1981~2020年）

图 5.11　1981 ～ 2020 年夏季 200 hPa 去掉纬向平均的位势高度场（填色）和水平风场（箭头）(a)，以及海平面气压场（填色）和 850 hPa 水平风场（箭头）(b) 的线性趋势变化

打点区和蓝色箭头表示通过 95% 置信水平的区域。绿色虚线为青藏高原大于 1500 m 的区域

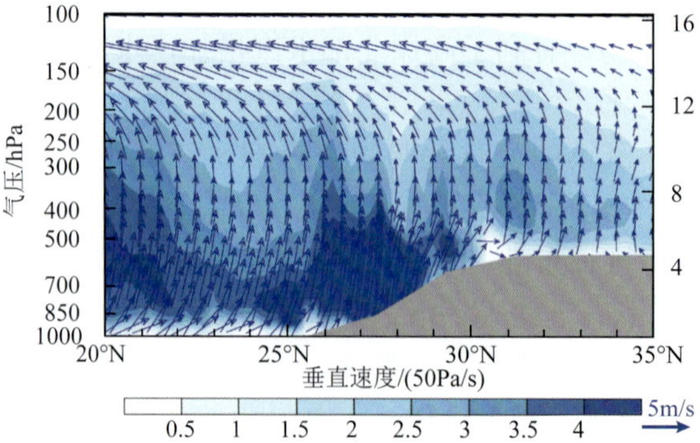

(a)

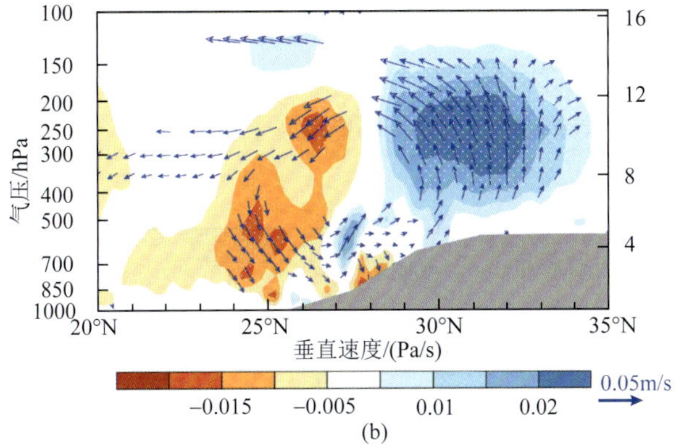

图 5.12　1981 ～ 2020 年夏季沿 80°E ～ 100°E 平均的垂直速度（填色）和经向垂直环流（箭头）的气候态分布 (a) 及其线性趋势变化 (b)

打点区和蓝色箭头表示为通过 95% 置信水平的区域。灰色阴影为青藏高原地形

由图 5.13(a) 可以看出，1981 ～ 2020 年北大西洋海温呈现出增温趋势，增温大值区位于中高纬度区域，这与 AMO 的增暖中心有所重叠。另外，前人研究指出，在 20 世纪 90 年代末，AMO 由冷位相转为暖位相 (Si and Ding，2016)，这与高原南坡降水趋势变化的时间节点十分接近。Zhou 等 (2019) 也发现，西北大西洋增暖是青藏高原水汽在 20 世纪 90 年代中期出现年代际增加的重要贡献因子。从北大西洋降水趋势变化中可以看到，除热带东大西洋和欧洲以西的洋面上出现降水正异常外，北大西洋夏季降水基本上表现为显著负异常 [图 5.13(b)]。我们推测，AMO 和相应的北大西洋降水负异常可能是激发图 5.11 所示定常 Rossby 波列的重要因子。

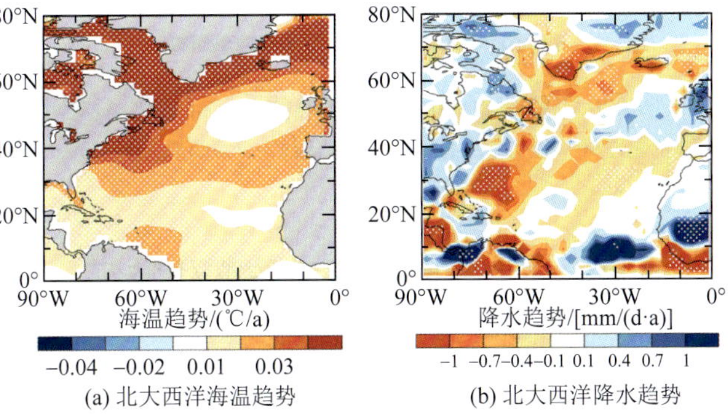

图 5.13　1981 ～ 2020 年北大西洋夏季海温 (a) 和降水 (b) 的线性趋势变化

(a) 打点区表示通过 95% 置信水平的区域；(b) 打点区表示通过 90% 置信水平的区域

为了进一步探究 AMO 对高原南北部降水趋势差异的影响，我们在图 5.14 中展示了夏季 200 hPa 环流场与 AMO 指数的回归场。可以发现，AMO 能够引起从中高纬北大西洋东传至青藏高原和副热带东亚上空的 Rossby 波列，其分布特征与图 5.11(a) 中

的波列相似。另外，将 AMO 指数回归到夏季降水场中可以看到（图 5.15），高原南坡出现降水负异常，而其北侧出现正异常。以上结果与 Sun 等（2020）对 20 世纪 90 年代以来高原主体区域降水增加的解释也是一致的。由此，我们认为，AMO 由冷位相转为暖位相是造成高原南北部降水趋势差异的一个重要因子。

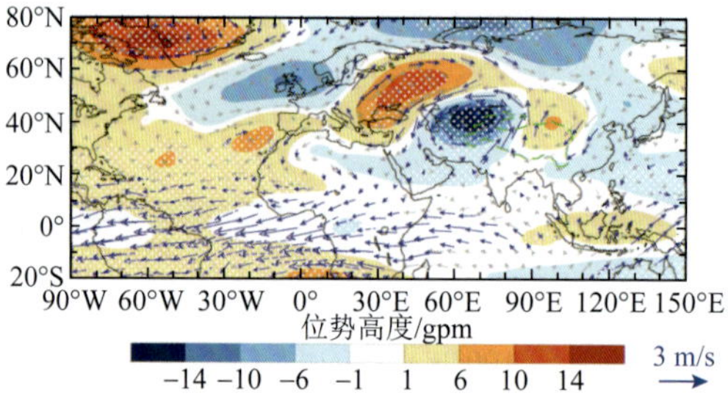

图 5.14　1981 ～ 2020 年夏季 200hPa 位势高度场（填色）和水平风场（箭头）与标准化 AMO 指数的回归场

打点区和蓝色箭头表示通过 95% 置信水平的区域；绿色虚线为青藏高原大于 1500m 的区域

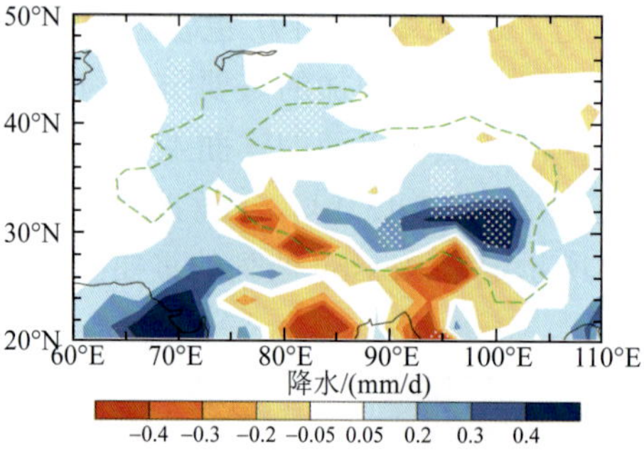

图 5.15　1981 ～ 2020 年夏季 200hPa 降水（填色）与标准化 AMO 指数的回归场

打点区表示通过 90% 置信水平的区域；绿色虚线为青藏高原大于 1500 m 的区域

5.3.2　青藏高原暖湿化与大气圈降水系统变化特征

除了上述大尺度环流背景外，青藏高原上降水低值系统非常活跃，对青藏高原的降水变化也有不可忽视的作用。Li 等（2021）近期的研究发现，青藏高原低涡（简称“高原低涡”）作为青藏高原的主要降水天气系统之一，其异常活动对高原降水趋势的南北反向变化有重要影响。

高原低涡生成于青藏高原（叶笃正和高由禧，1979；陈产贤，1984），在 500 hPa 等压面上，其在高原上时结构浅薄，纬向和经向平均尺度约为 800km 和 400 km，垂直范围约为从近地面到 300 hPa；当移出高原后，结构变得深厚，水平和垂直尺度增大，纬向和经向尺度均约为 800 km，垂直范围为 850 ～ 200 hPa（罗四维，1992；Li et al.，2020）。高原低涡主要生成于 5 ～ 8 月，6 月最多（李国平等，2014），一部分高原低涡在原地或者向东移动的过程中消失于青藏高原，还有一部分在有利的条件下移出高原（叶笃正和高由禧，1979；Tao and Ding，1981；乔全明和张雅高，1994；李国平，2002；Zhao et al.，2022）。移出的高原低涡会导致高原下游地区的暴雨、洪涝，以及泥石流和山体滑坡等灾害，我国历史上多次严重洪涝都与移出的高原低涡有关。

研究表明，青藏高原降水趋势的南北反向变化与气候变暖背景下高原低涡发生频数的变化有密切关系 (Li et al.，2021)。1998 ～ 2017 年青藏高原各站点降水趋势如图 5.16(a) 所示。由于高原西部观测站点稀疏，90°E 以东降水趋势的空间分布相对可靠。可见，高原北部降水呈上升趋势，高原南部降水呈下降趋势，降水趋势超过 90% 置信水平的站点主要分布在高原南部和东北部。相应地，高原北部降水与南部降水的差值有显著的增加趋势 [图 5.16(d) 中绿线]。由于气候态上青藏高原南部降水多于北部，因此高原北部降水增多、南部降水减少的趋势表明，1998 ～ 2017 年，青藏高原降水的南北空间差异趋于减小。

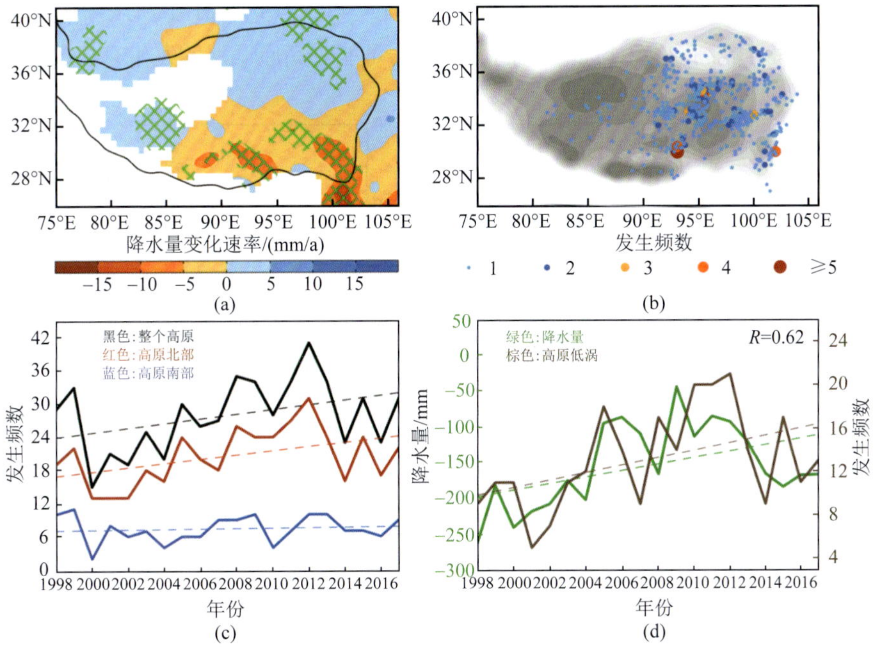

图 5.16　青藏高原降水南北反向变化趋势与高原低涡频数变化（Li et al.，2021）

(a) 1998 ～ 2017 年 5 ～ 8 月降水量变化速率，黑色实线为海拔为 3000m 的等高线，绿色栅格为通过 90% 置信水平检验的区域。(b) 青藏高原低涡的发生位置和在同一位置的发生频数，阴影表示海拔。(c) 高原低涡发生频数及趋势，其中黑色线为产生于整个青藏高原的低涡发生频数，红色线为产生于高原北部的低涡发生频数，蓝色线为产生于高原南部的低涡发生频数，前两者的趋势分别通过 90% 和 95% 的置信度检验。(d) 高原低涡发生频数的空间差异及趋势（北部减去南部，棕色，趋势通过 95% 的置信度检验），高原降水的空间差异及趋势（北部减南部，绿色，趋势通过 95% 的置信度检验），右上角为高原低涡发生频数的空间差异和降水空间差异的相关系数，通过 99% 的置信度检验同时，图 5.16(b) 和（c）表示的是基于 1998 ～ 2017 年《青藏高原低涡切变线年鉴》的高原低涡的发生位置和发生频数。由于高原西部观测站点稀疏，仅有少数高原低涡在高原西部被观测到 [图 5.16(b)]，大多数高原低涡都出现在高原中部和东部，即 90°E 以东的 30°N ～ 36°N。总体来说，1998 ～ 2017 年，高原低涡的发生频数呈显著上升趋势，上升速率约为 0.42Pa/s[图 5.16(c)]。同时，高原北部和南部的高原低涡发生频数的增加速率有很大差异，高原低涡在高原北部的增加速率 (0.38) 是南部 (0.039) 的近 10 倍，说明生成于高原北部的高原低涡数量快速增加，南部略有增加 [图 5.16(c)]。可见，青藏高原北部（南部）高原低涡发生频数的显著（微弱）增加趋势对应于高原北部（南部）降水的增加（减少）趋势。此外，如图 5.16(d) 所示，高原低涡发生频数的南北差异显著增加（棕色线），与青藏高原降水的区域性差异有密切关系 [图 5.16(d) 中的绿色线]，相关系数为 0.62，超过了 99% 的置信水平。由此推断，高原低涡作为青藏高原的主要降水系统之一，在一定程度上导致青藏高原夏季降水变化的区域性差异。

1998 ～ 2017 年，青藏高原大部分地区气温增暖，其中变暖最显著的区域为 90°E 以东 250 hPa 附近 [图 5.17(a)]。此外，高原低涡的发生频数与高原中东部 200 ～ 250 hPa 气温呈显著正相关，通过了 95% 的置信水平 [图 5.17(b)]。这与图 5.17(a) 中所示的显著变暖的区域相一致，说明青藏高原 250 hPa 附近的显著变暖可能对高原低涡的发生有显著影响。

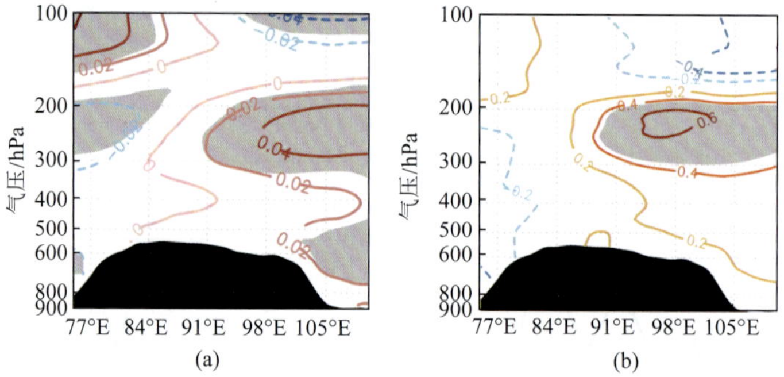

图 5.17 30°N ～ 36°N 平均气温的变化速率（单位：℃/a）(a) 及高原低涡发生频数和 30°N ～ 36°N 平均气温的相关系数 (b) (Li et al.，2021)

图中黑色阴影表示青藏高原地形；灰色阴影为通过 95% 置信度检验的区域

那么，高层大气变暖是如何影响高原低涡的呢？为了探讨与高层大气变暖有关的环流场的变化，以图 5.17 中快速升温区域的 250 hPa 气温作为气温指数 (IUT) 来表征对流层高层气温的变化。IUT 与位势高度的显著正相关出现在 200 hPa 附近，IUT 与位势高度相关系数的最大值超过 0.8，200 hPa 以下相关系数随高度的减小而减小，说明在 200 hPa 等压面环流场受高原对流层高层变暖的影响最大 [图 5.18(a)]。如图 5.18(b) 所示，当 IUT 增加时，青藏高原上空的高压和其北侧的低压更强，两者之间的位势高度梯度增加，使得此处西风变强。因此，当高原大气趋于变暖时，高原北侧的高空西风急流增强。同时，合成分析也证实偏暖年份的高空西风急流明显强于偏冷年。可见，青藏高原高层大气的升温使得高空西风急流强度增强。

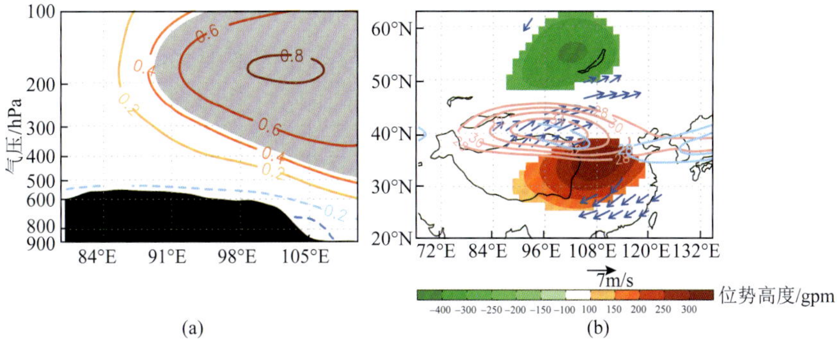

图 5.18　高层环流形势与气温变化 IUT 与 30°N ～ 36°N 平均位势高度的相关系数 (a)，黑色阴影为青藏高原地形；200hPa 位势高度（填色）和风场（矢量）对 IUT 的回归系数，以及暖年（红色等值线）和冷年（蓝色等值线）合成的全风速 (b) (Li et al.，2021)

选取 85°E ～ 105°E、30°N ～ 36°N 区域平均的 200hPa 全风速作为西风急流指数 (IJ)，对与高空西风急流变化有关的散度场和垂直运动场的变化进行分析（图 5.19）。结果显示，总体上，当高空西风急流变强时，青藏高原中东部 400hPa 以上的辐散场更强，500 hPa 的辐合场更强 [图 5.19(a)]。根据质量守恒原理，高层辐散有利于低层的辐合和上升运动。400 hPa 的垂直运动速度和 500hPa 散度场对 IJ 的回归场显示，当 200hPa 高空西风急流变强时，青藏高原北部的上升运动变强，南部的上升运动变弱 [图 5.19(b)]；高原北部 500 hPa 等压面上为异常辐合和南部为异常辐散 [图 5.19(c)]。事实上，大量研究表明，青藏高原低层辐合场和上升运动是影响高原低涡发生发展的重要条件。因此，这种垂直运动和散度场的南北反向变化使得青藏高原北部高原低涡的发生频数显著增加，而在南部仅有微弱增加（近似没有趋势），促使高原北部地区的降水呈上升趋势，高原南部为下降趋势。

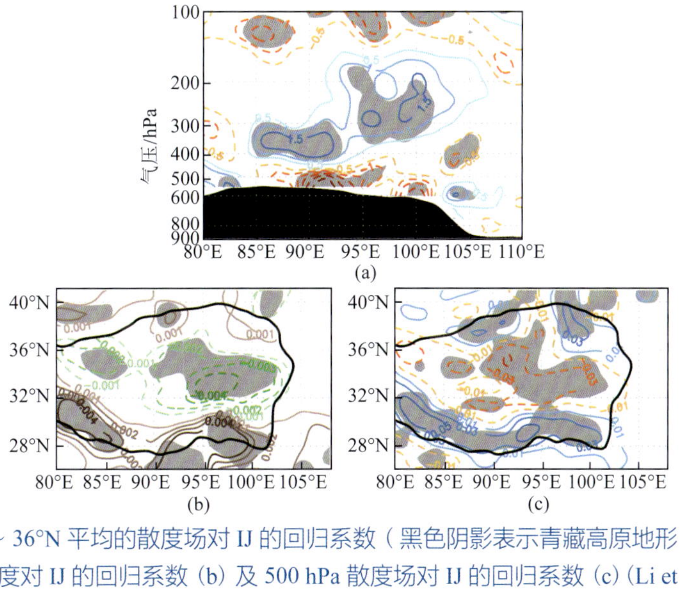

图 5.19　30°N ～ 36°N 平均的散度场对 IJ 的回归系数（黑色阴影表示青藏高原地形）(a)、400 hPa 垂直运动速度对 IJ 的回归系数 (b) 及 500 hPa 散度场对 IJ 的回归系数 (c) (Li et al.，2021)

图中的灰色阴影表示通过 95% 置信度检验的区域，其中 (b) 和 (c) 中的黑色等值线为 3000m 地形等高线综上所述，青藏高原对流层高层大气的快速增暖，导致对高原低涡有重要影响的关键因素（上升运动和低层辐合）发生变化，这些关键因素变化趋势的区域性差异导致高原低涡在高原北部和南部发生频数的变化速率不同，进而导致高原降水变化呈南北反向变化趋势，如图 5.20 所示。

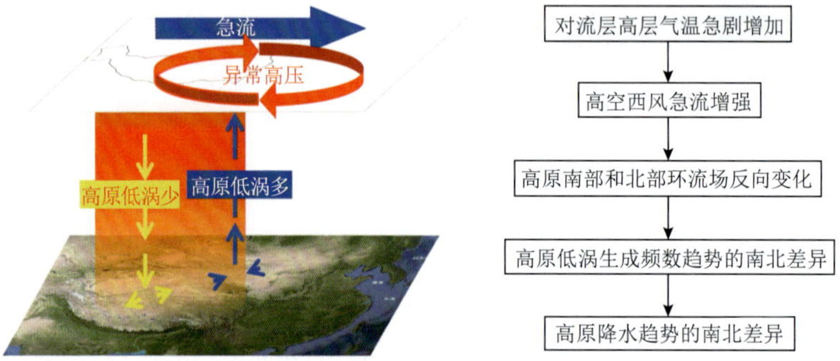

图 5.20 大气温度和环流异常对青藏高原低涡发生频数和降水的南北反向趋势变化影响的示意图

5.4 青藏高原暖湿化与大气热源结构异常变化

5.4.1 青藏高原大气热源变化观测事实

青藏高原大气热源具有明显的季节循环特征（图 5.21）。北半球冬季，青藏高原为大气冷源，这时高原以大地形机械阻挡作用为主，副热带西风在通过高原后发生绕流，在高原南、北两侧分别形成南支槽和兰州小高压，从而影响我国东部地区冬季天气气候。春季，青藏高原由大气冷源转变为热源，伴随着亚洲夏季型环流的建立，热带水汽从孟加拉湾向北输送至高原上空，增加了高原局地降水，释放的凝结潜热令高原大气热源快速加强。夏季，高原大气热源达到峰值，副热带西风减弱北跳至高原以北，同时高原夏季风盛行，高原热力强迫成为影响东亚夏季风环流和降水的重要因素。

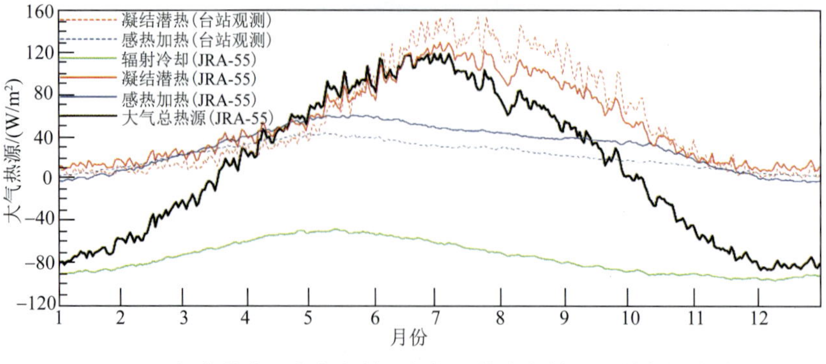

图 5.21 1981 ～ 2010 年青藏高原中东部地区气候平均大气热源及其各组成分量的季节变化

研究表明，日本气象厅 JRA-55 再分析资料能够较好地重现站点观测的高原大气热源时空分布特征。根据大气非绝热加热性质，大气热源包含太阳短波辐射加热、大气长波辐射冷却、湍流感热加热、大尺度降水凝结潜热和对流降水凝结潜热。夏季高原大气热源的大值中心位于高原南部和东部地区，主要由对流降水释放的凝结潜热贡献（图 5.22）。夏季高原对流降水中心位于雅鲁藏布江河口的墨脱地区，夏季对流凝结潜热可达 200 W/m^2 以上。而夏季高原感热呈现全区一致型分布特征，平均强度接近 50 W/m^2，与太阳短波辐射加热强度相当。

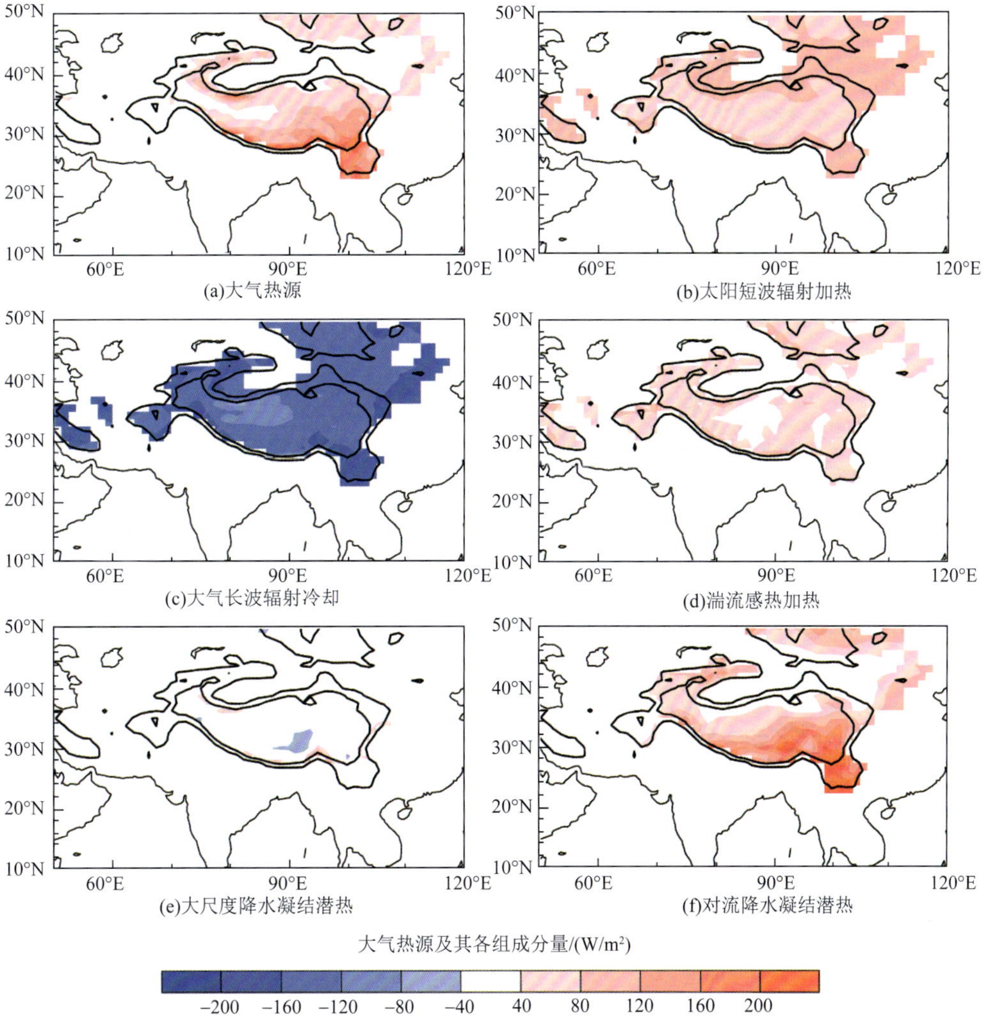

图 5.22　1981 ～ 2010 年高原地区气候平均夏季大气热源及其各组成分量的空间分布

黑色等值线表示 1500m 和 3000m 地形等高线

1981 ～ 2020 年，夏季高原大气热源具有显著的气候变化趋势，并呈现明显的空间差异性（图 5.23）。高原南部地区大气热源显著减弱，减弱幅度超过 30W/(m^2·10a)，而高原北部地区大气热源却略有增加。一方面，高原南部对流降水凝结潜热显著减少，这是高原大气热源减弱的主要原因，与高原南部地区夏季降水减少的观测事实一致。尤其是在雅鲁藏布江出口的墨脱地区，大尺度降水和对流降水释放的凝结潜热均减少，形成局地大气热源持续减少的大值中心。另一方面，虽然高原北部地区对流降水凝结潜热有所增加，但该地区湍流感热加热和大尺度降水凝结潜热的减弱及大气长波辐射冷却的加强抵消了局地大气热源的增长趋势。其中，高原北部湍流感热加热的显著减弱和全球气候变暖导致的对流层中部副热带西风异常减弱趋势有关，而大气长波辐射冷却和大尺度降水凝结潜热的变化则受当地云量云状的气候变化趋势影响。

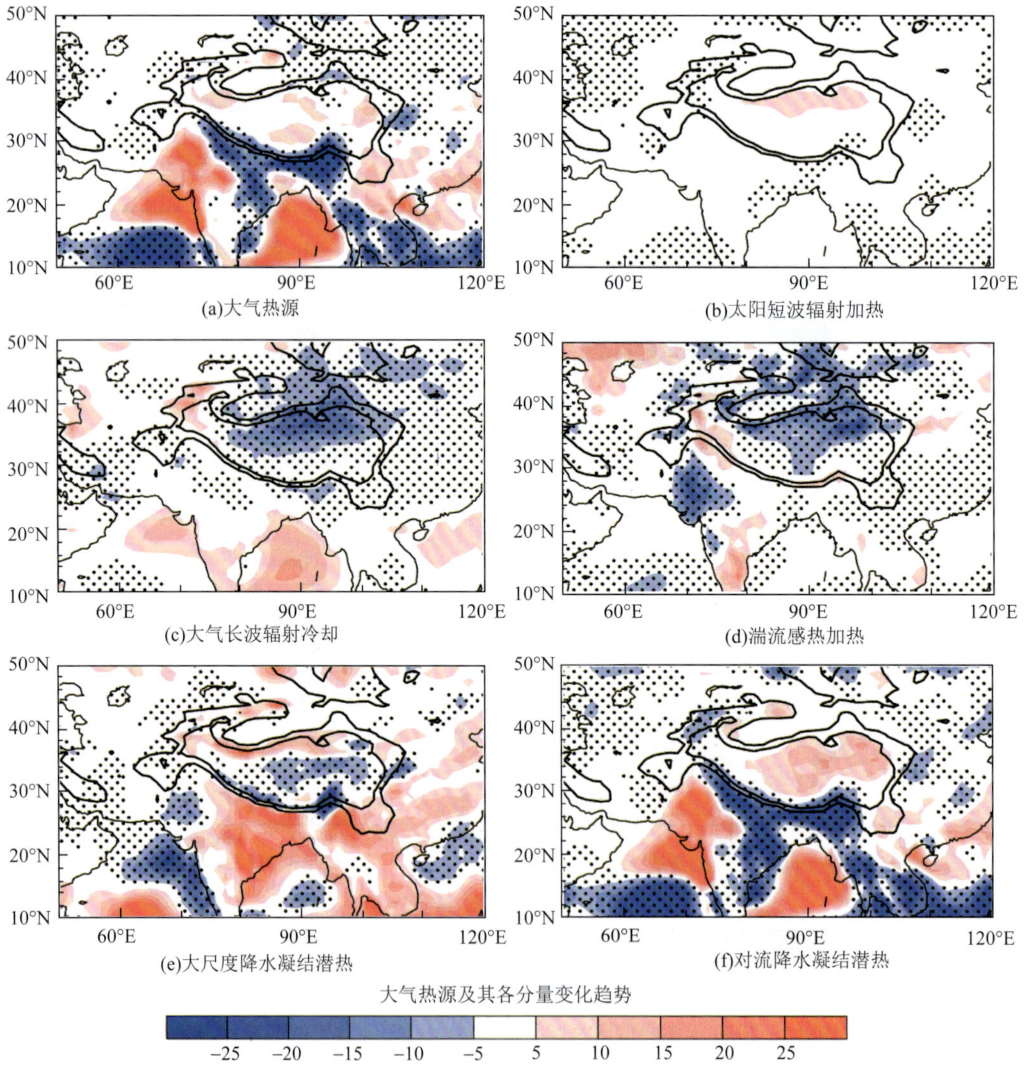

图 5.23 1981 ~ 2021 年夏季青藏高原大气热源及其各分量的长期变化趋势

阴影表示趋势通过95%置信度检验。大气热源和对流降水凝结潜热趋势的单位是 W/(m^2/10a)，其余分量趋势的单位是 W/(m^2/30 a)。黑色等值线表示 1500m 和 3000m 地形等高线

5.4.2　青藏高原大气热源与大气环流结构异常

青藏高原南部大气热源指数的长期变化和年代际波动表明，当地大气热源在 21 世纪初期开始异常偏弱（图 5.24)，因此可以将 1981 ～ 2021 年划分为两个阶段：1985 ～ 2004 年（强热源阶段）和 2005 ～ 2021 年（弱热源阶段）。北半球夏季环流异常在高原南部热源不同阶段下具有明显的不对称特征，在弱热源阶段的环流异常更为明显（图 5.25)。在弱热源阶段，随着全球变暖，热带外对流层升温、位势高度上升，相应地北半球高空以大尺度反气旋异常为主。欧亚大陆中纬度地区的西风槽脊异常活跃，从北大西洋到高原地区存在明显的定常 Rossby 波列活动，导致异常相当正压脊出现在高原南部上空，这既与背景西风减弱后大气波动能量发展有关，也与 AMO 位相由负转正相联系（图 5.24)。根据克拉伯龙 - 克劳修斯方程，虽然全球变暖显著增加了高原附近的大气比湿，但异常相当正压脊造成的下沉气流却抑制了局地上升运动，进而减少了局地对流降水及其释放的凝结潜热（图 5.26)。由于高原北部位于该异常脊南侧，盛行异常偏东气流，令副热带西风进一步减弱，从而减小了高原北部地区的湍流感热加热。

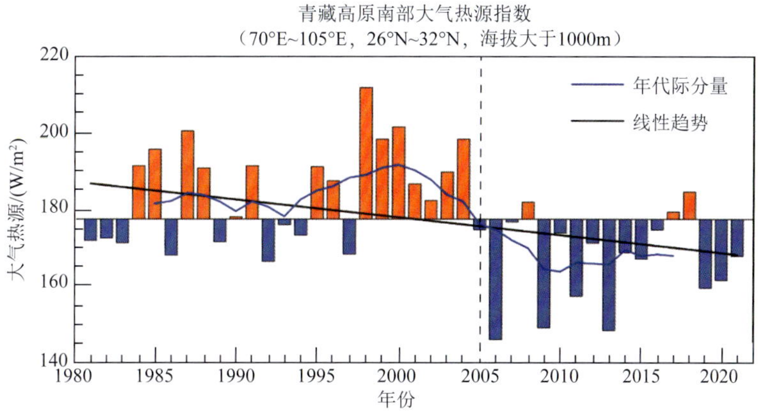

图 5.24　1981 ～ 2021 年夏季平均高原南部大气热源时间序列

黑线表示线性趋势；蓝线表示年代际分量（用 9 年滑动平均值表示）

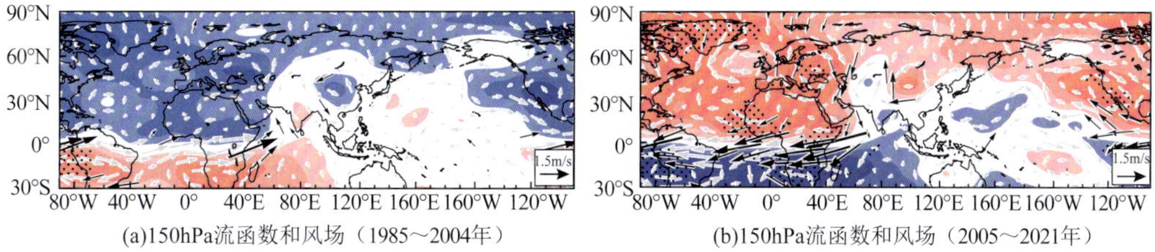

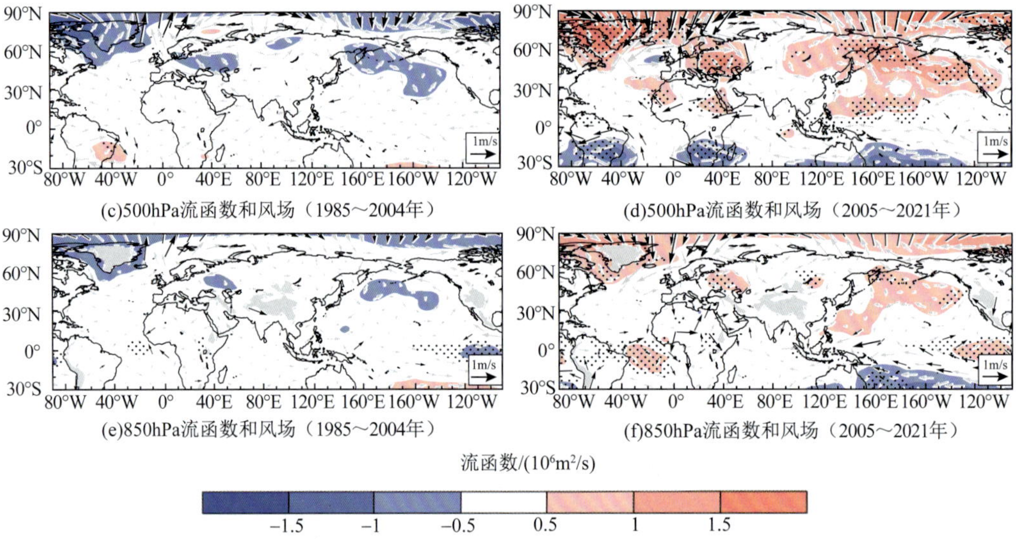

图 5.25　高原南部大气热源不同阶段大气环流的距平合成场

左列：强热源阶段（1985 ～ 2004 年）；右列：弱热源阶段（2005 ～ 2021 年）。阴影：流函数；矢量：风场（单位：m/s）。打点区和黑色矢量表示通过 90% 置信度检验。灰色阴影表示 1500m 地形等高线。参考值为 1981 ～ 2021 年气候平均态

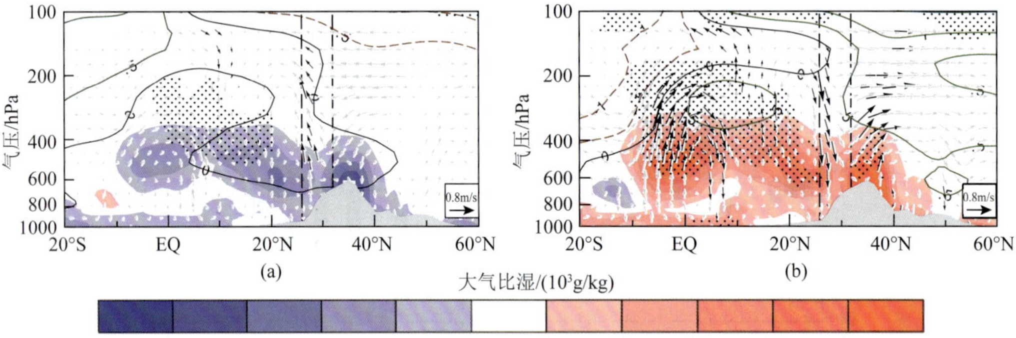

图 5.26　高原南部大气热源不同阶段 70°E ～ 105°E 平均的大气比湿（阴影）、流函数（等值线，单位：10^6 m^2/s）和局地经向环流（矢量）的距平合成场

(a) 强热源阶段（1985 ～ 2004）；(b) 弱热源阶段（2005 ～ 2021 年）。打点区和黑色箭头表示通过 90% 置信度检验。灰色阴影表示地形等高线。参考值为 1981 ～ 2021 年气候平均态

青藏高原地区的水汽收支诊断结果证明，21 世纪初期至今，大气环流异常引起的水汽辐合减弱是高原南部降水及其凝结潜热减少的主要原因。当高原地区高空相当正压脊加强时，局地对流层反气旋式环流加强，雅鲁藏布江河口地区出现异常水汽辐散中心，而异常水汽辐合中心出现在孟加拉湾和印度北部地区 [图 5.27(c) 和 (d)]。而在高原北部地区，降水和对流凝结潜热的异常增加则与局地蒸发异常和水汽异常有关。2005 ～ 2021 年，高原北部地区蒸发较气候平均显著加强 [图 5.27(a) 和 (b)]，同时平均大气环流对大气比湿异常的输送在高原北部地区形成异常水汽辐合中心，两者的共同作用有利于局地对流性降水增加。考虑到副热带西风异常减弱的变化趋势，高原北

部地区蒸发和大气比湿异常引起的水汽辐合可能和气候变暖背景下的高山冰川消融、高原湖泊面积增大和大气水汽含量增长有关。最新研究表明，人类活动能够显著增加高原北部地区的夏季降水，而高原南部夏季降水减少则主要受到气候系统内部变率影

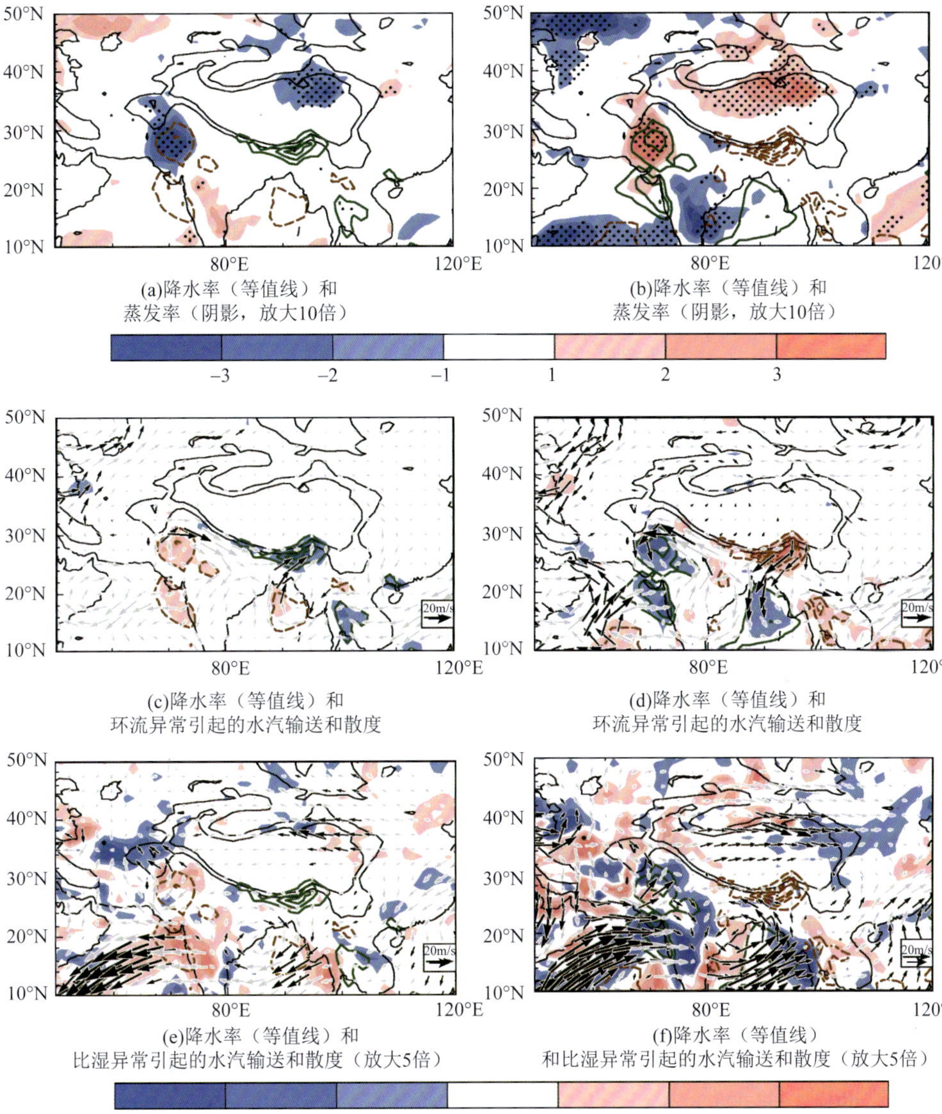

图 5.27　高原南部大气热源不同阶段的整层积分水汽收支方程诊断结果

左列：强热源阶段 (1985 ～ 2004 年)；右列：弱热源阶段 (2005 ～ 2021 年)。彩色等值线：降水率 (单位：mm/d，间隔 1.0mm/d，零线已忽略，绿色实线和棕色虚线分别表示降水异常增加和减少)。(a) 和 (b) 的阴影表示蒸发率 (单位：0.1 mm/d)；(c) 和 (d) 的矢量箭头和阴影分别表示异常环流引起的水汽输送 [单位：kg/(m·s)] 及其散度 [$\frac{1}{g}\nabla\int_{P_S}^{P_T}\left(\vec{V}'\cdot\overline{q}\right)\mathrm{d}p$ ，单位：mm/ d]；(e) 和 (f) 的矢量箭头和阴影分别表示异常水汽引起的水汽输送 [单位：0.5kg/(m·s)] 及其散度 [$\frac{1}{g}\nabla\int_{P_S}^{P_T}\left(\overline{\vec{V}}\cdot q'\right)\mathrm{d}p$ ，单位：0.5mm/d]。打点区和黑色箭头表示通过 90% 置信度检验。参考值为 1982 ～ 2021 年气候平均态

响（Zhao et al.，2022），这和水汽收支诊断的结果一致。因此，1981～2020年，在全球变暖背景下，欧亚大陆中纬度环流的动力调整是青藏高原南部降水显著减弱的重要原因，而高原北部对流性降水的异常增加则与局地大气热力过程变化联系紧密（图5.28）。

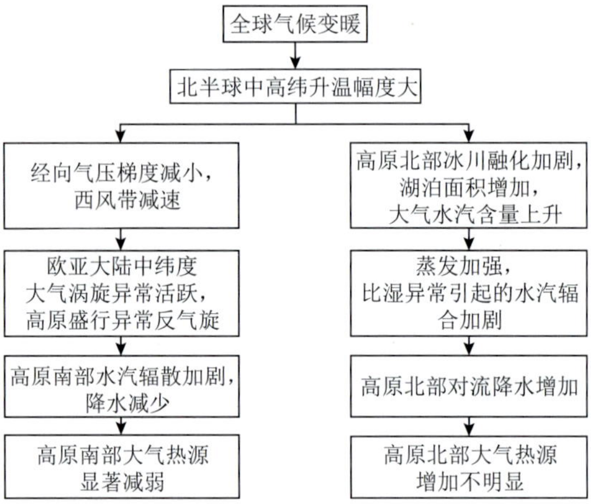

图5.28　21世纪初以来夏季青藏高原大气热源气候变化可能成因示意图

参考文献

陈产贤. 1984. 1979年5-8月青藏高原降水分析//青藏高原气象科学实验文集（一）. 北京：科学出版社：171-175.

段安民，肖志祥，吴国雄. 2016. 1979-2014年全球变暖背景下青藏高原气候变化特征. 气候变化研究进展，12(5)：374-381.

李国平，赵福虎，黄楚惠，等. 2014. 基于NCEP资料的近30年夏季青藏高原低涡的气候特征. 大气科学，38 (4)：756-769.

李国平. 2002. 青藏高原动力气象学. 北京：气象出版社.

罗四维. 1992. 青藏高原及其邻近地区几类天气系统的研究. 北京：气象出版社.

乔全明，张雅高. 1994. 青藏高原天气学. 北京：气象出版社.

吴芳营，游庆龙，蔡子怡，等. 2022. 基于MODIS白天地温产品的青藏高原海拔依赖型变暖特征分析. 大气科学，46(2)：442-454.

吴佳，高学杰. 2013. 一套格点化的中国区域逐日观测资料及与其它资料的对比. 地球物理学报，56(4)：1102-1111.

叶笃正，高由禧. 1979. 青藏高原气象学. 北京：科学出版社.

游庆龙，康世昌，李剑东，等. 2021. 青藏高原气候变化若干前沿科学问题. 冰川冻土，43(3)：885-901.

张渊萌，程志刚. 2014. 青藏高原增暖海拔依赖型研究进展. 高原山地气象研究，34(2)：91-98.

Bolch T, Kulkarni A V, Kb A, et al. 2012. The state and fate of Himalayan glaciers. Science, 336(6079): 310-314.

Chen B, Chao W C, Liu X. 2003. Enhanced climatic warming in the Tibetan Plateau due to doubling CO_2: A model study. Climate Dynamics, 20 (4) : 401-413.

Duan A, Wu G, Zhang Q. 2006. New proofs of the recent climate warming over the Tibetan Plateau as a result of the increasing greenhouse gases emissions. Science Bulletin, 51 (11) : 1396-1400.

Duan A, Wu G. 2006. Change of cloud amount and the climate warming on the Tibetan Plateau. Geophysical Research Letters, 33 (22) : L22704.

Frauenfeld O W, Zhang T, Serreze M C. 2005. Climate change and variability using European Centre for Medium-Range Weather Forecasts reanalysis (ERA-40) temperatures on the Tibetan Plateau. Journal of Geophysical Research Atmospheres, 110: D02101.

Gao Y, Xiao L, Chen D, et al. 2018. Comparison between past and future extreme precipitations simulated by global and regional climate models over the Tibetan Plateau. International Journal of Climatology, 38 (3) : 1285-1297.

Guo D, Sun J, Yang K, et al. 2019. Satellite data reveal southwestern Tibetan Plateau cooling since 2001 due to snow-albedo feedback. International Journal of Climatology, 40 (3) : 1644-1657.

Kang S, Xu Y, You Q, et al. 2010. Review of climate and cryospheric change in the Tibetan Plateau. Environmental Research Letters, 5 (1) : 15101.

Kotlarski S, Bosshard T, Lüthi D, et al. 2012. Elevation gradients of European climate change in the regional climate model COSMO-CLM. Climatic Change, 112 (2) : 189-217.

Li L, Zhang R H, Wen M, et al. 2021. Regionally different precipitation trends over the Tibetan Plateau in the warming context: A perspective of the Tibetan Plateau vortices. Geophysical Research Letters, 48: e2020GL091680.

Li L, Zhang R H, Wen M. 2020. Structure characteristics of the vortices moving off the Tibetan Plateau. Meteorology and Atmospheric Physics, 132: 19-34.

Liu X, Cheng Z, Yan L, et al. 2009. Elevation dependency of recent and future minimum surface air temperature trends in the Tibetan Plateau and its surroundings. Global and Planetary Change, 68 (3) : 164-174.

Liu Y, Chen H P, Li H, et al. 2021. What induces the interdecadal shift of the dipole patterns of summer precipitation trends over the Tibetan Plateau? International Journal of Climatology, 41 (4) : 5159-5177.

Liu Y, Zhang Y, Zhu J, et al. 2019. Warming slowdown over the Tibetan Plateau in recent decades. Theoretical and Applied Climatology, 135 (3) : 1375-1387.

Pepin N, Bradley R S, Diaz H F, et al. 2015. Elevation-dependent warming in mountain regions of the world. Nature Climate Change, 5 (5) : 424-430.

Rangwala I, Miller J R, Ming X. 2009. Warming in the Tibetan Plateau: Possible influences of the changes in surface water vapor. Geophysical Research Letters, 36: L06703.

Rangwala I, Miller J R. 2012. Climate change in mountains: A review of elevation-dependent warming and its possible causes. Climatic Change, 114 (3-4) : 527-547.

Si D, Ding Y H. 2016. Oceanic forcings of the interdecadal variability in East Asian summer rainfall. Journal of Climate, 29: 7633-7649.

Sun J, Yang K, Guo W D, et al. 2020. Why has the Inner Tibetan Plateau become wetter since the mid-1990s? Journal of Climate, 33: 8507-8522.

Tao S Y, Ding Y H. 1981. Observational evidence of the influence of the Qinghai-Xizang Plateau on the occurrence of heavy rain and severe convective storms in China. Bulletin of the American Meteorological Society, 62 (1) : 23-30.

Wang Q, Fan X, Wang M. 2014. Recent warming amplification over high elevation regions across the globe. Climate Dynamic, 43: 87-101.

Wang Z Q, Yang S, Luo H L, et al. 2022. Drying tendency over the southern slope of the Tibetan Plateau in recent decades: Role of a CGT-like atmospheric change. Climate Dynamics, 59 (13) : 1-13.

Wu T, Zhao L, Li R, et al. 2013. Recent ground surface warming and its effects on permafrost on the central Qinghai-Tibet Plateau. International Journal of Climatology, 33 (4) : 920-930.

You Q, Chen D, Wu F, et al. 2020a. Elevation dependent warming over the Tibetan Plateau: Patterns, mechanisms and perspectives. Earth-Science Reviews, 210: 103349.

You Q, Kang S, Pepin N, et al. 2008. Relationship between trends in temperature extremes and elevation in the eastern and central Tibetan Plateau, 1961-2005. Geophysical Research Letters, 35: L04704.

You Q, Min J, Jiao Y, et al. 2016b. Observed trend of diurnal temperature range in the Tibetan Plateau in recent decades. International Journal of Climatology, 36 (6) : 2633-2643.

You Q, Min J, Kang S. 2016a. Rapid warming in the Tibetan Plateau from observations and CMIP5 models in recent decades. International Journal of Climatology, 36 (6) : 2660-2670.

You Q, Min J, Zhang W, et al. 2015. Comparison of multiple datasets with gridded precipitation observations over the Tibetan Plateau. Climate Dynamics, 45 (3-4) : 791-808.

You Q, Wu T, Shen L, et al. 2020b. Review of snow cover variation over the Tibetan Plateau and its influence on the broad climate system. Earth-Science Reviews, 201: 103043.

You Q, Zhang Y, Xie X, et al. 2019. Robust elevation dependency warming over the Tibetan Plateau under global warming of 1.5℃ and 2℃ . Climate Dynamic, 53: 2047-2060.

Yue S Y, Wang B, Yang K, et al. 2021. Mechanisms of the decadal variability of monsoon rainfall in the southern Tibetan Plateau. Environmental Research Letters, 16: 014011.

Zhang C, Tang Q H, Chen D L, et al. 2019. Moisture source changes contributed to different precipitation changes over the Northern and Southern Tibetan Plateau. Journal of Hydrometeorology, 20: 217-229.

Zhang X, Alexander L, Hegerl G C, et al. 2011. Indices for monitoring changes in extremes based on daily temperature and precipitation data. Wiley Interdisciplinary Reviews: Climate Change, 2 (6) : 851-870.

Zhao D, Zhang L, Zhou T. 2022. Detectable anthropogenic forcing on the long-term changes of summer precipitation over the Tibetan Plateau. Climate Dynamics, 59 (7-8) : 1-14.

Zhou C Y, Zhao P, Chen J M. 2019. The interdecadal change of summer water vapor over the Tibetan Plateau and associated mechanisms. Journal of Climate, 32: 4103-4119.

第6章

亚洲水塔暖湿化与印太高影区海温影响

从全球尺度水循环的视角可知，区域及全球大气环流的调整及其海洋水圈水汽输送结构变化将是青藏高原暖湿化关键的影响因子之一，青藏高原与低纬度海洋季风活动区组成了“大三角扇形”水汽影响区，北印度洋、西太平洋和近海地区为青藏高原跨半球水循环系统，使得青藏高原有四条关键水汽“供应线”，即印度洋通道、南海通道、孟加拉湾北部通道和西风带通道。海洋海温异常变化特征亦对亚洲水塔暖湿化格局变化有关键的影响作用。

本章研究探讨了海洋水圈升温显著区对青藏高原暖湿化水汽输送的调控作用，进而剖析太平洋、印度洋海温异常引发的水汽输送通道结构变化特征。研究发现，夏季青藏高原暖湿化恰与海温变率异常密切相关，且与太平洋、印度洋高影响区海洋升温导致海表异常高湿相关。研究揭示出跨半球遥相关水汽输送是调制青藏高原暖湿化的重要因素之一。从年代际环流变化的视角，本书提出了海洋高影响区海温调制青藏高原暖湿化趋势的综合影响模型，研究还揭示出与青藏高原暖湿化相关的中国降水南干北湿趋势格局亦与高影响海温异常有关（Dong et al.，2022）。

本章通过研究青藏高原暖湿化与海洋水圈影响源分布结构的相关特征，揭示出影响青藏高原暖湿化年代际变化的海洋水汽源及其环流型异常特征，并给出了各海洋影响源对青藏高原暖湿化影响的贡献程度。本章的研究结论为进一步探索青藏高原暖湿化及其气候变化研究提供了重要的科学依据。

6.1 中国夏季降水变化趋势特征

在全球变暖背景下，亚洲正在经历着许多环境问题，青藏高原的环境问题尤为突出（Yao et al.，2012；Yasunari et al.，2013）。青藏高原作为全球气候变暖最强烈的敏感区之一，由于其特殊的地形地貌，气候变暖的综合效应在该地区得到放大，进而增强了海陆热力差异（Xu et al.，2019）。目前气候系统的综合观测和多项关键指标表明，近几十年来，青藏高原的实际蒸散发发生了剧烈变化，显著影响了青藏高原的降水量、湖泊蓄水量和河流径流（Zhou et al.，2019；Gao et al.，2014；Immerzeel et al.，2010）。

中国降水空间分布通常为由东南沿海向西北内陆逐渐减少，但目前大量研究指出，中国西北地区的气候转型正在发生，从“暖干”转向“暖湿”（Wang et al.，2021；Yin et al.，2019；Zhang et al.，2021；Ma Y Z et al.，2018）。自 1987 年起，新疆以天山西部为主的地区出现了“暖湿”转型的气候强信号，降水量、冰川消融量和径流量连续多年增加（Shi et al.，2002）。1997 ～ 2019 年中国西北地区 76% 的观测站点降水量呈增加趋势，其中西北地区东部降水量增速高于西北地区西部（Yao et al.，2022）。马彭里等 (2020) 也发现，21 世纪初以来中国西北地区的东部出现降水增多的转折性变化。青藏高原地区降水量持续偏多，其气候向“暖湿”型方向发展，据统计，1961 ～ 2021 年，青藏高原地区增温速率平均每 10 年升高 0.36℃，年降水量平均每 10 年增加 10.2 mm（Mao et al.，2008；中国气象局气候变化中心，2022）。Held 和 Soden（2006）指出，“湿变湿，干变干”的论点在青藏高原似乎并不符合，青藏高原北部与南部降水量呈相反的变化趋势，青藏高原北部呈明显增加趋势，而南部却呈减少趋势（Held and Soden，2006；陈德亮等，2015）。从大量实际观测分析和模式预估研究结果中也可以发现，不论是年代际变化还是未来气候变化趋势，随着气候变暖，青藏高原总体上降水均呈增多的变化趋势，受复杂大地形陆气综合影响，气候变化空间分布呈非均匀性特征（Gao et al.，2014）。

本章重点考虑 1991 ～ 2020 年青藏高原暖湿化趋势影响问题。使用日本气象厅提供的 1991 ～ 2020 年 1°×1° 全球月平均海表面温度数据（Ishii et al.，2005）；中国气象局国家气象信息中心提供的中国地面气象要素月值数据集（V3.0）中 710 个基本地面与基准地面气象观测站 1991 ～ 2020 年的降水量数据；NCEP/NCAR1961 ～ 2020 年全球逐月再分析资料（Kalnay et al.，1996）进行分析。

本章为了探讨海洋升温显著区对青藏高原暖湿化水汽输送的调控作用，进而剖析与太平洋、印度洋海温异常相关的水汽输送通道结构特征，采用水汽输送相关矢量方法，追踪水汽源影响效应，以揭示升温显著区海温异常引发的水汽输送“轨迹”。

$$qv(x,y,t)=\frac{1}{g}\int_{P_s}^{P}q(x,y,p,t)u(x,y,p,t)\mathrm{d}P$$

$$qv(x,y,t)=\frac{1}{g}\int_{P_s}^{P}q(x,y,p,t)v(x,y,p,t)\mathrm{d}P$$

式中，g 为重力加速度；u、v 表示纬向风、经向风；q 为比湿；P_s 为地表气压；P 为大气顶气压；qu、qv 分别为纬向、经向水汽通量（赵阳等，2016）。

$$\vec{R}(x,y)=\vec{i}R_u(x,y)+\vec{j}R_v(x,y)$$

式中，$\vec{R}$ 代表合成相关矢量；$R_u(x，y)$ 为降水与纬向水汽通量分量 qu 的相关系数场；$R_v(x，y)$ 为降水与经向水汽通量分量 qv 的相关系数场（魏凤英，2007）。

除了以上方法外，本章还用到距平、线性倾向估计、相关系数、变量标准化，以及多元线性回归方法（魏凤英，2007）。

此外，本章气候平均值（即常年值）采用 1991 ～ 2020 年平均值。

降水变化速率（简称“变率”）特征可作为反映全球气候变化高原区域响应的重要指标之一，高原夏季降水受到气候变暖背景下海洋升温与西风（Schiemann et al.，2008；谢承莹等，2014；Zhang et al.，2017）、季风（Webster et al.，1998；Zhou et al.，2009）及其环流结构变化的影响（Sugimoto et al.，2008；Li et al.，2009；Feng and Zhou，2012；Wang et al.，2017）。同时，受复杂大地形陆气综合影响，气候变化空间分布呈非均匀性特征。本章计算发现，1991 ～ 2020 年夏季青藏高原南、北部降水量呈现相反的变化趋势 [图 6.1(a)]，高原南部和东南部降水量呈减少的趋势，但中部、东北部却呈增加的趋势，从而构成了“南干北湿”的格局。此结果与利用优化变分后的TRMM降水产品对青藏高原地区降水的变化趋势分析的结论一致（Sun et al.，2022），根据降水变率高值区的分布特征，本章将青藏高原划分为两个区域，即西藏北部为A区、青海和四川北部区域为B区，将A区、B区的降水合成分析，可得出A区、B区合成降水的变率在夏季为最大值。从降水量年代际变化角度分析，夏季A区降水量前期1961～1990年呈下降趋势，后期1991～2020年呈显著上升趋势；夏季B区1961～1990年降水量呈弱下降趋势，而1991～2020年则呈显著上升趋势，夏季A区、B区的降水量在1991年后均呈显著上升趋势，值得注意的是，青藏高原夏季降水变率的两个高值区（A区+B区）整体降水量增加趋势的变化幅度十分显著，明显高于中国整体降水量上升的幅度，表明夏季中国区域暖湿化现象集中出现在青藏高原主体的中北部，即降水变率高值区（A区+B区）。由此，本章将以1991～2020年夏季在青藏高原中北部发生的暖湿化现象为关键研究对象。

6.2 夏季青藏高原暖湿化和高影响区海温变化相关特征

海温的异常变化特征对我国的长期天气预报和气候预测有着重要的理论意义，是否对亚洲水塔暖湿化格局特征具有关键的影响作用？海温变化趋势呈复杂区域特征，其影响域范围和途径呈不确定特征，而不同海域海温变化亦存在复杂联系（Zhu and Qian，1998）。大量研究表明，亚洲地区的干旱、半干旱气候变化与太平洋年代际振荡（Pacific Decadal Oscillation，PDO）有关，Jia和Zhang(2019)发现，与1960～1990相比，1990～2016年青藏高原、中国西北地区、华北东南部、东北大部地区降水变多，即变湿明显[图6.1(a)]。极端干旱区西边界线东移，南北边界收缩，半干旱区逐步向半湿润区转变，均与PDO的冷暖位相变化有关。其中，青藏高原暖湿化主要与海洋升温、西风带北移、对流层中高层增温趋势以及地面低涡发生频数等大气动力、热力结构变化有关（Jia and Zhang，2019；Yang et al.，2015；Ren et al.，2017；Tang et al.，2021；Li et al.，2021）；从水循环的结构来看，周边海洋水汽输送结构调整必然对青藏高原暖湿化有关键的影响，青藏高原与低纬度海洋季风活动区组成了“大三角扇形”水汽影响区，其与北印度洋、西太平洋和近海地区构成青藏高原跨半球大气水循环系统（Xu et al.，2013，2002；徐祥德等，2019），使得青藏高原有四条关键水汽“供应线”，即印度洋通道、南海通道、孟加拉湾北部通道和西风带通道（Zhou et al.，2005；Shi and Shi，2008；Zhou et al.，2012）。此外，夏季印度洋海温异常亦会对青藏高原同期降水产生一定影响，当印度洋海温呈负距平时，印度夏季风偏强，青藏高原夏季降水偏多（Jia and Zhou，2003；Ren et al.，2017；Zhang et al.，2017）。厄尔尼诺次年夏季，印度洋海温增暖可以通过激发Kelvin波，引起异常西太平洋反气旋，从而影响低层水汽输送（Liu et al.，2014；Wu et al.，2009，2010）。

基于青藏高原降水与海温变化的关联事实，我们进一步提出一系列科学问题：青藏高原暖湿化与海洋影响源分布结构变化特征是否相关？如何判识影响亚洲水塔暖湿化年代际变化的海洋水汽输送源及其环流型异常？如何认知与亚洲水塔暖湿化年代际变化相关的海洋敏感区综合影响效应？如何定量明确各海洋影响源对亚洲水塔暖湿化的贡献率？上述问题目前均是值得进一步探索的关键科学目标。

从时间尺度来看，全球平均海表温度自 20 世纪 70 年代至 20 世纪末期以近乎线性的方式增加，这与人类活动排放的二氧化碳等温室气体的增加相吻合，其中 80 年代和 90 年代是海温上升速率最快的两个时期（IPCC，2007）。本章将太平洋和印度洋作为重点研究目标，通过对 1991 ～ 2020 年全球海温变率分析发现 [图 6.1（b）]，太平洋和印度洋区域共存在四个海温变率高值区，分别位于北太平洋西部（海温 1 区）、中太平洋西部（海温 2 区）、西南太平洋（海温 3 区）、中印度洋（海温 4 区）。青藏高原暖湿化关键区夏季降水与四个海温变率高值区的海温均呈同步上升的年际变化趋势，相关系数分别为 0.40、0.49、0.61、0.49，均通过 90% 置信度检验 [图 6.1（c）]。进一步将夏季青藏高原气候异常暖湿化关键区（A 区 +B 区）的降水量与同期全球海温进行相关分析，同样可获得四个相关高值区 [图 6.1（d）]，与海温变率高值区 [图 6.1（b）] 空间分布十分吻合，上述分析表明，全球海洋升温显著区可能与青藏高原暖湿化存在显著关联性，可能是青藏高原暖湿化的四个海温高影响区（Dong et al.，2022）。

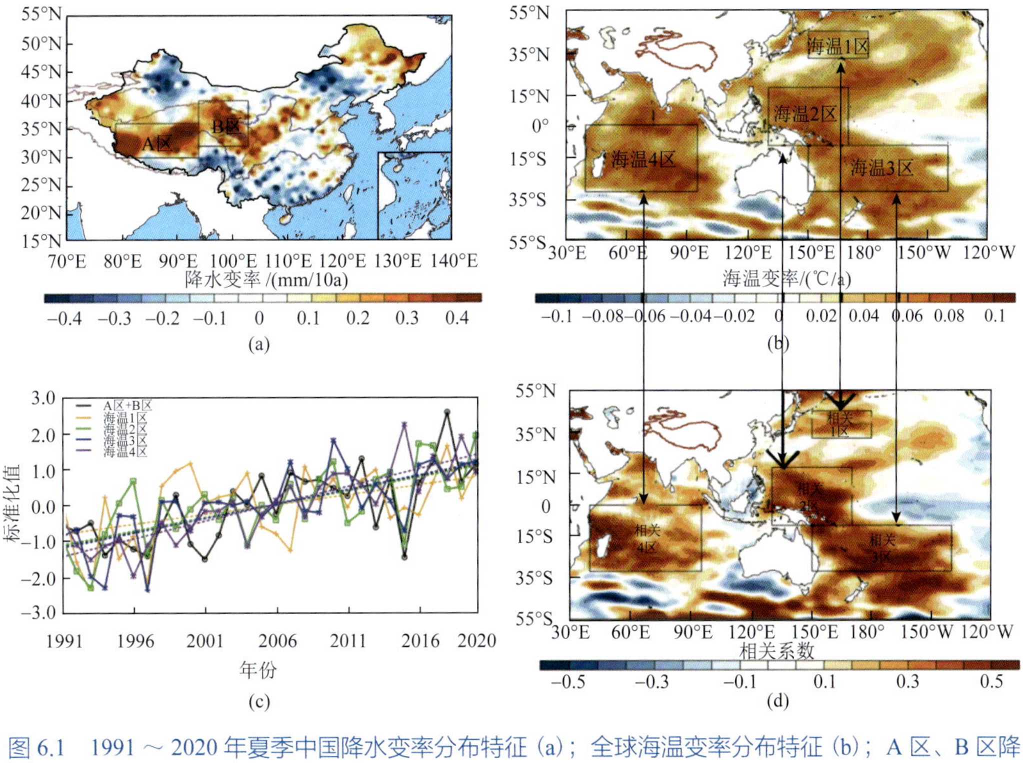

图 6.1　1991 ～ 2020 年夏季中国降水变率分布特征（a）；全球海温变率分布特征（b）；A 区、B 区降水变率高值区标准化降水量与海温变率高值区标准化海温年际变化曲线（c）；A 区、B 区降水变率高值区降水量与海温相关分布特征（d）

打点为通过 90% 置信度检验

6.3 青藏高原暖湿化与海表水汽变化影响特征

太平洋、印度洋的海表温度异常对青藏高原的水汽收支有着强烈的影响 (Li et al., 2014；Bothe et al., 2010；Zhang et al., 2017；Meng et al., 2020；Ma E G et al., 2018)。夏季经过季风与多尺度大气环流型的调配，形成了海洋水汽源的异常水汽输送结构，并通过遥相关影响青藏高原或其他区域的大气水分循环特征。因此，夏季太平洋、印度洋高影响区海洋升温可导致局地水汽异常状态，通过跨半球遥相关水汽输送可能是调制青藏高原降水的重要因素之一。基于上述考虑，本章计算了 1991 ～ 2020 年夏季全球海表比湿变率 [图 6.2(a)]，对比图 6.1(d) 所对应的四个海温高影响区，即北太平洋西部（海温相关 1 区）、中太平洋西部（海温相关 2 区）、西南太平洋（海温相关 3 区）

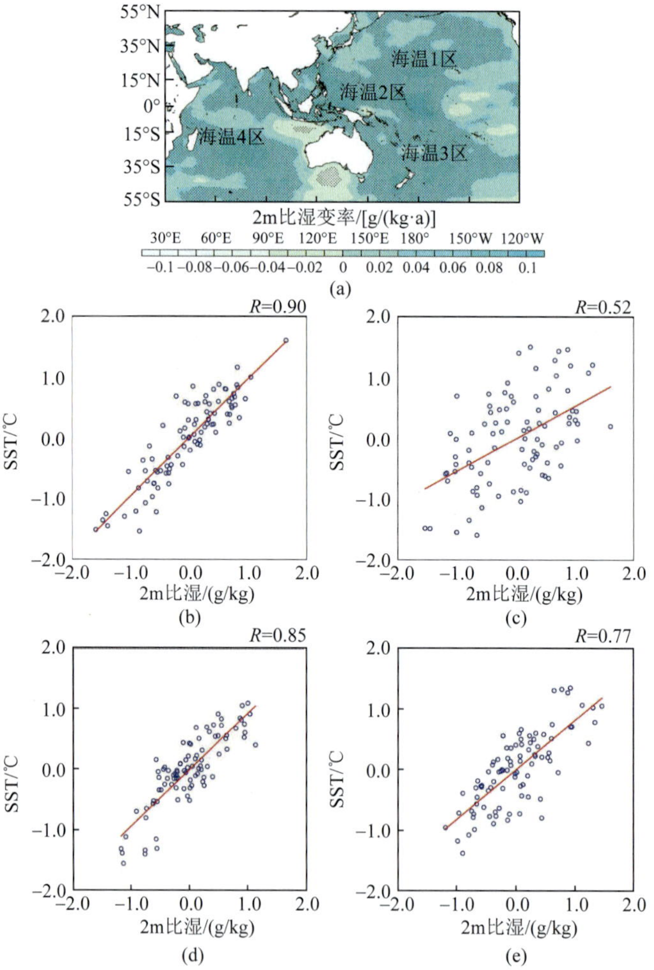

图 6.2　1991 ～ 2020 年夏季高影响区海温与海表比湿关系

(a) 全球 2 m 比湿变率分布特征；(b) ～ (e) 6 ～ 8 月海温高影响区 2 m 比湿与海温的标准化散点分布。(b) 1 区；(c) 2 区；(d) 3 区；(e) 4 区；图中圆点为通过 0.10 显著性检验及中印度洋（海温相关 4 区），均为全球海表比湿高变率区。四个海温高影响区海表比湿均表现出同步上升年际变化趋势，且四个海温高影响区海温与海表比湿相关系数分别为 0.90、0.52、0.85、0.77，均通过 90% 置信度检验 [图 6.2(b) ～ (e)]。此结果揭示出夏季太平洋、印度洋高影响区海洋升温可导致局地海表异常高湿趋势。

夏季高影响区海洋升温引发的异常水汽流型如何影响高原暖湿化？青藏高原可通过“中空热岛”效应及其持续热源驱动吸引南侧有来自印度洋、南海、低纬度西太平洋等地区的异常暖湿气流（徐祥德等，2019)。受全球变暖的影响，高原上空水汽发生了剧烈变化，从而影响高原的降水量、湖泊储水量以及水汽收支。Zhang 等 (2017) 研究发现，近年来青藏高原西部的水汽增加是高原中西部降水增强的主要原因，印度洋向高原的水汽输送增强，促进了青藏高原地区的水分循环，这是为青藏高原“湿化”提供水汽的主要过程 (Zhang et al.，2017)。

6.4 青藏高原暖湿化与高影响区海温影响贡献分析

IPCC (2013) 第五次评估报告指出，全球海洋正在经历显著的变暖，其中近表层的海温上升速率最快。虽然全球海洋变暖是基本确定的，但是海温上升的速率和幅度在时间和空间尺度上有很大的区域性差异 (Field et al.，2014)。

经过 6.1 ～ 6.3 节的讨论可以确定北太平洋西部、中太平洋西部、西南太平洋、中印度洋是影响我国青藏高原北部夏季暖湿化的关键区域，那么值得进一步深入思考的是，在这几个海温高影响区共同作用中，究竟哪个区域对高原暖湿化的影响最为显著？各个海温高影响区对高原暖湿化的贡献又分别是多少？为此，本章进一步量化了夏季各高影响区海温对同期青藏高原暖湿化的相对贡献。以四个高影响区标准化海温为自变量，以青藏高原暖湿化敏感区标准化降水为因变量，建立标准化多元线性回归方程。

$$y= 0.085x_1+0.094x_2+0.374x_3+0.173x_4 \tag{6.1}$$

式中，y 为青藏高原暖湿化敏感区标准化降水；x_1 ～ x_4 分别为 1 区（北太平洋西部）、2 区（中太平洋西部）、3 区（西南太平洋）和 4 区（中印度洋）的标准化海温。

通过标准化回归系数可以直接解释在各高影响区海温对青藏高原“暖湿化”的共同作用中的贡献大小和配置，从式 (6.1) 中可以看出，四个高影响区海温回归系数均为正值，且拟合结果与高原暖湿化敏感区标准化降水曲线变化趋势一致，两者的相关系数达到 0.62，表明各高影响区海温均对青藏高原暖湿化有促进作用。由各高影响区海温对青藏高原暖湿化相对贡献率可知，西南太平洋是对高原暖湿化影响最为显著的区域，相对贡献率为 51%；中印度洋的相对贡献率为 24%；北太平洋西部与中太平洋西部的相对贡献率为 12% 和 13%，此结论揭示出跨半球的海洋升温伴随能量、水汽输送是调制青藏高原暖湿化趋势不可忽视的关键因子（Dong et al.，2022）。

6.5 青藏高原暖湿化与海温高影响区水汽输送结构综合影响图像

通过对比 1961 ～ 1990 年和 1991 ～ 2020 年整层水汽通量距平场差异，进一步探讨全球变暖影响下，不同年代际时间尺度跨半球的海洋能量、水汽输送环流特征差异，认知青藏高原暖湿化趋势形成的大尺度环流背景。为了探讨海洋升温高影响区对青藏高原云降水过程水汽输送的调控作用，进而揭示与太平洋、印度洋海温异常相关的水汽输送通道结构特征，采用水汽输送相关矢量方法追踪水汽源，以揭示高影响区海温异常引发的水汽输送“轨迹”异常变化。由图 6.3（a）～（d）可知，高影响 1 区海温与同期东亚整层水汽通量相关环流呈现反气旋型，处于其南侧有一支相关水汽流 A 自太平洋向西，然后折向北输送至中国北方降水变率高值区与青藏高原北部 [图 6.3（a）]；高影响 2 区海温与同期东亚整层水汽通量在太平洋呈反气旋相关环流型，其西南侧相关水汽流 B 从赤道太平洋向北输送，折向西至青藏高原北部降水变率高值区 [图 6.3（b）]；高影响 3 区海温与同期东亚整层水汽通量在太平洋亦呈反气旋相关环流型，其南侧相关水汽流 C 跨越赤道后向北偏转，将水汽输送至青藏高原北部降水变率高值区 [图 6.3（c）]；高影响 4 区海温与同期东亚整层水汽通量在中印度洋呈反气旋相关环流型，其恰处于太平洋反气旋式西伸相关环流的西南缘，向北相关水汽流 D 跨越赤道后，自青藏高原西侧将水汽输送至高原北部降水变率高值区 [图 6.3（d）]。

对比图 6.3（e）与（f）可以发现，1991 ～ 2020 年则与 1961 ～ 1990 年整层水汽通量距平场影响青藏高原水汽输送结构呈“相反”的环流型，即 1961 ～ 1990 年印度洋至高原及其东亚区域水汽输送通量距平呈南北轴向气旋式环流，其东侧偏南水汽流输送至高原南部及中国东部区域；1991 ～ 2020 年印度洋至高原及其东亚区域水汽输送通量距平呈南北轴向反气旋式环流，其西侧为偏南水汽流，可输送至高原西部与中部，其东侧偏北水汽流可将西北太平洋水汽流从东部输送至高原北部。另外，水汽输送通量距平场上 1961 ～ 2020 年和 1991 ～ 2020 年在西太平洋呈环流型反位相特征，其中 1991 ～ 2020 年反气旋式环流可延伸至南半球，其南缘跨赤道偏东水汽流可以折向，并通过印度洋至高原的反气旋环流，将其输送至高原西侧与中部。这表明 1991 ～ 2020 年南半球的跨赤道水汽输送显著增强，进而亦揭示出西南太平洋、中印度洋海温升温是青藏高原暖湿化的关键原因。同样可以发现，500 hPa 环流形势与整层水汽输送通量距平场的特征类似 [图 6.3（a）和（b）]，即 1991 ～ 2020 年太平洋及印度洋的反气旋式水汽输送环流皆有利于将海洋暖湿水汽输送至高原西部与中部，由此可得出以 1991 ～ 2020 年水汽输送距平场为背景的青藏高原暖湿化与四个海洋高影响区水汽输送结构综合影响图像 [图 6.3（g）]。

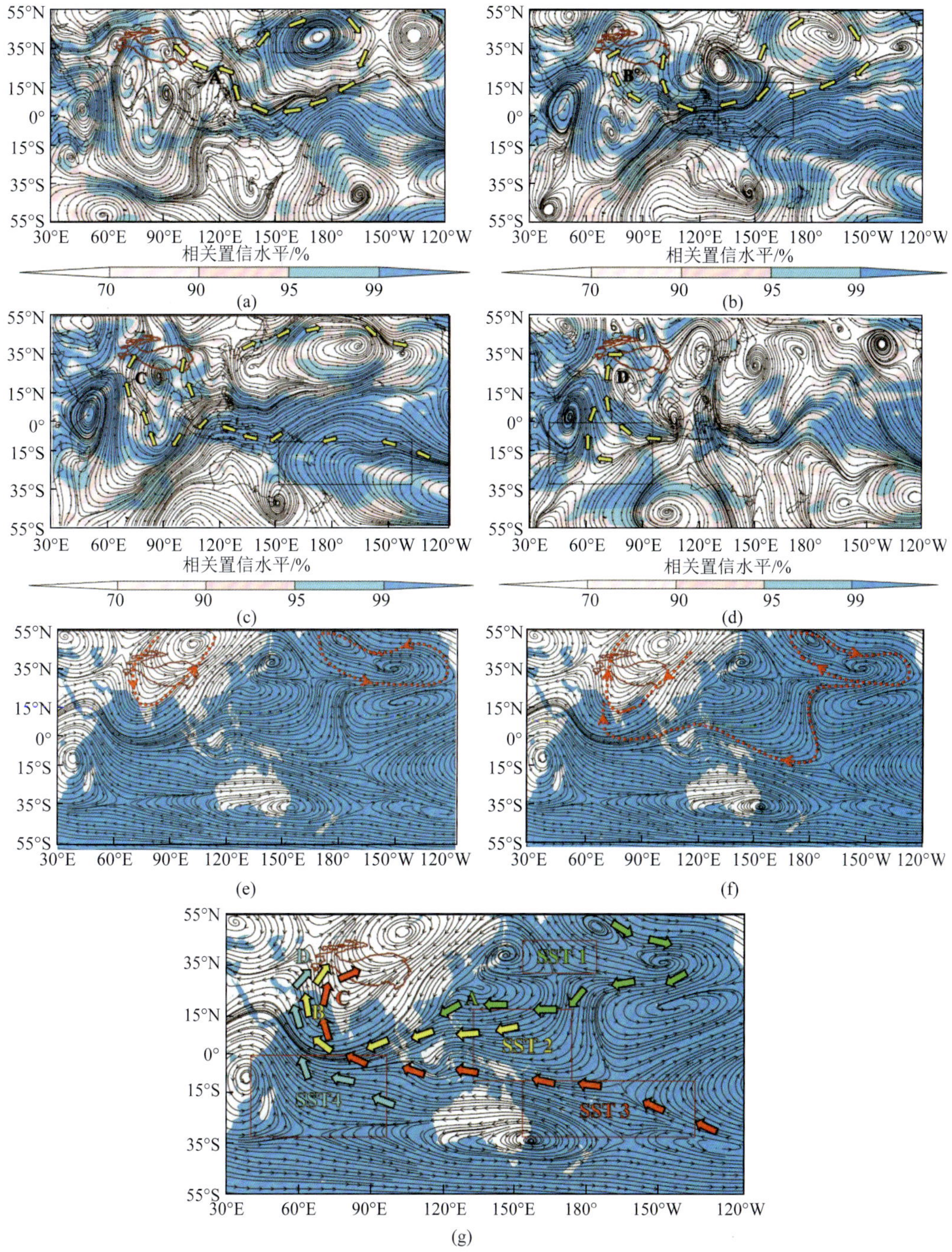

图 6.3　1991 ～ 2020 年夏季海温高影响区标准化海温与东亚整层水汽通量相关矢量场 [(a)1 区、(b)2 区、(c)3 区、(d)4 区]，整层水汽通量距平场 [其中 (e) 为 1961 ～ 1990 年、(f) 为 1991 ～ 2020 年] 以及青藏高原暖湿化与四个海洋高影响区水汽输送结构综合影响图像 (g)

针对 1991 ～ 2020 年青藏高原暖湿化趋势影响问题，本章以青藏高原夏季降水异常变化与全球海温高影响区的关联特征为重点研究目标。从大气水分循环的视角，研究青藏高原气候异常暖湿化与印度洋、太平洋海洋水汽源变化相关机制，以进一步揭示出与亚洲大陆相关联的太平洋、印度洋区域可能是青藏高原暖湿化水汽输送的关键影响源。综合分析夏季青藏高原暖湿化加剧与海温变化的关联性，可得出以下研究结论：

(1) 对比 1961 ～ 1990 年与 1991 ～ 2020 年夏季青藏高原及西北暖湿化区域性特征差异，可发现高原南部和北部降水变率呈反向变化趋势，具体表现为高原南部和东南部降水呈减少的趋势，但中部、东北部却呈增加的趋势，从而构成了青藏高原“南干北湿”的转变趋势格局。

(2) 对比 1961 ～ 1990 年与 1991 ～ 2020 年夏季太平洋和印度洋存在的四个海温变率低值与高值互为相反变化的区域，该区域分别为北太平洋西部、中太平洋西部、西南太平洋、中印度洋；通过青藏高原暖湿化显著区（A 区 +B 区）夏季降水与同期全球海温的相关分析，可以发现，1991 ～ 2020 年在太平洋和印度洋亦存在四个海温高影响区，且与上述四个海温正变率高值区空间分布十分吻合。

(3) 夏季，太平洋和印度洋海温变率与海表比湿变率高值区空间分布特征相似，四个高影响区的海洋升温和海表比湿呈同步变化趋势特征，相关系数分别为 0.90、0.52、0.85、0.77，且均通过 90% 置信度检验，此研究结果可揭示出夏季太平洋、印度洋高影响区海表温度升高可导致区域性海表蒸腾加强，进而导致局地海表水汽异常高湿变化趋势。

(4) 1991 ～ 2020 年与 1961 ～ 1990 年整层水汽通量对青藏高原水汽输送的影响呈现相反的环流结构，对 1991 ～ 2020 年夏季，太平洋和印度洋四个高影响区海温与同期东亚整层水汽通量相关合成矢量综合分析，可揭示出 1991 ～ 2020 年南半球的跨赤道水汽输送显著增强，进而亦揭示出西南太平洋、中印度洋海温升温是青藏高原暖湿化的关键原因。同样可以发现，500 hPa 环流形势与整层水汽输送通量距平场的特征类似，即 1991 ～ 2020 年太平洋及印度洋的反气旋式水汽输送环流皆有利于将海洋暖湿水汽输送至高原西部与中部，由此得出以 1991 ～ 2020 年水汽输送距平场为背景的青藏高原暖湿化与四个海洋高影响区水汽输送结构综合影响图像。

(5) 夏季，四个海洋升温高影响区对青藏高原暖湿化的贡献作用存在明显差异，经标准化多元线性回归分析发现，各海洋影响源对高原暖湿化贡献比例分别为 51%、24%、12%、13%，其中西南太平洋是贡献最为显著的区域，揭示出跨半球的海洋升温伴随能量、水汽输送是调制青藏高原暖湿化趋势不可忽视的关键因子。对比不同年代际全球水汽输送环流型特征发现，1991 ～ 2020 年南半球的跨赤道水汽输送显著增强，进而揭示出海温贡献显著的西南太平洋、中印度洋是青藏高原暖湿化的关键影响区。基于上述海温异常影响研究，印证了高影响区的海温异常可通过跨半球水汽输送与能量交换调制青藏高原暖湿化状态。因此，从夏季风环流年代际变化的角度，给出了调制青藏高原暖湿化趋势的海洋高影响水汽源的综合影响图像（Dong et al.，2022）。

参考文献

陈德亮，徐柏青，姚檀栋，等 . 2015. 青藏高原环境变化科学评估：过去、现在与未来 . 科学通报，60(32)：3025-3035.

马鹏里，杨金虎，卢国阳，等 . 2020. 西北地区东部气候的转折性变化 . 高原气象，39(4)：840-850.

魏凤英 . 2007. 现代气候统计诊断与预测技术 . 2 版 . 北京：气象出版社 .

谢承莹，李敏娇，张学芹 . 2014. 近30a青藏高原夏季空中水资源时空变化特征及其成因 . 自然资源学报，29(6)：979-989.

徐祥德，董李丽，赵阳，等 . 2019. 青藏高原“亚洲水塔”效应和大气水分循环特征 . 科学通报，64(27)：78-89.

徐祥德，陶诗言，王继志，等 . 2002. 青藏高原——季风水汽输送“大三角扇型”影响域特征与中国区域旱涝异常的关系 . 气象学报，60: 257-266.

赵阳，徐祥德，赵天良，等 . 2016. 中国东部夏季暴雨极端事件与水汽输送相关流型特征 . 中国科学：地球科学，46: 1123-1140.

中国气象局气候变化中心 . 2022. 中国气候变化蓝皮书 2022. 北京：科学出版社 .

Bothe O, Fraedrich K, Zhu X H. 2010. The large-scale circulations and summer drought and wetness on the Tibetan Plateau. International Journal of Climatology, 30: 844-855.

Dong N, Xu X D, Cai W Y, et al. 2022. Comprehensive effects of interdecadal change of sea surface temperature increase in the Indo-Pacific Ocean on the warming-wetting of the Qinghai-Tibet Plateau. Scientific Reports, 12: 22306.

Feng L, Zhou T J. 2012. Water vapor transport for summer precipitation over the Tibetan Plateau: Multidata set analysis. Journal of Geophysical Research-atmospheres, 117(D20)：D20114.

Field C B, Barros V R, Hoegh G, et al. 2014. Climate chang 2014: Impacts, adaptation and vulnerability. Part A: Global and pectoral aspects// Contribution of Working Group Ⅱ to the Fifth Assessment Report of the Intergovernmental Panel on Climate Change. Cambridge: Cambridge University Press.

Gao Y H, Cuo L, Zhang Y X. 2014. Changes in moisture flux over the Tibetan Plateau during 1979-2011 and possible mechanisms. Journal of Climate, 27(5)：1876-1893.

Held I M, Soden B J. 2006. Robust responses of the hydrological cycle to global warming. Journal of Climate, 19: 5686-5699.

Immerzeel W W, van Beek L P H, Bierkens M F P. 2010. Climate change will affect the Asian water towers. Science, 328(5984)：1382-1385.

IPCC. 2007. Climate Change 2007: The Physical Science Basis. Contribution of Working Group I to the Fourth Assessment Report of the Intergovernmental Panel on Climate Change. Cambridge: Cambridge University Press.

IPCC. 2013. Climate Change 2013: The Physical Science Basis. Contribution of Working Group I to the Fifth Assessment Report of the Intergovernmental Panel on Climate Change. Cambridge: Cambridge University Press.

Ishii M, Shouji A, Sugimoto S, et al. 2005. Objective analyses of sea-surface temperature and marine meteorological variables for the 20th century using ICOADS and the Kobe Collection. International Journal of Climatology, 25 (7) : 865-879.

Jia L, Zhou S W. 2003. The effect of Indian Ocean SST anomaly on Indian Monsoon and summer precipitation over Tibetan Plateau. Plateau Meteorology, 22: 132-137.

Jia Y Q, Zhang B. 2019. Relationship of dry-wet climate changes in Northern China in the past 57 years with Pacific Decadal Oscillation (PDO). Acta Pedologica Sinica, 56: 1085-1097.

Kalnay E, Kanamitsu M, Kistler R, et al. 1996. The NCEP/NCAR 40-year reanalysis project. Bulletin of American Meteorological Society, 77 (3) : 437-472.

Li L, Zhang R H, Wen M, et al. 2021. Regionally different precipitation trends over the Tibetan Plateau in the warming context: A perspective of the Tibetan Plateau vortices. Journal of Geophysics Research, 48: e2020GL091680.

Li M J, Zhang X Q, Xie C Y. 2014. Cause analysis on typical abnormal year of water vapor in the upper troposphere over Qinghai-Xizang Plateau. Plateau Meteorology 33: 1197-1203.

Li S C, Li D L, Zhao P, et al. 2009. The climatic characteristics of vapor transportation in rainy season of the origin area of three rivers in Qinhai-Xizang Plateau. Acta Meteorol, 67: 591-598.

Liu Y J, Ding Y H, Song Y L. 2014. The moisture transport and moisture budget over the South China Sea before and after the Summer Monsoon onset in 1998. Journal of Tropical Meteorology, 21: 55-62.

Ma Y Z, Lu M Q, Chen H N, et al. 2018. Atmospheric moisture transport versus precipitation across the Tibetan Plateau: A mini-review and current challenges. Atmospheric Research, 209: 50-58.

Ma Z G, Fu C B, Yang Q, et al. 2018. Drying trend in Northern China and its shift during 1951-2016. Chinese Journal of Atmospheric Sciences, 42 (4) : 951-961.

Mao F, Tang S H, Sun H, et al. 2008. A Study of dynamic change of dry and wet climate regions in the Tibetan Plateau over the last 46 years. Chinese Journal of Atmospheric Sciences, 32 (3) : 499-507.

Meng D L, Dong Q, Kong F P, et al. 2020. Spatio-temporal variations of water vapor budget over the Tibetan Plateau in summer and its relationship with the Indo-Pacific warm pool. Atmosphere, 11: 828.

Ren Q, Zhou C Y, He J H, et al. 2017. Impact of preceding Indian Ocean Sea surface temperature anomaly on water vapor content over the Tibetan Plateau moist pool in summer and its possible reason. Chinese Journal of Atmospheric Sciences, 41 (3) : 648-658.

Schiemann R, Lüthi D, Schär C. 2008. Seasonality and interannual variability of the westerly jet in the Tibetan Plateau region. Journal of Climate, 22: 2940-2957.

Shi X Y, Shi X H. 2008. Climatological characteristics of summertime moisture budget over the southeast part of Tibetan Plateau with their impacts. Journal of Applied Meteorology, 19: 41-46.

Shi Y F, Shen Y P, Hu R J. 2002. Preliminary study on signal, impact and foreground of climatic shift from warm-dry to warm-humid in Northwest China. Journal of Glaciology and Geocryology, 24 (3) : 219-226.

Sugimoto S, Ueno K, Sha W M. 2008. Transportation of water vapor into the Tibetan Plateau in the case of a passing synoptic-scale trough. Journal of the Meteorological Society of Japan, 86: 935-949.

Sun C, Xu X D, Zhao T L, et al. 2022. Distinct impacts of vapor transport from the tropical oceans on the regional glacier retreat over the Qinghai-Tibet Plateau. Science of the Total Environment, 823: 153545.

Tang J, Guo X L, Chang Y, et al. 2021. Temporospatial distribution and trends of thunderstorm, hail, gale, and heavy precipitation events over the Tibetan Plateau and associated mechanisms. Journal of Climate, 34: 9623-9646.

Wang C H, Zhang S N, Li K C, et al. 2021. Change characteristics of precipitation in northwest China from 1961 to 2018. Chinese Journal of Atmospheric Sciences, 45 (4) : 713-724.

Wang Z Q, Duan A M, Yang S, et al. 2017. Atmospheric moisture budget and its regulation on the variability of summer precipitation over the Tibetan Plateau. Journal of Geophysical Research: Atmospheres, 122: 614-630.

Webster P J, Maganã V O, Palmer T N, et al. 1998. Monsoons: Processes, predictability, and the prospects for prediction. Journal of Geophysics, 103: 14451-14510.

Wu B, Li T, Zhou T J. 2010. Relative contributions of the Indian Ocean and local SST anomalies to the maintenance of the western North Pacific anomalous anticyclone during the El Niño decaying summer. Journal of Climate, 23 (11) : 2974-2986.

Wu B, Zhou T J, Li T. 2009. Seasonally evolving dominant interannual variability modes of East Asian climate. Journal of Climate, 22: 2992-3005.

Xu X D, Lu C G, Ding Y H, et al. 2013. What is the relationship between China summer precipitation and the change of apparent heat source over the Tibetan Plateau?. Atmospheric Science Letters, 14 (4) : 227-234.

Xu X D, Ma Y M, Sun C, et al. 2019. Effect of energy and water circulation over Tibetan Plateau. Bulletin of Chinese Academy of Sciences, 34 (11) : 1293-1305.

Yang J L. 2015. Analyses of atmospheric circulation of tropical Indian Ocean Basin mode influencing precipitation in east of Northwest China. Plateau Meteorology, 34: 700-705.

Yao T D, Thompson L G, Mosbrugger V, et al. 2012. Third Pole Environment（TPE）. Environmental Development, 3: 52-64.

Yao X Y, Zhang M J, Zhang Y, et al. 2022. New insights into climate transition in northwest China. Arid Land Geography, 45 (3) : 671-683.

Yasunari T, Niles D, Taniguchi M, et al. 2013. Asia: Proving ground for global sustainability. Current Opinion in Environmental Sustainability, 5: 288-292.

Yin Z L, Feng Q, Yang L S, et al. 2019. Projected spatial patterns in precipitation and air temperature for China's northwest region derived from high-resolution regional climate models. International Journal of Climatology, 40 (8) : 3922-3941.

Zhang C, Tang Q H, Chen D L. 2017. Recent changes in the moisture source of precipitation over the Tibetan Plateau. Journal of Climate, 30: 1807-1819.

Zhang Q, Yang J H, Wang W, et al. 2021. Climatic warming and humidification in the arid region of Northwest China: Multi-scale characteristics and impacts on ecological vegetation. Journal of Meteorological Research, 35 (1) : 113-127.

Zhou C Y, Jiang X W, Li Y Q, et al. 2009. Features of climate change of water vapor resource over eastern region of the Tibetan Plateau and its surroundings. Plateau Meteorology, 28: 55-63.

Zhou C Y, Li Y Q, Li W, et al. 2005. Climatological characteristics of water vapor transport over eastern part of Qinghai-Xizang Plateau and its surroundings. Plateau Meteorology, 24: 880-888.

Zhou C Y, Tang X Y, Li Y Q. 2012. Overview of the research on the water vapor and water vapor transport over the Tibetan Plateau and its surroundings. Plateau and Mountain Meteorology Research, 32: 76-83.

Zhou C Y, Zhao P, Chen J M. 2019. The interdecadal change of summer water vapor over the Tibetan Plateau and associated mechanisms. Journal of Climate, 32(13): 4103-4119.

Zhu Y F, Qian W H. 1998. Decadal variation of global SST anomalies. Marine Forecasts, 15: 1-7.

第7章

亚洲水塔暖湿化影响与水圈陆地水储量变化

青藏高原被称为“亚洲水塔”，蕴藏着全球除两极和格陵兰岛之外最大的冰雪储量，湖泊群面积亦占中国湖泊面积的一半以上，为长江、黄河、澜沧江、雅鲁藏布江等河流提供了丰沛的水资源，气候变化背景下陆地水储量（terrestrial water storage，TWS）在全球水循环中扮演重要角色，青藏高原陆地水储量的改变，包括湖泊水储量增加、冰川水储量下降等，对“亚洲水塔”地表水和地下水资源的形成和演变产生重要影响。

本章采用多源卫星遥感数据，量化了 2000 ～ 2020 年青藏高原各类水储量变化及其对总水储量变化的贡献，并利用机器学习算法重建了 GRACE 及其后续卫星 GRACE-Follow on（GRACE-FO）缺失时段的数据，分析了 2002 ～ 2020 年青藏高原外流区和内流区的总水储量变化；基于冰川实测数据，解析了冰川融化对水储量的影响；依托卫星测高和遥感云平台，研制了 2000 ～ 2020 年 52 个青藏高原大、中型湖泊高时间分辨率水位、水量数据集，分析了湖泊水量变化的时空分布规律。本章将为认识亚洲水塔各类水储量对气候变化的响应及驱动机制提供关键科学依据，并为亚洲水塔失稳的适应性对策制定提供参考。

7.1 青藏高原流域水储量变化及其多圈层影响

陆地水储量（TWS）是指储存在地表或地表以下各种形式的水，如地表水、地下水、土壤水、冰雪、林冠截留水和生物质水等（Hirschi et al.，2007），在全球水循环中扮演重要角色，其组成成分对水文和气候系统具有不可忽视的影响（Kumar et al.，2016）。

陆地水储量变化是反映气候变化下亚洲水塔水资源演变的综合性关键指标。传统的地面观测无法获得区域水储量的变化，GRACE 重力卫星的发射和观测，为获得区域水储量变化信息提供了革命性的技术手段。GRACE 重力卫星由两颗完全一样的卫星构成，其轨道距离地球约 450km，两颗卫星的距离约 220km，通过搭载在重力卫星上的微波测距仪和 GPS 等仪器，可以反演地球时变重力场。在扣除潮汐和非潮汐（大气和海洋）变化造成的影响后，可进一步获得陆地总水储量变化。GRACE 重力卫星可提供月尺度，空间分辨率约 10 万 km^2（约 300 km×300 km）的水储量变化信息。此外，针对两代重力卫星（GRACE 和 GRACE-FO）之间的缺失数据（2017 年 7 月～ 2018 年 5 月），可以利用机器学习方法并结合气候输入数据进行重建。

Mo 等（2021）在全球尺度利用贝叶斯卷积神经网络，对 GRACE 缺失数据进行重建，有效恢复了数据缺失时段的极端干湿事件，从而为分析陆地水储量变化提供数据支持。该研究参照了 Long 等（2016）的方法，将陆地水储量变化信号分解为趋势项和非趋势项，从而改进了前人研究中气候因子较难捕捉水储量长期变化趋势这一缺陷，提升了重建结果的可靠度。龙笛等（2022）补充 Mo 等（2021）的重建结果，用以分析 2002 ～ 2020 年时空连续的青藏高原水储量变化。具体实施步骤如下：

（1）确定输入层变量。所有变量均由再分析资料 ERA5-Land 数据获取，包括降水、气温、模拟的陆地水储量距平（土壤水、雪水及冠层水储量的加和），以及累积水储量变化量（一段时间内总降水减去总蒸散及总径流）。

(2) 对输入层所有变量去除线性趋势，仅保留年际和季节性变化。

(3) 确定输出层变量。针对不同的 GRACE 三级产品，将对应的 GRACE 及 GRACE-FO 时间序列去除线性趋势，保留年际和季节性变化信号作为神经网络的目标变量。

(4) 基于贝叶斯卷积神经网络，依据输入的气候变量重建缺失时段陆地水储量年际和季节性变化信号。

(5) 最终缺失时段陆地水储量变化信号为第 (3) 步确定的线性趋势与第 (4) 步确定的年际和季节性变化信号的加和。

7.1.1　高原流域水储量变化

在获取 2002 ～ 2020 年完整的陆地水储量变化后，利用 STL 时间序列分解方法，获得水储量的多年变化趋势。研究发现（图 7.1），四种 GRACE 反演结果均显示，2002 ～ 2020 年青藏高原外流区多数流域（印度河、恒河、雅鲁藏布江、怒江、澜沧江等）水储量呈显著下降趋势；内流区多数区域（塔里木盆地、柴达木盆地和羌塘盆地）的水储量呈显著增加趋势。但 GRACE 不同产品在估算水储量变化趋势的量级方面差异较大。两种基于球谐系数的网格产品（JPL-SH 和 CSR-SH）的结果比较一致，两种基于质量块（mascon）的网格产品（JPL-M 和 CSR-M）的结果在外流区比较一致，但 JPL-M 比 CSR-M 更能反映丰富的水储量空间变化信息。

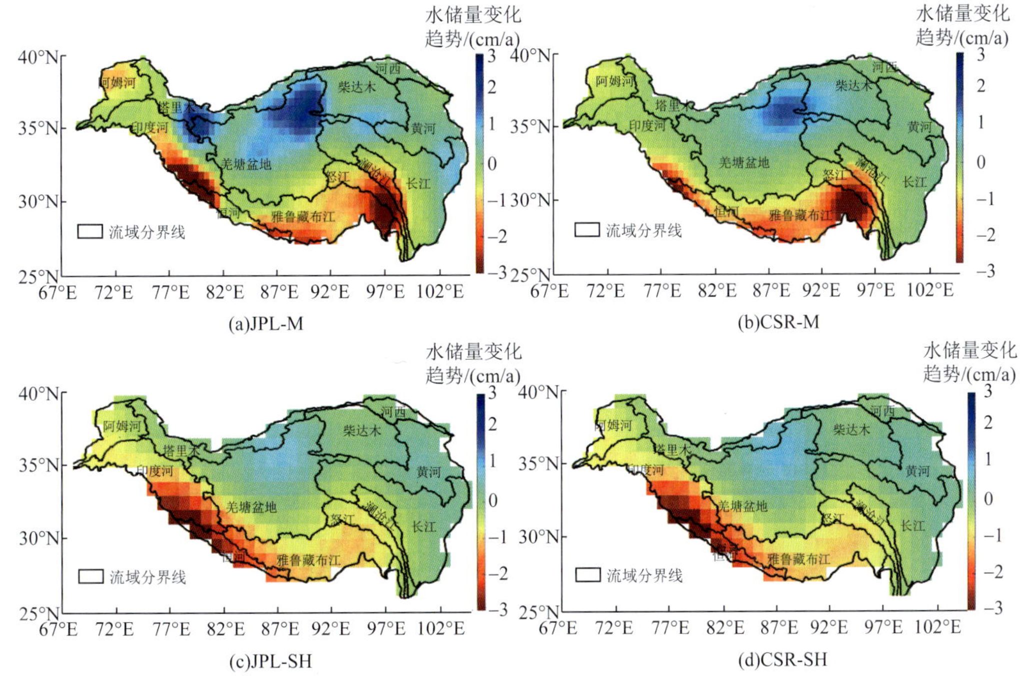

图 7.1　2002 ～ 2020 年 GRACE 不同三级产品反演的青藏高原水储量变化趋势

基于 GRACE JPL-M 估算的水储量变化趋势（图 7.2)，2002 ～ 2020 年青藏高原总水储量以 –4.5 Gt/a 的速率下降。其中，外流区（印度河—恒河—雅鲁藏布江—怒江—澜沧江—长江—黄河流域）水储量的下降速率达到 –10.9Gt/a，内流区（阿姆河—塔里木—羌塘盆地—柴达木盆地—河西区域）陆地水储量则以 6.4Gt/a 的速率上升。青藏高原不同区域的水储量变化体现明显的差异性：在冰川广泛分布的印度河—恒河—雅鲁藏布江流域（青藏高原海洋性冰川集中分布的地区）水储量以 –9.5Gt/a 的速率下降；气候较为温暖湿润的怒江—澜沧江—长江流域水储量的下降速率为 –2.2Gt/a；对于湖泊广泛分布的羌塘盆地，总水储量增加速率为 5.2Gt/a。

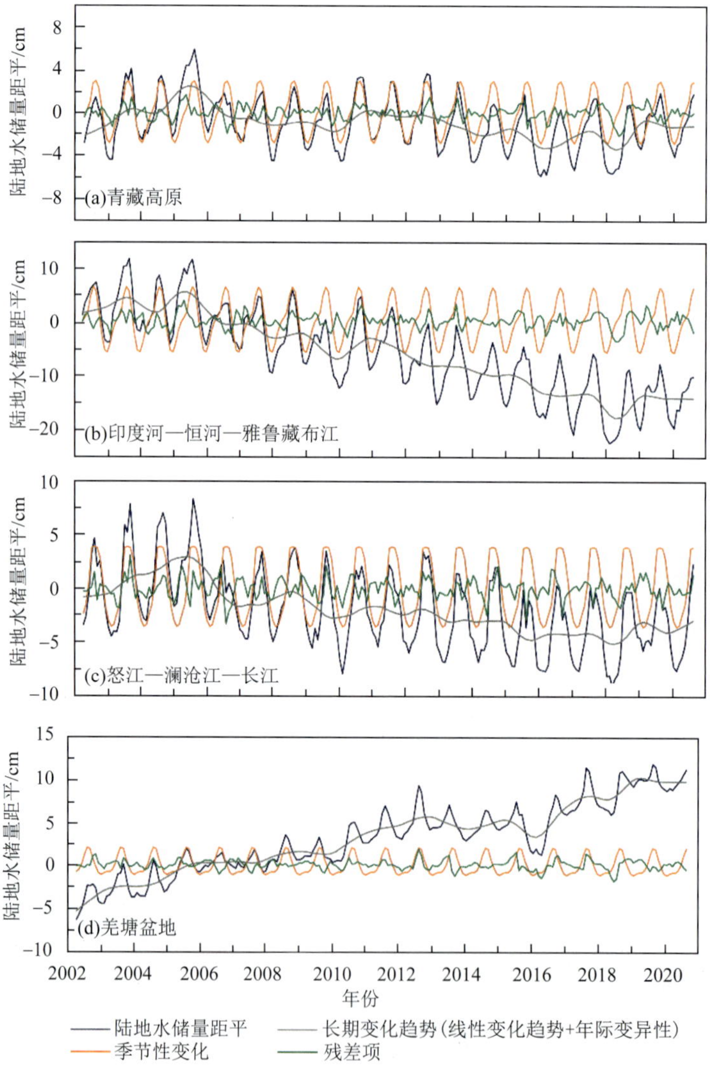

图 7.2　基于 GRACE JPL-M 获取的青藏高原 (a)、印度河—恒河—雅鲁藏布江 (b)、怒江—澜沧江—长江 (c)、羌塘盆地 (d)2002 ～ 2020 年陆地水储量变化时间序列

7.1.2　流域水储量变化及其影响

青藏高原水储量变化呈现明显的区域分布特征。其中，青藏高原的西部和南部等效水高为下降趋势，包括印度河流域、恒河流域、雅鲁藏布江流域和萨尔温江流域、湄公河流域；内流区南部、长江流域为过渡区域，水储量变化幅度不大；青藏高原东部和北部呈上升趋势，包括内流区大部分区域柴达木盆地、河西地区、长江、黄河上游、塔里木盆地等。水储量增加最快的区域为内流区的东北部与柴达木盆地交界处，减少最快的区域为印度河和恒河流域。印度北部地区和雅鲁藏布江流域等效水高急剧降低，普遍认为是由大量的地下水开采导致，以及喜马拉雅山冰川消融引起。

研究人员利用 GRACE 计算青藏高原各流域的水储量变化，恒河流域的等效水高减少速度最快 [(–1.5±0.21) cm/a]，由于雅鲁藏布江流域的面积较大，计算得到该区域的水储量减少量最大 [(–3.71±0.4) Gt/a]。闫利等（2019）给出 2000 年以来青藏高原以冰雪融水为主要补给方式的湖泊面积变化，其总体呈现扩张趋势。

雅鲁藏布江是世界上海拔最高的河流之一，受特殊的地形条件和海拔的影响，流域呈现出对气候变化响应较为敏感和脆弱的特征（聂宁等，2012）。采用水量平衡法（Güntner et al.，2007）和组分相加法（Huang et al.，2013），基于 ERA5 和 GLDAS 两种数据集，分别计算雅鲁藏布江流域的陆地水储量变化（terrestrial water storage change，TWSC）。刘浏等（2021）的研究也表明流域大部分地区的 TWSC 整体呈增加趋势，但在中游的“一江两河”（雅鲁藏布江中游及其支流拉萨河和年楚河）地区和下游冰川分布较多的帕隆藏布地区，多年平均 TWSC 呈减少趋势，进一步表明人类活动和冰川积雪集中地带的冰雪消融对水储量变化趋势有着不可忽略的影响。

同时刘浏等（2021）研究给出 1948 ～ 2017 年雅鲁藏布江流域 TWSC，以及利用 GLDAS 数据给出土壤含水量和雪水当量的逐月变化。在 2002 年前后，土壤水变化和雪水当量的变化趋势与 TWSC 的趋势基本一致。土壤含水量的变化在 1948 ～ 2002 年以 0.014 mm/ 月的速率呈显著上升趋势（$P < 0.01$），2003 ～ 2017 年以 0.394 mm/ 月的速率呈显著下降趋势（$P < 0.01$）；雪水当量的变化在 1948 ～ 2002 年以 0.009 mm/ 月的速率呈显著上升趋势（$P < 0.01$），而在 2003 ～ 2017 年以 0.002 mm/ 月的速率呈显著下降趋势（$P < 0.01$）。根据 Meng 等（2019）的方法，计算 2002 年前后土壤含水量和雪水当量变化对 TWSC 的贡献率。1948 ～ 2002 年，土壤含水量和雪水当量变化对 TWSC 的贡献率分别为 61% 和 39%；2003 ～ 2017 年，土壤含水量和雪水当量变化对 TWSC 的贡献率分别为 99% 和 1%。相较于雪水当量，2002 年之后土壤含水量的变化速率更为显著。这可能是 2002 年以后，青藏高原地区气温增加，帕隆藏布地区冰川和积雪消融转化为土壤水（Yao et al.，2007），多年冻土向季节性冻土转化，导致土壤含水量的变化增加（Cheng and Jin，2013），土壤含水量的变化对 TWSC 的贡献率显著增加。同时，2002 年以后流域积雪消融，积雪的面积分布和深度有所减少，导致雪水当量变化对 TWSC 的贡献率急剧减小（Deng et al.，2018）。

7.2 青藏高原湖泊水储量变化与影响

7.2.1 色林错湖泊水储量增加及其成因

湖泊水储量是青藏高原地表水储量的重要组成部分，对认识青藏高原特别是其内流区总水储量变化的成因至关重要。色林错是西藏目前面积最大的湖泊，其面积呈显著扩张趋势（闾利等，2019）。2000 ～ 2009 年色林错的面积加速增长，到 2010 年稍有减少，之后呈波动变化。截至 2016 年，不包括雅个冬错的色林错面积已达到 2244.73 km^2。相关研究认为 (Yi et al.，2015；Yi and Zhang，2015)，气温上升导致的冰雪融水增加是湖泊上涨的主要原因。

由于无法定量估计冰川融水体量，有关冰川在湖泊水量平衡中的作用存在争议。为检验青藏高原各湖泊是否有冰川融水补给，选取 Randolph 冰川目录，计算每个湖泊汇水区中的冰川面积，将冰川面积与湖泊面积的比值称为冰川系数，用于分析各湖泊的冰川融水补给能力。将汇水区面积与湖水面积的比值称为汇水系数，汇水系数一般为远大于 1 的数值，汇水系数越大表明湖泊能汇入的降水越多（黄征凯，2018)。

黄征凯 (2018) 统计了 2003 ～ 2009 年和 2010 ～ 2017 年的冰川补给与非冰川补给湖泊的水位变化，研究表明，二者变化没有明显差别，说明这段时期冰川融水不是青藏高原湖泊水位整体快速上涨的主要原因。水位变化速度与汇水系数和冰川系数存在一定线性相关性。冰川和非冰川补给湖泊的平均增长速度分别为 8 cm/a 和 3 cm/a，湖泊水位增长趋缓的可能原因是降水的减少。不难发现，有冰川补给湖泊的水位增长速率明显高于仅靠降水补给的湖泊，这意味着这段时期降水急剧减少的情况下，冰川融水对于湖泊水位增长的贡献有所增强，冰川融水可能部分补偿了净降水量减少的影响，但无法完全抵消净降水量下降的长期影响，冰川系数与湖泊水位变化的相关性从 0.25 提高到 0.36，也说明冰川融水的贡献有所增加。

7.2.2 青藏高原大中型湖泊水储量变化及其影响

对于湖泊广泛分布的羌塘盆地，2002 ～ 2020 年重力卫星反演的总水储量增加速率为 5.2 Gt/a，主要由湖泊扩张导致（湖泊水储量增加速率为 4.9 Gt/a，占总水储量变化的 94%）。内流区湖泊水储量与下游地区的用水量联系较弱，显著的湖泊扩张可能导致湖泊溃决，进而威胁周边基础设施和居民生命财产安全，如 2011 年 9 月青藏高原内流区卓乃湖 (37.54°N，91.93°E) 和库赛湖 (37.73°N，92.87°E) 的溃决事件 (Liu et al.，2016；Yao et al.，2012)。

采用卫星测高、光学遥感影像等数据，研制了 2000 ～ 2020 年青藏高原 52 个大、中型湖泊的高时间分辨率（周 – 月尺度）水位、水量数据集。52 个湖泊整体呈扩张趋势，2000 ～ 2020 年湖泊总水储量增加约 130 Gt，超过 3 个三峡水库的总库容。湖泊的水量变化可划分为三个阶段：① 2000 ～ 2012 年水量增加速率较快，为 6.4 Gt/a，其中内流区湖泊水量增加速率约为 6 Gt/a；② 2012 ～ 2017 年整体增速放缓至 1.4 Gt/a，其中内流区湖泊为 1.2 Gt/a；③ 2017 年后湖泊再次出现快速扩张，整体增速达到 10.6 Gt/a，其中内流区湖泊达到 8.2 Gt/a[图 7.3(a)]。从内流区的年降水量时间序列上可以看出，当年降水量显著高于多年平均降水量时，内流区湖泊整体水量会快速增加，具有较高的一致性 [图 7.3(b)]。

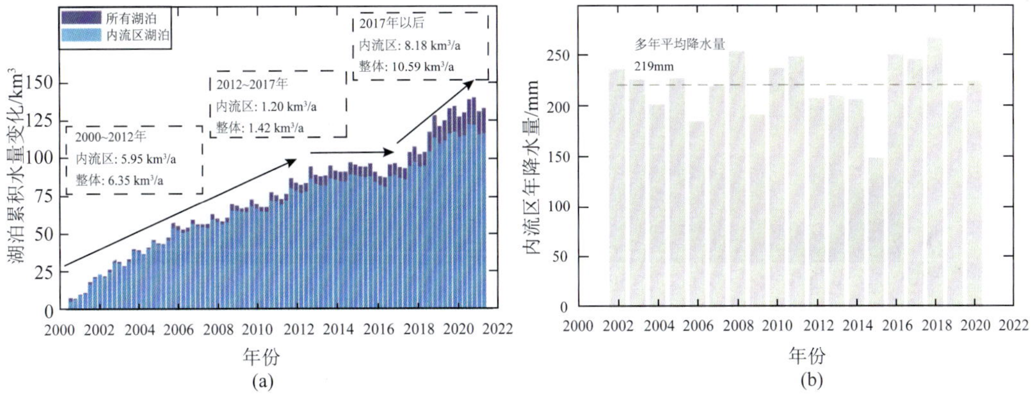

图 7.3　2000 ～ 2020 年青藏高原 52 个大、中型湖泊累积水量变化时间序列 (a) 与基于 IMERG 的青藏高原内流区年降水量时间序列 (b)

从湖泊水量变化趋势的空间分布看（图 7.4），内流区湖泊扩张趋势比外流区更为显著，但在部分流域呈现出“大湖扩张，小湖收缩”的情形 (Li X et al.，2019)。以色林错流域为例，色林错水量快速扩张 (0.93 Gt/a)，而其上游的吴如错 (–0.007 Gt/a)、格仁错 (–0.007 Gt/a) 和错鄂湖 (–0.004 Gt/a) 水量缓慢下降，这些湖泊与色林错之间有河道相连。其可能原因是随着水流对上游湖泊下泄口的侵蚀，下泄口高程缓慢降低，湖泊蓄水能力下降，而时间分辨率较低的数据难以反映这种现象。在外流区，黄河上游流域湖泊水量增加较为显著，如青海湖 (0.54 Gt/a)、鄂陵湖 (0.08 Gt/a)、扎陵湖 (0.03 Gt/a) 等。雅鲁藏布江流域的主要湖泊出现水量下降情况，如羊卓雍错 (–0.14 Gt/a)。

湖泊持续扩张可能引发湖泊溃决或溢流洪水灾害，如青海可可西里地区的卓乃湖—库赛湖—海丁诺尔湖—盐湖系统。位于上游的卓乃湖于 2011 年发生溃决，湖水下泄到库赛湖并引起库赛湖溢流，进而注满了海丁诺尔湖，最后注入盐湖。据估算，卓乃湖溃决后下泄进入库赛湖的水量达到 2.47 km^3，造成库赛湖水位上升近 8m 并引发库赛湖溢流。近年来，盐湖的面积扩大了数倍，也存在溢流的风险，其下泄点距离青藏铁路沿线仅 10km 左右，对铁路运输安全可能构成威胁 (Li X et al.，2019；Zheng et al.，2020)。

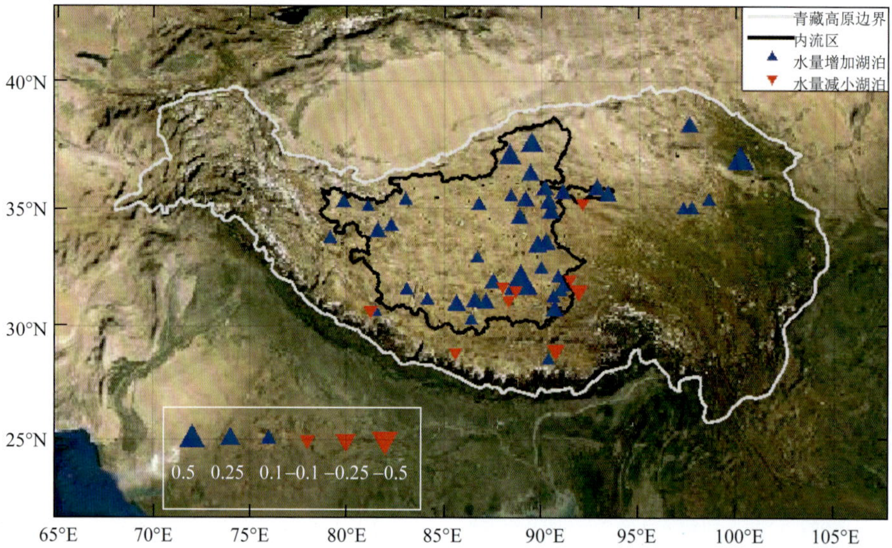

图 7.4　青藏高原 52 个大、中型湖泊 2000 ～ 2020 年水量变化趋势（单位：km^3/a）

7.3　青藏高原冰川水储量变化与影响

7.3.1　气候变化对冰川的影响

青藏高原是全球气候变化最敏感的地区之一。温度升高导致冰川融化速度加快、径流不断增加，进而使得水循环过程发生巨大变化（黄征凯，2018）。冰川体积不断缩小导致青藏高原的固态水储量减少 (Yao et al.，2012)，而有超过 2/3 的湖泊在扩张，湖泊的水量和面积呈现明显增加趋势 (Zhang et al.，2014)。同时，径流也呈现不同程度的增加，导致青藏高原及其周边地区面临更大的水灾风险（刘浏等，2021）。

20 世纪初以来的考察研究说明，近百年来，青藏高原地区大多数冰川末端变化的总趋势是处于退缩状态。在总的退缩过程中，也曾出现过两次退缩速度减缓或相对稳定甚至前进的过程。在冰川普遍退缩的同时，也有前进冰川的存在。不同区域冰川末端变化的情况显示，青藏高原中部和北部地区冰川变化幅度比较小，向东和向南冰川变化幅度显著增大，显示出青藏高原冰川对气候变化响应的敏感性在边缘山区较腹地更为敏感。将青藏高原冰川末端进退变化与冰芯记录和高原同期气温波动变化过程相对照发现，近百年来高原冰川普遍退缩的趋势与气候变暖之间存在很好的对应关系（蒲健辰等，2004；沈永平和王国亚，2013）。

李林等 (2018) 研究了近 40 年来青藏高原及周边地区不同区域冰川面积萎缩变化。近年来，青藏高原及周边绝大部分地区都经历了显著变暖。相对于全球平均温度每 10 年升高 0.17℃，青藏高原的平均温度每 10 年升高约 0.35℃，增温幅度远高于全球平均水平（王宁练等，2019）。以江孜和浪卡子两个气象站监测的西藏年楚河流域 1960 ～ 2010 年气温变化为例，年楚河流域年平均气温 3.92℃，其中江孜年平均气温 4.96℃，浪卡子年平均气温 2.88℃。江孜和浪卡子温度变化趋势一致，整体呈上升趋势，变温幅度分别为 0.27℃ /10a 和 0.28℃ /10a，年楚河流域年平均气温整体呈上升趋势，升温幅度为 0.28℃ /10a。再以天山地区为例，1960 ～ 2014 年该区域增温率达 0.30℃ /10 a，其中东、中天山区的增温率高达 0.45℃ /10a（陈德亮等，2015），这是天山中、东部地区冰川面积萎缩速率较天山西部地区大的关键原因。

冰川变化不仅受气温变化的影响，而且受降水量变化的影响。气象观测资料表明，近几十年来青藏高原南部和东部地区降水量呈弱的减少趋势（Yao et al.，2019；Yang et al.，2014），这也进一步加强了这些地区冰川的退缩趋势。而青藏高原西北部地区（尤其是喀喇昆仑地区）近几十年来不仅气温有所降低（Thompson et al.，2018），而且降水量呈增加趋势（Cuo et al.，2013；Yadav et al.，2017；Kapnick et al.，2014）。这是导致“喀喇昆仑异常”现象（即 20 世纪末在全球冰川普遍处于退缩状态时，喀喇昆仑冰川出现前进的现象）(Hewitt，2005) 发生的主要因素。

7.3.2　冰川消融与总水储量变化

在冰川广泛分布的印度河—恒河—雅鲁藏布江流域（青藏高原海洋性冰川集中分布的地区），2002 ～ 2020 年总水储量以 -9.5 Gt/a 的速度下降，冰川快速剧烈消融是该区总水储量下降的主要原因。例如，分布在念青唐古拉山中东段、横断山区的伯舒拉岭、喜马拉雅山东端的南迦巴瓦峰区域的藏东南地区冰川消融速率达到 -4.5 Gt/a，占该地区总水储量下降速率 (-5.9 Gt/a) 的 76%。此外，Brun 等 (2017) 通过比较不同时期的高程差，得到 2000 ～ 2016 年印度河—恒河—雅鲁藏布江流域冰川后退的速率为 -11.2 Gt/a。而在较为接近的 2002 ～ 2017 年，由重力卫星 GRACE 反演的该地区总水储量下降速率为 -13.2 Gt/a，由冰川质量亏损引起的水储量下降约占总水储量变化的 85%。Li 等 (2022) 通过陆地水储量变化“自上而下”（基于重力卫星观测）和“自下而上”（基于冰川、湖泊、土壤和地下水储量组分变化加和）的反演方法，同样发现 2002 ～ 2017 年兴都库什—喜马拉雅山—念青唐古拉山的冰川后退是青藏高原南部外流区陆地水储量下降的主要原因，冰川后退对总水储量下降的贡献达 76%；而喀喇昆仑山—西昆仑山冰川质量增加（约 0.9 Gt/a) 对塔里木盆地陆地水储量上升（约 1.1Gt/a) 的贡献占比约 80%。尽管目前青藏高原的冰川大多缺乏观测或者观测时间较短，冰川变化相对于气温降水等变量有着较大的不确定性，但是近期的研究均显示冰川变化对部分区域陆地总水储量变化的影响是非常显著的。

印度河—恒河—雅鲁藏布江流域的冰川是极为重要的固态水资源，冰川融水与积雪融水是下游印度河—恒河平原的主要灌溉水源，影响约 1.3 亿农民的生产生活用水 (Biemans et al.，2019)，冰川快速消融已成为该地区最严重的威胁之一。未来，对这些区域乃至整个青藏高原冰川的考察、观测仍需加强，通过长期、周期性地监测冰川，掌握冰川消融、冰川融水变化动态，发现冰川灾害的前兆。

7.4 青藏高原土壤水和地下水储量变化及影响

土壤水和地下水储量变化在青藏高原部分区域的总水储量变化中占主要地位。在气候较为暖湿的怒江—澜沧江流域，地表冰川、湖泊分布很少，总水储量变化主要由土壤和地下水储量变化引起。可集合全球陆地数据同化系统（global land data assimilation system，GLDAS）三种陆面模式 NOAH-3.6（0.25°×0.25°）、VIC-4.1.2（1°×1°）和 CLSM-F2.5（0.25°×0.25°）输出的土壤水和地下水，对怒江—澜沧江流域土壤水和地下水变化进行分析。其中，NOAH 模型分别模拟 0 ～ 10 cm、10 ～ 40cm、40 ～ 100cm、100 ～ 200 cm 四层土壤的土壤含水量；VIC 模型将土层分为三层，土层厚度随不同土壤质地而变化。NOAH 和 VIC 模型均模拟土壤水变化，不考虑地下水模块。CLSM 模型不设置土壤厚度的明确界限，可模拟表层（0 ～ 2cm）、根区（0 ～ 100cm）和剖面（厚度随不同土壤质地变化）土壤含水量。此外，由于同化了重力卫星的信息，CLSM 模型可以模拟浅层地下水储量。

Li 等（2022）计算三种模型在怒江—澜沧江域模拟的土壤 / 地下含水量的总和、即 NOAH 模型四层土壤含水量总和（0 ～ 200 cm）、VIC 模型三层土壤含水量之和、CLSM 模型根区土壤含水量和浅层地下水储量之和，并取三种模型的平均值计算该区域土壤水和地下水的变化。研究表明，2002 ～ 2017 年怒江—澜沧江流域土壤水和地下水储量的下降速率为 -1.8 Gt/a，同时段该区域陆地总水储量下降速率为 -3.2 Gt/a，土壤水和地下水储量的变化占总水储量变化的 58%。该区域显著的土壤水和地下水储量下降与季节性冻土退化相关。受气温升高的影响，广泛分布于怒江—澜沧江流域的季节性冻土在过去 20 年显著退化（Zheng et al.，2020），这会导致壤中流和土壤蒸散发的增加，从而进一步引起土壤水和地下水储量的下降。

参考文献

陈德亮，徐柏青，姚檀栋，等. 2015. 青藏高原环境变化科学评估：过去、现在与未来. 科学通报，60(32)：3025-3035.

黄征凯. 2018. 利用多源卫星数据研究青藏高原湖泊水储量变化及其影响因素. 武汉：武汉大学.

李林，扎西央宗，卓玛，等. 2018. 西藏年楚河流域冰川及冰川湖变化特征及其对气候变化的响应. 高原山地气象研究，38(2)：28-34.

刘浏，王宣宣，牛乾坤，等. 2021. 雅鲁藏布江流域陆地水储量变化特征及归因. 农业工程学报，37(14)：135-144.

龙笛，李雪莹，李兴东，等. 2022. 遥感反演 2000-2020 年青藏高原水储量变化及其驱动机制. 水科学进展，33(3)：375-389.

闫利，张廷斌，易桂花，等. 2019. 2000 年以来青藏高原湖泊面积变化与气候要素的响应关系. 湖泊科学，31(2): 573-589.

聂宁，张万昌，邓财. 2012. 雅鲁藏布江流域 1978-2009 年气候时空变化及未来趋势研究. 冰川冻土，34(1): 64-71.

蒲健辰，姚檀栋，王宁练，等. 2004. 近百年来青藏高原冰川的进退变化. 冰川冻土，26(5): 517-522.

沈永平，王国亚. 2013. IPCC 第一工作组第五次评估报告对全球气候变化认知的最新科学要点. 冰川冻土，35(5): 1068-1076.

王宁练，姚檀栋，徐柏青，等. 2019. 全球变暖背景下青藏高原及周边地区冰川变化的时空格局与趋势及影响. 中国科学院院刊，34(11): 1220-1232.

Biemans H, Siderius C, Lutz A F, et al. 2019. Importance of snow and glacier meltwater for agriculture on the Indo-Gangetic Plain. Nature Sustainability, 2(7): 594-601.

Brun F, Berthier E, Wagnon P, et al. 2017. A spatially resolved estimate of High Mountain Asia glacier mass balances from 2000 to 2016. Nature Geoscience, 10(9): 668-673.

Cheng G D, Jin H J. 2013. Permafrost and groundwater on the Qinghai-Tibet Plateau and in northeast China. Hydrogeology Journal, 21(1): 5-23.

Cuo L, Zhang Y, Wang Q, et al. 2013. Climate change on the northern Tibetan Plateau during 1957-2009: Spatial patterns and possible mechanism. Journal of Climate, 26(1): 85-109.

Deng H J, Pepin N C, Liu Q, et al. 2018. Understanding the spatial differences in terrestrial water storage variations in the Tibetan Plateau from 2002 to 2018. Climatic Change, 151(3-4): 379-393.

Güntner A, Stuck J, Werth S, et al. 2007. A global analysis of temporal and spatial variations in continental water storage. Water Resources Research, 43(5): 5416.

Hewitt K. 2005. The Karakoram anomaly? Glacier expansion and the elevation effect, Karakoram Himalaya. Mountain Research and Development, 25(4): 332-340.

Hirschi M, Seneviratne S I, Hagemann S, et al. 2007. Analysis of seasonal terrestrial water storage variations in regional climate simulations over Europe. Journal of Geophysical Research: Atmospheres, 112: 22109.

Huang Y, Salama M S, Krol M S, et al. 2013. Analysis of long-term terrestrial water storage variations in the Yangtze River basin. Hydrology and Earth System Sciences, 17(5): 1985-2000.

Immerzeel W W, Van B L P, Bierkens M F. 2010. Climate change will affect the Asian water towers. Science, 328(5984): 1382-1385.

Kang S. 2009. Early onset of rainy season suppresses glacier melt a case study on Zhadang glacier Tibetan Plateau. Journal of Glaciology, 55: 755-758.

Kapnick S B, Delworth T L, Ashfaq M, et al. 2014. Snowfall less sensitive to warming in Karakkoram than in Himalayas due to unique seasonal cycle. Nature Geoscience, 7(11): 834-840.

Kumar S V, Zaitchik B F, Peters-Lidard C D, et al. 2016. Assimilation of gridded GRACE terrestrial water storage estimates in the North American land data assimilation system. Journal of Hydrometeorology, 17(7): 1951-1972.

Li H, Liu L, Liu X C, et al. 2019. Greening implication inferred from vegetation dynamics interacted with climate change and human activities over the southeast Qinghai-Tibet Plateau. Remote Sensing, 11(20): 2421.

Li X Y, Liu L, Li H, et al. 2019. Spatiotemporal soil moisture variations associated with hydro-meteorological factors over the Yarlung Zangbo River basin in Southeast Tibetan Plateau. International Journal of Climatology, 40(1): 188-206.

Li X, Long D, Huang Q, et al. 2019. High-temporal-resolution water level and storage change data sets for lakes on the Tibetan Plateau during 2000-2017 using multiple altimetric missions and Landsat-derived lake shoreline positions. Earth System Science Data, 11(4): 1603-1627.

Li X, Long D, Scanlon B R, et al. 2022. Climate change threatens terrestrial water storage over the Tibetan Plateau. Nature Climate Change, 12: 801-807.

Liu B, Li L, Du Yu E, et al. 2016. Causes of the outburst of Zonag Lake in Hoh Xil, Tibetan Plateau, and its impact on surrounding environment. Journal of Glaciology and Geocryology, 38(2): 305-311.

Long D, Chen X, Scanlon B R, et al. 2016. Have GRACE satellites overestimated groundwater depletion in the Northwest India Aquifer?. Scientific Reports, 6: 24398.

Meng F C, Su F G, Li Y, et al. 2019. Changes in terrestrial water storage during 2003-2014 and possible causes in Tibetan Plateau. Journal of Geophysical Research: Atmospheres, 124(6): 2909-2931.

Mo S, Zhong Y, Forootan E, et al. 2021. Bayesian convolutional neural networks for predicting the terrestrial water storage anomalies during GRACE and GRACE-FO gap. Journal of Hydrology, 604: 127244.

Thompson L G, Yao T, Davis M E, et al. 2018. Ice core records of climate variability on the Third Pole with emphasis on the Guliya ice cap, western Kunlun Mountains. Quaternary Science Reviews, 188: 1-14.

Yadav R R, Gupta A K, Kotlia B S, et al. 2017. Recent wetting and glacier expansion in the northwest Himalaya and Karakoram. Scientific Reports, 7(1): 6139.

Yang K, Wu H, Qin J, et al. 2014. Recent climate changes over the Tibetan Plateau and their impacts on energy and water cycle: A review. Global and Planetary Change, 112: 79-91.

Yao T D, Pu J C, Lu A X, et al. 2007. Recent glacial retreat and its impact on hydrological processes on the Tibetan Plateau, China, and surrounding regions. Arctic, Antarctic, and Alpine Research, 39(4): 642-650.

Yao T D, Thompson L, Yang W, et al. 2012. Different glacier status with atmospheric circulations in Tibetan Plateau and surroundings. Nature Climate Change, 2(9): 663-667.

Yao T, Xue K, Chen D, et al. 2019. Recent Third Pole's rapid warming accompanies cryospheric melt and water cycle intensification and interactions between monsoon and environment multidisciplinary approach with observations, modeling, and analysis. Bulletin of the American Meteorological Society, 100(3): 423-444.

Yao X, Liu S, Sun M, et al. 2012. Changes of Kusai Lake in Hoh Xil Region and causes of its water overflowing. Acta Geographica Sinica, 67(5): 689-698.

Yi G H, Deng W, Li A N, et al. 2015. Response of lakes to climate change in Xainza Basin Tibetan Plateau using multi-mission satellite data from 1976 to 2008. Journal of Mountain Science, 12(3): 604-613.

Yi G H, Zhang T B. 2015. Delayed response of lake area change to climate change in Siling Co lake, Tibetan Plateau, from 2003 to 2013. International Journal of Environmental Research & Public Health, 12(11):

13886-13900.

Zhang G Q, Yao T D, Xie H J, et al. 2014. Lakes' state and abundance across the Tibetan Plateau. Science Bulletin, 59(24): 3010-3021.

Zheng G, Yang Y, Yang D, et al. 2020. Remote sensing spatiotemporal patterns of frozen soil and the environmental controls over the Tibetan Plateau during 2002-2016. Remote Sensing of Environment, 247: 111927.

第8章

亚洲水塔暖湿化影响与生长季植被变化

本章使用高分辨率优化变分的 TRMM 降水资料，分析了青藏高原复杂地形高分辨率降水变化趋势。在此基础上，研究了高原叶面积指数变化对降水的滞后响应、植被环境变化区域性特征及对区域降水的响应，以及亚洲季风变化对高原生态环境的影响。在气候变暖背景下，青藏高原植被生长变化南、北部总体趋势向好，但受降水区域性变化差异的调制。研究显示，青藏高原降水量偏多，能够促进植被的生长，两者呈现较好的正相关。亚洲水塔气候暖湿化对植被环境的影响除了气温为主因外，还与高原降水时空分布变化的区域性特征存在显著的关联性。因此，高原北、南植被环境变化呈显著区域性差异，高原暖湿化过程南亚与东亚季风亦通过年际、年代际水汽输送格局重大变化显著影响生态环境的非均匀性区域变异特征（Sun et al.，2022）。

8.1 青藏高原生长季植被变化对暖湿化响应的区域特征

自 21 世纪以来，青藏高原正在经历快速的气候变化，呈现暖湿化趋势，高原生态系统也因此发生了深刻的变化。整体而言，青藏高原升温速率是中国内地区域的 2 倍以上，而升温的空间分布呈相对均匀特征，高原的植被变化却存在明显的区域差异（Shen et al.，2015；于伯华等，2009）。从整体上看，青藏高原植被整体呈稳定恢复状态，除局部地区植被有所退化外，大部分地区植被生长良好，且植被改善的面积大于植被退化的面积（韩炳宏等，2019）。一些研究表明，在过去 30 多年间，青藏高原的植被生产力呈显著增加趋势（Li，2017）。而植被盖度下降显著的区域主要分布在喜马拉雅山南麓和青海湖南部，其次是三江源中南部地区；植被没有明显变化的区域主要分布在藏北高原和柴达木盆地（于伯华等，2009；卓嘎等，2018）。

受到海拔与纬度的影响，青藏高原的植被生长季为 5 ～ 9 月（神祥金等，2020），因此，这里将 5 ～ 9 月作为气候暖湿化的关键时段，探究其温度与降水变化对植被环境变化的影响。近 20 年来，青藏高原整体上气温呈现显著的增暖趋势，气候变暖提高了高原植被的覆盖度，总体促进了高原植被生产力，使植被的返青期提前（朴世龙等，2019）。有研究表明，青藏高原降水量偏多能够促进植被的生长，两者呈现较好的正相关（Sun et al.，2013；Meng et al.，2011）。

在气候整体变暖的背景下，青藏高原植被生长变化南、北部总体趋势向好，但受降水变化率区域性差异的调制 [图 8.1(a) 和 (b)]。由于青藏高原气象站点分布不均匀，尤其高原中西部区域无人区地面气温、降水要素站点稀少，暖湿化效应的客观分析存在难度。因此，本章使用 TRMM 卫星与地面降水站点变分分析资料，得到高分辨率的植被生长季降水变率分布 [图 8.1(c)]。其中，高原南部区域以负变率为主，东北、西北部区域降水量增加，中部区域呈下降趋势变化，由此可划分为北部区域（A 区）、南部区域（B 区）两类。其中，A 区降水总体上呈增多趋势，特别是青藏高原青海与东北部的柴达木盆地地区暖湿化明显。与此相对应，该区域的叶面积指数呈现增长特征，叶面积指数呈上升趋势的面积（像元）占总面积（像元）的 97.0%，远大于下降趋势的比例 [图 8.1(d)]。B 区的降水呈上升趋势的面积远小于呈下降趋势的面积，这说明南部区域（B 区）降水量变化总体呈下降趋势，年降水量显著下降的区域主要集中在南部边缘喜马拉雅山、雅鲁藏布江拐弯处以及高原东南部（B 区）等高原相对湿润区域 [图 8.1(c)]，其中，B 区中的 86.1% 区域（像元）的叶面积指数呈上升趋势。总体而言，相比北部区域（A 区），南部区域（B 区）的部分区域叶面积指数呈下降趋势的比例较大 [图 8.1(d)]，说明青藏高原非均匀分布的降水变化对高原区域植被状况亦具有显著影响效应。

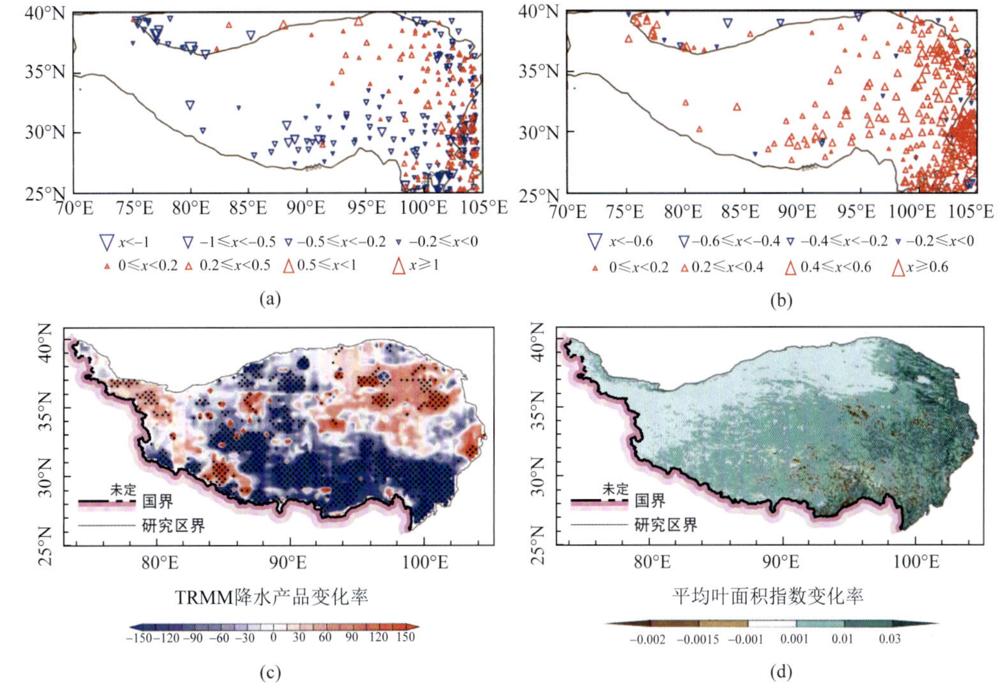

图 8.1　1998 ～ 2018 年青藏高原植被生长季（5 ～ 9 月）平均地面空气比湿变率 [单位：g/(kg·10a)](a)；青藏高原植被生长季平均地面气温变率（单位：℃/10a）(b)；变分后 TRMM 降水产品变化率（c）；平均叶面指数变化率（d）

8.2　青藏高原生长季植被变化趋势对降水“滞后响应”特征

考虑到青藏高原植被变化对降水的滞后效应，将逐月降水与叶面积指数变化空间分布作分析对比。我们发现，降水与叶面积指数变率分布存在“月滞后效应”，也就是滞后一个月的叶面积指数变率具有与降水变率一致的分布特征（图 8.2）。在 4 月

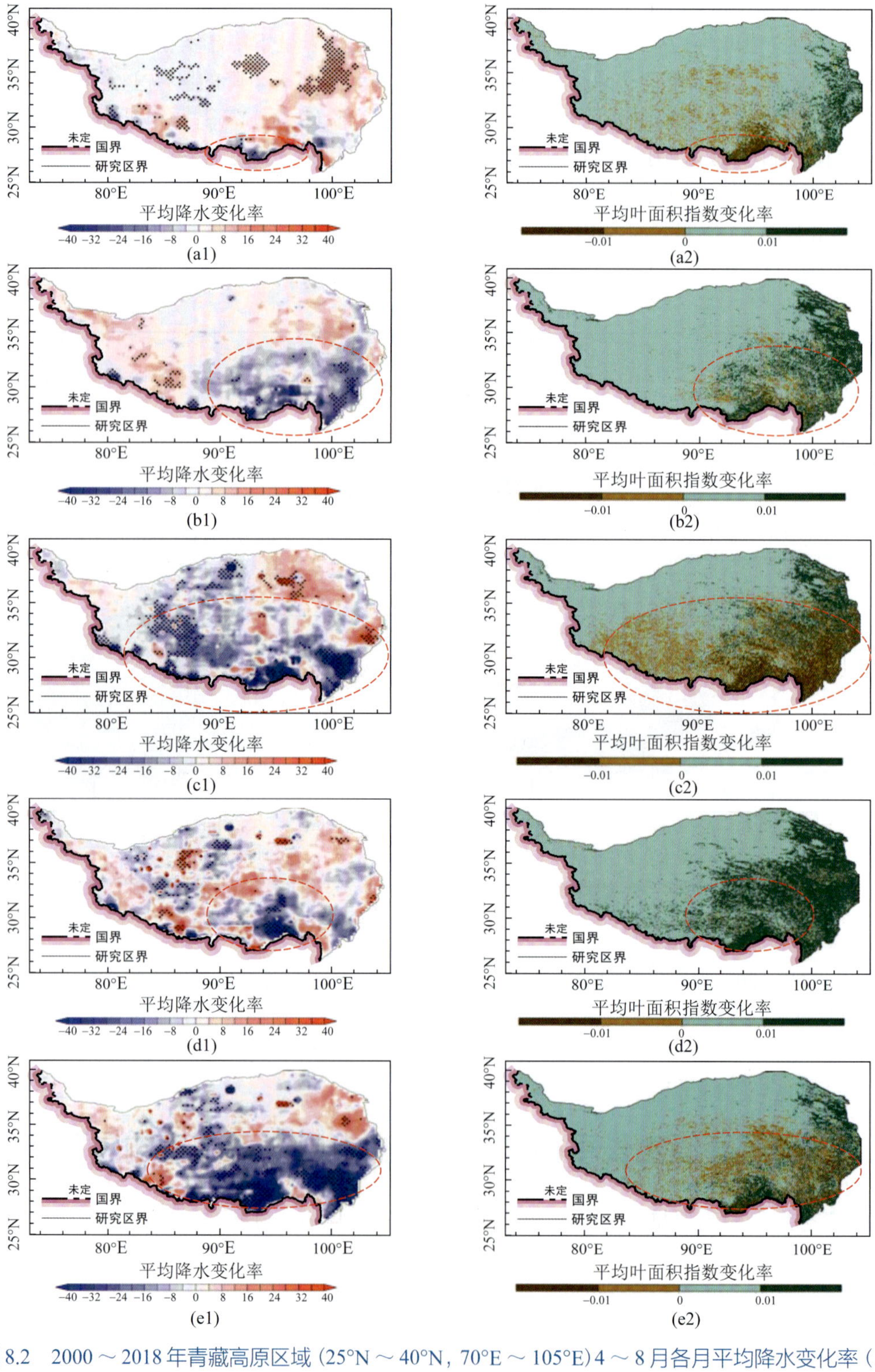

图 8.2 2000 ～ 2018 年青藏高原区域（25°N ～ 40°N，70°E ～ 105°E）4 ～ 8 月各月平均降水变化率（单位：mm/10a）和 5 ～ 9 月各月平均叶面积指数变化率

降水在青藏高原南缘偏东区域负变率趋势显著，其与 5 月该区域叶面积指数负变率分布特征相似。5 ～ 6 月降水负变率区逐渐向北扩大，而 6 月、7 月叶面积指数负变率区也向北扩大，其中 6 月降水与 7 月叶面积指数负变率占比同步显著扩大到高原南部大部分区域，7 月降水负变率南缩到高原南部边缘，为生长季降水正变率占比最大的月份，恰对应次月（8 月）生长季植被变化状态最佳月份，8 月降水负变率的面积再次向北扩张，而 9 月叶面积指数负变率相应也呈向北扩张态势。上述降水与叶面积指数变化分布的月位相差相关特征，揭示出青藏高原降水对植被指数变化存在月滞后影响效应（Sun et al.，2022）。

高原生态变化对降水响应具有复杂性，叶面积指数的变化受到温度和降水等因素的综合影响。其中，区域 A 的温度与叶面积指数均呈显著上升趋势，二者年际变化相关系数为 0.535，超过 0.05 显著性水平 [图 8.3(a)]；区域 A 降水与"滞后"一个月的叶面积指数的变化相关显著，相关系数为 0.217，达到 0.05 显著性水平 [图 8.3(b)]。与之相比，区域 B 的温度年际变化与叶面积指数亦呈同步的上升趋势，二者的相关系数为 0.201，达到 0.10 显著性水平 [图 8.3(c)]。但 B 区降水呈显著下降趋势，与叶面积指数的年际变化呈"反向"趋势，但滞后相关系数未达到一定显著性水平 [图 8.3(d)]。上述研究表明，叶面积指数正变率比例 B 区明显低于 A 区，其中 B 区降水量的下降趋势对该区域暖湿化植被变化程度的减缓效应（叶面积指数正变率）存在一定影响，表明高原生态变化对降水响应具有复杂性。

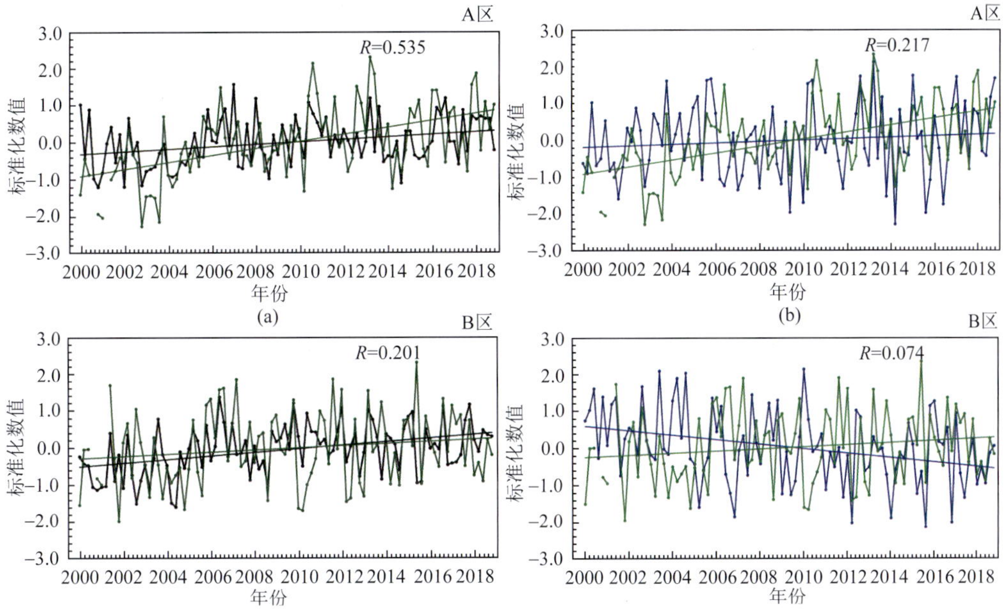

图 8.3　2000 ～ 2018 年 5 ～ 9 月 A 区 (a) 和 B 区 (c) 叶面积指数（绿色）和温度（黑色）标准化变化曲线；2000 ～ 2018 年 A 区 (b) 和 B 区 (d) 4 ～ 8 月降水（蓝色）和 5 ～ 9 月叶面积指数（绿色）标准化变化曲线

有研究表明，与湿润地区相比，干旱地区的植被生长季起始日对季前降水的年际变化更为敏感（Shen et al.，2015）。因此，青藏高原南部地区（B 区）植被变化对降水的响应不敏感，该地区为降水丰富的湿润地区。而降水相对偏少的高原北部（A 区）植被对季前降水更为敏感，对植被生长起着关键作用。

从青藏高原区域整体上看，5 ～ 9 月气温与像元叶面积指数有 51.5% 像素呈显著正相关关系（超过 0.10 显著性水平），叶面积指数与季前降水亦呈正相关（图 8.4）。在高原的北部 A 区，植被对温度响应的敏感程度较高，两者正相关的区域超过 93.2%，显著正相关区域超过 60%，69.7% 的区域叶面积指数与季前降水亦呈现正相关特征，相关的区域主要集中于青藏高原东北部，包括青海湖及其周围区域。对比图 8.5（c）可知，这一区域的降水呈现显著的上升趋势，故该区域的叶面积指数上升，呈现出显著的暖湿化趋势；而在 B 区，超过 80% 的区域温度与叶面积指数呈正相关关系，降水与叶面积指数有 52.5% 的面积呈现出正相关，其中 11.3% 呈显著正相关，呈现显著负相关的区域仅占 8.1%，因此对于 B 区，虽然叶面积指数对降水的响应不是很敏感，但大多数区域的植被指数与降水的变化亦呈正相关。

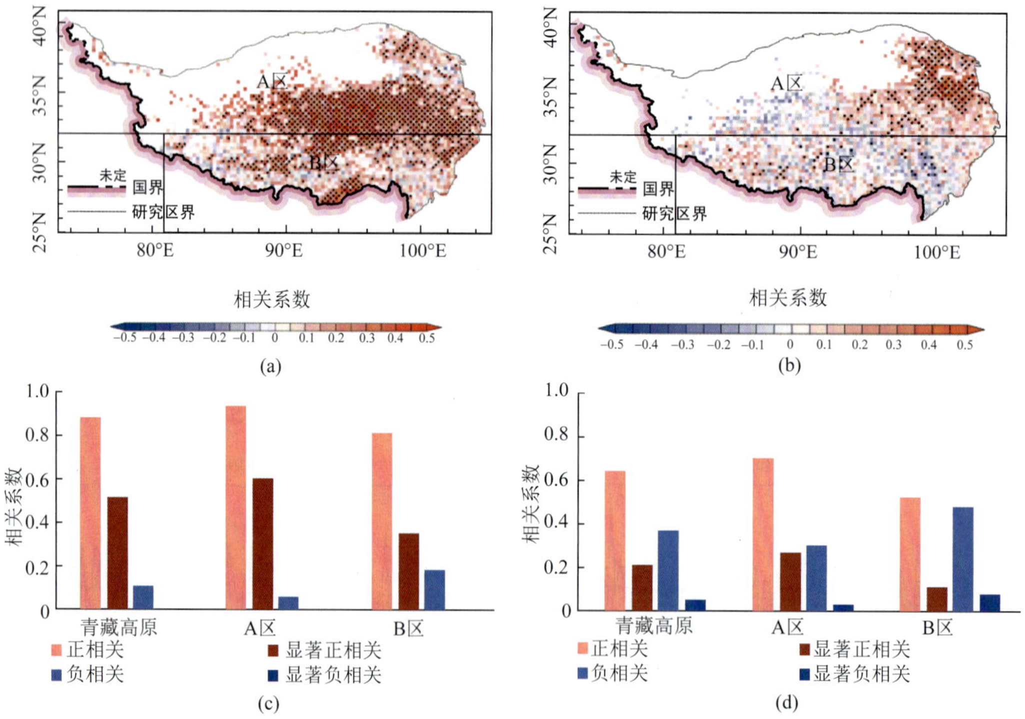

图 8.4　青藏高原植被生长季气温与降水变化对植被的影响

(a) 2000 ～ 2018 年 5 ～ 9 月气温与叶面积指数标准化相关分布；(b) 2000 ～ 2018 年季前（4 ～ 8 月）降水与 5 ～ 9 月叶面积指数标准化相关分布（其中，打点区域表示相关系数达到 0.10 显著性水平）；(c) 为 (a) 相对应的相关系数频率分布；(d) 为 (b) 相对应的相关系数频率分布

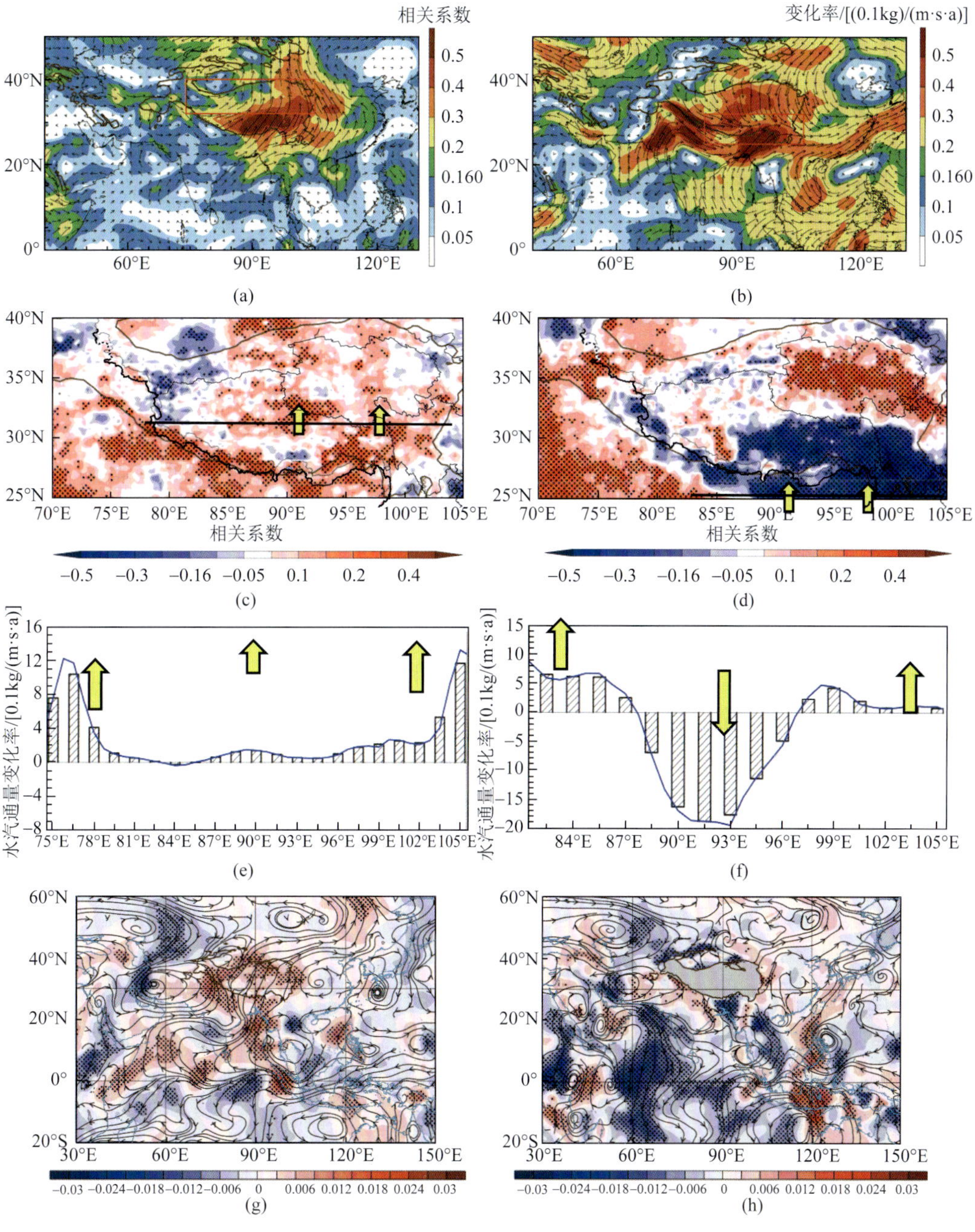

图 8.5　青藏高原植被生长季降水与全球水汽输送变化

(a) 1998 ～ 2018 年植被生长季前（4 ～ 8 月）青藏高原降水与全球水汽通量标准化合成相关（矢量）、相关系数的大小（阴影）;(b) 平均南北向水汽通量 qv 变率（填色：变化率；点阵：信度超过 90%）；区域 A (c) / 区域 B (d) 南边界水汽通量 qv 与降水的相关分布；1998 ～ 2018 年南北方向平均水汽输送变化：区域 A (e) / 区域 B (f) 南边界水汽通量 qv 变化分布；2000 ～ 2018 年 4 ～ 8 月标准化平均风场变化 500hPa (g) /700hPa (h)（流线：风场变化率；填色：v 分量变化率）

综上所述，在气候变暖的背景下，青藏高原植被生长变化总体呈改善趋势，但也受到降水变化趋势的区域差异的调节。生长季叶面积指数的月变化规律与生长季前降水的月变化规律一致。此外，降水的增加进一步促进了青藏高原北部地区植被的生长。青藏高原降水显著的非均匀分布对该地区植被状况也有显著影响（Sun et al.，2022）。

8.3 青藏高原生长季植被变化特征与亚洲季风变异

研究表明，青藏高原的降水与亚洲季风及西风带来的水汽输送密切相关（Xu et al.，2002）。从青藏高原区域生长季降水与整层水汽输送相关场 [图 8.5(a) 和 (b)] 中可以看出，青藏高原区域 5 ～ 9 月（植被生长季节）降水主要受到南亚季风与东亚系统双重影响。其中，A 区的降水主要与南亚季风区的水汽输送相关，其水汽与印度洋南部南半球海洋水汽源的跨赤道暖湿气流密切相关，其流经印度洋以及阿拉伯海和孟加拉湾，最终进入青藏高原；B 区的降水主要与东亚季风系统由副热带高压控制下东亚季风带来的暖湿气流相关，这部分水汽来自中国南海、孟加拉湾与阿拉伯海，从西太平洋经孟加拉湾在高原南面流入。由南向北输送的水汽流，特别是南边界进入的水汽通量 qv，对高原区域降水的影响尤为关键 [图 8.5(c) 和 (d)]，A 区南边界（32°N）的水汽通量与 A 区的降水显著相关。同理，B 区南边界（25°N）的水汽通量与 B 区的降水显著相关。因此，图 8.5(e) 和 (f) 分别描绘了植被生长季节 A 区、B 区南北方向的水汽通量 qv 的变化情况。对于 A 区，其南侧水汽输送整体呈现增强趋势，B 区的南侧水汽输送整体呈下降趋势，东、西两侧呈现增强与减弱交替。

中高层 500 hPa 源自南半球跨赤道气流，从西部进入青藏高原，主体到达高原北部与中部的南亚季风，其呈增强特征（西部正变率区），为促进高原主体植被环境暖湿化效应提供了大气环流水汽输送驱动重要支撑 [图 8.5(g)]；而在高原东部南缘低层爬升进入高原的水汽则呈显著减弱特征（东部负变率区），构成了降水减少的环流场变化背景，某种程度上抑制了高原南部环境的暖湿化进程 [图 8.5(h)]。

上述研究结果表明，青藏高原气候暖湿化对植被环境的影响，除了气温为主因外，还与高原降水时空分布变化的区域性特征存在显著的关联性，因此高原北区、南区植被环境变化呈显著区域性差异。进一步的研究发现，高原暖湿化驱动因素中，南亚与东亚季风亦通过年际、年代际水汽输送格局重大变化显著影响着生态环境的非均匀性区域变异特征。

参考文献

韩炳宏，周秉荣，颜玉倩，等. 2019. 2000-2018 年间青藏高原植被覆盖变化及其与气候因素的关系分析. 草地学报，27(6)：1651-1658.

朴世龙，张宪洲，汪涛，等. 2019. 青藏高原生态系统对气候变化的响应及其反馈. 科学通报，64(27)：2842-2855.

神祥金，张佳琦，吕宪国 . 2020. 青藏高原沼泽湿地植被 NDVI 时空变化及其对气候变化的响应 . 生态学报，40(18)：4-13.
于伯华，吕昌河，吕婷婷，等 . 2009. 青藏高原植被覆盖变化的地域分异特征 . 地理科学进展，28(3)：391-397.
卓嘎，陈思蓉，周兵 . 2018. 青藏高原植被覆盖时空变化及其对气候因子的响应 . 生态学报，38(9)：220-230.
Li W H. 2017. An overview of ecological research conducted on the Qinghai-Tibetan Plateau. Journal of Resources and Ecology, 8(1): 1-4.
Meng Q H, Fei M, Sun H, et al. 2011. Study of normalized difference vegetation index variation and its correlation with climate factors in the three-river-source region. International Journal of Applied Earth Observation and Geoinformation, 13(1): 24-33.
Shen M, Piao S, Jeong S J, et al. 2015. Evaporative cooling over the Tibetan Plateau induced by vegetation growth. Proceedings of the National Academy of Sciences of the United States of America, 112(30): 9299-9304.
Sun C, Xu X D, Wang P J, et al. 2022. The warming and wetting ecological environment changes over the Qinghai-Tibetan Plateau and the driving effect of the Asian Summer Monsoon. Journal of Tropical Meteorology, 28(1): 95-108.
Sun J, Cheng G, Li W, et al. 2013. On the variation of NDVI with the principal climatic elements in the Tibetan Plateau. Remote Sensing, 5(4): 1894-1911.
Xu X, Tao S, Wang J, et al. 2002. The relationship between water vapor transport features of Tibetan Plateau-monsoon "large triangle" affecting region and drought-flood abnormality of China. Acta Meteorologica Sinica, 60(3): 257-266.

第9章

亚洲水塔暖湿化影响与冰冻圈变化

青藏高原及周边地区，平均海拔超过 4000 m，被称为“亚洲水塔”，是除南极、北极之外具有最大冰储量的地区。青藏高原的冰川融水与密布的湖泊为河流的发育提供了稳定的水资源，青藏高原是全球中低纬度地区海拔最高、面积最大的多年冻土分布区，被称为地球“第三极”，是我国气候变化的“敏感区”和“启动区”，是冻土和冰雪的发育地。亚洲水塔暖湿化对冰冻圈影响显著；青藏高原冻土区是世界中低纬度地带海拔最高、面积最大的冻土区。

本章研究了冰冻圈与暖湿化影响相关机理，揭示出青藏高原冰川区降水区域性特征受季风区水汽输送影响；夏半年，在印度洋海温升高的影响下，南亚季风区暖湿气流的增强在一定程度上增加了青藏高原西北部水汽输送，使冰川区域夏半年降水“补给”增加；而青藏高原南部冰川区域的水汽输送减少，导致喜马拉雅山—藏东南冰川区降水的“补给”失衡，这可能是该区域冰川显著退缩的重要原因之一 (Sun et al., 2022)。海洋热力驱动通过影响大气环流，进而调制区域的降水。本章研究了季节冻融过程中积雪、风积沙、温度、降水的影响效应，揭示出高原季节性冻土变化对气候变化的响应；研究还提出冻土变化及其植被生态系统类型演替关联性问题。

基于多源资料与信息，深入探讨青藏高原暖湿化与冰冻圈变化的关联性及其影响机理，有助于加深对气候变暖背景下青藏高原冰冻圈水环境变化的理解，为应对青藏高原气候变化提供了科学支撑，深化了对亚洲水塔暖湿化降水补给区域性差异特征及其冰冻圈水资源失衡调制因素的新认知，由此提出了青藏高原冰川区人工增雪、补冰气候应对科学工程。

9.1 青藏高原冻土特征时空分布与气候变化影响

青藏高原冻土区是世界中低纬度地带海拔最高、面积最大的冻土区，其范围北起昆仑山，南至喜马拉雅山，西抵国界，东缘横断山脉西部、巴颜喀拉山和阿尼玛卿山东南部。我国西部高山地区，如祁连山、天山、阿尔泰等山地的多年冻土分布具有明显的垂直带性，同时也具有水平分布上的不完整性和经向的差异性（周幼吾和郭东信，1982）。

冻土按照冻土时间长短可分为多年冻土和季节性冻土。多年冻土的定义为：温度在 0℃或低于 0℃至少连续存在 2 年的岩土层称为多年冻土（秦大河等，2014）。地壳表层每年寒季冻结、暖季融化的土（岩）层统称为季节冻结层和季节融化层。在多年冻土区，由地表热交换导致的地表以下的季节融化层，称为活动层；下伏非冻土、靠冷季负温条件下地表热交换形成的地表浅层为季节冻结层，即季节性冻土（罗栋梁等，2014）。所以，季节性冻土也被定义为冬天冻结而夏天融化的岩土层，它包括多年冻土区的活动层和非多年冻土区的土壤季节冻结层。

随着对青藏高原生态环境的不断关注和多学科融合，冻土已成为一个热门话题。在 19 世纪 70 年代，冻土还是一个相对孤立的领域，既没有多学科的融合，也没有数据的汇编，但随着全球气候的变化，关于冻土的研究也越来越深入，国家和国际监测项目蓬勃发展，冻土研究是 2007 ～ 2009 年国际极地年的一个组成部分，冻土在北极气候影响评估和政府间气候变化专门委员会的报告中占据突出地位。人们对冻土的“状态和命运”重要性的认识远在科学界之外，大众媒体的广泛关注就证明了这一点（Zhang et al.，2007）。

青藏高原季节性冻土和多年冻土的活动层有着独特的季节性变化，季节性冻土对不同时间尺度上的气温变化具有内在敏感性，所以季节性冻土的最大冻土深度值可作为一个重要的气候指标，近年来，季节性冻土的研究受到了广泛的关注。许多学者通过地面测量、数值模拟和卫星遥感，研究了季节性冻土的时间、持续时间、面积范围和厚度的均值和变异性（Zhang et al.，2007）。季节性冻土最大冻土深度的不断减小反映了温度、土壤水分状况和立地特性变化的综合影响，并可能影响土壤有机质的分解和地表与大气之间的温室气体交换（Frauenfeld and Zhang，2011；Peng et al.，2017）。同时季节性冻土对气候变化的响应会对地表能量和水平衡、生态系统、碳循环和土壤养分交换产生影响，也会对土壤生物地球化学和工程基础设施等产生重要影响。季节性冻土的深度变化也影响着地表和地下水文循环，促进土壤质地的变化，改变土壤养分对植物生长的有效性。其冻融过程对地表特征的响应也是非常明显的。高原大面积持续性低温可以抑制或减慢土壤升温。冻土和植被变化的协同效应可能是控制青藏高原冻土流域地表径流产生的主要因素（Cuo et al.，2017）。

尽管对青藏高原季节性冻土做了许多研究，但仍存在一些问题，如由于青藏高原乃至全球均存在季节性冻土的观测站点少、时间序列短的问题，在局部、区域和半球尺度上，土壤温度、冻融深度和冻土与气候变量变化的单独和联合相互作用的研究仍然相对较少，缺乏长期观察评估是研究季节性冻土变化的主要障碍（Shiklomanov，2012）。另外，个别站点的现场试验的结果由于代表性的限制，也不可能外推到大的区域和范围，因此给研究大区域的长期变化带来一定困难。因而，许多学者用不同的方法来计算、评估青藏高原的季节性冻土，常用的方法有：①用其他气候指标，如气温、土壤温度、降水量、积雪深度和冻融指数以及遥感数据、机器学习算法来表征冰冻深度和冰冻融化指数。②用气候模式或陆面模式来计算季节性冻土的一些常用指标。需要注意的是，虽然代用气候数据与真实值比较接近，但由于其他非气候因素的影响，仍然存在较大的偏差。③采用公式计算季节性冻土的最大冻土深度（常用且公认比较好的方法是 Stefan 方法（Li and Koike，2003；Qin et al.，2016）。

大多数基于台站观测或小规模试验的研究都集中在多年冻土区的变化上。针对冻土的变化，对多年冻土区的土壤温度、土壤含水量、冻土深度和冻土面积描述的较多，但对季节性冻土的变化还没有完全了解或者是关于季节性冻土的研究相对较少（Wang et al.，2015）。本章在文献调研的基础上，着眼于青藏高原季节性冻土，试图对其分布面积、变化特征、气候响应、碳排放及植被的影响几个方面做一些梳理和总结，罗列出一些较新的观点，以便于更好地为气候变化、水文循环过程和社会经济发展服务。

9.1.1 高原季节性冻土时空分布特征

1. 高原季节性冻土特征

高荣等（2008）采用动力学 Q 指数和小波分析方法，研究了青藏高原季节性冻土的时空变化特征，在青藏高原上，总体来说，季节性冻土的动力学结构是一致的，青藏高原季节性冻土总体上呈现下降趋势，在 20 世纪 80 年代中期有一次均值突变，突变以前的冬季平均冻结深度在 93cm 左右，突变以后的冬季平均冻结深度下降了 10 cm 左右。高原季节性冻土冬季平均冻结深度有准 4 年的周期变化。近 25 年，西藏地区季节性冻土最大冻结深度在空间分布上具有垂直分带性、纬度地带性和区域性等规律，基本上呈自西北向东南方向递减的空间分布特征；时间上，在全球气候变暖的背景下，最大冻结深度基本呈逐年减薄的特征（高思如等，2018）。

在青藏高原，部分气象站点的最大冻土深度超过 240 cm，并且随着纬度和海拔的增加，季节性冻土的最大冻土深度有所增加。青藏高原季节性冻土的最大冻土深度从 20 世纪 50 年代到 21 世纪初期，呈现从正异常向负异常转变的特征，表明最大冻土深度减小。

Peng 等（2017）利用 1km 分辨率的气温和冻融指数，运用 Stefan 方法，计算了全国范围季节性冻土的空间分布，这种计算模型得出的结果与时间观测结果有较好的对应关系，能够较好地反映冻土空间格局。其空间分布表明在青藏高原，最大冻土深度随纬度和海拔的升高而增加，最大冻土深度一般大于 1.5 m。Luo 等（2020）的研究表明，青藏高原季节性冻土多年平均最大冻土深度为 99.9 cm，其中安多站的最大冻土深度为 287 cm，而察隅站的最大冻土深度仅为 7.5 cm。超过 2/3 的站点最大冻土深度在 50 ～ 200 cm。有 6 个站点（8%）的多年平均最大冻土深度超过 200 cm，主要分布在两个地区：海拔 4000m 以上的青藏高原中部亚冷区和青藏高原东北部温带亚干旱区，其纬度均超过 37°N。在所有站点中，多年平均最大冻土深度超过 100 cm 的站点也主要位于高原 31°N 以北的地区。还有 8 个站点的多年平均最大冻土深度不超过 20 cm，这些站点主要位于青藏高原南部的亚热带湿润区、温带湿润区和温带亚干旱区，海拔低于 3500m，纬度也小于 30°N（Luo et al.，2020）。每年 1 月初平均冻结层下界达到 60 cm，并逐步加深，2 月达到最大的冻结深度；6 月上旬至 9 月上旬是冻土季节性融化的迅速发展期（蒋元春等，2020）。

冻土面积的估算和制图常用的方法主要有以下两种：一种是结合 GIS、RS 等技术获取与冻土有关的地表信息 [如地表温度（land surface temperatue，LST）] 与冻土空间分布建立某种联系后可以实现快速成图（石亚亚等，2017），如欧阳斌（2012）给出了基于 LST 产品的高原冻土图、Zou 等（2017）利用顶板温度模型（TTOP）给出了青藏高原冻土图；另一种是通过模式输出模拟结果，给出冻土的分布特征。常用的模式有 CLM、RegCM 和 CMIP（多模式集合）等（常燕等，2018；Cuo et al.，2017）。

图 9.1 给出了不同方法得出的冻土制图及冻土的分布情况。计算方法的不同及计算年限的长短使季节性冻土面积计算的结果有所差异，整体来看，青藏高原季节性冻

土面积为 $8.7\times10^5\sim1.5\times10^6\ km^2$，除方法上的差异外，不同学者在计算季节性冻土的面积时，对多年冻土与季节性冻土并存区域的归类也是最终结果不同的重要原因（Wu et al.，2010）。目前，有研究表明，处于季节性冻土向片状连续多年冻土过渡区的青海高原中东部多年冻土退化显著。巴颜喀拉山南坡清水河地区岛状冻土分布南界向北萎缩 5 km；清水河、黄河沿岸、星星海南岸、黑河沿岸、花石峡等岛状冻土和不连续多年冻土出现融化夹层和不衔接多年冻土，有些地区冻土岛和深埋藏多年冻土消失，多年冻土上限下降、季节冻结深度变浅；片状连续多年冻土地温升高、冻土厚度减薄（程国栋等，2019；王国尚等，1998）。另外，通过模式计算给出冻土面积的变化趋势（图 9.2），1981 ～ 2010 年永久性冻土的面积以 $9.2\times10^4\ km^2/10a$ 的速率减少，而季节性冻土的面积以 $8.4\times10^4\ km^2/10a$ 的速率增加（Cuo et al.，2017；Guo and Wang，2013）。

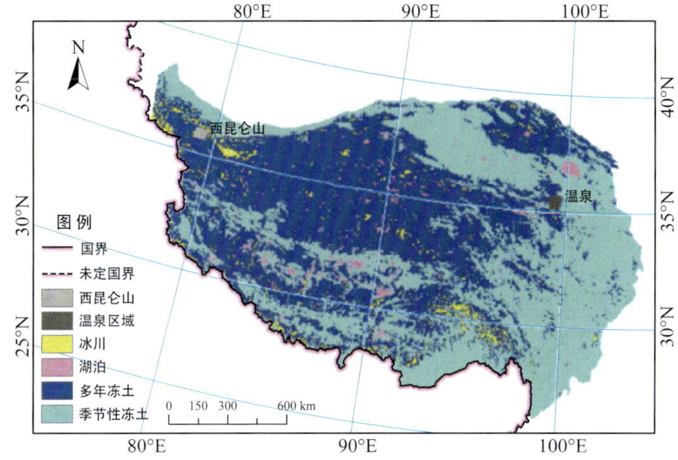

(a)

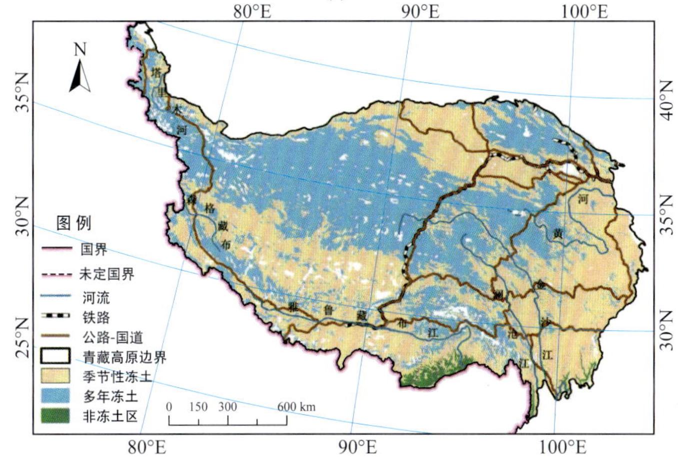

(b)

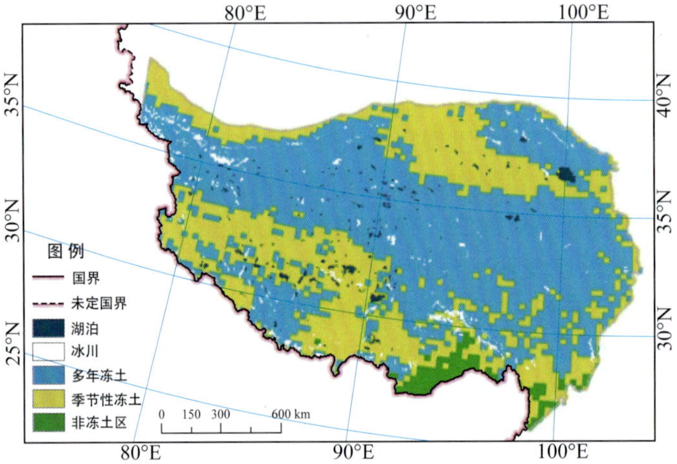

(c)

图 9.1 (a) 基于LST产品的青藏高原冻土图(欧阳斌, 2012); (b) 基于TTOP模型的青藏高原冻土图(Zou et al., 2017); (c) 基于 CLM4 1980 ～ 2000 年冻土分布图(Guo and Wang, 2013)

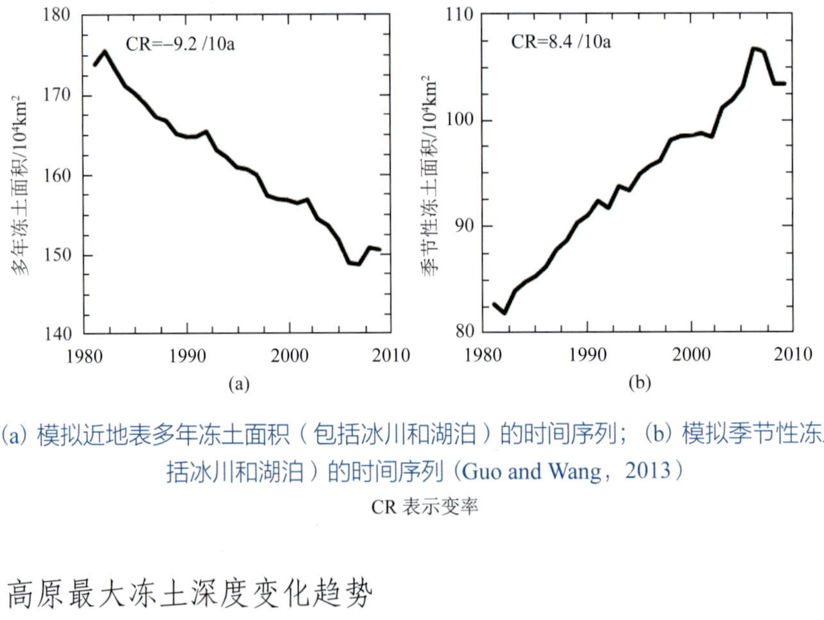

图 9.2 (a) 模拟近地表多年冻土面积(包括冰川和湖泊)的时间序列; (b) 模拟季节性冻土面积(包括冰川和湖泊)的时间序列 (Guo and Wang, 2013)

CR 表示变率

2. 高原最大冻土深度变化趋势

Qin 等 (2016) 采用 Stefan 方法计算了青藏高原祁连山地区的季节性冻土的最大冻土深度，并用祁连、野牛沟和葫芦沟三个气象站点的气象数据进行了验证和比对，得出在总体上，估计的最大冻土深度与现场观测结果吻合较好，1960 ～ 2014 年，季节性冻土最大冻土深度的下降趋势为 −7.4cm/10a，显著性水平为 0.05，而在 1960 ～ 2014 年，季节性冻土最大冻土深度的净变化为 40.2cm(Qin et al., 2016)。Luo 等 (2020) 基于青藏高原站点数据，研究指出，在 1960 ～ 2014 年的 55 年中，青藏高原 2/3 站点最大冻土深度存在显著性水平 α=0.01 的显著下降趋势，平均变化速率为 −4.9cm/10a，整个青藏高原的净变化为 -28.8cm。可以与之比较的是欧亚中高纬度 1930 ～ 2000 年季节性冻土的平均下降速率为 -4.5cm/10a。Frauenfeld 和 Zhang(2011) 指出，青藏高原最大下降趋势为 -19.3cm/10a，有 20 个站点 (27%) 的下降趋势大于 −8 cm/10a，下降趋势分别为 -8 ～ -4 cm/10a、-4 ～ 0cm/10a 的站点约占 28% 和 24%。蒋元春等 (2020) 指出，1971 ～ 2016 年青藏高原 45 个站点平均的冬季第一冻结层下界呈减小趋势，即冻结深度在变浅，尤其在那曲—安多、刚察—德令哈、久治—玛曲一线表现较为突出。由此可见，与其他中高纬度地区相比，青藏高原的季节性冻土最大冻土深度的下降速率更为明显，而祁连山地区的季节性冻土下降趋势最为明显。

但并不是青藏高原所有的站点季节性冻土最大冻土深度都呈现减小的特征，有较少部分站点冻土层增厚，增厚的区域主要分布在高原中部，沿唐古拉山、巴颜喀拉山、阿尼玛卿山分布。青藏高原 16 个站点（占总站数的 21%）季节性冻土的最大冻土深度呈上升趋势，但增幅不强，只有 3 个站点（冷湖、湟源和林芝，仅占总站数 4%）通过 (α=0.01) 显著性检验（蒋元春等，2020；Frauenfeld and Zhang，2011）。

利用 CLM4.0 模拟了青藏高原的季节性冻土分布，最终结果显示几乎所有格点的最大冻土深度都有下降的趋势，只有位于季节性冻土区南部的少数网格除外。相对较浅的最大冻土深度的格点，其最大冻土深度的下降趋势较小；而具有较深的最大冻土深度的格点，其最大冻土深度的下降趋势较大。在整个季节性冻土区，最大冻土深度的大部分下降趋势为 -8.0 ～ 0.0cm/10 a(Cuo et al.，2017)。

3. 高原季节性冻土冻融时间变化

表征季节性冻土冻融时间变化的特征量主要有三个：冻结持续时间、冻结开始日期（冻结初日）及冻结结束日期（冻结终日）。学者们从实际观测、微波遥感、数值模拟等不同方面计算了季节性冻土冻融时间的变化。

季节性冻土的多年平均冻结开始日期为 9 月初至 12 月初（第 256 ～第 343 天）。平均而言，冻结开始日期为 290.6 天（大约 10 月中旬）。多年平均冻结结束日期为 2 月中旬至 7 月下旬（第 41 ～第 205 天），平均为 112.9 天，跨越近 7.5 个月 (164 天)。1960 ～ 2014 年，青藏高原大多数站点 (88%) 的冻结持续时间呈下降趋势。平均而言，下降趋势是 −8.0d/10a，或者可以说，青藏高原 1960 ～ 2014 年冻结持续时间的净变化为 33 天。1960 ～ 2014 年，多年平均冻结开始日期略有推迟，平均速度为 1.83d/10a，整个青藏高原的净变化为 10 天，冻结结束日期在 1960 ～ 2014 年中表现出显著的提前趋势，其平均速率为 −4.1d/10a 或净变化 22.55 天，显著大于冻结开始日期 (Luo et al.，2020)。此外，Wang 等 (2015) 指出，1956 ～ 2006 年季节性冻土冻结初日以 (0.10 ± 0.03) d/a 的速率推迟，冻结终日以 (0.15 ± 0.02) d/a 的速率提前。Li 等 (2012) 的研究指出，青藏高原近地表土壤的冻结开始日期推迟了 5d/10a，近地表土壤的冻结结束日期提前了 7d/10a，近地表土壤的冻结持续时间 1988 ～ 2007 年缩短了 18.8d/10a。Guo 和 Wang (2013) 指出，在 1m 深度开始冻结的日期，延迟趋势约为 3.9d/10a（多年冻土：3.8 d/10a，季节性冻土：4.0d/10a)，其冻结结束提前趋势约为 7.3d/10a（多年冻土：7.9d/10a，季节性冻土：4.6d/10a)，1981～2010年1m深度的冻结持续时间，缩短趋势约为9.2d/10 a（多年冻土：9.7d/10a，季节性冻土：8.6d/10a）。

4. 高原季节性冻土温湿变化及冻融特征

以往研究认为，季节性冻土的冻融过程大致可分为五个阶段：不稳定封冻期、封冻期、不稳定融冻期、融冻期和无冻期，且各时期水文特征明显不同于非冻土区域。也可以简化成三个阶段：冻结初期、冻结稳定期和融化期。季节性冻土表现为单向冻结、双向融化特征，且消融速率大于冻结速率。在整个冻融过程中，各土层土壤温度与土壤含水量变化规律基本一致，但相比于土壤温度，土壤含水量变化更为复杂。土壤冻结过程在中层土壤形成一个水分高值区，而消融时期在浅层土壤形成一个水分高值区，这与多年冻土水分规律明显不同(Dai et al.，2019)。季节性冻土的水文特征是非常独特的，它具有高土壤含水量、低导水率、季节性冻融过程及冻融水的再分配等特征(Jin and Li，2009)。在单点上，季节性冻土的0～300 cm地温随深度的变化呈现先增加后趋于稳定（稳定在10℃左右）最后减小的趋势，季节性冻土0～300 cm体积土壤含水量随深度的变化呈先减小后增加再减少的特征(Wang et al.，2011)。就土壤温度而言，各土层土壤温度季节变化基本一致，冷季土壤温度梯度较大，而暖季土壤温度梯度较小，反映了土壤冻融对土壤温度的显著影响。冻结过程中土壤温度从上往下逐渐升高，土壤处于放热过程；而融化过程中深层土壤温度从上往下逐渐降低，土壤处于吸热过程。此外，在50 cm处土壤温度存在一个突变层（戴黎聪等，2020)。在多点上，季节性冻土的四个研究区（柴达木、狮泉河、昌都、喜马拉雅）近30年土壤水分都呈上升趋势，其中除了位于高原西部的狮泉河增加不显著外，其他地区都显著上升，且季节性冻土区暖季土壤水分与降水的相关性较高（吴小丽等，2021)。

在季节性冻土中，两个高水分层分别出现在0.10m和0.80m处，而低水分层出现在0.30m深度处，植被覆盖的减少导致整个土壤剖面的土壤水分减少、活跃的多年冻土层的冻结深度下降，而季节性冻土的冻结深度增加。植被覆盖的减少加快了冻融过程，季节性冻土的冻结开始日期和冻结结束日期明显提前。随着覆盖度的下降，季节性冻土的冻结深度增加(Hu et al.，2009)。

土壤的冻结会通过水－冰相变释放潜热，从而降低土壤的降温趋势，土壤的解冻会吸收热量，从而减少地面的变暖趋势。当土壤冻结时，其导热系数和热容量均低于解冻状态，从而影响表面热交换。最大冻土深度的减小和季节性冻土持续时间的缩短可能会减少这种调制效应(Zhao et al.，2004)。

9.1.2 高原季节性冻土变化对气候变化的响应

1. 季节冻融过程温度的影响

冻土的空间分布主要受到气候的影响，通过对最大冻土深度的潜在气候和环境驱动因子的研究，发现年平均气温、地表温度、解冻指数、地表融化指数与季节性冻土的最大冻土深度均呈负相关 (Peng et al.，2017)；几乎所有的研究表明，气温是影响季节性冻土最大冻土深度最主要的因子，祁连山地区最大冻土深度与温度的相关系数高达 -0.92，最大冻土深度在 1960 ～ 2014 年的平均下降趋势为 7.4cm/10a，与气温的显著上升 (0.34℃ /10a) 相对应，且海拔较高地区的最大冻土深度下降较快，表明高寒地区土壤温度发生了强烈的变化 (Qin et al.，2016)。青藏高原气温升高的幅度要高于全球平均水平（近 40 年增温速率要比全球同期升温速率高约 2 倍）(程国栋等，2019)。几乎所有的研究均表明，近年来青藏高原气温升高，导致各类冻土（多年、季节性）发生了不同程度的退化，主要表现在地温升高、冻土融化，活动层增厚、连续率降低、剖面上出现不衔接，形成局部融区或融区扩大、加深或贯穿，以及冻结期缩短、融化期延长、范围出现萎缩迹象和多年冻土厚度减薄趋势（王国尚等，1998；程国栋等，2019)。

2. 季节冻融过程降水影响效应

祁连山地区 2000 ～ 2013 年暖季节的降水量都有增加的趋势（增加趋势为 23.7 ～ 40.1mm/10a) (Qin et al.，2016)。Zhao 等 (2004) 指出，年降水量在青藏高原东北部减少，在青藏高原的西北、腹地和东南部地区增加，从地理上看，除高原东北地区外，在气候变暖的情况下，青藏高原大部分地区的年降水量都在增加，这与大多数学者得出的高原暖湿化变化趋势较为一致。尽管降水和最大冻土深度的变化趋势都是各位学者们公认的，但由于季节性冻土机制的复杂性，降水尽管扮演了一个重要的角色，但其中的物理机制尚需要继续研究。

有学者认为，尽管冬季的降水以固态降水为主，但前期的液态降水仍能对南部青藏高原和柴达木盆地干旱地区的最大冻土深度变化表现出显著的控制作用。在干旱地区，相对干燥的土壤一般有更大的保持渗透水潜力，因此异常大的液态物质可能会在土壤中储存足够长的时间，以便在下一个冻结季节对最大冻土深度产生影响 (Liang et al.，2017)。土壤含水量引起的相变效应在相对干旱地区可能较弱，但在较潮湿的环境中则可能占主导地位 (Zheng et al.，2020)。

3. 季节冻融过程风积沙影响

冻土地区风沙区的地面温度明显高于无沙覆盖区。风积沙会加速冻土的退化 (Wang et al.，2018)。风沙能够增强季节性冻土的解冻过程，沙层厚度每增加 10 cm，活跃层厚度会增加 7.70 ～ 9.50 cm；同时，风沙能够减弱季节性冻土的冻结过程，使季节性冻土冻结深度下降，沙层厚度每增加 10 cm，季节性冻土的最大冻土深度就会减少 1.07 ～ 13.00 cm。风沙的水分含量与植被覆盖度也能够影响冻土的能量收支和热量变化：随着沙层含水量由 13.42% 降至 3.61%，风沙下土壤年热量收支由 -57.97MJ/m^2 增大到 -28.28MJ/m^2。近年来，青藏高原沙漠化加速，导致青藏高原的冻土进一步退化 (Wang et al.，2019)。

4. 季节冻融过程积雪影响

大气对积雪的影响主要是通过雪面对太阳辐射的强反照率和融雪后的潜热变化来进行，而在冻融区，由于气温较低，雪面上层形成的雪水在短时间内可能会结冰，因此积雪对大气的热效应主要是由辐射、反射引起的，这是相对快的过程（王澄海等，2003）。

积雪、融雪过程均会对季节性冻土产生重要影响，而且不同时间段的积雪对冻土的效果也不相同，当积雪发生在初冬（冻结过程发生时段），厚厚的积雪将因保温作用而阻止季节性冻土深度的加深，融雪产生的融水大部分渗入地下；而若积雪覆盖发生较晚（冻土已然冻结且冻土层深厚），积雪的这种保温作用即失去了效用，反而深厚的冻土层使得土壤的局部入渗能力降低，融雪释放大量融水，导致地表的径流量增加（Bayarda et al.，2005）。还有研究表明，积雪深度以及雪的结构（如雪密度等）均会对土壤温度造成一定的影响，进而影响活动层厚度和季节性冻土的最大冻土深度的变化，对于该结论有大量的数值模拟试验给予支撑（Ling and Zhang，2003；Park et al.，2017），虽然有不少结论表明积雪的保温作用，但 Peng 等（2017）的研究表明，积雪深度的变化与土壤冻结深度无关。这可能是中国各地雪的空间异质性所致。

5. 季节冻融过程及其大气环流影响

王澄海等（2003）对青藏高原冻土的季节性冻融过程进行合成分析，发现青藏高原土壤的季节冻融过程对青藏高原上空及东亚大气环流有显著影响，在高原最大冻土深度较小的年份中，7 月，南亚高压强且偏西，500 hPa 印度低压强，西太平洋副热带高压弱且偏东，高原南部的东风较强；最大冻土深度较大的年份，南亚高压弱且偏东，印度低压弱，西太平洋副热带高压强且偏西。在不同的冻融年份，850 hPa 上纬向风的差异显著区反映了西南季风的活动。冬季最大冻土深度对来年夏季降水有很好的指示意义，最大冻土深度与中国夏季（7 月）降水有 3 条显著相关带，雨带的分布与中国夏季平均雨带相吻合（王澄海等，2003）。也有相关研究表明，季节性冻土深度、持续时间和地表温度的变化有可能促进地面与大气之间的热交换，有利于加强高原季风（Zhao et al.，2004）。青藏高原季节性冻土解冻初期，夏季地表热源较弱，上升运动也较弱，西太平洋副高也较弱（Gao et al.，2014）。

6. 高原冻土与植被变化关联性

通过 NDVI 的量化，发现季节性冻土最大冻土深度与植被覆盖度呈现负相关关系。植被变化对气候系统的影响主要是通过地表辐射能量收支的变化来实现的。根据以往的研究，植被在不同的土地覆盖类型中各不相同，并通过不同的物理机制对气候变化做出反应，如地表反照率的变化、植被的蒸腾作用和遮阴效应。在寒冷季节，植被减少或少量的植被将更容易被积雪覆盖，从而大大增加反照率。反照率的增加导致陆地表面的净辐射减少，因为从地表反射进来的太阳辐射更多。然后，由于陆地表面吸收的能量较少，陆地表面空气温度将大大降低。对于较冷的地表，感热通量降低。此外，植被减少导致蒸发蒸腾量减少，从而降低了潜热通量（Snyder et al.，2004）。与植被增加相比，较少的植被导致地表反照率每年大幅度增加，这减少了表面净辐射量，使地表变冷，导致最大冻土深度增加。相反，植被的增加会导致最大冻土深度的减小。植被对蒸腾的影响主要发生在夏季，而季节性冻土主要发生在冬季和春秋季。近年来，许多学者也得出了青藏高原植被有所增加的结论（Peng et al.，2017；Piao et al.，2011；Zhu et al.，2018），所以季节性冻土最大冻土深度减小、植被覆盖度增加，因而二者具有负相关的关系；但植被的变化还是主要受气候变化的影响，尤其是降水的影响，因而在研究区域内，只能定性地给出季节性冻土与植被的关系。

7. 植被覆盖度变化与冻融过程影响

当植被覆盖度从 5% 增加到 20% 时，浅层土壤（0.05 ～ 1.60 m）的年地温范围平均增加 2.19 ～ 8.17℃（Wang et al.，2019）。植被覆盖度的变化也引起了土壤含水量和土壤温度相互作用的变化。冻结期土壤含水量对土壤温度的影响大于解冻期。此外，植被覆盖度高的土壤比植被覆盖度低的土壤保持更多的水分。在冻结过程中，由于水的热容量大于土壤的热容量，较高的植被覆盖度降低了土壤温度的下降速率。植被覆盖度较高的地区在隔热方面也发挥了更好的作用。这一现象对冻土的环境保护和有效利用起到重要作用。

8. 植被与冻土的共生关系

植被和冻土间存在一定的共生关系（Jorgenson et al.，2001；Yue et al.，2020），虽然较低的土壤温度与较浅的活动层对植被生长具有一定的抑制作用，但有助于保持土壤水分和养分，使其免于大量蒸发及渗漏；夏季，植被冠层遮挡阳光防止直射冻土，而在冬季，植被通过截获降雪等而影响土壤的冻融过程（Blok et al.，2011）。冻土、活动层及植被间的水热过程是维持冻土生态过程的关键。但因气候变暖、野火及人为活动等，冻土发生退化，进而对植被类型、群落、生物量、物候等产生显著影响，导致生态系统发生显著改变（Jorgenson et al.，2001；Li et al.，2019）。

9. 冻土退化对植被的影响

在高寒环境下，土的冻结和融化作用所塑造出的寒冻土壤、冷生植被群落以及与冻土有关的水热变化过程等及其在该环境下形成的协同发展的生态系统就是高寒生态系统，或称为冻土生态系统（吴青柏等，2002；Walker et al.，2003）。冻土的退化将对植被生态系统主要产生以下几个方面的影响。

（1）植被生态系统类型演替：整体而言，冻土退化导致植被由高寒草甸向高寒草原甚至高山荒漠转变，其优势物种由莎草科向中旱生植物转变。由于植被类型、地冰含量和解冻深度的变化，生态系统显示出对冻土退化的复杂反应机制：在有冰雪覆盖的冻土上，陆地生态系统将被水生或湿地系统取代；在排水条件改善的高地和山坡上，旱生或灌木群落可能主导生态系统（郭正刚等，2007；Zhao et al.，2013）。随冻土环境退化（冻土上限深度增大），高寒草甸草地土壤有机质含量显著下降，高寒草原和草甸草地土壤均呈现出明显的表层粗粝化（王根绪等，2006）。冻土退化导致的地形、水文等因素变化均会影响到植被类型的改变等。在解冻深度较浅、季节性冻土较薄的地区，冻土退化可能会增加土壤湿度（Jorgenson et al.，2001），然而长远来看，随着季节性冻土的减薄和活动层厚度的加深以及排水的改善，土壤湿度将有所降低（Wang et al.，2018）。在青藏高原地区，冻土退化虽然促进了土壤有机质的分解，但是植被可利用养分、溶解性有机碳和总氮却降低。冻土层融化导致物种多样性随着冻土层的不稳定而先增加后减少，而活动层的加深导致植物物种丰富度急剧下降。

(2) 植被覆盖度及生产力：土壤湿度是植被覆盖度及生产力的控制因素。在青藏高原地区，年际间随着冻土类型从热稳定到不稳定冻土的过渡，植被覆盖度首先增加然后减小（Chen et al.，2012）。高寒草甸和高寒沼泽草甸生态系统与冻土环境关系密切，随冻土上限深度增加，高寒草甸草地的覆盖度和生物生产量均显著减小，冻土上限深度与高寒草甸植被覆盖度和生物量之间均具有较为显著的二次抛物线形相依变化关系。冻土退化将直接导致高寒草甸与高寒沼泽草甸面积出现显著退化，近 15 年间高寒沼泽草甸分布面积锐减 28.11%，高寒草甸分布面积减少了 7.98%。高寒草甸与冻土环境间的关系实际上反映了气候变化下冻土条件与高寒草甸土壤水分条件之间的密切联系，高寒草甸对冻土环境的依赖性实际上就是高寒草甸对土壤水分的依赖性和敏感性。依据高寒草甸覆盖度与冻土上限深度间的关系，当冻土环境出现退化时，冻土上限深度在地表 3.5 m 以下。当高寒草甸草地可能出现中度退化时，冻土上限深度在 4.5 m 以下；当高寒草甸草地可能出现严重退化时，会逐渐成为黑土滩地或草原化，一般冻土上限深度小于 3.0 m；当高寒草甸植被群落保持较好时，具有较高的覆盖度（王根绪等，2006），但与高寒草原生态系统两者之间不具有明显的统计意义上的相关关系，反映出高寒草原生态系统的分布和变化与冻土环境变化的关系不密切。

(3) 冻土厚度与高寒植被覆盖度之间具有较好的相关关系，同时，冻土上限深度对冻结层地下水位分布具有较明显的影响，维持较大的冻土深度和较浅的冻结层地下水位对维护高寒生态系统稳定具有明显的作用。

郭正刚等（2007）指出，当与土壤湿度紧密相关的冻土深度为 0.1 ～ 0.8 m 时，高山草甸的覆盖度为 85% ～ 95%；当深度为 0.8 ～ 2.0 m 时，高山草甸的覆盖度为 30% ～ 50%；当深度超过 2 m 时，高山荒漠的植被覆盖度小于 30%。随着冻土内部温度的增加，植被整体生物量呈现先增加后减小的规律（Chen et al.，2012）。

(4) 植被物候：Yu 等（2017）基于遥感数据对青藏高原地区草甸及草原植被的物候进行了分析，发现尽管青藏高原上草原和草甸地区持续变暖，但从 20 世纪 90 年代中期开始，春季物候延后而秋季物候提前，导致生长季长度缩短，他将此现象归结于冬季及春季的气候变暖，Chen 等（2012）对此提出了质疑，并指出除了考虑气候变暖外，应综合考虑草地退化、冻土冻融等变化。Jiang 等（2018）发现，植被春季物候与土壤解冻之间具有显著的正相关关系，但是在季节性冻土地区存在明显的空间变异性，且与土壤湿度具有复杂的联系。

10. 高原冻土退化趋势与碳排放变化

大量研究表明，冻土的退化有利于其向大气和河流排放碳。多年冻土是全球重要的有机碳库。随着季节性冻土的消融，每年都有大量的有机碳从冻土中释放出来，并流向河流，因而为冻土区的河流水系提供了丰富的有机碳源，使其溶解有机碳（dissolved organic carbon，DOC）浓度高于其他地区的河流（Karen and James，2009），这不仅影响河流生态系统的结构和功能，且对全球现代碳循环有着重要贡献。在气候变暖冻土退化影响下，冻土中大量有机物质被释放出来。其在经过生物地球化学作用后，直接通过陆 - 气界面以 CO_2 和 CH_4 形式进入大气，或者以溶解碳形式进入水文循环，除部分可能以生物炭形式被水生生物固定外，大多也转化为 CO_2 和 CH_4 释放到大气中。该过程导致冻土区碳源功能增强。Turetsky 等（2020）的研究指出，在冻土快速消融的情景下，温室气体的排放量将进一步增大，而 Zona 等（2015）也表明，CH_4 的排放量在冷季更高。

以上研究表明了青藏高原冻土退化继而影响到碳的排放作用，也有学者研究了碳的消耗，主要是考虑硅酸盐矿物在风化过程中吸收 CO_2，所以计算了河流中的硅酸盐风化引起的 CO_2 的消耗量（Wang et al.，2016；刘旭等，2018），结果显示，位于青藏高原黄河源冻土分布区中的 CO_2 消耗量远大于位于黄土高原的黄河下游地区。但是，有观点认为，风化过程对 CO_2 的消耗速率较慢，虽然在气候变暖的大背景下，风化作用也对气候变化较为敏感，消耗速率与之前相比有所增加，但是要想达到 CO_2 的平衡，所需要的时间尺度也较大（认为是百万年）。从现有的观点来看，冻土退化对青藏高原的作用是碳源还是碳汇尚不明确。

9.2　青藏高原冰川变化趋势与气候暖湿化影响

青藏高原的冰川融水与密布的湖泊为河流的发育提供了稳定的水资源，围绕青藏高原发育的有众多国内外重要的大江大河，其为占世界 1/3 人口的东亚、南亚提供了重要的生活与生产用水（Immerzeel et al.，2010）。在全球变暖背景下，亚洲水塔的水资源正在发生剧烈的变化（Yao et al.，2019）。地面雨量站的观测资料显示，1984 ～ 2006 年，降水在相对湿润的青藏高原东部及南部呈现出下降趋势，而在相对干旱的高原中部和北部有增加趋势（Yang et al.，2014）。但根据 1979 ～ 2018 年的全球降水气候项目 GPCP 降水数据，藏东南地区降水表现出显著的降低趋势，而帕米尔高原—喀喇昆仑山地区降水呈现一定的增加趋势（姚檀栋等，2019），使得喀喇昆仑山的冰川处于相对稳定状态（Kapnick et al.，2014）。

研究指出，冰川的变化不仅受温度变化影响，也受降水量变化影响（王宁练等，2019）。施雅风等（2006）推测，在气温普遍升高的背景下，青藏高原区域降水量呈显著上升趋势，因此该区域出现冰川前进的现象。1980～2000年，藏东南地区温度升高，但该地区的降水亦呈增加趋势，导致尽管冰川总体面积减小，但仍有冰川处于前进之中（Liu et al.，2006）。

近50年来，亚洲水塔冰川区呈水资源失衡的趋势，主要特征是固态水储量（冰川）减小。随着冰川的持续亏损，冰川融水径流最终将发生突变甚至消失，未来可用水资源将显著减少（Huss and Hock，2018）。总体上看，在过去的30年，这些冰川区域都经历着不同程度的退缩。其中，位于高原西北部的帕米尔高原—喀喇昆仑山—西昆仑山地区的冰川退缩程度最小，而藏东南、喜马拉雅山地区的冰川退缩最严重（Kääb et al.，2012；Gardelle et al.，2012；Bolch et al.，2012；Fujita and Nuimura，2011；Gardelle et al.，2013；Neckel et al.，2014）。在全球变暖背景下，虽然青藏高原各冰川区气温均呈现显著上升趋势，但为何北部偏西区域与南部（高原南缘、藏东南）地区的冰川退缩程度存在显著差异？这种差异是否与降水“补给”的变化特征相关？从冰川区域降水“补给”差异的视角，如何认识影响青藏高原降水的西风与季风变化特征？针对上述问题，本章首先利用经过卫星资料变分订正得到的高分辨率降水观测资料，并结合温度观测及再分析资料，综合分析了冰川退缩差异与地面气温、降水的变化特征；然后分析了青藏高原南、北缘地区降水“补给”特征与冰川退缩差异的关联性，以及气候变暖背景下降水变化对冰川变化的影响；进而讨论了冰川物质平衡变率与区域大气云降水及水汽收支的相关特征，此外还研究了高原水汽输送的三维变化与冰川变化之间的可能关系，讨论了海洋热力驱动下季风对青藏高原南北冰川退缩影响的差异性（Sun et al.，2022）。

青藏高原及周边区域存在7个代表性冰川区域（表9.1和图9.3），包括帕米尔高原、喀喇昆仑山、西昆仑山、藏东南和喜马拉雅地区。喜马拉雅山从东到西绵延近2500km，气候差异大。因此，需要将喜马拉雅山分为东段、中段和西段三部分。

表9.1　青藏高原及其周边区域代表性冰川分布

区域	代表性冰川	冰川中心位置经纬度及面积
帕米尔高原	喀拉亚依拉克冰川	38.71°N，75.27°E；128.15km^2
喀喇昆仑山	音苏盖提冰川	36.03°N，76.20°E；379.97km^2
西昆仑山	古里雅冰帽	35.28°N，81.90°E；212.15km^2
藏东南	恰青冰川	30.48°N，94.68°E；206.7km^2
喜马拉雅山西段	纳木那尼冰川	30.45°N，81.31°E；>10km^2
喜马拉雅山中段	绒布冰川	28.00°N，86.85°E；85.40km^2
喜马拉雅山东段	曾冰川	28.22°N，90.23°E；84.5km^2

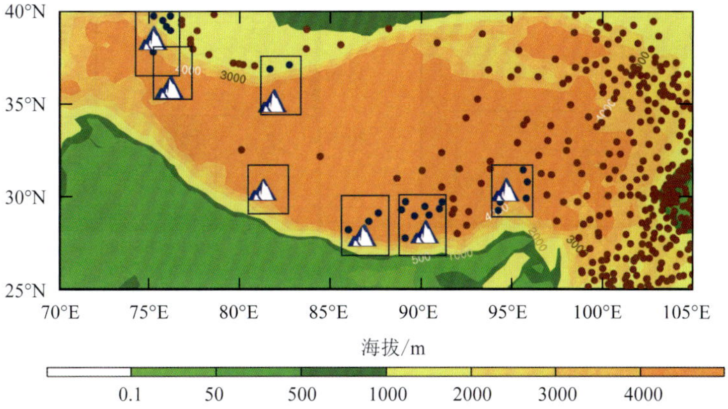

图 9.3　青藏高原代表性冰川分布及高原地面站点分布

首先分析青藏高原温度与降水变化趋势的空间差异（图 9.4）。1979 ～ 2018 年年平均、夏半年（3 ～ 8 月）和冬半年（9 月至次年 2 月）青藏高原整体气温呈现明显上升趋势，但降水却呈现北增南减的变化趋势。青藏高原大部分区域的年平均、夏半年和冬半年 2 m 气温均呈升高趋势，且夏半年高原北部和冬半年高原南缘平均气温的升高趋势最为明显，其变率达到 0.5℃ /10a 以上。而在青藏高原的西北部（帕米尔高原附近），气温呈不显著的下降趋势。基于站点数据计算的冰川关键区气温降水变化趋势与再分析资料一致。图 9.4(d) ～ (f) 是优化变分订正后 TRMM 降水产品所得的降水变化趋势分布。结果表明，青藏高原自西北向东南区域，降水变化趋势由增加转为减少，可分为高原北缘的降水“正补给”区与南缘的降水“补给失衡”区。

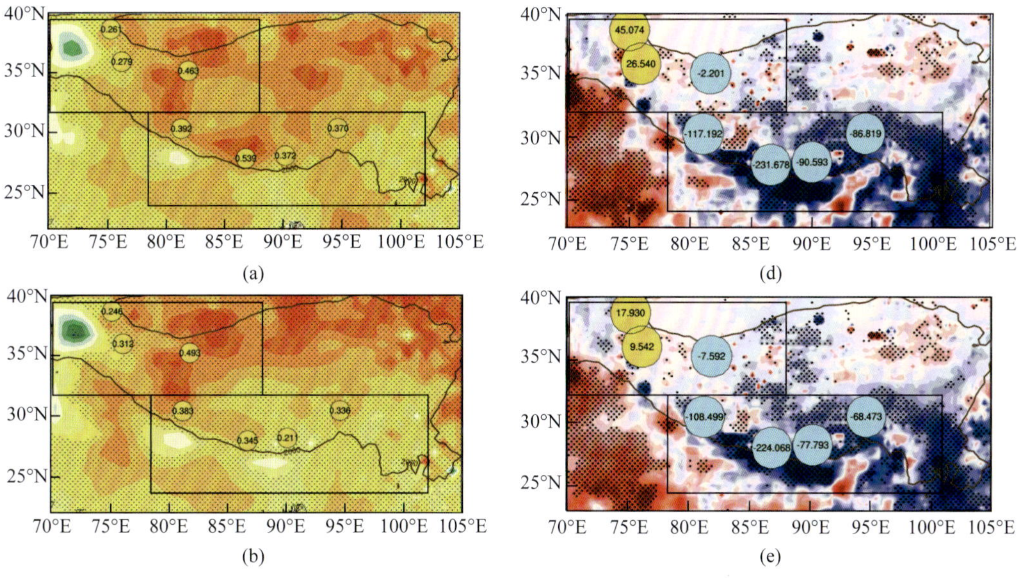

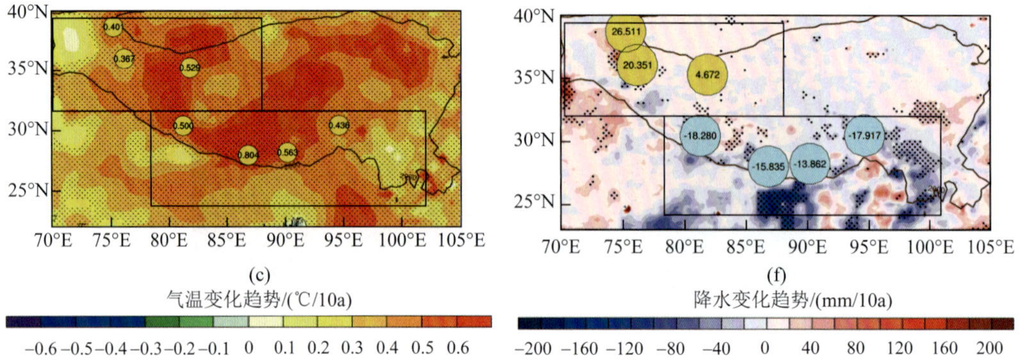

图 9.4 青藏高原气温及降水变化趋势

(a) 1979 ～ 2018 年年平均 2m 气温变化趋势；(b) 夏半年平均 2m 气温变化趋势；(c) 冬半年平均 2m 气温变化趋势；(d) 1998 ～ 2018 年青藏高原地区年平均降水变化趋势；(e) 夏半年平均降水变化趋势；(f) 冬半年平均降水变化趋势。填色表示 2m 气温及 TRMM 降水变化的再分析产品变化趋势，点表示冰川位置的变化趋势，散点表示变化趋势超过 0.10 显著性水平

IPCC 第五次评估报告指出，随着全球温度不断升高，全球山地冰川和冰盖都发生了不同程度的退缩，导致海平面不断升高。《中国气候变化蓝皮书 (2019)》也指出，1979 ～ 2018 年，青藏高原冰川区地面气温显著升高，升温幅度远高于中国区域平均水平 (0.16℃ /10a)。1979 ～ 2018 年，7 个代表性冰川地区平均温度变化曲线呈一致升温趋势，尤其 1998 年后代表性冰川区升温趋势更为明显 [图 9.5 (a)]；冰川区地面气温变率为 0.26 ～ 0.54℃ /10a，其中喜马拉雅山中段的升温幅度最大，可达 0.54℃ /10a，其次是喜马拉雅山西段、东段，升温幅度分别为 0.39℃ /10 a 和 0.37℃ /10a；藏东南为 0.37℃ /10a；高原南缘升温幅度偏弱，而青藏高原北部帕米尔高原、喀喇昆仑山以及西昆仑山冰川区邻近地面气象站升温幅度变率为 0.26 ～ 0.29℃ /10a[图 9.5 (b)]。

图 9.5 (c) 和 (d) 说明，1998 ～ 2018 年，青藏高原冰川区降水变化南、北差异显著，降水减少区域位于藏东南和喜马拉雅山西段、中段、东段；而降水增加区域则位于帕米尔高原、西昆仑山以及喀喇昆仑山，其中，喜马拉雅山中段的平均降水达 1200mm 以上，是年平均降水量最多的区域；其次是喜马拉雅山东段、西段与藏东南区域，而帕米尔高原、西昆仑山以及喀喇昆仑山区域的年降水量较少，降水量范围为 30 ～ 300mm。在较湿润的藏东南和喜马拉雅山西段、中段、东段地区，降水呈现显著下降趋势，其中喜马拉雅山中段的降水减少最明显 (−229mm/10a)；其次是喜马拉雅山西段，降水减少率为 −128mm/10a；喜马拉雅山东段与藏东南冰川区的降水变率分别为 −94mm/10a 和 −93mm/10a。青藏高原北缘冰川区，即帕米尔高原、喀喇昆仑山以及西昆仑山，其降水量较少，属于干旱区；但在 1998 ～ 2018 年，当地降水却呈现微弱的增加趋势，其中帕米尔高原与喀喇昆仑山的降水增幅约为 35mm/10a 和 31mm/10a，而西昆仑山年降水量的变化趋势相对较弱。

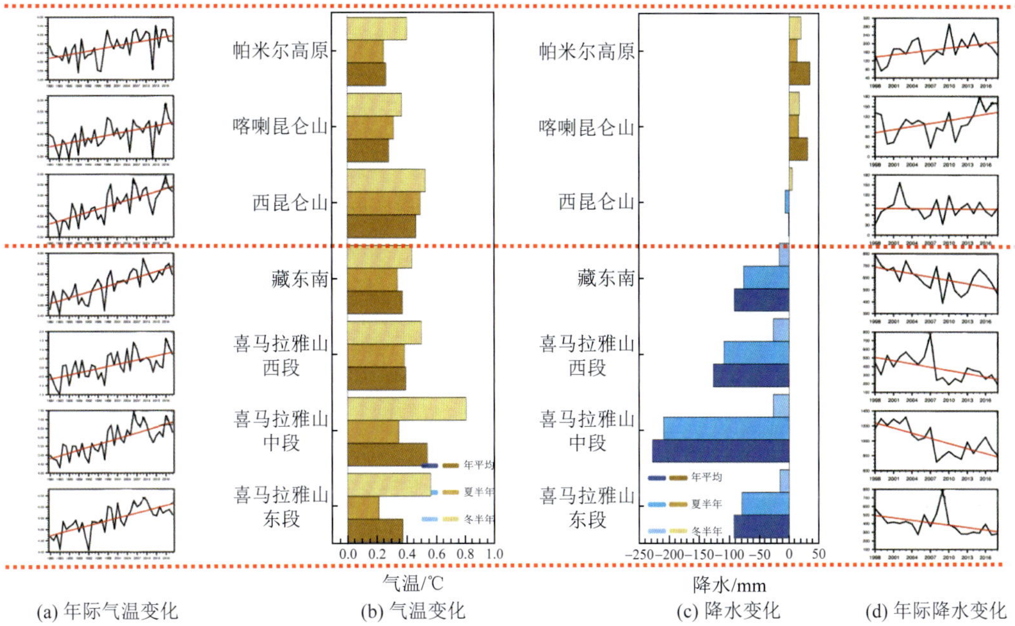

图 9.5　冰川退缩显著区与不显著区地表气温综合分析图及年、半年度（夏、冬半年）平均降水变化特征

(a) 1979 ～ 2018 年代表性冰川分布区邻近站点年平均 2m 气温变化曲线；红色曲线代表趋势线；(b) 1979 ～ 2018 年各区域相邻站点年平均 2m 气温变异性和夏、冬半年平均 2m 气温变化曲线；(c) 与 (b) 相同，但为 1998 ～ 2018 年各地区 TRMM 变分产品；(d) 与 (a) 相同，但为 1998 ～ 2018 年的 TRMM 降水产品

根据温度和降水变化的空间分布特征，将青藏高原冰川区分为两个区域，分别为青藏高原北部偏西的冰川区 A(32°N ～ 39.5°N；70°E ～ 88°E) 以及青藏高原南部（南缘、东南部）冰川区 B(24°N ～ 32°N；78°E ～ 102°E)。就区域平均而言，区域 A（帕米尔高原—喀喇昆仑冰川区以及西昆仑山冰川区）降水呈现增加趋势，部分地区降水增加趋势显著，该区域降水对冰川具有“正补给”效应，导致这一区域在气候变暖背景下冰川退缩程度弱，局地甚至出现冰线延伸现象 [图 9.6(a)]；区域 B（喜马拉雅山—藏东南冰川区）降水呈显著减少趋势，降水对冰川的“补给失衡”导致这一区域冰川显著退缩 [图 9.6(a) 和 (b)]。冰川物质平衡变化（即冰川退缩程度）与区域降水及大气云量密切相关。某一时段内冰川物质的收支状况可以用冰川物质平衡表示，当冰川物质平衡为正值时，该冰川物质处于累积状态，冰川将增大；反之则为亏损状态，冰川会减薄或退缩。基于王宁练等 (2019) 对高原冰川区的研究结果 [图 9.6(a)]，冰川物质平衡变化与年平均降水变化呈显著正相关特征 [图 9.6(c)]，相关系数为 0.413（超过 0.05 显著性水平）。同时，冰川区低云量与物质平衡变率亦有显著正相关特征，相关系数为 0.429（超过 0.05 显著性水平）。综上所述，气候变暖是青藏高原冰川退缩的主因，而冰川区降水的“补给”效应也与冰川面积变化呈显著的正相关，其是北部冰川退缩程度弱、局地甚至出现延伸的主要原因。因此，大气降水变化的区域性特征亦是青藏高原南、北地区冰川

退缩区域差异的关键影响因素之一（Sun et al.，2022）。

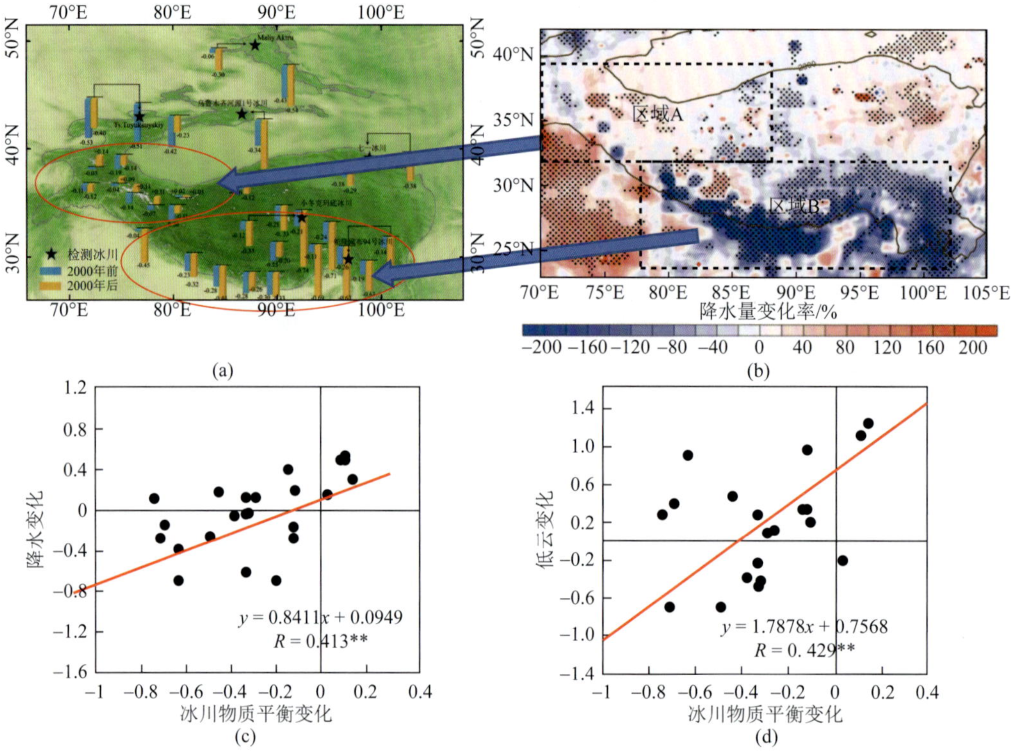

图 9.6 青藏高原及其周边地区冰川物质平衡及降水量变化

(a) 20 世纪 70 年代以来青藏高原及其周边地区不同时期冰川物质平衡变化（单位：水当量米 / 年）（王宁练等，2019）；(b) 1998 ～ 2018 年平均年降水量变化率（打点区域在 90% 置信水平下显著，单位：mm/10 a）；(c) 冰川物质平衡变化与相应地点年降水变化之间的相关性；(d) 冰川物质平衡变化与相应地点年低云变化之间的相关性

9.3 青藏高原冰川退化对季风 – 海洋变化协同作用的响应

已有研究表明，亚洲夏季风和中纬度西风带是影响青藏高原水汽收支和降水的两个重要因素（Kapnick et al.，2014；Webster et al.，1998；Sugimoto et al.，2008；Schiemann et al.，2009；Feng and Zhou，2012；Gao et al.，2005；Wang et al.，2017），其中，青藏高原中西部降水与南亚季风密切相关。就气候平均而言，夏季青藏高原东南地区降水主要受雅鲁藏布江水汽通道影响，其水汽源可以追溯到阿拉伯海、孟加拉湾和中国南海。由于青藏高原降水主要集中在夏半年（3 ～ 8 月），夏季降水占全年降水 60% 以上，夏半年降水变化的空间差异将直接影响不同地区的冰川变化，因此本节将夏半年作为研究重点时段。

图 9.7(a) 为水汽收支及其边界输送示意图，四个方向的水汽输送量总和就是这一区域的水汽总收支。水汽输送减少是喜马拉雅山—藏东南冰川区夏季降水量显著减少

的重要原因，这也加剧了该区域降水的“补给”失衡趋势。

1998 ～ 2018 年，区域 A 夏半年平均总水汽收支为 1.245×10^{7}kg/s[图 9.7(b)]，水汽主要从西边界流入，水汽量总收支呈现弱增加趋势 [图 9.7(c)]，但并不显著 (R=0.193)，与之相应，该区域降水变化也呈非显著增加的趋势，水汽收支与降水呈显著正相关，相关系数为 0.418，超过 0.05 显著性水平。区域 B 的水汽从西面和南面输入 [图 9.7(b)]，区域平均水汽收支为 4.731×10^{7}kg/s。1998 ～ 2018 年夏半年区域 B 的水汽收支与降水均呈现显著减少趋势 [图 9.7(d)]，相关系数达 0.611，超过 0.05 显著性水平 [图 9.7(d)]。

青藏高原冰川区域A、B平均降水与亚洲夏季风水汽输送结构具有很好的关联性[图 9.7(e) 和 (f)]。青藏高原北部偏西冰川区域 A 降水主要受南亚季风系统影响 [图 9.7(e)]，其水汽主要来自印度洋、阿拉伯海和孟加拉湾，并且与印度洋南部南半球海洋水汽源的跨赤道暖湿气流密切相关。此外，在西风气流作用下，另一部分水汽来自高原西侧，构成了影响高原北部偏西冰川区域 (区域 A) 降水的水汽通道。而喜马拉雅山—藏东南冰川区 (区域 B) 降水的主要水汽来自中国南海、孟加拉湾与阿拉伯海，受东亚季风系统的影响 [图 9.7(f)]。在副热带高压影响下，东亚夏季风带来的暖湿气流自西太平洋经孟加拉湾从高原南面流入，进而影响冰川区域B 夏季降水。青藏高原南、北冰川区 (区域 A、B) 与降水相关的南亚季风和东亚季风水汽通量呈相反的变化趋势 [图 9.7(g)]。其中，1998 ～ 2018 年 10°N ～ 27.5°N 平均夏半年的南风水汽输送 (qv)[图 9.7(h)] 在 78°E ～ 88°E 呈增加趋势，且在 88°E ～ 110°E 呈减少趋势，说明南亚季风的水汽输送在 1998 ～ 2018 年有所加强，而东亚季风水汽输送有所减弱。

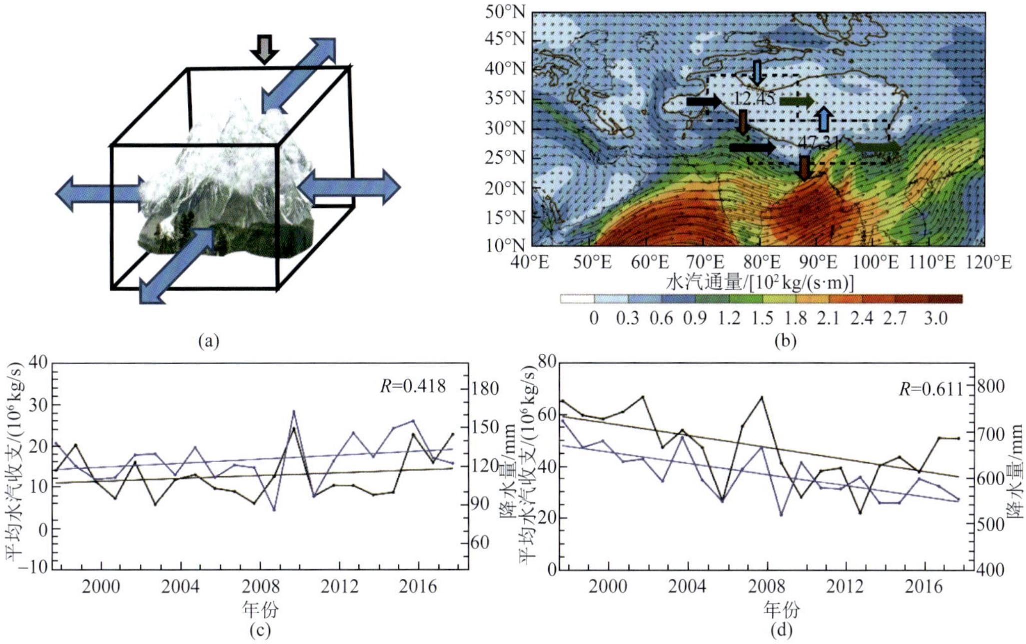

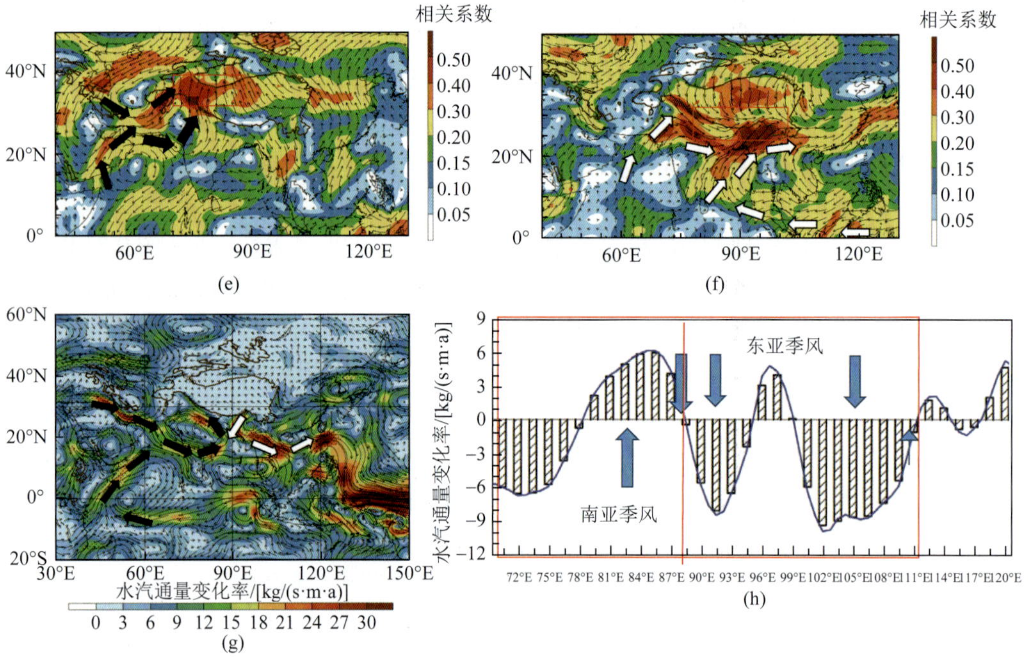

图 9.7　1998 ～ 2018 年夏半年区域 A 和区域 B 水汽收支

(a)(b) 平均水汽通量（方框中的数字表示水汽收支，单位：10^6kg/s）；区域 A(c)/ 区域 B(d) 水汽收支及降水的年际变化曲线；区域 A(e)/ 区域 B(f) 降水与整层水汽通量的相关分布；(g) 水汽通量变化率（阴影表示向量的大小）；(h) 10°N ～ 27.5°N 平均南北方向水汽通量 qv 变化率 [单位：kg/(s·m·a)]

1998 ～ 2018 年夏半年水汽输送在不同高度 (500 hPa 和 700hPa) 的变化趋势表明，水汽输送存在高层加强、低层减弱的现象（图 9.8）。在 500hPa 上，从阿拉伯海及孟加拉湾上空向北输送的水汽明显增加，水汽通量绕过印度半岛进入青藏高原西北部区域，使区域 A 的水汽增多、降水增加。另外，在 700 hPa 上，从高原南坡流入高原南部以及藏东南区域的水汽减少，这是区域 B 降水减少的重要原因。进一步分析表明，500 hPa 南风引起的水汽输送 (qv)，在 70°E ～ 100°E 呈增加趋势 [图 9.8(c)]，而 700 hPa 水汽输送在 80°E ～ 120°E 呈减少趋势 [图 9.8(d)]，同样表明水汽输送呈高层加强、低层减弱的变化趋势。

水汽输送的垂直结构分析也印证了青藏高原夏半年水汽在中高层增加、低层减少的变化趋势。高原西部冰川区域 A 经向水汽输送的纬度气压剖面（沿 72°E ～ 75°E 平均）显示，在中高层 500 hPa 上，从印度季风区输送至高原主体中西部区域 A 的水汽有所增加 [图 9.9(a)]，使区域 A 的降水量呈增加趋势，这与图 9.9(a) 的结论一致。图 9.9(b) 是高原东部沿 92°E ～ 95°E 平均的经向水汽输送垂直变化剖面。在冰川区域 B 附近（高原南坡及东南缘），700 hPa 以下的水汽输送减少，和图 9.9(b) 的结果相符；同时，高原南坡的异常下沉气流加强，说明该区域夏季对流活动减弱。两者共同导致了冰川区域 B 夏季降水呈显著减少趋势。

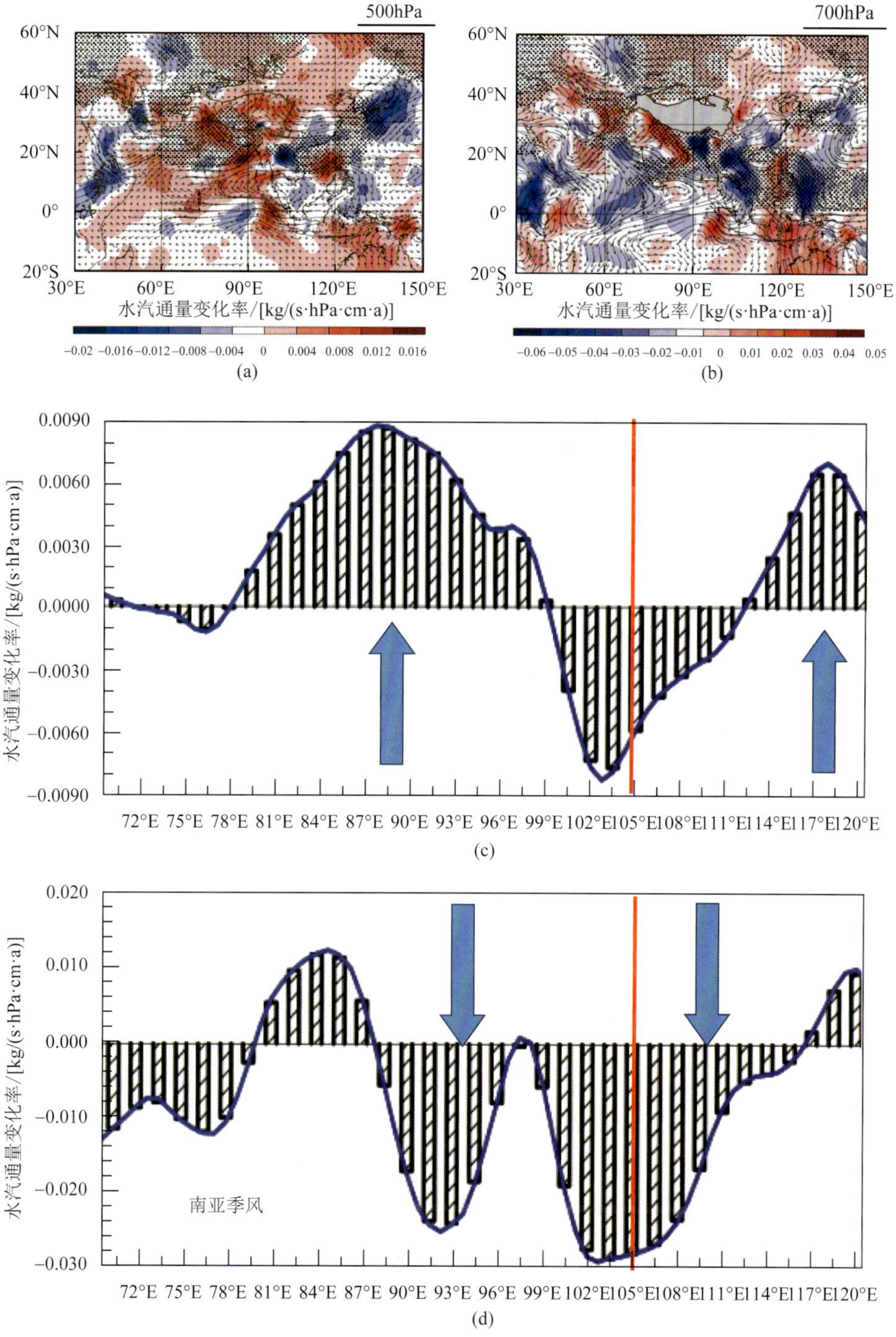

图 9.8　水汽通量的变化趋势 500hPa (a) 和 700hPa (b) [矢量，单位：kg/(s·hPa·cm)]；10°N ～ 27.5°N 平均南北方向水汽输送 qv 的变化趋势 500hPa (c) 和 700hPa (d)

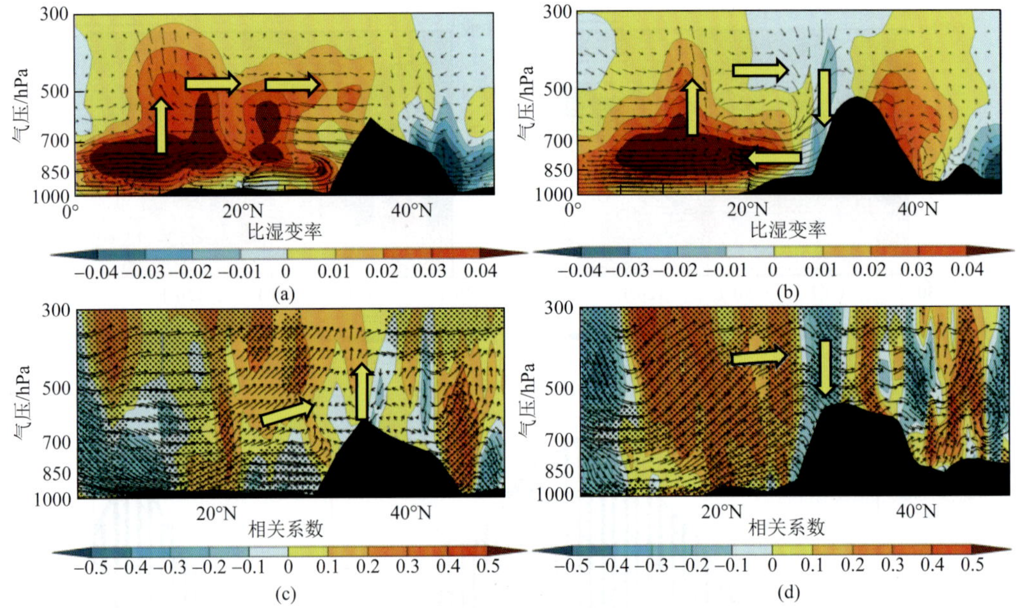

图 9.9　青藏高原南侧水汽输送变化及其与印度洋海温相关分布

(a) 1998 ～ 2018 年夏季水汽通量变率 72°E ～ 75°E 平均垂直分布（矢量）与比湿变率垂直分布（填色）；(b) 同 (a)，但为 92 °E ～ 95°E 平均；(c) 1979 ～ 2018 年夏印度洋海表温度与风场 72°E ～ 75°E 平均相关分布（矢量）；与垂直运动相关分布（填色）；打点部分表示信度超过 95%；(d) 同 (c)，但为 92 °E ～ 95°E 平均

海温是调节全球气候的主要因子之一，海洋热力驱动通过影响大气环流来调制区域的降水。在全球变暖背景下，印度洋海温呈上升趋势，印度洋海温升高对高原不同区域的影响具有差异。图 9.9(c) 和 (d) 为 1979 ～ 2018 年夏季印度洋海表温度与风场垂直剖面相关图。在印度洋暖海温影响下，更多水汽爬升至高原主体 (500 hPa 以上）后向北输送至区域 A，说明该区域水汽输送增加与印度洋海温升高密切相关。同时，印度洋海温与高原主体西部冰川区域 A 南侧 20°N 附近的上升运动呈显著正相关，有利于该区域降水量的增加。而高原南坡冰川区域 B 水汽输送恰对应海温上升引起垂直环流异常下沉支，说明印度洋海温升高会抑制该区域对流活动，并减弱夏季水汽输送，导致该区域降水“补给”失衡、冰川物质亏损加剧、冰川退缩显著。

综上所述，青藏高原及其周围地区，特别是冰川区降水受季风区水汽输送影响。夏半年，在印度洋海温升高的影响下，南亚季风区暖湿气流的增强一定程度上增加了青藏高原西北部冰川区域（区域 A) 的水汽，使该区域夏半年降水“补给”增加；而青藏高原南部冰川区域（区域 B) 的水汽减少，导致喜马拉雅山—藏东南冰川区降水的“补给”失衡，这可能是该区域冰川显著退缩的重要成因之一。亚洲季风系统与印度洋海温在 1998 ～ 2018 年的变化趋势与青藏高原南、北部地区（区域 A、区域 B) 冰川退缩程度的空间差异相关联，说明气候变化背景下青藏高原冰川退缩程度的区域性分布特征与大气环流及其水循环结构的长期变化存在内在关联 (Sun et al.，2022)。

9.4　青藏高原冰川区人工增雪气候应对科学工程

基于多源资料与信息综合分析，上述青藏高原暖湿化与冰冻圈变化的关联性及其影响的研究成果，有助于揭示气候变暖对青藏高原冰冻圈变化的机理，深化了青藏高原暖湿化对冰冻圈水资源失衡调制因素的新认知，可以为青藏高原暖湿化对冰冻圈的影响气候应对提供科学支撑。

青藏高原冰川区的降水受到西风与亚洲季风变化协同作用的影响。近 20 年来，南亚季风影响下的来自印度洋的跨赤道暖湿气流的增强，为青藏高原西北部冰川区带来了一定的降水“补给”，使其冰川退缩程度较弱；喜马拉雅山—藏东南冰川区受到来自西太平洋的东亚季风暖湿气流的影响，随着东亚季风控制下的暖湿气流的减弱，这一区域夏半年降水呈下降趋势，从而引起降水“补给”失衡，造成全球变暖背景下青藏高原南缘区域的冰川呈显著退缩特征。在全球变暖背景下，青藏高原近 20 年降水量变率空间分布南北差异显著，导致降水“补给”区域性失衡，加剧了高原区域性冰川的物质亏损差异。第二次青藏高原综合科学考察研究任务一科考团队在阿尼玛卿冰川进行了实地考察 [图 9.10(a) 和 (b)]，并联合中国气象局人工影响天气中心，提出了冰川区人工增雪、补冰的气候应对科学工程。如无人机人工增雨（雪）试验全息影像模型所示 [图 9.11(e)]，2022 年 9 月 27 日中国气象局人工影响天气中心在阿尼玛卿冰川区实施了大型无人机人工增雪科学试验 [图 9.11(a) ～ (d)(f)]。

(a)　(b)

图 9.10　冰川区域（阿尼玛卿雪山）(a) 及科考团队考察阿尼玛卿冰川 (b)

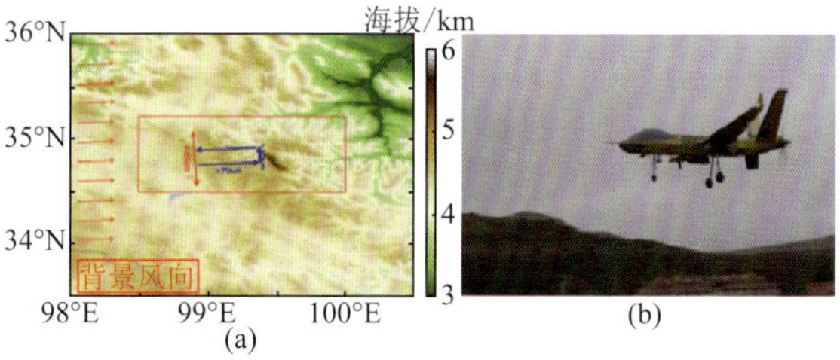

(a)　(b)

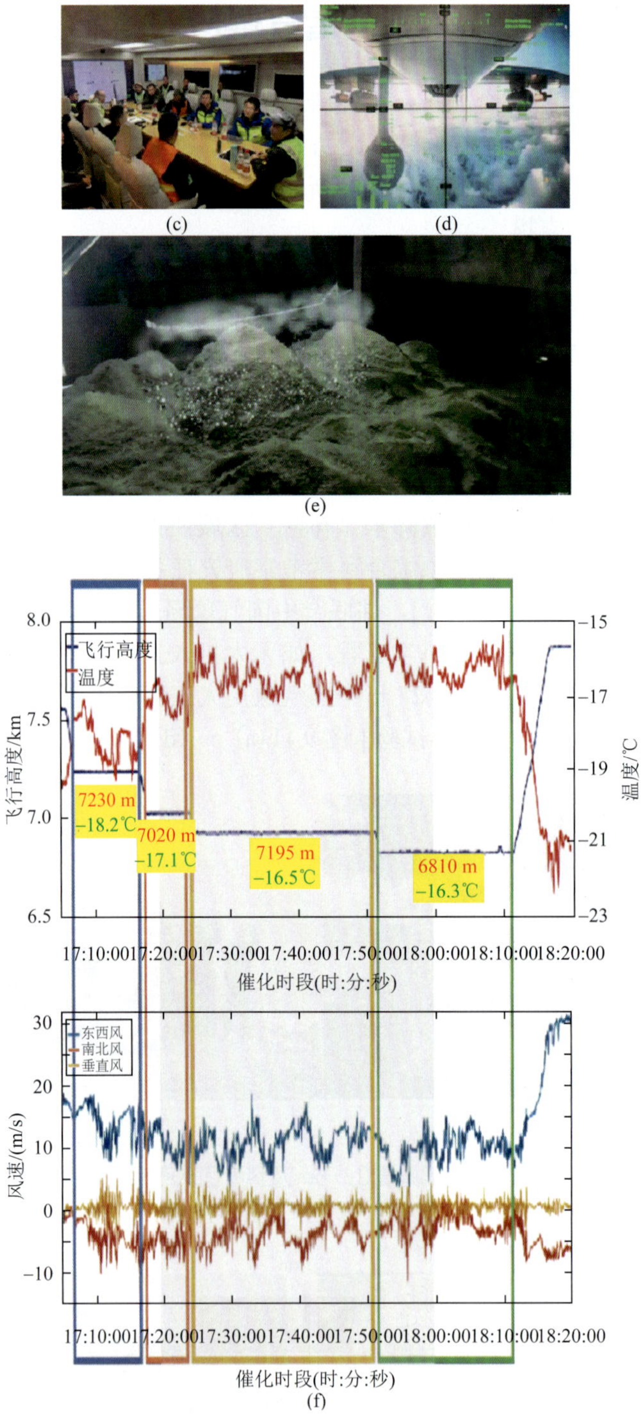

图 9.11　青藏高原阿尼玛卿冰川区中国气象局人工影响天气中心无人机人工增雨（雪）试验

(a) 无人机作业路线；(b) 无人机起飞；(c) 2022 年 9 月 27 日无人机作业前就天气情况进行会商；(d) 无人机上俯瞰阿尼玛卿冰川；(e) 全息影像模型；(f) 2022 年 9 月 27 日无人机－机载云降水探测数据（飞机在 4 个高度开展探测试验，催化高度 6810 ～ 7020 m）

参考文献

常燕，吕世华，罗斯琼，等. 2018. CMIP5 耦合模式对青藏高原冻土变化的模拟和预估. 高原气象，35(5)：1157-1168.

程国栋，赵林，李韧，等. 2019. 青藏高原多年冻土特征、变化及影响. 科学通报，64(27)：2783-2797.

戴黎聪，柯浔，张法伟，等. 2020. 青藏高原季节冻土区土壤冻融过程水热耦合特征. 冰川冻土，42(2)：390-398.

高荣，董文杰，韦志刚. 2008. 青藏高原季节性冻土的时空分布特征. 冰川冻土，30(5)：740-744.

高思如，曾文钊，吴青柏，等. 2018. 1990-2014 年西藏季节冻土最大冻结深度的时空变化. 冰川冻土，40(2)：223-230.

郭正刚，牛富俊，湛虎，等. 2007. 青藏高原北部多年冻土退化过程中生态系统的变化特征. 生态学报，27(8)：3294-3301.

蒋元春，李栋梁，郑然. 2020. 1971-2016 年青藏高原积雪冻土变化特征及其与植被的关系. 大气科学学报，3(3)：481-494.

刘旭，张东，高爽. 等. 2018. 青藏高原小流域化学风化过程及其 CO_2 消耗通量：以尼洋河为例，生态学杂志，37(3)：688-698.

罗栋梁，金会军，吕兰芝，等. 2014. 黄河源区多年冻土活动层和季节冻土冻融过程时空特征. 科学通报，59: 1327-1338.

欧阳斌. 2012. 基于 LST 产品的青藏高原冻土制图. 兰州：中国科学院寒区旱区环境与工程研究所.

秦大河，姚檀栋，丁永建，等. 2014. 冰冻圈科学辞典. 北京：气象出版社.

施雅风，刘时银，上官冬辉，等. 2006. 近 30a 青藏高原气候与冰川变化中的两种特殊现象. 气候变化研究进展，2(4)：154-160.

石亚亚，杨成松，车涛. 2017. MODIS LST 产品青藏高原冻土图的精度验证. 冰川冻土，39(1)：70-78.

王澄海，董文杰，韦志刚. 2003. 青藏高原季节冻融过程与东亚大气环流关系的研究. 地球物理学报，46(3)：309-318.

王根绪，李元寿，吴青柏. 等. 2006. 青藏高原冻土区冻土与植被的关系及其对高寒生态系统的影响. 中国科学 D 辑：地球科学，36: 743.

王国尚，金会军，林清，等. 1998. 青藏公路沿线多年冻土变化及环境意义. 冰川冻土，20(4)：444-450.

王宁练，姚檀栋，徐柏青，等. 2019. 全球变暖背景下青藏高原及周边地区冰川变化的时空格局与趋势及影响. 中国科学院院刊，34(11)：1220-1232.

吴青柏，施斌，刘永智. 2002. 青藏公路沿线多年冻土与公路相互作用研究. 中国科学 D 辑：地球科学，32(6)：514-520.

吴小丽，刘桂民，李新星，等. 2021. 青藏高原多年冻土和季节性冻土区土壤水分变化及其与降水的关系. 水文，419(1)：73-101.

姚檀栋，余武生，邬光剑，等. 2019. 青藏高原及周边地区近期冰川状态失常与灾变风险. 科学通报，64(27)：2770-2782.

周幼吾，郭东信. 1982. 我国多年冻土的主要特征. 冰川冻土，4(1)：1-19.

Bayarda D, Stahli M, Parriauxa A, et al. 2005. The influence of seasonally frozen soil on the snowmelt runoff at two Alpine sites in southern Switzerland. Journal of Hydrology, 309: 66-84.

Blok D, Schaepman-Strub G, Bartholomeus H, et al. 2011. The response of Arctic vegetation to the summer climate: Relation between shrub cover, NDVI, surface albedo and temperature. Environmental Research Letters, 6(3): 035502.

Bolch T, Kulkarni A, Kaab A, et al. 2012. The state and fate of Himalayan glaciers. Science, 336(6079): 310-314.

Chen S Y, Liu W J, Qin X, et al. 2012. Response characteristics of vegetation and soil environment to permafrost degradation in the upstream regions of the Shule River Basin. Environmental Research Letters, 7(4): 045406.

Cuo L, Zhang Y, Bohn T J, et al. 2017. Frozen soil degradation and its effects on surface hydrology in the northern Tibetan Plateau. Journal of Geophysical Research: Atmosphere, 120(16): 8276-8298.

Dai L C, Guo X W, Zhang F W, et al. 2019. Seasonal dynamics and controls of deep soil water infiltration in the seasonally-frozen region of the Qinghai-Tibet Plateau. Journal of Hydrology, 571: 740-748.

Feng L, Zhou T. 2012. Water vapor transport for summer precipitation over the Tibetan Plateau: Multidata set analysis. Journal of Geophysical Research, 117: D20114.

Frauenfeld O W, Zhang T J. 2011. An observational 71-year history of seasonally frozen ground changes in the Eurasian high latitudes. Environmental Research Letter, 6(4): 044024.

Fujita K, Nuimura T. 2011. Spatially heterogeneous wastage of Himalayan glaciers. Proceedings of the National Academy of Sciences of the United States of America, 108(34): 14011-14014.

Gao R, Wei Z, Dong W. 2005. Impacts of the anomalous thawing in the Tibetan Plateau on summer precipitation in China and its mechanism. Advances in Atmospheric Sciences, 22: 238-245.

Gao Y, Lan C, Zhang Y. 2014. Changes in moisture flux over the Tibetan Plateau during 1979-2011 and possible mechanisms. Journal of Climate, 27: 1876-1893.

Gardelle J, Berthier E, Arnaud Y, et al. 2013. Region- wide glacier mass balances over the Pamir- Karakoram-Himalaya during 1999-2011. The Cryosphere, (7): 975-1028.

Gardelle J, Berthier E, Arnaud Y. 2012. Slight mass gain of Karakoram glaciers in the early twenty-first century. Nature Geoscience, 5(5): 322-325.

Guo D, Wang H. 2013. Simulation of permafrost and seasonally frozen ground conditions on the Tibetan Plateau, 1981-2010. Journal of Geophysical Research: Atmosphere, 118: 5216-5230.

Hu H, Wang G, Wang Y, et al. 2009. Response of soil heat-water processes to vegetation cover on the typical permafrost and seasonally frozen soil in the headwaters of the Yangtze and Yellow Rivers. Science Bulletin, 54: 1225-1233.

Huss M, Hock R. 2018. Global-scale hydrological response to future glacier mass loss. Nature Climate Change, 8: 135-140.

Immerzeel W W, van Beek L P, Bierkens M F. 2010. Climate change will affect the Asian water towers. Science, 328(5984): 1382-1385.

Jiang H R, Zhang W J, Yi Y H, et al. 2018. The impacts of soil freeze/thaw dynamics on soil water transfer and spring phenology in the Tibetan Plateau. Arctic, Antarctic, and Alpine Research, 50(1): e1439155

Jin R, Li X. 2009. Improving the estimation of hydrothermal state variables in the active layer of frozen ground by assimilating in situ observations and SSM/Idata. Science in China Serice D, Earth Sciences, 52 (11): 1732-1747.

Jorgenson M T, Racine C H, Walters J C, et al. 2001. Permafrost degradation and ecological changes associated with a warming climate in Central Alaska. Climatic Change, 48: 551-579.

Kääb A, Berthier E, Nuth C, et al. 2012. Contrasting patterns of early twenty-first-century glacier mass change in the Himalayas. Nature, 488(7412): 495-498.

Kapnick S B, Delworth T L, Ashfaq M, et al. 2014. Snowfall less sensitive to warming in Karakoram than in Himalayas due to a unique seasonal cycle. Nature Geoscience, 7: 834-840.

Karen E F, James W M. 2009. Impacts of permafrost degradation on arctic river biogeochemistry. Hydrological Processes, 23: 169-182.

Li X Y, Jin H J, He R X, et al. 2019. Effects of forest fires on the permafrost environment in the northern Da Xing'anling (Hinggan) mountains, Northeast China. Permafrost and Periglacial Processes, 30(3): 163-177.

Li X, Jin R, Pan X D, et al. 2012. Changes in the near-surface soil freeze-thaw cycle on the Qinghai-Tibetan Plateau. International Journal of Applied Earth Observation and Geoinformation, 17: 33-42.

Li X, Koike T. 2003. Frozen soil parameterization in SiB2 and its validation with GAME-Tibet observations. Cold Regions Science and Technology, 36(1-3): 165-182.

Liang W, Yang Y, Fan D, et al. 2017. Analysis of spatial and temporal patterns of net primary production and their climate controls in China from 1982 to 2010. Agricultural Forest Meteorology, 204: 22-38.

Ling F, Zhang T. 2003. Numerical simulation of permafrost thermal regime and talik development under shallow thaw lakes on the Alaskan Arctic Coastal Plain. Journal of Geophysical Research: Atmosphere, 108: D16.

Liu S, Shangguan D, Ding Y, et al. 2006. Glacier changes during the past century in the Gangrigabu Mountains, southeast Qinghai-Xizang (Tibetan) Plateau, China. Annals of Glaciology, 43(1): 187-193.

Luo S Q , Wang J Y, John W, et al. 2020. Freeze-thaw changes of seasonally frozen ground on the Tibetan Plateau from1960 to 2014. Journal of Climate, 33: 9427-9448.

Neckel N, Kropáček J, Bolch T, et al. 2014. Glacier mass changes on the Tibetan Plateau 2003-2009 derived from ICESat laser altimetry measurements. Environmental Research Letters, 9(1): 014009.

Park H, Fedorov A N, Zheleznyak M N, et al. 2017. Effect of snow cover on pan-Arctic permafrost thermal regimes. Climate Dynamics, 44: 2873-2895.

Peng X, Zhang T, Frauenfeld O W, et al. 2017. Response of seasonal soil freeze depth to climate change across China. Cryosphere, 11(3): 1059.

Piao S, Wang X, Ciais P, et al. 2011. Changes in satellite-derived vegetation growth trend in temperate and boreal Eurasia from 1982 to 2006, Global Change Biology, 17: 3228-3239.

Qin Y, Lei H M, Yang D W, et al. 2016. Long-term change in the depth of seasonally frozen ground and its ecohydrological impacts in the Qilian Mountains, Northeastern Tibetan Plateau. Journal of Hydrology,

542: 204-221.

Schiemann R, Lüthi D, Schär C. 2009. Seasonality and interannual variability of the westerly jet in the Tibetan Plateau region. Journal of Climate, 22: 2940-2957.

Shiklomanov N I. 2012. Non-climatic factors and long-term, continental-scale changes in seasonally frozen ground. Environmental Research Letters, 7: 011003.

Snyder P, Delire C, Foley J. 2004. Evaluating the influence of different vegetation biomes on the global climate. Climate Dynamics, 23: 279-302.

Sugimoto S, Ueno K, Sha W. 2008. Transportation of water vapor into the Tibetan Plateau in the case of a passing synoptic-scale trough. Journal of the Meteorological Society of Japan, 86: 935-949.

Sun C, Xu X, Zhao T L, et al. 2022. Distinct impacts of vapor transport from the tropical oceans on the regional glacier retreat over the Qinghai-Tibet Plateau. Science of the Total Environment, 823: 153545.

Turetsky M R, Abbott B W, Jones M C, et al. 2020. Carbon release through abrupt permafrost thaw. Nature Geoscience, 13(2): 138-143.

Walker D A, Jia G J, Epstein H E, et al. 2003. Vegetation-soil-thaw-depth relationships along a low-arctic bioclimate gradient, Alaska: Synthesis of information from the ATLAS studies. Permafrost Periglacial Process, 14: 103-123.

Wang K, Zhang T J, Zhong X Y. 2015. Changes in the timing and duration of the near-surface soil freeze/thaw status from 1956 to 2006 across China. The Cryosphere, 9(3): 1321-1331.

Wang L Y, Wu Q B, Jiang G L. 2018. Numerical simulation of the effect of aeolian sand accumulation on permafrost. Journal of Glaciology and Geocryology, 40(4): 738-747.

Wang L, Zhang L, Cai W J, et al. 2016. Consumption of atmospheric CO_2 via chemical weathering in the Yellow River basin: The Qinghai-Tibet Plateau is the main contributor to the high dissolved inorganic carbon inthe Yellow River. Chemocal Gwology, 430: 34-44.

Wang T, Yang D, Fang B, et al. 2019. Data-driven mapping of the spatial distribution and potential changes of frozen ground over the Tibetan Plateau. Science of the Total Environment, 649: 515-527.

Wang Z L, Fu Q, Jiang Q X, et al. 2011. Numerical simulation of water-heat coupled movements in seasonal frozen soil. Mathematical and Computer Modelling, 54: 970-977.

Wang Z, Duan A, Yang S, et al. 2017. Atmospheric moisture budget and its regulation on the variability of summer precipitation over the Tibetan Plateau. Journal of Geophysical Research: Atmospheres, 122(2): 614-630.

Webster P, Magaña V O, Palmer T N, et al. 1998. Monsoons: processes, predictability, and the prospects for prediction. Journal of Geophysical Research, (103): 14451-14510.

Wu Q, Zhang T, Liu Y. 2010. Permafrost temperatures and thickness on the Qinghai-Tibet Plateau. Global Planet Change, 72: 32-38.

Yang K, Wu H, Qin J, et al. 2014. Recent climate changes over the Tibetan Plateau and their impacts on energy and water cycle: A review. Global and Planetary Change, 112: 79-91.

Yao T D, Xue Y, Chen D, et al. 2019. Recent Third Pole's rapid warming accompanies cryospheric melt and water cycle intensification and interactions between monsoon and environment: Multi-disciplinary approach with observation, modeling and analysis. Bulletin of the American Meteorological Society, 100(3): 423-444.

Yu L X, Liu T X, Bu K, et al. 2017. Monitoring the long term vegetation phenology change in Northeast China from 1982 to 2017. Scientific Reports, 7(1): 14770.

Yue Y Y, Liu H Y, Xue J X, et al. 2020. Ecological indicators of near-surface permafrost habitat at the southern margin of the boreal forest in China. Ecological Indicators, 108: 105714. 1-105714. 10.

Zhang F, Nelson E, Gruber S. 2007. Introduction to special section: Permafrost and seasonally frozen ground under a changing climate. Journal of Geophysical Research: Atmosphere, 112: F02S01.

Zhao L, Ping C L, Yang D Q, et al. 2004. Changes of climate and seasonally frozen ground over the past 30 years in Qinghai-Xizang (Tibetan) Plateau, China. Global and Planetary Change, 43(1-2): 0-31.

Zhao P Y, Gao J X, Zhao L, et al. 2013. Linking thaw depth with soil moisture and plant community composition: Effects of permafrost degradation on alpine ecosystems on the Qinghai-Tibet Plateau. Plant and Soil, 367(1-2): 687-700.

Zheng G H, Yang Y T, Yang D W, et al. 2020. Remote sensing spatiotemporal patterns of frozen soil and the environmental controls over the Tibetan Plateau during 2002-2016. Remote Sensing of Environment, 247: 111927.

Zhu Z, Piao S, Myneni R B. et al. 2018. Greening of the Earth and its drivers. Nature Climate Change, 6: 791-795.

Zona D, Gioli B, Commane R, et al. 2015. Cold season emissions dominate the Arctic tundra methane budget. Proceedings of the National Academy of Sciences of the United States of America, 13(1): 40-45.

Zou D, Zhao L, Sheng Y, et al. 2017. A new map of permafrost distribution on the Tibetan Plateau. Cryosphere, 11: 2527-2542.

第10章

亚洲水塔气候变化未来预估

在全球变暖背景下，青藏高原的气候和环境都发生了显著的变化，全球气候系统也产生了显著的变化。因此，预估未来青藏高原的气候与环境变化，除了本身具有重要的科学意义外，对认识青藏高原区域的经济、社会和生态系统产生的影响，应对气候变化国家战略的制定乃至国家安全也具有重要的战略意义。许多研究工作基于气候模式和物理统计模型开展了青藏高原区域未来气候和环境变化的研究，并取得了一些重要的科学认识。随着 IPCC AR6 报告的发布，应用到此报告中新的共享社会经济路径（shared socioeconomic pathways，SSPs）排放情景的预估数据陆续完成，利用第六次国际耦合模式比较计划（CMIP6），在新的 SSPs 情景下对未来数值模拟结果进行气候预估研究成为可能。基于此，本章主要给出了 CMIP6 模式在 SSPs 排放情景下的青藏高原的气候未来预估结果，以期对深入认识青藏高原未来气候变化及生态环境影响提供科学依据。

10.1 气温变化趋势

10.1.1 气温总体变化趋势

根据 24 个 CMIP6 模式集合平均结果（模式信息如表 10.1 所示），在未来 SSP1-2.6、SSP2-4.5 以及 SSP5-8.5 情景下，青藏高原的增暖将加强，增温速率分别为 0.09℃ /10a、0.29℃ /10a 和 0.69℃ /10a，远高于全球平均的 0.06℃ /10a、0.22℃ /10a 和 0.49℃ /10a（图 10.1）。在高排放情景下，青藏高原增暖最为明显，其增暖速率接近全球平均的 1.5 倍，存在青藏高原气温放大现象。

表 10.1 模式基本信息

模式名称	国家或地区	分辨率（经纬格点数）
ACCESS-CM2	澳大利亚	192×144
ACCESS-ESM1-5	澳大利亚	192×145
BCC-CSM2-MR	中国	320×160
CanESM5	加拿大	128×64
CNRM-CM6-1	法国	256×128
CNRM-ESM2-1	法国	256×128
EC-Earth3-Veg	欧洲	512×256
EC-Earth3	欧洲	512×256
FGOALS-g3	中国	188×80
GFDL-CM4	美国	288×180
GFDL-ESM4	美国	288×180
HadGEM3-GC31-LL	英国	192×144
INM-CM4-8	俄罗斯	180×120
INM-CM5-0	俄罗斯	180×120

续表

模式名称	国家或地区	分辨率（经纬格点数）
IPSL-CM6A-LR	法国	144×143
MIROC-ES2L	日本	128×64
MIROC6	日本	256×128
MPI-ESM1-2-HR	德国	384×192
MPI-ESM1-2-LR	德国	192×96
MRI-ESM2-0	日本	320×160
NESM3	中国	192×96
NorESM2-LM	挪威	144×96
NorESM2-MM	挪威	288×192
UKESM1-0-LL	英国	192×144

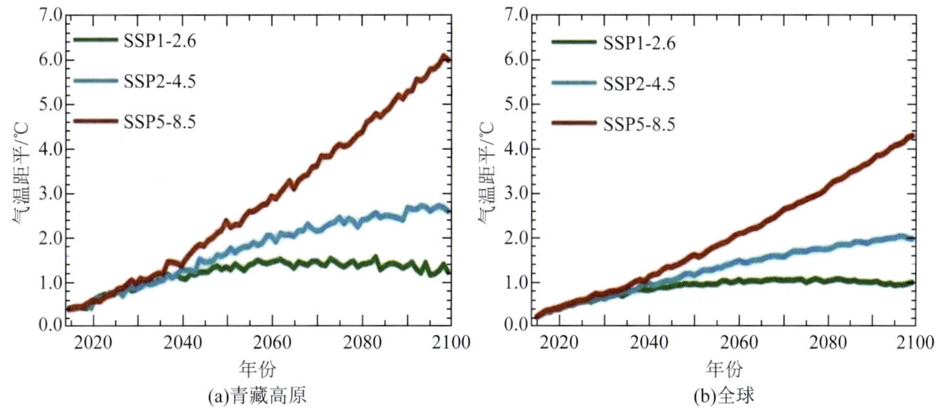

图 10.1　未来三个情景下青藏高原和全球平均相对于 1995 ～ 2014 年参考时期增暖时间序列

从不同排放情景下 21 世纪近期（2021 ～ 2040 年）、中期（2041 ～ 2060 年）和远期（2081 ～ 2100 年）平均温度空间分布图（图 10.2、表 10.2）来看，未来平均温度、最低温度和最高温度都继续上升，增温幅度最低温度 > 平均温度 > 最高温度。SSP1-2.6、SSP2-4.5 和 SSP5-8.5 情景下，未来近期将分别比 1995 ～ 2014 年平均增暖 0.98℃、1.02℃和 1.17℃，中期将分别增暖 1.44℃、1.79℃和 2.42℃，远期将分别增暖 1.54℃、2.85℃和 7.61℃，在青藏高原中西部地区增暖最为明显。最高温度在未来三个时期分别增暖 0.97℃、1.44℃、1.59℃（SSP1-2.6），0.97℃、1.72℃、2.79℃（SSP2-4.5）和 1.08℃、2.33℃、7.41℃（SSP5-8.5），西部地区的最高温度上升要比其他区域更为强烈，在高排放情景下可超过 6℃（图 10.3）。相较于最高温度，最低温度表现出更为强烈的上升趋势，最低温度在未来三个时期分别增暖 0.98℃、1.43℃、1.50℃（SSP1-2.6），1.00℃、1.78℃、2.86℃（SSP2-4.5）和 1.14℃、2.44℃、7.74℃（SSP5-8.5），在高原中西部和中东部地区均存在增温大值区（图 10.4）。这一空间分布与基于 CMIP5 模式的研究结论类似。

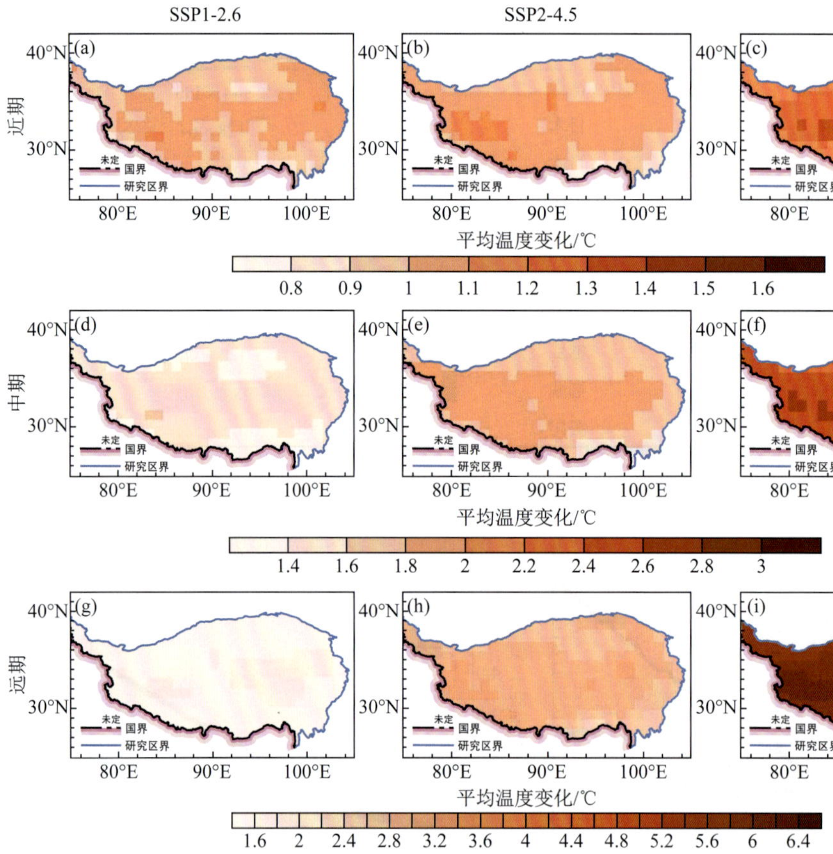

图 10.2　青藏高原区域不同排放情景下未来不同时段平均温度变化分布（相对于 1995 ～ 2014 年）

表 10.2　青藏高原区域不同排放情景下未来不同时段平均温度、最高温度和最低温度变化（相对于 1995 ～ 2014 年）　（单位：℃）

时段	平均温度			最高温度			最低温度		
	SSP1-2.6	SSP2-4.5	SSP5-8.5	SSP1-2.6	SSP2-4.5	SSP5-8.5	SSP1-2.6	SSP2-4.5	SSP5-8.5
近期	0.98	1.02	1.17	0.97	0.97	1.08	0.98	1.00	1.14
中期	1.44	1.79	2.42	1.44	1.72	2.33	1.43	1.78	2.44
远期	1.54	2.85	7.61	1.59	2.79	7.41	1.50	2.86	7.74

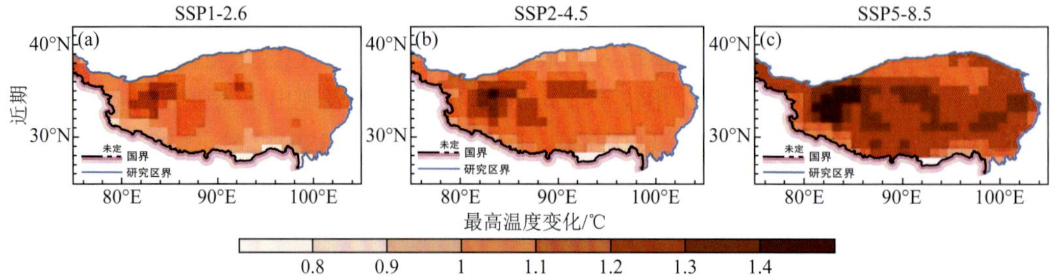

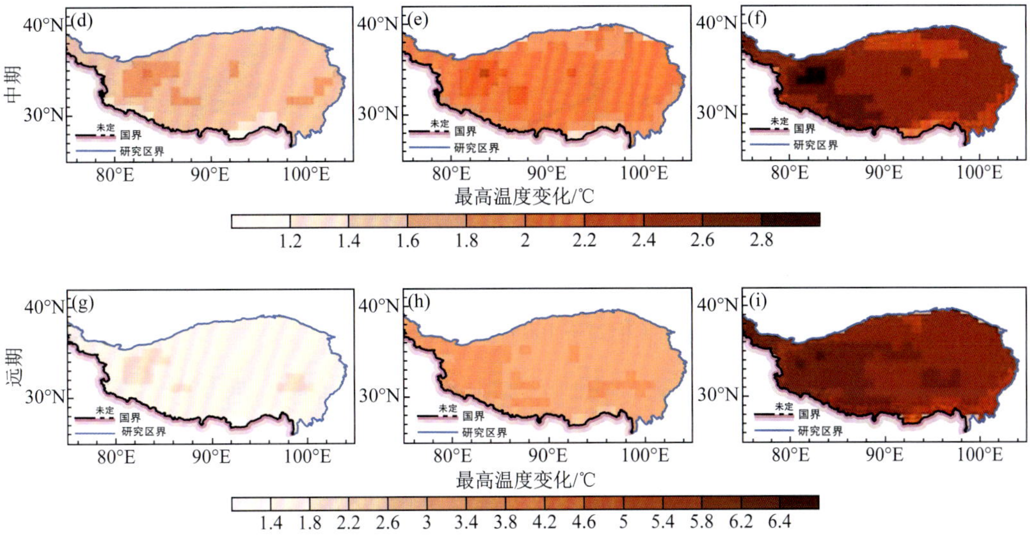

图 10.3　青藏高原区域不同排放情景下未来不同时段最高温度变化分布（相对于 1995 ～ 2014 年）

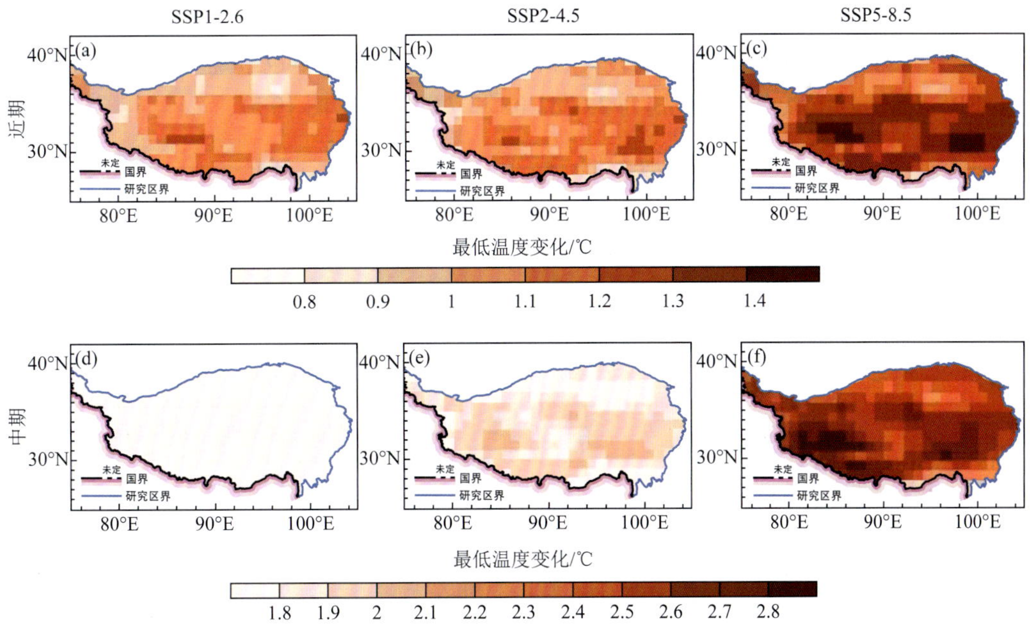

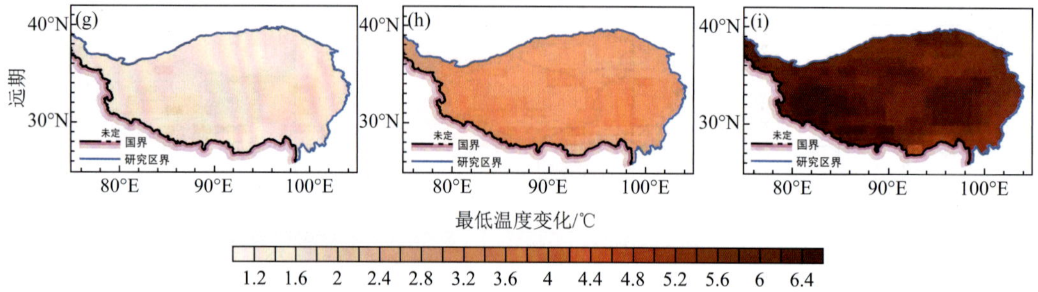

图 10.4　青藏高原区域不同排放情景下未来不同时段最低温度变化分布（相对于 1995 ～ 2014 年）

10.1.2　极端温度变化

在全球变暖背景下，未来青藏高原极端温度事件的频率、强度和分布特征发生变化，整体呈现出极端暖事件加剧和冷事件减弱，极端低温上升幅度要比极端高温上升幅度大的特征，在高排放情景 SSP5-8.5 下变化更明显。SSP2-4.5 和 SSP5-8.5 情景下，TNn 在 21 世纪的变化趋势分别为 0.36℃ /10a 和 0.82℃ /10a，分别高于 TXx 0.33℃ /10a 和 0.71℃ /10a 的增温速率。相对指标中，TX90p 在 SSP2-4.5 和 SSP5-8.5 情景下分别以 3.46%/10a 和 7.06%/10a 的速率上升，TN10p 事件以 0.40%/10a 和 0.52%/10a 的速率减少。除此之外，对青藏高原农牧业影响较大的 FD 在整体增暖背景下也呈减少趋势，SSP2-4.5 和 SSP5-8.5 情景下减少速率分别为 2.67d/10a 和 7.99d/10a（图 10.5）。

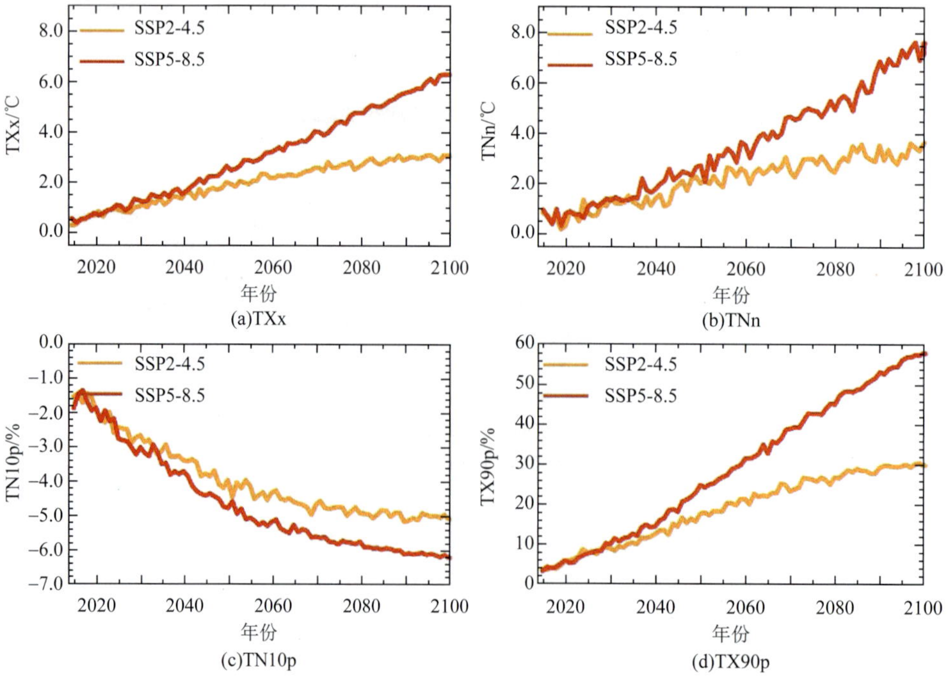

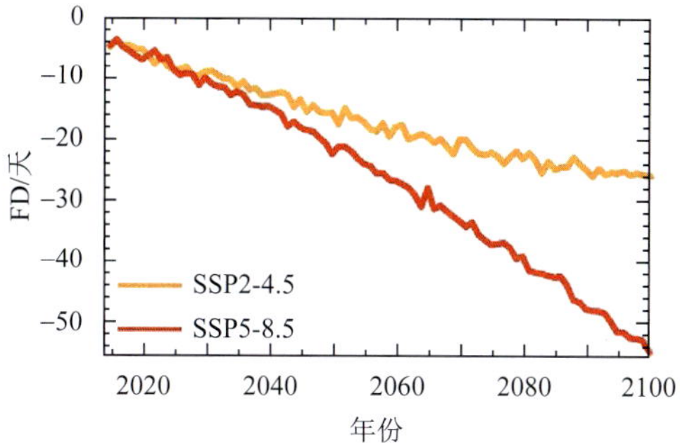

(e)FD

图 10.5 青藏高原地区极端高温（TXx）、极端低温（TNn）、夜晚极端低温（TN10p）、白天极端高温（TX90p）和霜冻日数（FD）的区域平均序列（相较于 1995 ～ 2014 年）

图 10.6 ～图 10.10 显示了各极端温度指标在未来近期、中期和远期相对于 1995 ～ 2014 年参考时期变化的空间分布图，具体数值如表 10.3 所示。各极端指标变化在远期最为明显，其中 TXx 大值区在青藏高原西部地区，远期平均升高超过 6℃；青藏高原南部地区尤其是藏东南地区为 TNn 增长大值区，与 TN10p 变化的空间分布基本一致；TX90p 变化在青藏高原南部大于北部地区，以西南部增幅最大，远期相比于参考时期增幅超过 60%；FD 变化大值区集中在中东部地区，在未来中期相较于参考时期减少 30 天左右，在高排放情景下的未来远期，青藏高原全域 FD 都大幅减少，平均减少 60 天左右，这与青藏高原在 21 世纪末的大幅增暖有关。

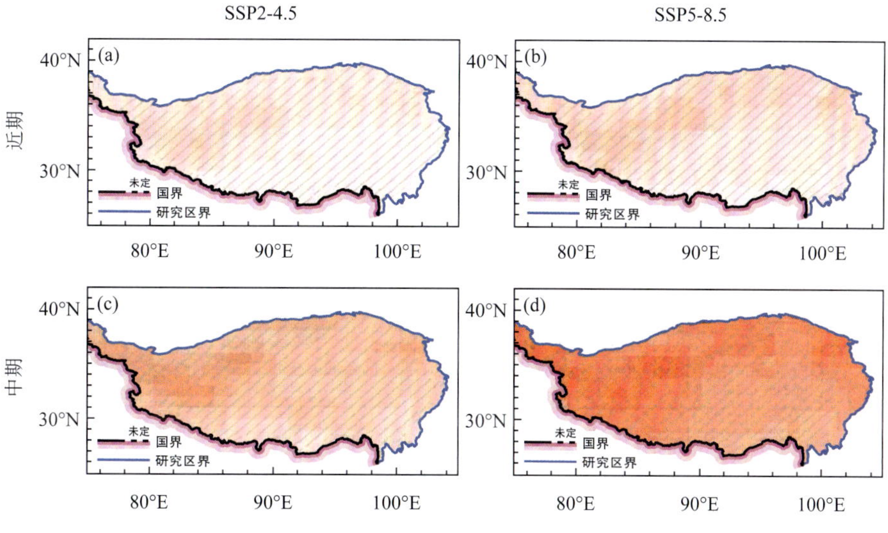

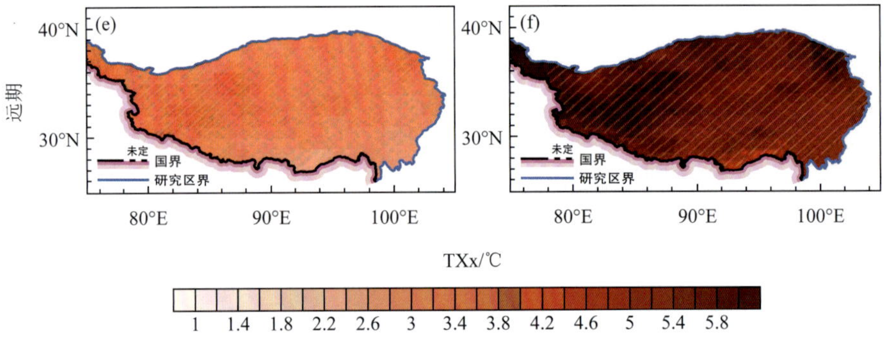

图 10.6　青藏高原区域不同排放情景下未来不同时段 TXx 变化分布
（相对于 1995 ～ 2014 年）
阴影区域为通过 95% 置信度检验

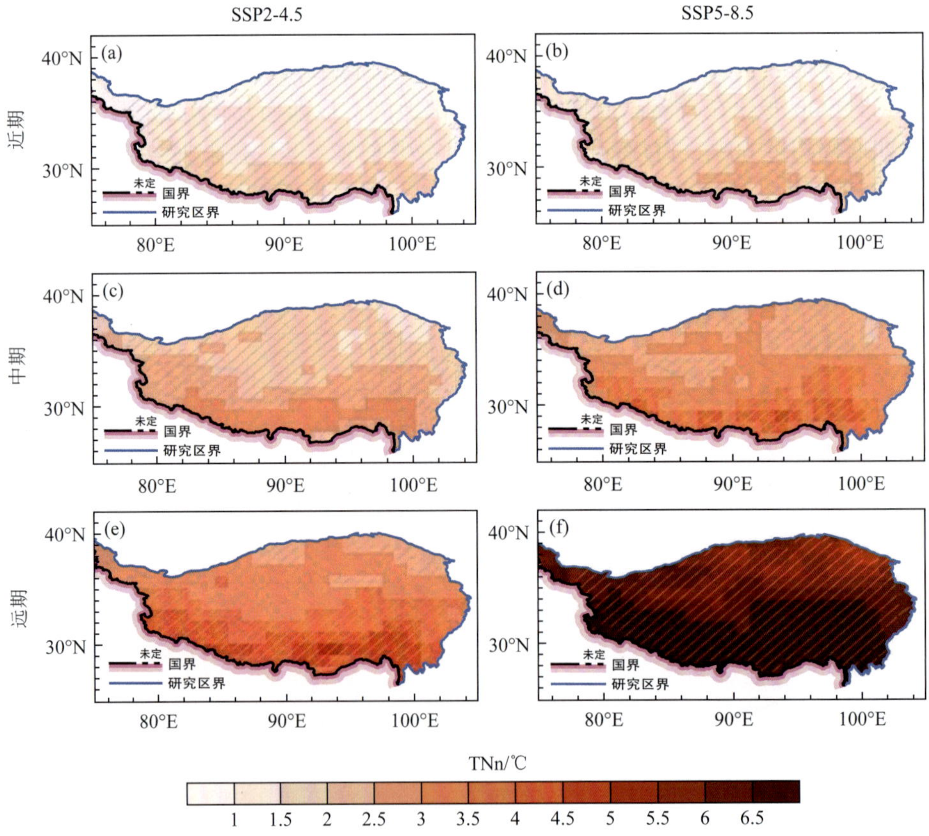

图 10.7　青藏高原区域不同排放情景下未来不同时段 TNn 变化分布
（相对于 1995 ～ 2014 年）
阴影区域为通过 95% 置信度检验

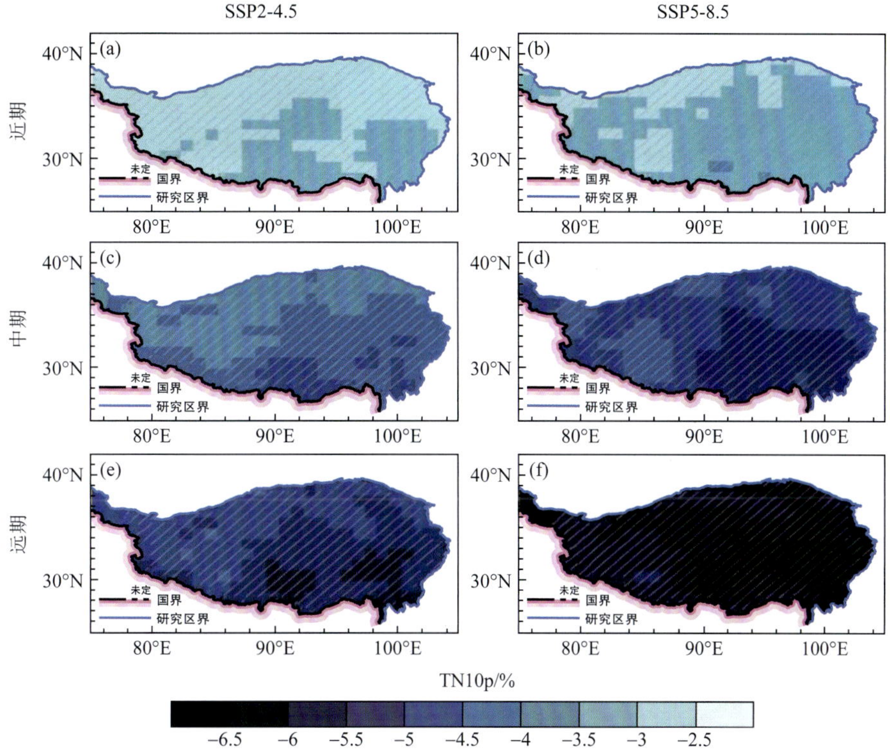

图 10.8　青藏高原区域不同排放情景下未来不同时段 TN10p 变化分布
（相对于 1995 ～ 2014 年）

阴影区域为通过 95% 置信度检验

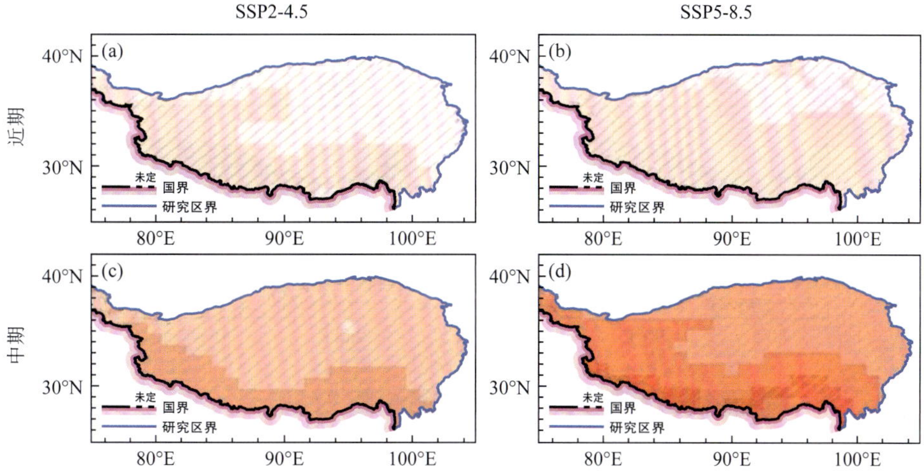

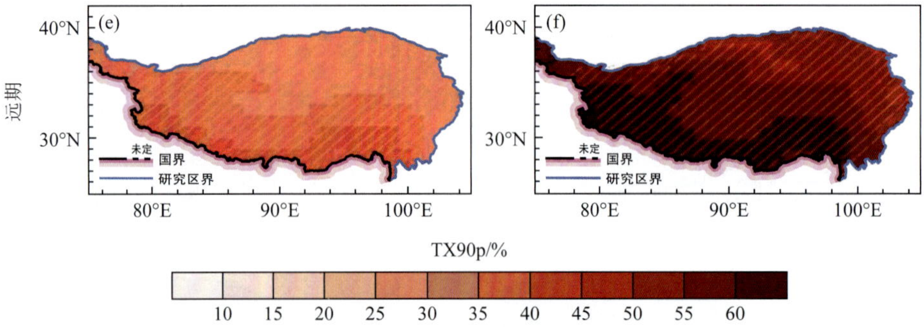

图 10.9 青藏高原区域不同排放情景下未来不同时段 TX90p 变化分布（相对于 1995 ～ 2014 年）

阴影区域为通过 95% 置信度检验

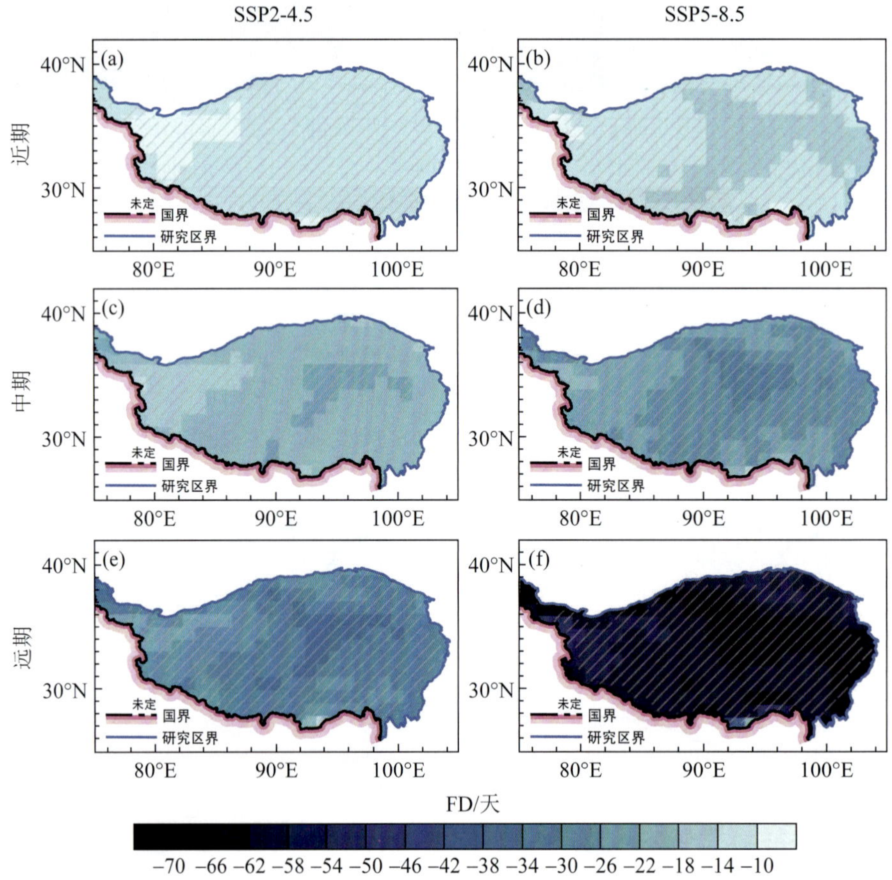

图 10.10 青藏高原区域不同排放情景下未来不同时段 FD 变化分布（相对于 1995 ～ 2014 年）

阴影区域为通过 95% 置信度检验

表 10.3　青藏高原区域不同排放情景下未来不同时段极端气温变化（相对于 1995 ～ 2014 年）

情景	TXx/℃		TNn/℃		TN10p/ %		TX90p/ %		FD/ 天	
	SSP2-4.5	SSP5-8.5	SSP2-4.5	SSP5-8.5	SSP2-4.5	SSP5-8.5	SSP2-4.5	SSP5-8.5	SSP2-4.5	SSP5-8.5
近期	1.12	1.32	1.14	1.42	−2.94	−3.14	10.19	11.35	−11.48	−13.21
中期	1.89	2.53	2.04	2.74	−4.12	−4.80	18.57	27.50	−19.66	−28.54
远期	2.97	7.55	3.14	8.57	−7.06	−8.16	30.82	57.08	−30.71	−60.41

青藏高原未来发生极端温度事件的概率会大幅增加（图 10.11）。其中，20 年一遇、50 年一遇、100 年一遇的白天最高温度事件在未来近期发生的概率是现在的 16、34、49 倍左右，随着变暖的持续，在未来中期和远期，极端温度事件的发生概率会大幅增加，且排放情景越高，风险越大。当前 100 年一遇的 TXx 事件在远期 SSP5-8.5 情景下将成为一定会发生的事件，TX90p 风险也具有类似特征。

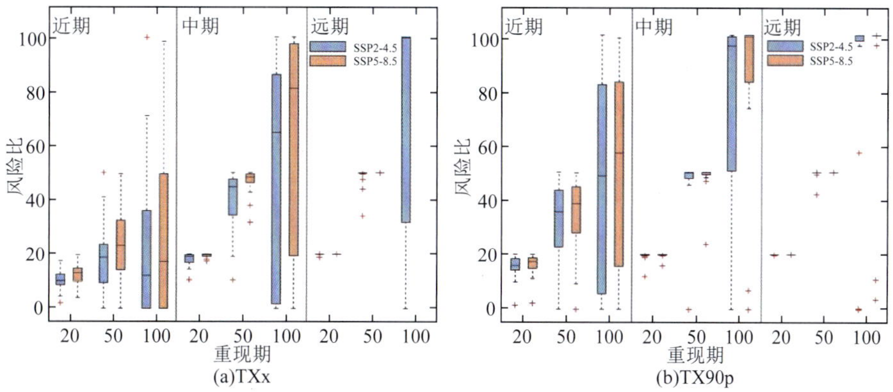

图 10.11　青藏高原区域不同排放情景下未来不同时段 TXx 和 TX90p 的发生风险比（相对于 1995 ～ 2014 年）

10.1.3　气温预估的不确定性

使用模式结果预估气温的不确定性来源主要可以分为三类：气候系统内部变率、模式间不确定性、情景不确定性。总的不确定性随着预估时间增加而增大（图 10.12）。在近期（2021 ～ 2040 年），气温预估的不确定性主要来源于模式间不确定性和内部变率，而情景不确定性影响较小；随着预估时间的延长，未来中期（2041 ～ 2060 年）总的不确定性增大，其组成部分也发生变化，情景不确定性在迅速增加，模式间不确定性和内部变率在减小，但模式间不确定性仍然占主要；未来远期（2081 ～ 2100 年）内部变率对气温预估不确定性的影响已经很小，情景不确定性成为不确定性的最大来源，同时模式间不确定性仍不可忽略。以上结果表明，提升模式的性能和“涌现约束”方法的引入可有效减少未来气温预估中的不确定性。

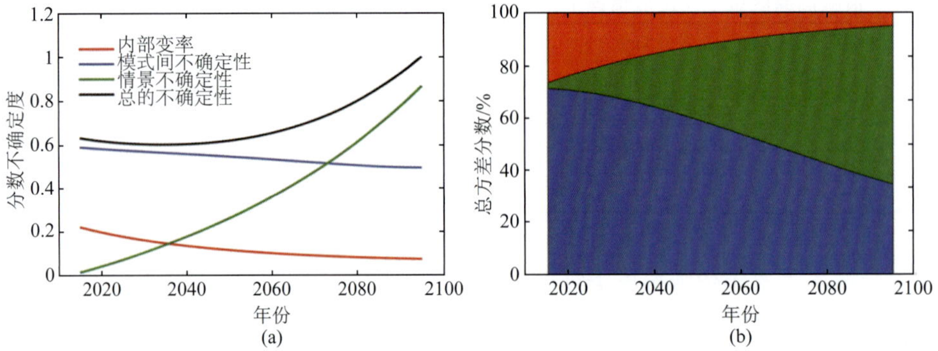

图 10.12　青藏高原区域气温预估的不确定性来源组成随时间的变化

10.2　降水变化趋势

10.2.1　降水总体变化趋势

未来青藏高原整体增暖背景下，大气水汽含量增加，有利于极端降水的增强，但在不同情景下存在差异。在低排放情景 SSP1-2.6 下，青藏高原与全球降水增加趋势均不大，但在高排放情景下，青藏高原平均降水增加趋势为 3.2%/10a，远大于全球平均的 0.76%/10a。此外，青藏高原降水的年际变率大于全球平均。从空间分布特征来看，青藏高原降水增加大值区在中西部和北部的干旱区，未来远期相比于参考时期增幅超过 40%（图 10.13 和图 10.14）。在近期，青藏高原南部一些区域呈现变干趋势。区域平均降水在未来近期、中期和远期的情况如表 10.4 所示，增幅最大时期为 SSP5-8.5 情景下的远期，全域平均降水相较于参考时期增长 23.41%。但需注意的是，CMIP6 模式在模拟青藏高原降水上存在较大的偏差和模式间不一致性，尤其在青藏高原南部地区，模式湿偏差较大，这会影响未来预估结果的可信度。

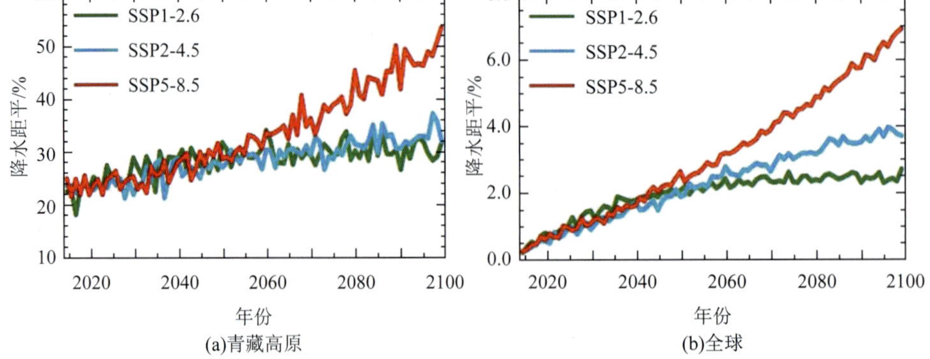

图 10.13　未来三个情景下青藏高原和全球平均相对于 1995 ～ 2014 年参考时期降水变化百分比时间序列

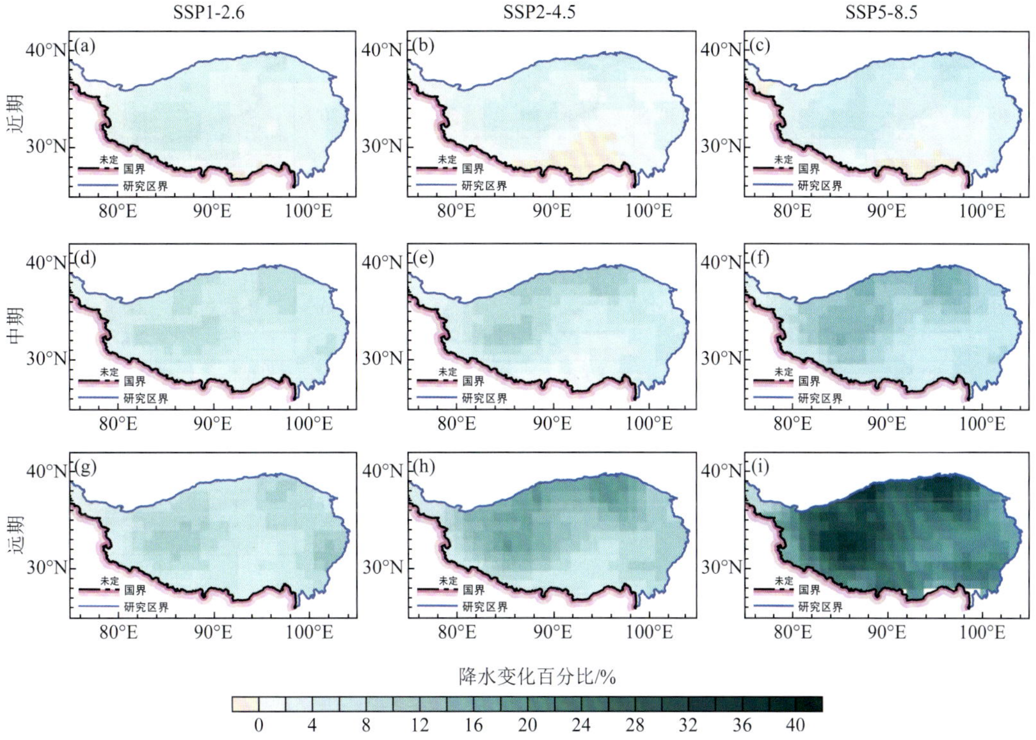

图 10.14　青藏高原区域不同排放情景下未来不同时段降水变化百分比分布（相对于 1995 ～ 2014 年）

表 10.4　青藏高原区域不同排放情景下未来不同时段降水和降雪变化（相对于 1995 ～ 2014 年）

时段	降水变化 /%			降雪变化 /(mm/d)		
	SSP1-2.6	SSP2-4.5	SSP5-8.5	SSP1-2.6	SSP2-4.5	SSP5-8.5
近期	3.68	2.33	3.18	–0.06	–0.07	–0.07
中期	8.39	8.26	8.78	–0.07	–0.10	–0.13
远期	7.67	11.50	23.41	–0.08	–0.14	–0.26

除此之外，未来固态降雪变化情况如图 10.15 和表 10.4 所示。在未来增暖增湿背景下，青藏高原降雪呈现减少趋势。减少大值区在降水增幅较少的青藏高原南部，未来远期相较参考期减少 0.5mm/d 左右，其空间分布与增温基本一致，表明青藏高原在未来的大幅增暖，可能使得一些降雪转化为降雨，使得雨雪比例增加（图 10.15、表 10.4）。

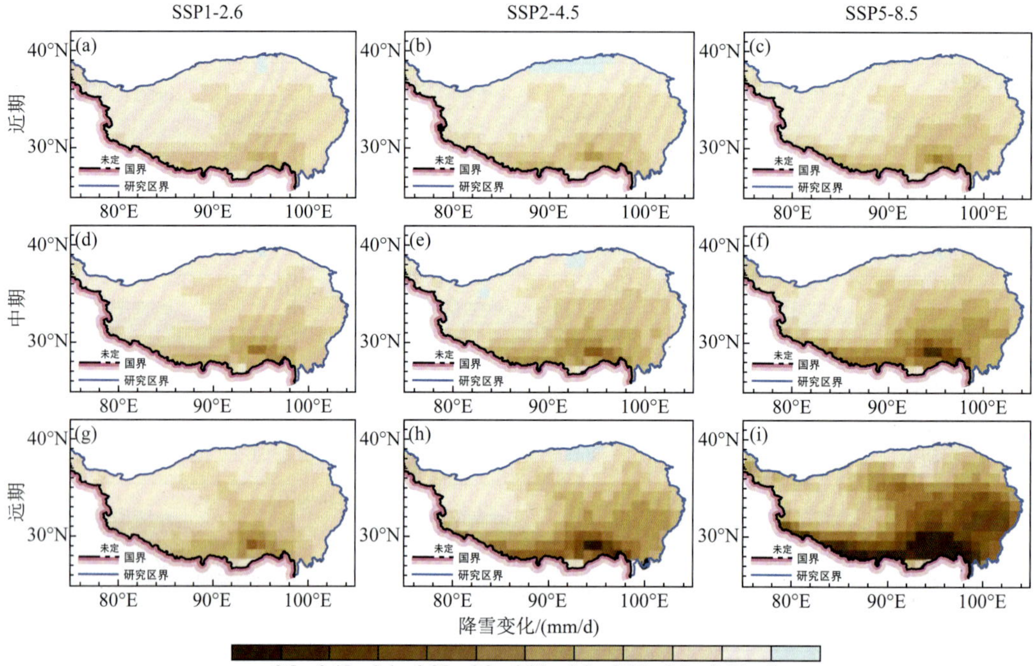

图 10.15　青藏高原区域不同排放情景下未来不同时段降雪变化分布（相对于 1995 ～ 2014 年）

10.2.2　极端降水变化

在整体变湿的基础上，青藏高原极端降水湿事件在未来也将显著增加，且存在南北差异性。在 SSP2-4.5 情景下，21 世纪降水强度、极端强降水、最大 1 日降水量增长速率分别为 0.06mm/(d·10a)、8.35mm/10a 和 0.53mm/10a。SSP5-8.5 情景下增长速率更明显，降水强度 (SDII)、极端强降水 (R95p)、最大 1 日降水量 (Rx1day) 增长速率分别为 0.13mm/(d·10a)、13.91mm/10a 和 1.30mm/10a。连续干旱日数 (CDD) 整体有微弱下降趋势但不显著，且存在较大年际变率 (图 10.16)。

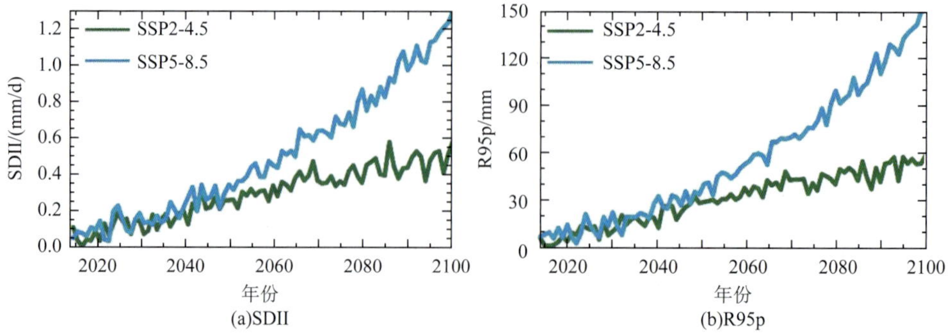

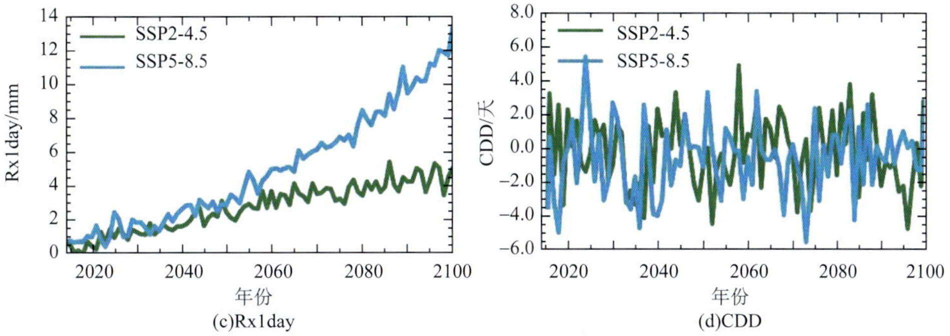

图 10.16　青藏高原地区降水强度（SDII）、极端强降水（R95p）、最大 1 日降水量（Rx1day）和连续干旱日数（CDD）的区域平均序列（相较于 1995 ～ 2014 年）

图 10.17 ～图 10.20 为未来近期、中期和远期各极端降水指标相较于 1995 ～ 2014 年参考时期变化的空间分布，具体数值如表 10.5 所示。极端湿天气（降水强度、极端强降水、最大 1 日降水量）增长大值区在青藏高原南部，均在 SSP5-8.5 情景下的远期最为显著。同时，极端干天气（连续干旱日数）的变化也呈现南北偶极子型，在高原中部和北部缩短而在南部和西部延长（不显著）。极端湿事件和极端干事件均在青藏高原南部地区加剧，这也导致南部地区平均降水量整体变化较弱。未来青藏高原极端降水事件的加剧将影响青藏高原的水资源变化，导致水资源分配不平衡问题，对牧民的生产生活产生重要影响。

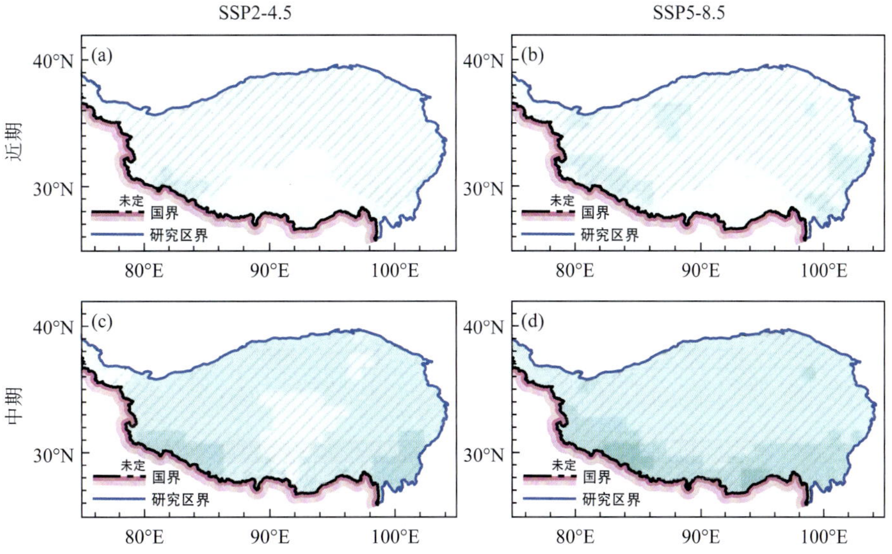

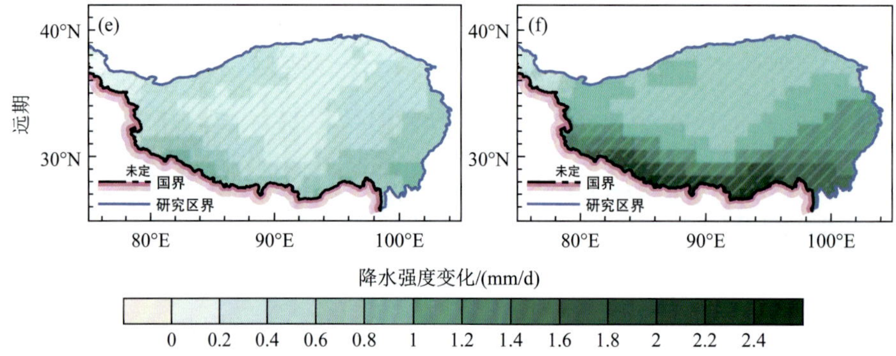

图 10.17 青藏高原区域不同排放情景下未来不同时段降水强度变化分布（相对于 1995 ～ 2014 年）

阴影区域为通过 95% 置信度检验

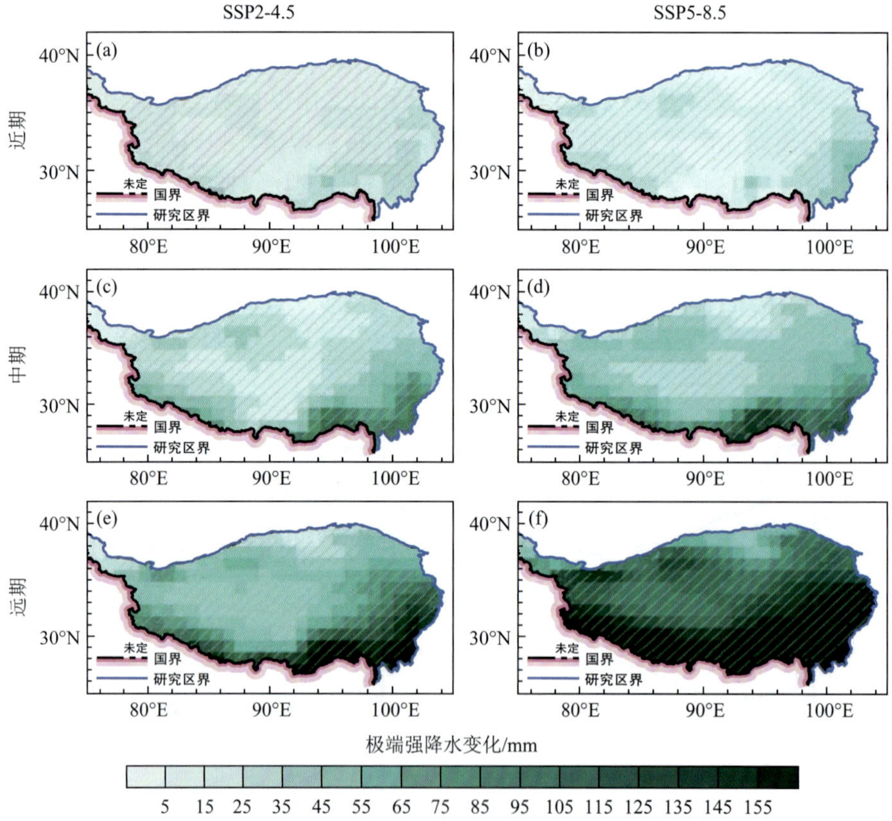

图 10.18 青藏高原区域不同排放情景下未来不同时段极端强降水（超过 95 百分位的年累积降水）变化分布（相对于 1995 ～ 2014 年）

阴影区域为通过 95% 置信度检验

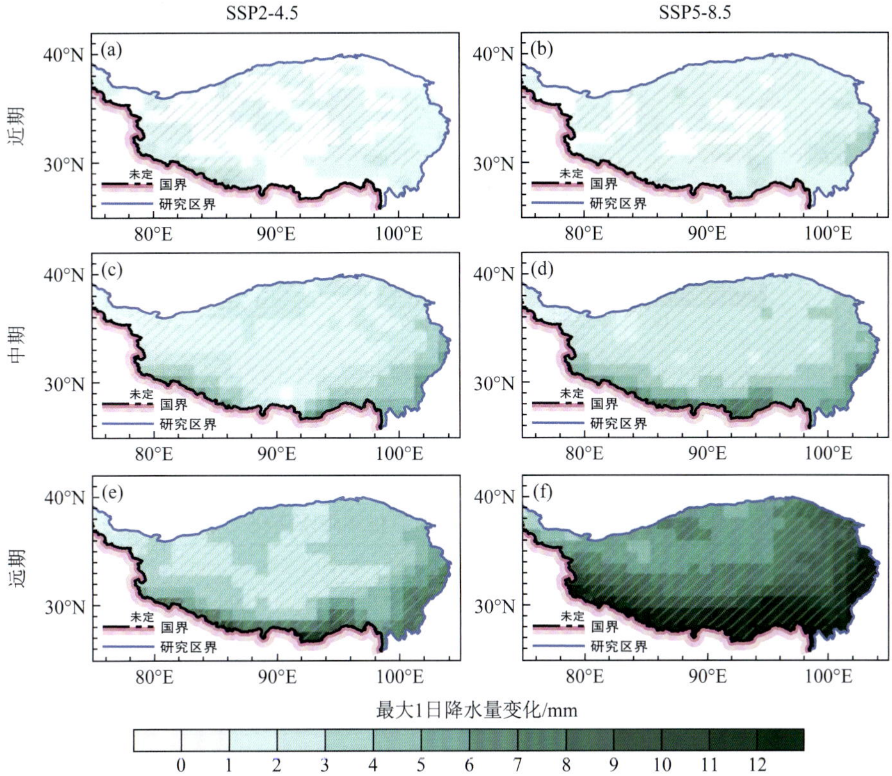

图 10.19　青藏高原区域不同排放情景下未来不同时段最大 1 日降水量变化分布（相对于 1995 ～ 2014 年）

阴影区域为通过 95% 置信度检验

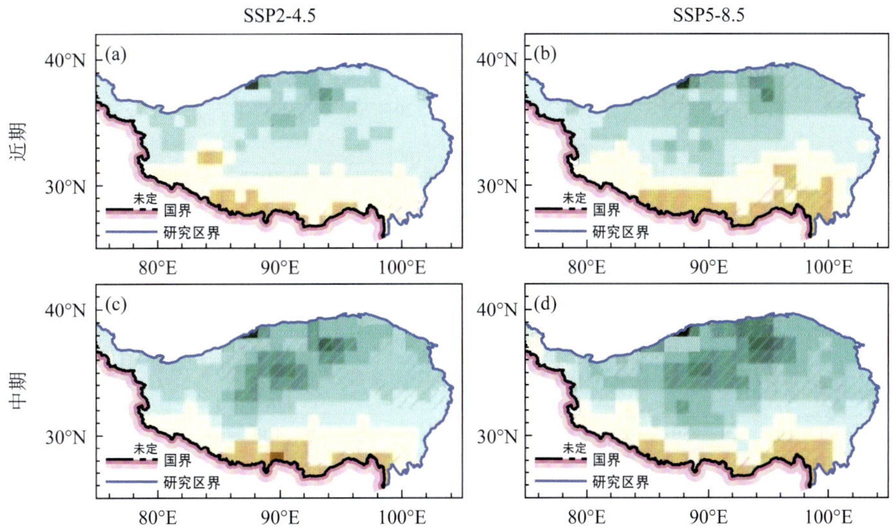

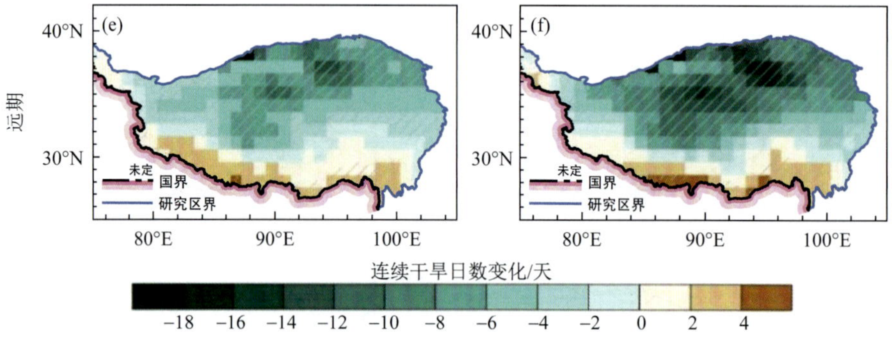

图 10.20　青藏高原区域不同排放情景下未来不同时段连续干旱日数变化分布（相对于 1995 ～ 2014 年）

阴影区域为通过 95% 置信度检验

表 10.5　青藏高原区域不同排放情景下未来不同时段极端降水变化（相对于 1995 ～ 2014 年）

时段	降水强度 /(mm/d)		极端强降水 /mm		最大 1 日降水量 /mm		连续干旱日数 / 天	
	SSP2-4.5	SSP5-8.5	SSP2-4.5	SSP5-8.5	SSP2-4.5	SSP5-8.5	SSP2-4.5	SSP5-8.5
近期	0.13	0.15	18.78	20.09	1.14	1.44	−0.76	−0.94
中期	0.27	0.37	37.26	50.64	1.44	3.21	−1.96	−2.55
远期	0.50	1.01	69.75	158.17	4.00	9.04	−3.00	−7.18

青藏高原未来发生极端湿天气（降水强度、极端强降水、最大 1 日降水量）的概率会大幅增加，极端干天气（连续干旱日数）的发生概率则变化相对较小（图 10.21）。其中，20 年一遇、50 年一遇、100 年一遇的极端湿天气事件在未来近期发生的概率是现在的 2 ～ 6、6 ～ 11、9 ～ 13 倍，随着变暖的持续，在未来中期、远期，极端湿天气事件的发生概率会大幅增加，且排放情景越高，风险越大。20 年一遇、50 年一遇、100 年一遇的极端干天气事件的发生概率在未来近期、中期、远期变化都不大，是现在的 1 ～ 2 倍。

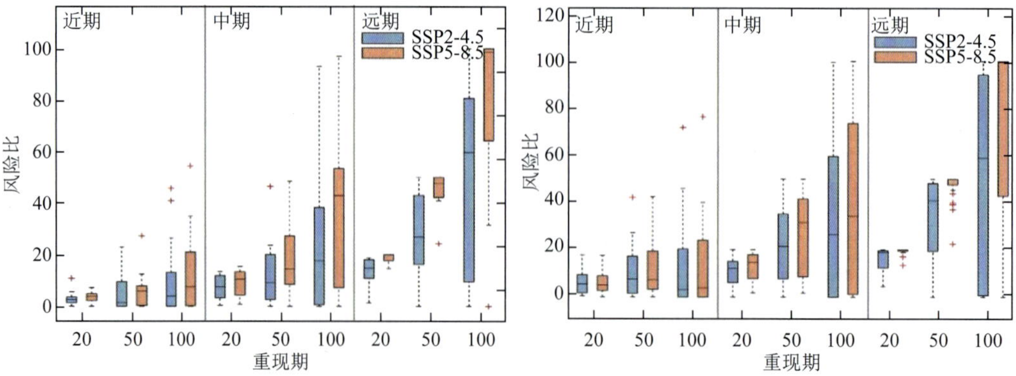

(a)降水强度　　(b)极端强降水

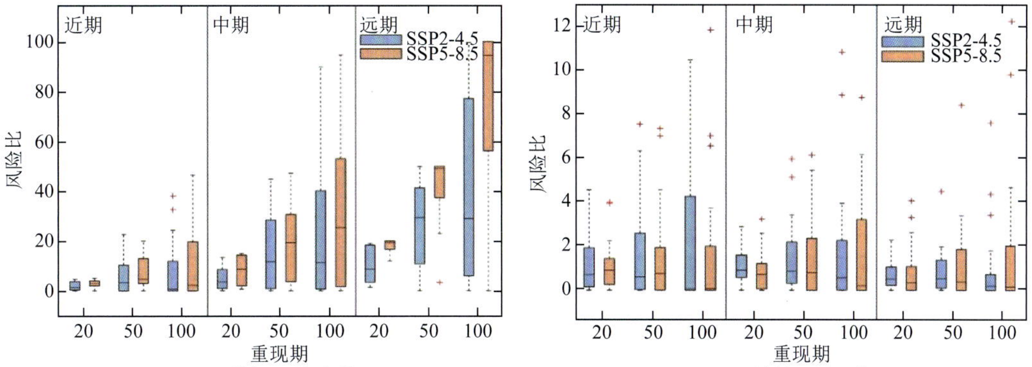

(c)最大1日降水量　　(d)连续干旱日数

图 10.21　青藏高原区域不同排放情景下未来不同时段降水强度、极端强降水、最大 1 日降水量、连续干旱日数的发生风险比（相对于 1995 ～ 2014 年）的箱线图

10.2.3　降水预估的不确定性

使用模式结果预估降水的不确定性来源同样可以分为三类：气候系统内部变率、模式间不确定性、情景不确定性。与气温相似，总的不确定性随着预估时间增加而增大。不同排放情景导致预估结果的差异随时间增大，因此情景的不确定性对青藏高原的近期预估影响较小，对长期预估影响较大。模式和内部变率的不确定性对降水预估均有贡献，且都随时间减小，最大不确定性中心位于青藏高原西部和北部边缘，多模式加权平均与等权集合平均的差异最大（图 10.22）。青藏高原近期预估受内部变率的影响很大，超过了模式差异导致的不确定性，因此约束近期预估结果，减小其不确定性的难度较大。中长期预估中内部变率的影响有所减小，有望通过“涌现约束”技术减小模式不确定性，同时提升模式的性能可有效减少未来降水预估中的不确定性。

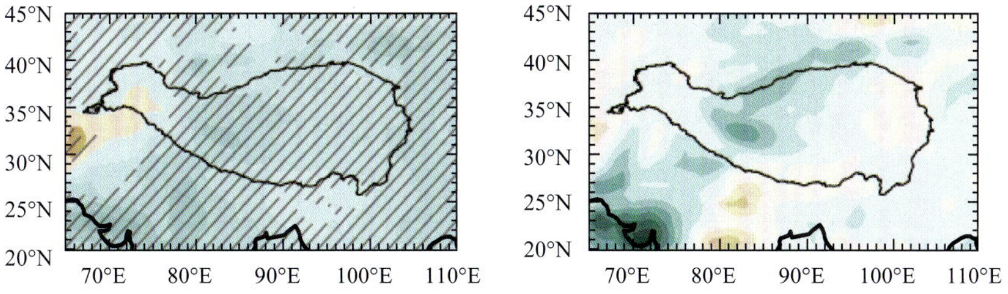

(a)SSP1-1.9　　(f)SSP1-1.9

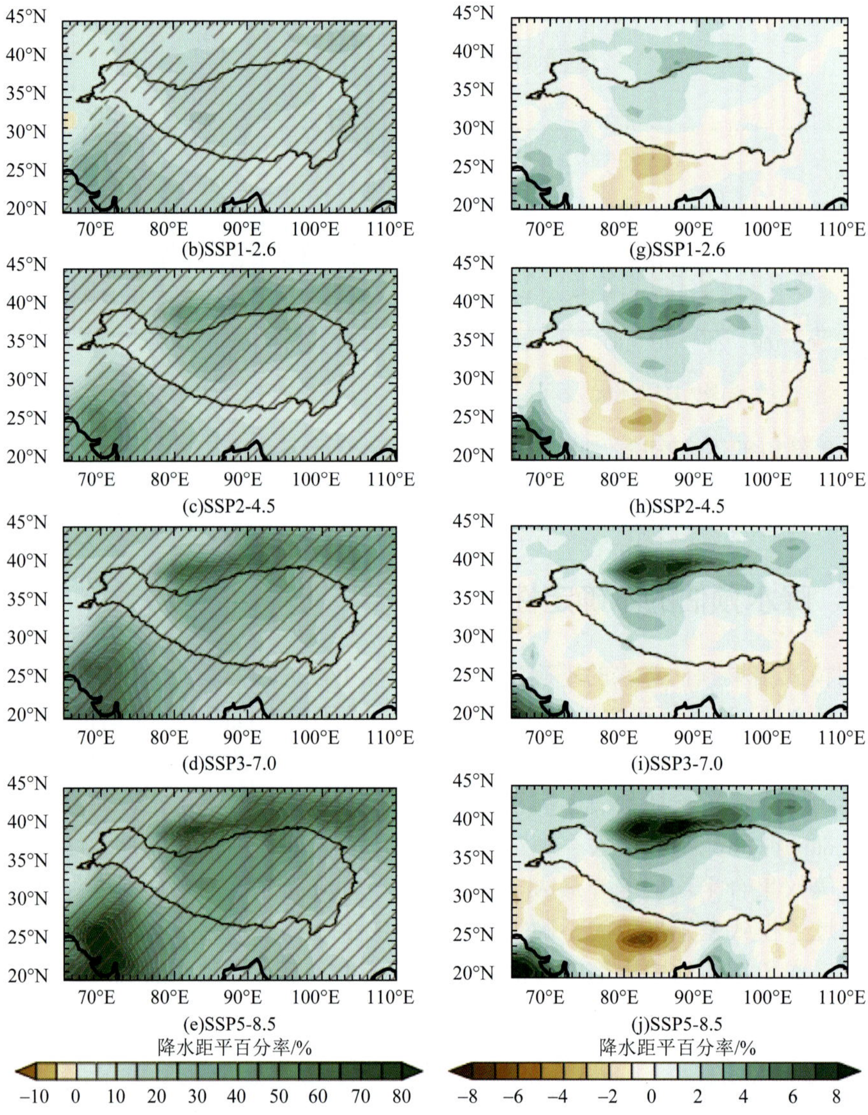

图 10.22 青藏高原预估远期降水在未来不同情景下的变化分布（相对于 1985 ～ 2014 年）

左侧：多模式等权集合平均；右侧：多模式加权平均与等权集合平均的差异

10.3 冰川变化趋势

10.3.1 青藏高原地区冰川研究的重要性

冰川富集了地球约 2/3 的淡水资源，其变化会改变局域水资源的空间分布，进而影响全球环境、生态和社会的平衡。虽然山地冰川仅占全球冰储量的 0.6%，但对气候变化的敏感性甚至大于两极地区。其中，青藏高原得益于高耸的地势，具有中低纬度地区最为广阔的山地冰川。青藏高原冰川为下游地区提供了丰富的淡水资源，使青藏高原被冠以“亚洲水塔”的美誉。

在全球变暖的大背景下，青藏高原及周边地区自 1979 年有卫星记录以来出现了显著的增温趋势，加速变暖会改变冰川平衡线高度、面积、物质平衡、长度、积累区范围以及冰川温度等，使冰川状态失常，从而引发冰崩、冰湖溃决等自然灾害，严重威胁青藏高原及周围地区人民的生活及安全。因此，围绕青藏高原冰川的研究已成为科学界研究的热点。

中国是世界上中低纬度冰川最为发育的国家，最新调查显示，中国现有冰川 48571 条，总面积约为 51840.1 km^2，冰储量约为 4494 km^3。Su 等（2022a）首次将两次冰川编目期间的冰川演化路径分为四大类并建立了一一对应关系，对精度较高的 34578 条冰川（占第一次冰川编目总条数的 74.6%）变化进行了分析。结果显示，相比于 20 世纪 50 ～ 80 年代，21 世纪以来有 5956 条（17.2%）小冰川已经消失，仅有 1907 条（5.5%）冰川面积扩展，绝大多数（23994 条）冰川不断萎缩，还有 2721 条冰川（7.9%）随着退缩分解成两支或多支。通过对时间和面积进行加权，1950 ～ 2010 年中国冰川减少面积和体积速率分别为 –3599.1 km^2/10a 和 –298.3 km^3/10a，相对变化速率分别为 –5.6%/10a 和 –5.3%/10a，此外，冰川平衡线高度平均上升速度为 11.5m/10a。基于定位观测的中国典型冰川物质平衡和长度自 20 世纪 60 年代以来呈减小趋势，特别是 90 年代以来这一趋势加速。选取观测或重建时间序列较长的 13 条和 41 条冰川分别作为中国和全球的参照冰川，发现 1960 ～ 2019 年中国冰川的退缩速率接近全球平均水平，但平均物质损失量低于全球平均水平。

20 世纪 80 年代以来，在全球变暖和冰川退缩加快的大背景下，青藏高原江河径流量亦呈现出不稳定的变化。从趋势上看，短期内冰川退缩将使河流水量呈增加态势，但亦会加大以冰川融水补给为主的河流或河段的不稳定性。随着冰川的持续退缩，冰川融水将锐减，以冰川融水补给为主的河流，特别是中小支流将面临逐渐干涸的威胁。冰川的这种调丰补枯作用正在发生着显著变化，萎缩的冰川面积降低了冰川的多年调节作用。

10.3.2　未来青藏高原地区冰川变化趋势

当前，已有一些研究开始关注青藏高原冰川的未来变化趋势。Shannon 等（2019）利用 CMIP5 模型来模拟 21 世纪全球近百年尺度的冰川时空模态。模型集合平均结果显示，在 RCP8.5 气候变化情景下，当 21 世纪末期全球平均气温变暖超过 2℃时，除南极冰盖外的所有冰川，其他地区冰川将损失 64%±5%。其中，青藏高原附近的中亚地区冰川将减少 80%±7%，冰川衰退最严重的地区为青藏高原西部地区，衰退比例高达 98%±1%，几乎消失殆尽。

Kraaijenbrink 等（2017）用冰川学的相关模型对区域尺度冰川的变化情况进行了

预测。模式集合平均的结果表明，在未来升温 1.5℃的情况下，青藏高原及周边地区到 21 世纪末将升温（2.1±0.1）℃，升温速度是全球平均速度的 1.5 倍，急剧的升温将导致 21 世纪末期青藏高原及周边地区冰川储量减少 36%±7%，面积减少 36%±8%。而在极端排放情景 RCP8.5 下，21 世纪末青藏高原及周边地区的冰川储量和面积将分别减少 64%±5% 和 68%±5%。RCP2.6、RCP4.5 和 RCP6.0 情景下的冰川质量损失分别为 36%±8%、49%±7% 及 51%±6%。

冰川平衡线高度是冰川上年物质积累与年物质损耗相等位置处的海拔，直接决定了冰川的前进、退缩或消亡。段克勤等（2017）用融合了气象观测数据的物理模型模拟了青藏高原东部冰川平衡线高度在空间上的变化情况。本章在 IPCC 给出的低、中、高三种碳排放路径情景下，观察青藏高原东部冰川在 21 世纪的变化情况。结果显示，在 RCP2.6 情景下，青藏高原东部冰川平衡线高度将在 2040 年左右达到最大值，高度直逼冰川顶部。在 RCP4.5 情景下，冰川平衡线高度将超过冰川顶部，冰川积累区也随之消失，这意味着冰川将不复存在。在 RCP8.5 高排放情景下，冰川平衡线高度较 RCP4.5 情景提前 10 年左右，超过冰川顶部。由此可见，虽然通过控制碳排放可以在一定程度上减缓高原东部冰川的消减，但在全球变暖的大背景下，高原东部山地冰川都无法摆脱最终消亡的命运。

根据所在地区降水量的差别，我国冰川可划分为海洋性、亚大陆性和极大陆性。施雅风和刘时银（2000）基于不同气候条件下冰川变化的经验关系，对各类型冰川未来变化进行预估，结果表明，在未来 2030 年、2070 年及 2100 年，位于西藏东南部横断山区的海洋性冰川将分别减少 14%、43% 及 75%；天山、青藏高原东北部与南缘地区的亚大陆性冰川将分别减少 15%、32%、48%；而青藏高原西部的极大陆性冰川将分别减少 6%、13% 及 20%。另外，根据冰川对气候变化的敏感程度，可将冰川划分为敏感型冰川和稳定型冰川两大类。谢自楚等（2006）研究发现，假定未来 100 年的增温速度为 0.3℃ /10a，青藏高原敏感型冰川的面积在近期和远期情景下分别减少到 20 世纪 80 年代水平的 69% 和 37%，而稳定型冰川面积则分别减至 89% 和 73%（图 10.23），即青藏高原地区敏感型冰川的后退幅度远大于稳定型冰川。喜马拉雅山西北部喀喇昆仑山地区的冰川多为稳定的表碛覆盖型冰川，大多数时候表碛覆盖型冰川的面积增加源自碎片增加，同时表碛的存在对能量的传输起到一定阻隔作用，因而这类冰川对气候变化的响应相对较弱，退缩速度相对较慢。但在青藏高原其他地区，几乎不存在表碛覆盖型冰川，因而冰川退缩速度较快。

综上所述，由于预估方法、模式等方面的不同，不同模式所得的冰川变化预估结果存在一定的差别，但都表明青藏高原及周边冰川变化在气候变暖背景下其前景很不乐观。此外，与气温和降水的预估结果相似，冰川的变化不仅受气温和降水的共同作用，且其真实状态比模式中可模拟的结果要更为复杂多样，故其未来预估存在很大甚至更大的不确定性，于是寄希望于模式的发展和“涌现约束”方法的使用。

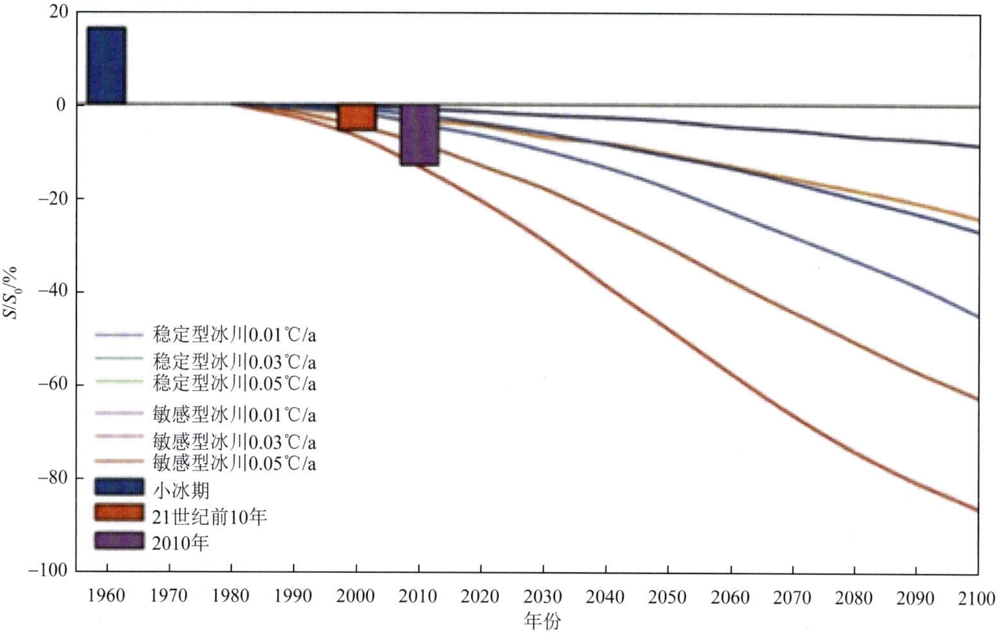

图 10.23　青藏高原冰川面积变化与预估

基准期为 20 世纪 80 年代。纵坐标表示任意年代冰川面积（S）与 20 世纪 80 年代冰川面积（S_0）比值

参考文献

陈仁升，张世强，阳勇，等 . 2018. 冰冻圈变化对中国西部寒区径流的影响 . 北京：科学出版社 .

段克勤，姚檀栋，石培宏，等 . 2017. 青藏高原东部冰川平衡线高度的模拟及预测 . 中国科学：地球科学，47: 104-113.

施雅风，刘时银 . 2000. 中国冰川对 21 世纪全球变暖响应的预估 . 科学通报，45: 434-438.

苏勃，李忠勤，张明军，等 . 2015. 大陆型冰川与海洋型冰川物质平衡对比研究——以天山和阿尔卑斯山典型冰川为例 . 冰川冻土，37(1): 1131-1140.

王康，张延军，牟翠翠，等 . 2020. 从第三极到北极：气候与冰冻圈变化及其影响 . 冰川冻土，42(1): 104-123.

吴国雄，段安民，张雪芹，等 . 2013. 青藏高原极端天气气候变化及其环境效应 . 自然杂志，35(3): 167-171.

谢自楚，王欣，康尔泗，等 . 2006. 中国冰川径流的评估及其未来 50a 变化趋势预测 . 冰川冻土，28: 457-466.

姚檀栋，姚治君 . 2010. 青藏高原冰川退缩对河水径流的影响 . 自然杂志，32(1): 4-8.

游庆龙，康世昌，李剑东，等 . 2021. 青藏高原气候变化若干前沿科学问题 . 冰川冻土，43(3): 885-901.

赵轩茹 . 2020. 近十年内中国冰川变化及驱动因素分析 . 湘潭：湖南科技大学 .

周天军，张文霞，陈晓龙，等. 2020. 青藏高原气温和降水近期、中期与长期变化的预估及其不确定性来源. 气象科学，40(5)：697-710.

Deng H J, Pepin N C, Chen Y N. 2017. Changes of snowfall under warming in the Tibetan Plateau. Journal of Geophysical Research-Atmospheres, 122(14): 7323-7341.

Kraaijenbrink P D A, Bierkens M F P, Lutz A F, et al. 2017. Impact of a global temperature rise of 1.5 degrees Celsius on Asia's glaciers. Nature, 549: 257-263.

Scherler D, Bookhagen B, Strecker M R. 2011. Spatially variable response of Himalayan glaciers to climate change affected by debris cover. Nature Geoscience, 4: 156-159.

Shannon S, Smith R, Wiltshire A, et al. 2019. Global glacier volume projections under high-end climate change scenarios. Cryosphere, 13: 325-350.

Su B, Xiao D C, Chen Y J, et al. 2022a. Glacier change in China over past decades: Spatiotemporal patterns and influencing factors. Earth Science Reviews, 226: 103926.

Su B, Xiao D C, Chen Y J, et al. 2022b. Mismatch between the population and meltwater changes creates opportunities and risks for global glacier-fed basins. Science Bulletin, 67(1): 9-12.

You Q L, Cai Z Y, Pepin N, et al. 2021a. Warming amplification over the Arctic Pole and Third Pole: Trends, mechanisms and consequences. Earth-Science Reviews, 217: 103625.

You Q L, Cai Z Y, Wu F Y, et al., 2021b. Temperature dataset of CMIP6 models over China: Evaluation, trend and uncertainty. Climate Dynamics, 57(1): 17-35.

Zhao Y, Zhou T, Zhang W, et al. 2022. Change in precipitation over the Tibetan Plateau projected by Weighted CMIP6 Models. Advances in Atmospheric Sciences, 39: 1133-1150.

Zhu H, Jiang Z, Li J, et al. 2020. Does CMIP6 inspire more confidence in simulating climate extremes over China? Advances in Atmospheric Sciences, 37(10): 1119-1132.

第11章

亚洲水塔风云气象卫星多圈层监测系统及其应用

青藏高原海拔高、下垫面复杂，由冰川、雪山、冻土、湖泊、裸土、草甸、湿地及亚热带森林等不同地表构型构成。青藏高原由于地形地势的限制，观测环境恶劣，常规气象站稀少，观测资料匮乏，青藏高原西部地区的国家级地面气象观测站密度为 0.60 个 / 万 km^2（全国平均为 2.52 个 / 万 km^2），区域气象观测站密度为 1.76 个 / 万 km^2（全国平均为 32.85 个 / 万 km^2）。

风云气象卫星是我国独立发展的气象卫星系列，迄今为止共发射包括极轨和静止两代四型 20 颗卫星。观测波段涵盖紫外、可见、红外和微波的全波谱探测，实现了对全球天气、气候、环境和灾害的综合遥感。但是，高原地区地形高度和地表类型复杂，常用的针对平原地区或单一下垫面的反演算法难以适应青藏高原地区的特点，造成高原地区卫星遥感产品质量差、精度低，难以真正应用于青藏高原的科学研究中。

本章首先介绍国产风云气象卫星现状，以及针对青藏高原地区冰川、积雪和湖泊的业务产品。然后针对包括大气三维温度、湿度、地表植被指数、冻融类型、土壤湿度等关键大气和地表参数，基于各参数特点和青藏高原地区地理特征，重新构建各关键参数的反演算法模型，并给出各算法反演产品在青藏高原地区的精度评估。在第二次青藏高原综合科学考察研究期间，应用卫星遥感技术开发构建了多个青藏高原及周边地区高质量数据集，其中包括本章介绍的高时空分辨率降水产品、冰川表面高程变化序列、典型冰川区域及湖泊面积数据集等。

11.1 青藏高原卫星遥感大气与降水监测应用产品

11.1.1 风云气象卫星现状

我国独立发展了极轨和静止两个系列气象卫星，时至今日，成功发射了两代四型 20 颗风云气象卫星，包括 FY-1（4 颗）和 FY-3（6 颗）两个极轨系列，以及 FY-2（8 颗）和 FY-4（2 颗）两个静止系列，实现了从无到有、从跟跑到并跑再到部分领跑的跨越发展，实现了长寿命、高可靠、高精度、覆全球、全定量的系列化、业务化自主发展。风云气象卫星整体实力跻身国际先进行列，在提升气象现代化水平和服务保障生命安全、生产发展、生活富裕、生态良好以及国家安全方面发挥了重要作用，取得了显著效益。

我国新一代极轨气象卫星包括风云三号上午、下午和晨昏轨道星组网观测系统，空间分辨率最高可达到百米量级，通过紫外、可见、红外和微波的全波谱探测，实现了极轨气象卫星从多光谱探测到高光谱探测的跨越，实现了对全球天气、气候、环境和灾害的综合遥感。而静止气象卫星可以以一种几乎是凝视的方式对地球进行连续观测。两种轨道卫星搭配使用可以实现最高空间分辨率为 250 m、时间分辨率为 5min（中国区域）的高时空分辨率的观测网。基于这两种轨道卫星反演的要素产品达 100 多种，可以获得整个地气系统内气象要素较为全面的信息。

风云卫星对于高原地表监测，可以产生积雪覆盖、积雪深度、雪水当量、陆表温度、土壤湿度、植被指数、地表覆盖、辐射、冰川面积、湖泊面积等产品，为极端气候事件监测、灾情评估等提供了非常宝贵的数据资料，也大大提高了气候影响评估能力和精细化水平。

11.1.2　高质量卫星遥感降水产品研制及发布

为了更好地矫正卫星遥感降水估计，地面降水分析产品的时空分辨率及质量是关键。尽管全球降水气候中心（GPCC）研发了系列质量和时空分辨率持续改进的地面降水分析数据集，但从全球的角度来讲，无资料 / 资料匮乏区一直是全球 / 关键区域高质量地面观测降水产品研制的核心瓶颈。在亚洲地区，大量研究人员也推出了系列月尺度的地面降水分析产品，日尺度的相对较少（Chen et al.，2002；Mitchell and Jones，2007；Matsuura and Willmott，2009；Schneider et al.，2008；Rajeevan and Bhate，2009），且对这些数据的对比分析及系统性的整理相对较少（Yatagai et al.，2007，2012）。为了更好地监测和预测亚洲地区水文 - 气象 - 环境，APHRODITE 项目于 2006 年启动，致力于研发亚洲地区长时间序列“最高水平”的地面观测降水产品（1951 ～ 2015 年，0.25°/d，最新一次更新是 2018 年 10 月），APHRODITE 数据考虑了不同的插值策略和气候态特征，尤其是复杂地形地区的特征（Ma et al.，2020a），该数据自发布以来受到广泛关注。

本章研究的主要目的是通过引入 APHRODITE 数据，探究 IMERG 产品的日尺度矫正算法，并研发一套更高质量同期卫星遥感降水数据。因此，本章研究提出了一套日尺度时空分裂矫正算法（daily spatio-temporal disaggregation calibration algorithm，DSTDCA），为 GPM 计划的 IMERG 降水产品在未来更高时空尺度上的矫正提供算法参考。同时，本章研究公开发布了一套亚洲地区同期质量最好的时空分辨率最高的降水产品 AIMERG（0.1°/0.5h，2000 ～ 2015 年，亚洲）（Ma et al.，2020a，2020b）。

1. 数据与方法

1）数据

IMERG：为了生产高质量的遥感降水产品，经过交叉矫正、融合、插值各类微波降水估计、微波矫正的红外降水估计、地面降水分析产品以及其他潜在的降水估计相关数据，最终得到 IMERG 遥感降水产品。由于 GPM 卫星发射于 2014 年，第一版本的 IMERG 产品数据可获取时间最早为 2014 年 6 月。自 2019 年 9 月开始，IMERG 产品已经回推到 TRMM 时代，即可获取时间为 2000 年 6 月至今（0.1°/0.5h），基于 Version 06 算法，IMERG 数据在矫正时引入了 GPCC 的地面分析数据，该数据是通过 7000 ～ 8000 个全球地面观测雨量站的数据插值而来的，地面观测网相对稀疏，尤其是在亚洲地区（Schneider et al.，2014，2018）。

APHRODITE：第一版本的 APHRODITE（0.25°/d，1951 ～ 2007 年）数据自公开以来，受到亚洲学界的广泛关注（Yatagai et al.，2012；Ménégoz et al.，2013；Sunilkumar et al.，2019）。研究表明，APHRODITE 数据能够很好地“复制”地面观测数据，是长时间序列变异与变化研究的理想数据（Duncan and Biggs，2012）。该数据于 2018 年 9 月完成了一次更新，时间跨度从原来的 1951 ～ 2007 年到现在的 1951 ～ 2015 年，并可在线免费获取。

CMPA：中国融合降水分析产品（CPMA，0.1°/h，2008 ～ 2015 年）是基于 30000 多个自动气象站的观测资料和 CMORPH 微波降水反演产品，采用最优插值（OI）方法研制的，可以通过中国气象数据网获取。尽管基于地面雨量站点观测资料，OI 方法能够较好地获取地面降水估计（Yong et al.，2010），但是该方法仍然无法有效解决资料匮乏区估计误差显著的问题，如在中国西部地区。对于插值后的降水估计，包含多个雨量观测资料的栅格，求其平均值；如果只有一个，就用其值表示当前栅格的值。

气象站观测的降水资料：采用 2015 年 57835 个自动气象站点的降水观测数据，数据来源于中国气象数据网。该数据经过严格的三级质量控制，包括：①极值控制；②时间非连续性处理；③空间非连续性处理（Shen et al.，2010）。同样地，该数据集主要落在中国东南沿海一带，而在中国北部和西部相对较少，尤其在青藏高原更少。地面资料的匮乏是这些地区降水产品误差来源不可忽略的关键因素之一（Shen et al.，2014）。

水文站观测的降水资料：相对于气象观测站，水文站点观测的降水资料相对独立，对各类降水产品的验证也更具说服力，因此本书也选取了中国浙江省范围内 500 个水文站点观测的降水数据，并经过两大步骤来进行质量控制：①参考气象站站点观测的降水极值来过滤水文站点观测的降水数据，②手动处理异常点问题。通过仔细的质量控制，该数据能够满足对遥感降水产品的质量评价。

本章研究所采用的上述五类数据如表 11.1 所示。IMERG 和 APHRODITE 数据用来研制 AIMERG 数据，其余的三类数据在不同尺度上评估 AIMERG 产品的质量。

表 11.1　本章研究所用到的卫星遥感降水产品、地面观测降水产品，以及星地融合降水产品

名称	空间和时间分辨率	时段	参考文献
IMERG	0.1°/0.5h	2000 ～ 2015 年	Huffman 等（2019a，2019b） https://pmm.nasa.gov/data-access/downloads/gpm （最近获取时间：2022 年 1 月 17 日）
APHRODITE	0.25°/d	1951 ～ 2015 年	Yatagai 等（2012） http://aphrodite.st.hirosaki-u.ac.jp/download/ （最近获取时间：2022 年 1 月 17 日）
CMPA	0.1°/h	2008 ～ 2015 年	Shen 等（2014） http://data.cma.cn （最近获取时间：2022 年 1 月 17 日）
气象站观测的降水资料	h	2015 年	Shen 等（2010） http://data.cma.cn （最近获取时间：2022 年 1 月 17 日）
水文站观测的降水资料	h	2010 ～ 2015 年	Shen 等（2010） http://data.cma.cn （最近获取时间：2022 年 1 月 17 日）

2）日尺度时空分裂矫正算法

根据前期对 IMERG 的评估（Lu et al.，2020；Xu et al.，2019），可以发现 IMERG 高估的原因至少有两个：①由所采用的 GPCC 星地融合的矫正数据导致的；② IMERG 所采用的算法倾向于由过多地检测降水事件导致的，如算法认为是降水的地方，未必有降水发生。因此，本章研究采用 APHRODITE 数据作为“基准”，在日尺度上对 IMERG 进行矫正，矫正算法 DSTDCA 的具体步骤如下。

步骤 1：小时尺度的 IMERG(0.1°/0.5h) 累加到日尺度 IMERG(0.1°/d)，并基于此计算空间分裂权重。由于日尺度的 APHRODITE 数据是 0.25°，因此滑动窗口选为 3×3，滑动窗口中心栅格处的分裂权重就等于中心点处 IMERG 降雨值与滑动窗口内 IMERG 平均值的比值，以此类推，便可以得到日尺度空间分裂权重，并很好地考虑了 IMERG 产品的空间捕捉连续性的优势。

步骤 2：基于日尺度 IMERG，半小时尺度的分裂权重通过计算特定半小时降水值与所在天的 IMERG 累加值的比值来确定。如果日尺度 IMERG 为 0，则该日内该栅格处的小时分裂权重全部为 0。

步骤 3：由于 APHRDITE 数据某些栅格点存在数据缺失的情况，因此缺失数据采用最邻近的方法进行填充，从而获得数据完整和连续的 APHRODITE 数据。

步骤 4：空间矫正，将步骤 1 中获取的空间分裂权重（0.1°/d）与步骤 3 中获取的填补完整的 APHRODITE(0.25°/d) 数据相乘，得到矫正后的日尺度 IMERG 数据（0.1°/d）。再匹配 IMERG(0.1°) 和 APHRODITE(0.25°)，首先根据 APHRODITE 和 IMERG 栅格点的空间位置关系和覆盖情况，确定与 IMERG 当前栅格相关的 APHRODITE 的数据个数及权重。

步骤 5：时间矫正，逐半小时的矫正 IMERG 数据通过将步骤 4 得到的日尺度矫正后的 IMERG 数据按照步骤 2 得到的时间分配权重，分配到逐半小时上。

步骤 6：如果 APHRODITE 观测到降水，而 IMERG 数据没有观测到降水，则 APHRODITE 平均分配到 48 个半小时时段上。

步骤 7：如果 IMERG 捕捉到降水，而 APHRODITE 数据没有捕捉到降水，那么 IMERG 对应的栅格处 48 个半小时时段的降水全部被设置为 0。

经过上述 7 个步骤，就得到矫正后的 AIMERG 数据（0.1°/0.5h），该数据重点考虑了 APHRODITE 的降水总量信息和降水事件诊断信息。DSTDCA 算法的具体流程如图 11.1 所示。

评价指标：为了评价 IMERG 及其矫正产品的质量，本研究选取了 7 个常规评价指标，即 CC、MAE、BIAS、RMSE、POD、FAR 和 CSI(Tang et al.，2017)。通常来讲，CC 用来标注卫星遥感降水和地面观测的一致性，MAE、RMSE 和 BIAS 用来表征卫星遥感降水产品的误差和偏差，而 POD、FAR 和 CSI 用来表征卫星遥感降水产品对降水事件的捕捉能力。

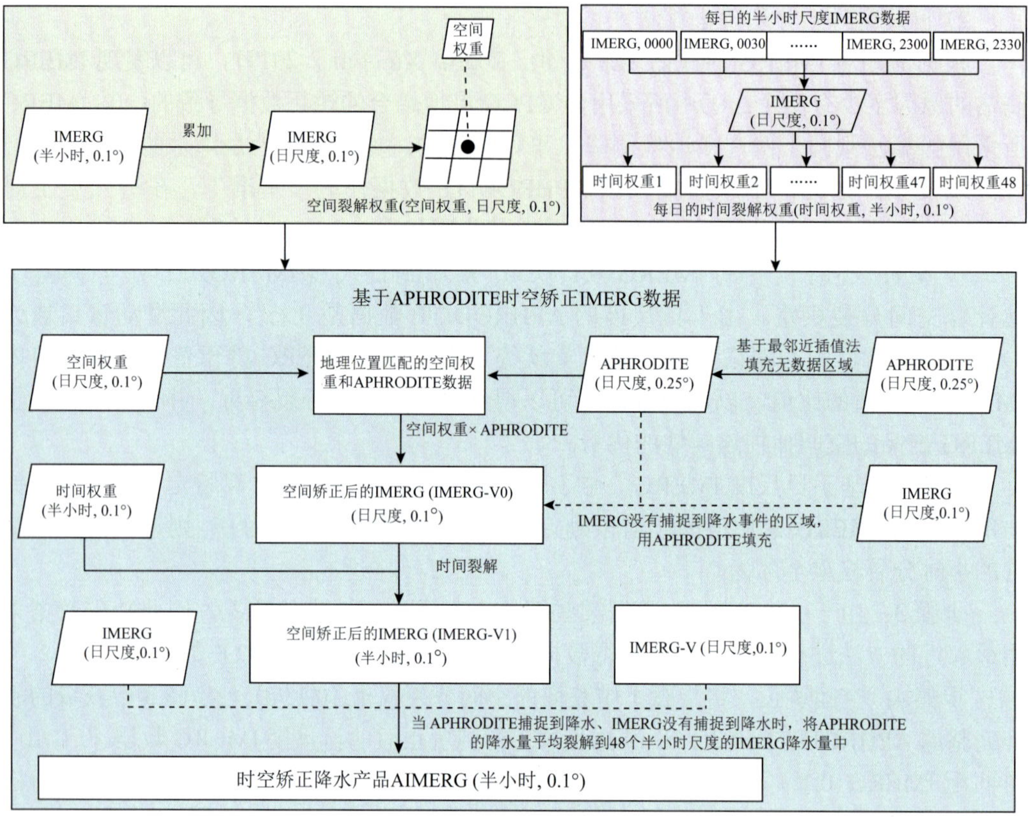

图 11.1　日尺度时空分裂矫正算法流程图

2. 结果与分析

整体来讲，与 APHRODITE 相比，IMERG 和 AIMERG 表现出相似的空间分布特征，从亚洲东南部向西北部呈现出降水量减小的趋势 [图 11.2(b)]。IMERG 在某些地区出现严重高估的情况，如中国藏南、中南半岛西部沿岸及山区，以及印度尼西亚等 [图 11.2(a)]。经过 APHRODITE 的矫正，AIMERG 的空间分布及量级与 APHRODITE 数据更为接近，尤其是在喜马拉雅山、中南半岛西岸和山区，以及印度尼西亚 [图 11.2(c)]。与 APHRODITE 相比，AIMERG 在其上下浮动，如在印度尼西亚东部地区，AIMERG 比 APHRODITE 大，而在亚洲东北部则刚好相反。AIMERG 总体上比 IMERG 要小，但仍然有一些地方 AIMERG 比 IMERG 大，如在青藏高原西部地区 [图 11.2(d)]。

从时间序列上来看，矫正后的 AIMERG 偏差比 IMERG 的显著减少（图 11.3），月尺度的 IMERG 基本是 AIMERG 的 1.5 倍左右，同时 AIMERG 整体比 APHRODITE 要小，可能归因于矫正算法及 AIMERG 的时空分辨率等因素。在日尺度上，IMERG 整体大于 APHRODITE，但在一些特定的天，APHRODITE 要比 IMERG 大，这也是导致 AIMERG 在日尺度上比 IMERG 大的原因之一。同时，IMERG 虽然高估严重，主要表现在没有降水发生或者降水比较小的时期，而在降水比较大的时期，反而估计值偏低。

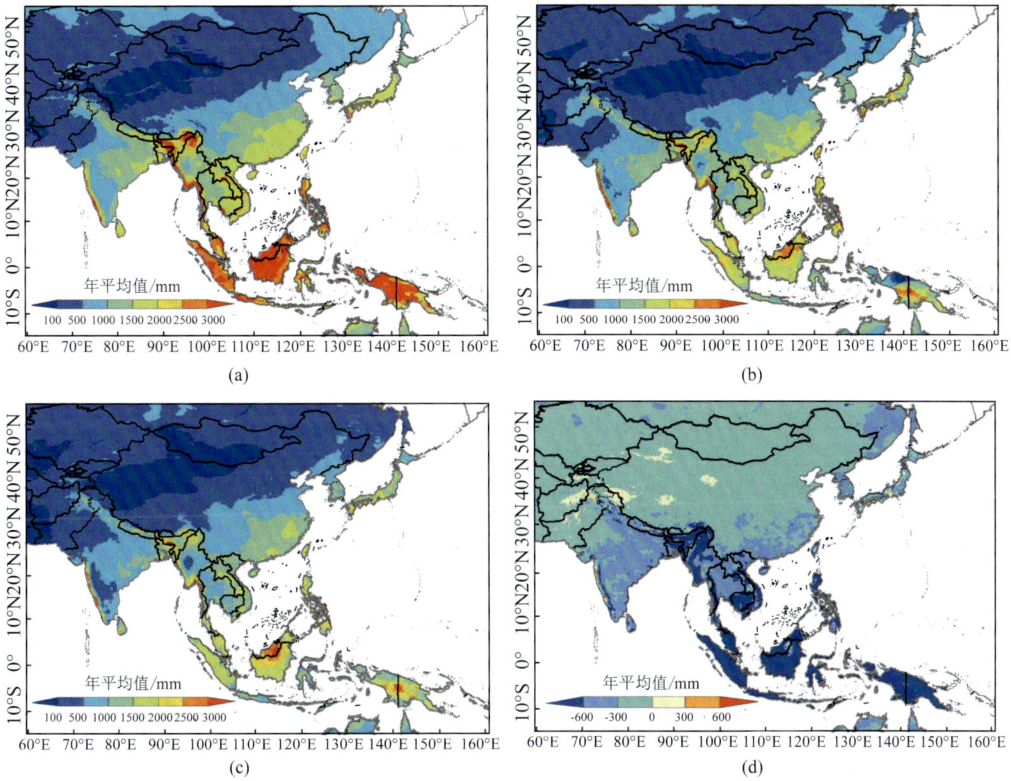

图 11.2　2001 ～ 2015 年降水多年平均值的空间分布

(a) IMERG，0.1°；(b) APHRODITE，0.25°；(c) AIMERG，0.1°；(d) AIMERG-IMERG，0.1°

在中国，CMPA 数据的空间分布与 AIMERG 更为接近，尤其是地面站点密集的中国东南部地区，而在地面站点稀疏的喜马拉雅山一带，CMPA 和 IMERG 都整体被高估，可能归因于卫星遥感产品的高估特点（图 11.4）。同时，IMERG 在台风经常光顾的中国东南沿海一带被显著高估 [图 11.4(b)]。为了更好地刻画不同区域 [图 11.4(d)] 遥感降水数据质量特点，我们主要考虑了三个方面：有代表性的气候区、地面站点分布情况以及地形复杂程度。子区域 1 代表中国最北边的平原地区，以寒冷气候为主（左上：54.0°N，117.0°E；右下：47.0°N，137.0° E）；子区域 2 代表亚洲季风活跃的东南沿海地区（左上：28.0°N，117.0°E；左下：24.0°N，119.0°E；右下：31.0°N，124.0°E；右上：34.0°N，120.0°E）；子区域 3 选择在中国最南部的海南岛，主要为热带大陆性气候（左上：24.0°N，107.0°E；右下：18.0°N，117.0°E）；子区域 4 选择在云贵高原和四川盆地附近，表征湿润性内陆气候（左上：33.0°N，100.0° E；右下：27.0° N，107.0° E）；子区域 5 选择在青藏高原南侧的喜马拉雅山一带，高海拔且地形复杂，平均海拔在 4000m 以上（左上：33.0°N，80.0°E；右下：27.0°N，97.0°E）；子区域 6 选择在中亚地区的天山附近，为内陆型干旱气候，且地形复杂（左上：47.0°N，80.0°E；右下：40.0°N，92.0°E）。

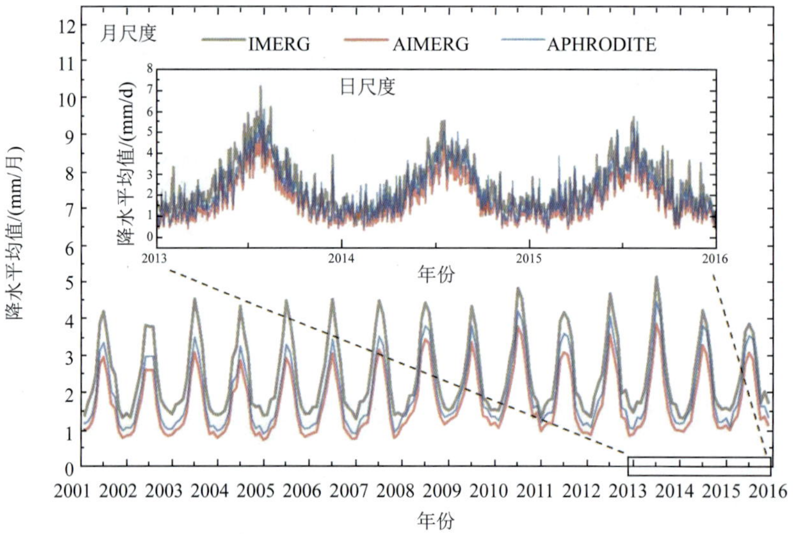

图 11.3　2001 ～ 2015 年 IMERG、APHRODITE 和 AIMERG 在亚洲地区降水平均值的时序变化趋势

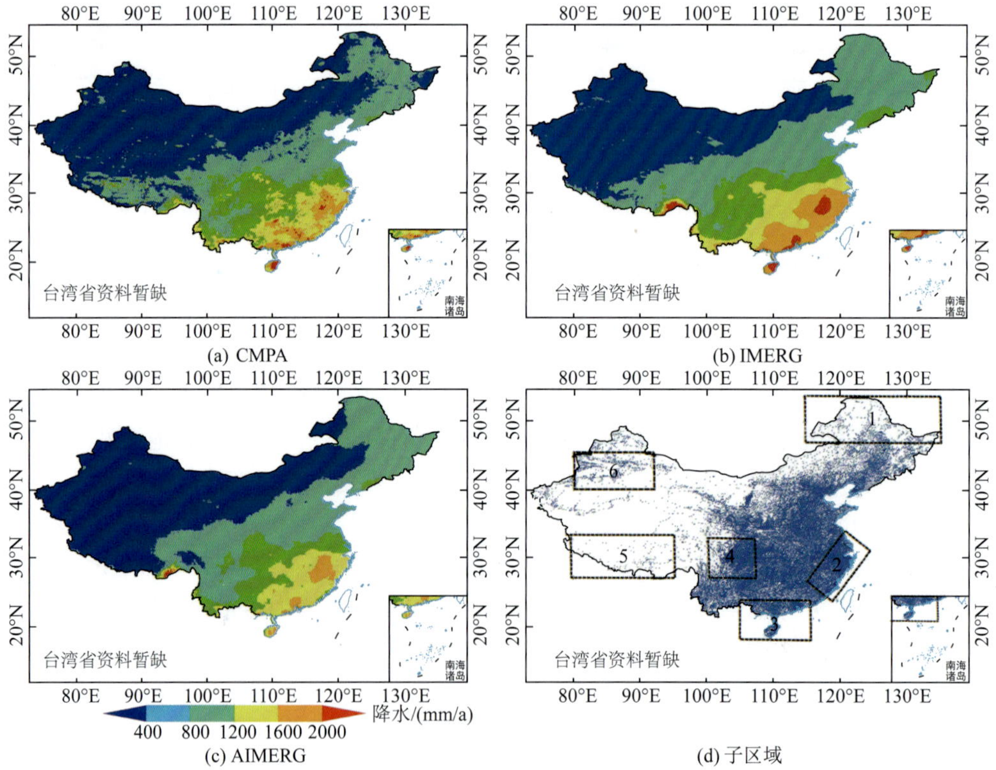

图 11.4　2008 ～ 2015 年中国 CMPA(a)、IMERG(b)、AIMERG(c) 的空间分布，以及中国 50000 多个自动气象站点的空间分布 (d)

图 11.5 表示了 IMERG、AIMERG 和 CMPA 在中国以及子区域内的变化趋势情况。总体而言，从月和年尺度上看，CMPA 和 AIMERG 更为相似并且显著小于 IMERG。同时，CMPA 在中国仍然小于 AIMERG，可能是由于 CMPA 数据融合了卫星遥感的微波降水产品 [图 11.5(a)]。子区域 1 和子区域 2，三者数据的表现与中国整体情况基本一致 [图 11.5(b) 和 (c)]。但在子区域 3 ～ 5，CMPA 和 IMERG 均显著大于 AIMERG。在子区域 6 的天山地区，CMPA 基本大于 IMERG，表明该地区的误差比较显著，需要引起关注 [图 11.5(g)]。

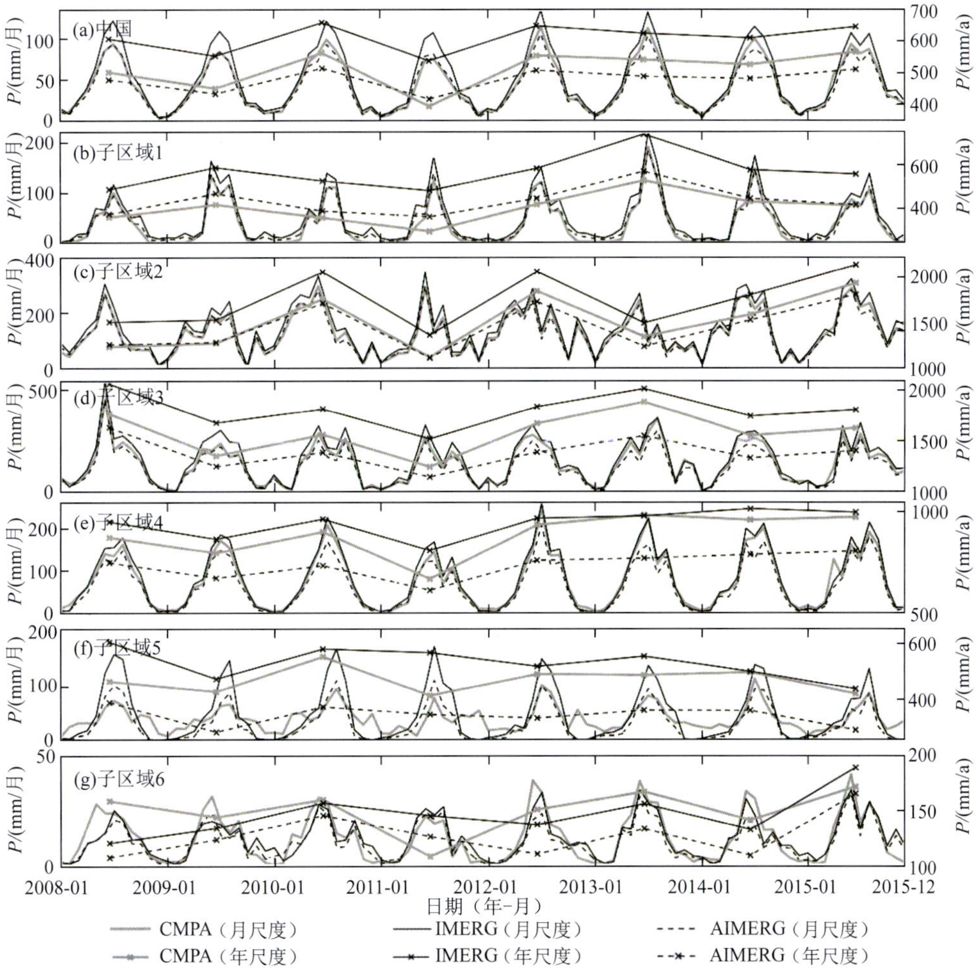

图 11.5　中国及子区域内 2008 ～ 2015 年 IMERG、CMPA、AIMERG 三类降水数据在年和月尺度上的降水平均值 (P) 变化趋势

本章研究致力于提出一种 IMERG 的日尺度矫正算法，因此也进行了日尺度的 IMERG、CMPA 以及 AIMERG 时序特征分布探究，整体与月尺度的情况比较相似 (图 11.6)。在山区等降水量比较小的地区，如喜马拉雅山一带，干季 CMPA 比

AIMERG 和 IMERG 大，而在湿季相反 [图 11.6(f)]。值得注意的是，CMPA 数据在喜马拉雅山一带比较反常，可能是由于 CMPA 数据在该地区所采用的地面观测资料有限，而 APHRODITE 则整合了周边地区大量的雨量观测资料，如哈萨克斯坦、吉尔吉斯斯坦、塔吉克斯坦、阿富汗、巴基斯坦、印度、尼泊尔和不丹等国，从而为获取青藏高原地区高质量的降水资料带来了非常有价值的信息 (Yatagai et al.，2012)。经过 APHRODITE 数据日尺度的矫正，AIEMRG 显著低于 IMERG 和 CMPA 两个数据，而在其他有些地区，如天山，AIMERG 数据仍然高于 IMERG 和 CMPA。

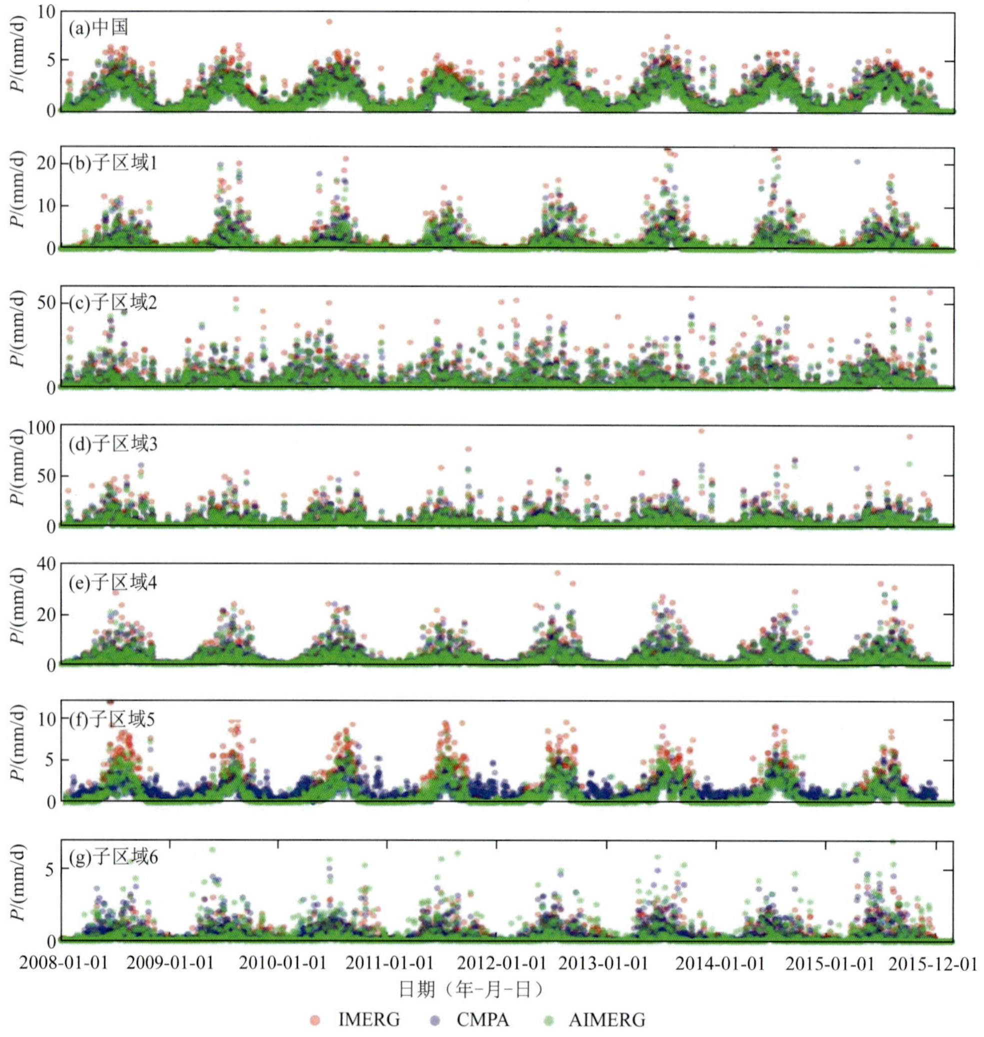

图 11.6　中国及子区域 2008 ～ 2015 年 IMERG、CMPA 及 AIMERG 三者日尺度时序变化特征

2015 年中国 50000 多个自动气象站的观测降水数据被用来对比评估 IMERG 和 AIMERG（图 11.7）。从雨量的平均值时间序列趋势来看，AIMERG 的量级和地面雨量

站观测的相似，均显著低于 IMERG。同时，IMERG 仍然存在干季高估而湿季低估的问题，如在子区域 6 的天山地区。就定量的评价指标而言，SD、RMSD、CC，AIMERG 整体优于 IMERG 数据，尤其是在子区域 5 的喜马拉雅山一带，由于 APHRODITE 数据考虑到青藏高原周围地区的降水观测数据，对改进 IMERG 数据的精度起到了显著作用。

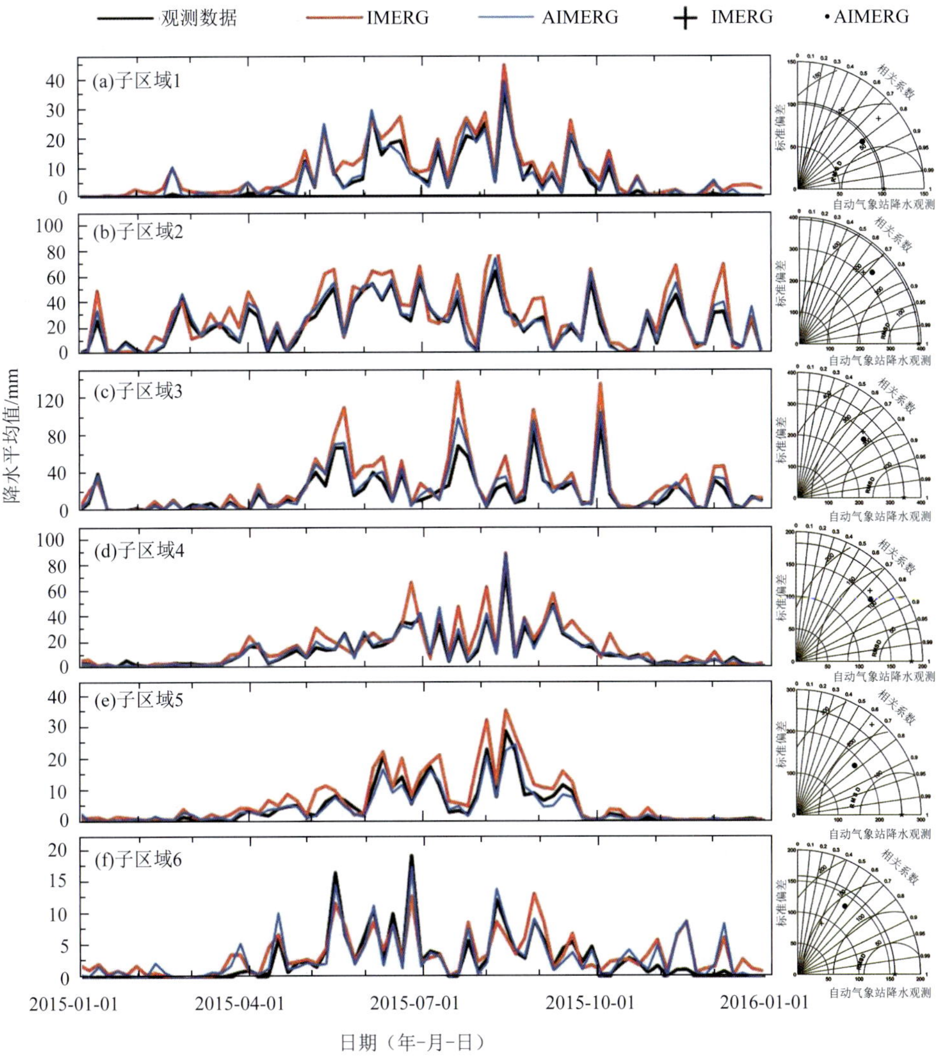

图 11.7　2015 年子区域内 IMERG、地面观测和 AIMERG 的时序特征

泰勒图表示 IMERG 和 AIMERG 在相应子区域内基于 CC、RMSD 和 SD 三个指标的评估结果

图 11.8 展示了 2015 年 IMERG 和 AIMERG 在六个子区域内对降水事件捕捉能力的数值分布特征。整体来看，AIMERG 的 POD（探测率）指数要比 IMERG 的高 [图 11.8(a)]，且 FAR（误报率）要小 [图 11.8(b)]，这就使得 AIMERG 的综合诊断指数 CSI（临界成功指数）要显著高于 IMERG[图 11.8(c)]。AIMERG 和 IMERG 分别在子区域 2 和子区域 3 表现最优和最差。

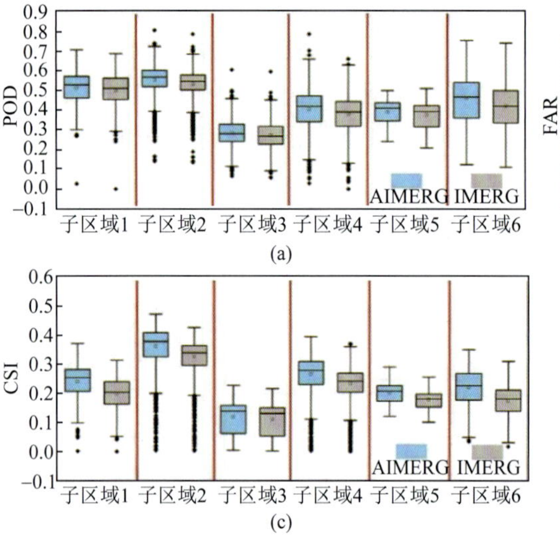

图 11.8　与地面观测资料相比，2015 年六个子区域内 IMERG 和 AIMERG 在小时尺度对降水事件的捕捉能力的数值分布特征

为了更进一步地评估 IMERG 和 AIMERG 的质量，本章研究采用浙江省 2010 ～ 2015 年 500 多个地面水文站点的降水数据，与气象站观测的降水数据完全独立，该数据基本均匀分布 [图 11.9(a)]。AIMERG 的 POD 指数约为 0.9，而 IMERG 的 POD 指数约为 0.8；AIMERG 的 FAR 指数约为 0.3，而 IMERG 的 FAR 指数相对较大，约为 0.4。通过 CSI 发现，相对于 IMERG 数据，AIMERG 对降水事件的捕捉能力提高了约 10%。对降水事件的捕捉能力不足或者误报，都是 IMERG 在该地区存在低值高估和高值低估的潜在原因。

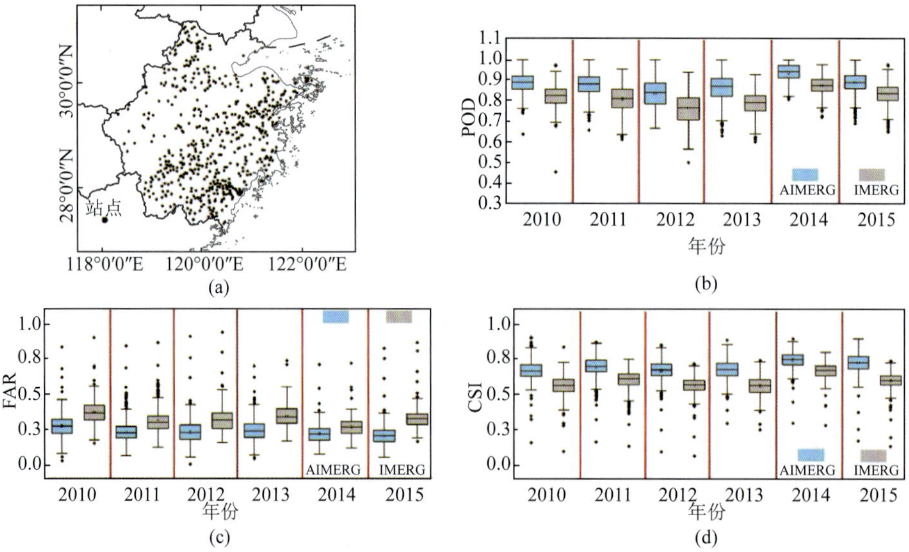

图 11.9　2010 ～ 2015 年基于浙江省 500 多个水文降水观测站点的 IMERG 和 AIMERG 降水事件诊断对比结果

从浙江省 2010 ～ 2015 年 IMERG、AIMERG 以及水文站降水观测资料的面雨量均值时序特征（图 11.10）可以发现，IMERG 均大于 AIMERG 和地面观测的结果，在某些时间段，相对于 AIMERG 和地面观测结果，IMERG 要高出近 10 倍，如在 2015 年 6 月 11 日 00：00 ～ 2015 年 6 月 14 日 00：00 和 2015 年 8 月 29 日 00：00 ～ 2015 年 9 月 1 日 00：00 两个时间段。同时，相比 IMERG，AIMERG 在时间变化趋势和量级上都更接近于地面观测结果。而在某些暴雨时刻，AIMERG 和地面观测结果均大于 IMERG。

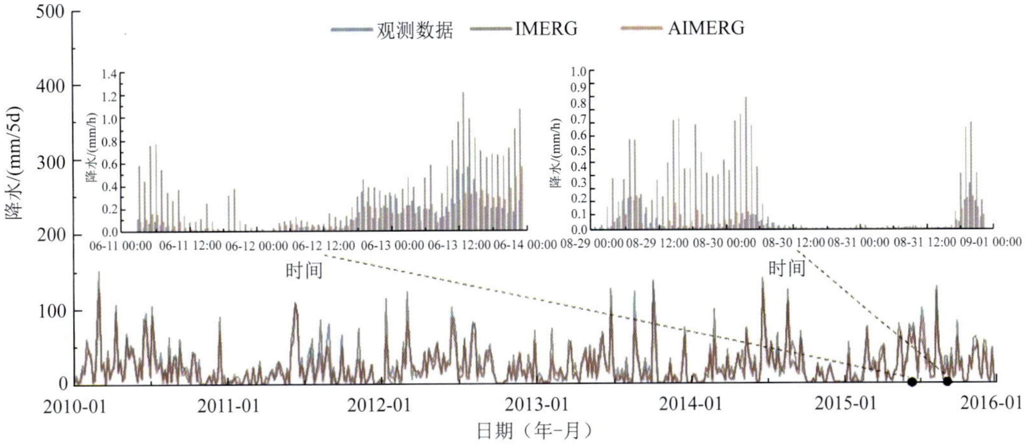

图 11.10　基于 IMERG、AIMERG 和水文站降水观测资料的浙江省 2010 ～ 2015 年时序特征图

本研究的核心目标之一，就是提供亚洲地区高质量高时空分辨率的降水数据，以服务于水文气象气候领域的相关研究和工作，尤其是对于小时尺度的降水事件研究。Tang 等（2017）对 GPM 时代（2000 ～ 2018 年）IMERG 降水产品和其他 9 个主流高时空分辨率栅格化降水产品进行了全面的对比和分析，其中 6 个为遥感降水产品（TRMM 3B42，0.25°/3h；CMORPH，0.25°/3h；PERSIANN-CDR，0.25°/d；GSMAP，0.1°/h；CHIRPS，0.05°/d；SM2RAIN，0.25°/d），3 个为再分析产品（ERA5，约 0.25°/h；ERA-Interim，约 0.73°/h，MERRA2，约 0.5°×0.625°/h），发现 IMERG 产品优于其他产品，除了 GSMAP 数据，因为该数据也是在日尺度上经过矫正，采用的是 CPC 地面分析数据（0.5°/d）。因此，本章研究也基于地面站点同时评估和对比了 AIMERG、GSMAP 及 IMERG 数据。

本章研究选取发生在浙江省 2015 年 7 月 11 日 00：00 ～ 11：00 时段的“灿鸿”台风降水事件作为案例来评估 AIMERG 和其他降水产品（图 11.11）。从趋势上来看，IMERG、AIMERG 以及 GSMAP 空间分布与地面站点插值结果相近，降水量从台风登陆的东南部到西北部逐渐减小。就三个遥感降水产品而言，IMERG 在强降水事件上表现为整体低估 [图 11.11(b)]，大部分地方降水量低于 10 mm/h。尽管 GSMAP 降水估计相比 IMERG 要高 [图 11.11(c)]，但 AIMERG 提供比 GSMAP 更多细节信息，尤其是在浙江省的东北部 [图 11.11(d)]。正如诸多评估类研究（Tang et al.，2020）所指出，遥感降水产品在强降水事件过程中整体被低估。从这个角度来讲，AIMERG 要优于 GSMAP 和 IMERG，这归因于在日尺度上的矫正。

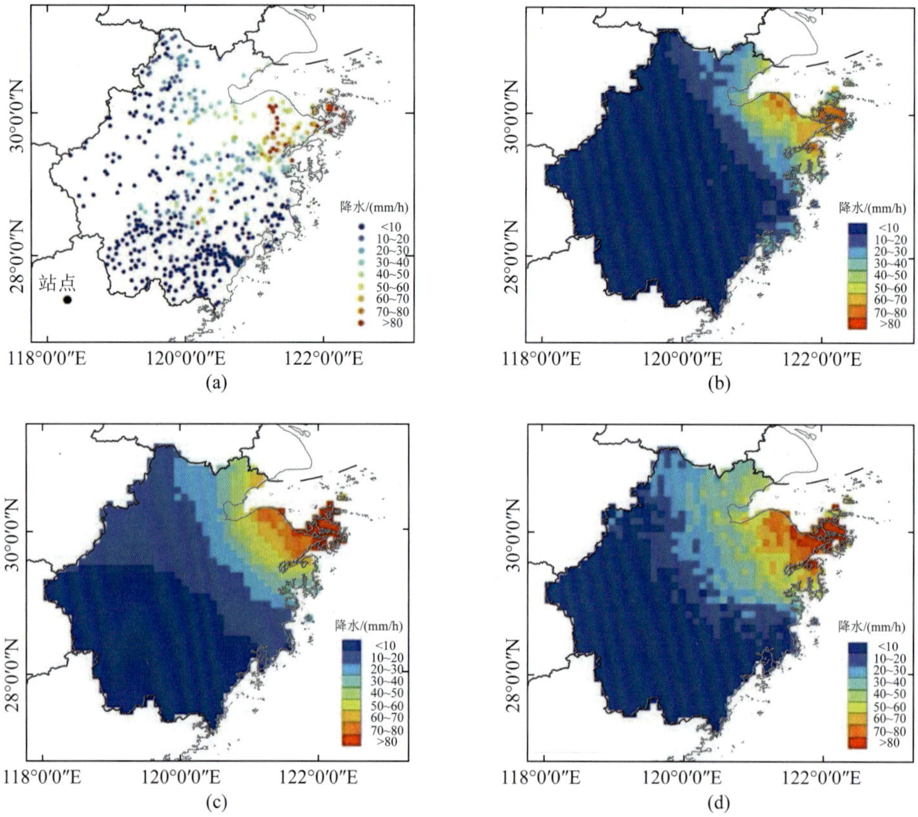

图 11.11　浙江省 2015 年 7 月 11 日 00：00 ～ 11：00 时段的“灿鸿”台风降水事件降水空间分布

(a) 地面水文站降水观测；(b) IMERG；(c) GSMAP；(d) AIMERG

本研究基于地面水文站观测的降水数据对“灿鸿”台风过程降水事件的 AIMERG、GSMAP 和 IMERG 进行了分析评估 (图 11.12)。统计结果显示，偏差从约 –50% 优化到约 –10%。同时，随机误差也取得了显著的提升，IMERG 的随机误差较大 (RMSE 约 2.71 mm/h，MAE 约 1.54 mm/h)，AIMERG 随机误差显著减小 (RMSE 约 2.50 mm/h，MAE 约 1.44 mm/h)，表明采用 APHRODITE 数据对 IMERG 进行校正能够显著提升其质量，尤其是在强降水事件过程中 [图 11.12(a) 和 (c)]。同时，就偏差和随机误差而言，AIMERG 显著优于 GSMAP。GSMAP 低估 –30% 左右，量级是 AIMERG 低估 (–15%) 的将近两倍；GSMAP 的随机误差 (MAE 约 1.97 mm/ h，RMSE 约 3.26 mm/h) 也显著高于 AIMERG 的随机误差 (MAE 约 1.44 mm/h，RMSE 约 2.50 mm/h)[图 11.12(b) 和 (c)]。与 IMERG 相比，GSMAP 的随机误差相对较大，但偏差要相对较小 (–30%)，这归因于 GSMAP 经过日尺度的矫正 [图 11.12(a) 和 (b)]。本研究选择典型事件对比评估了

AIMERG 和 GSMAP 数据，我们也鼓励后续研究对 AIMERG 和其他降水产品进行更加深入全面的评估。

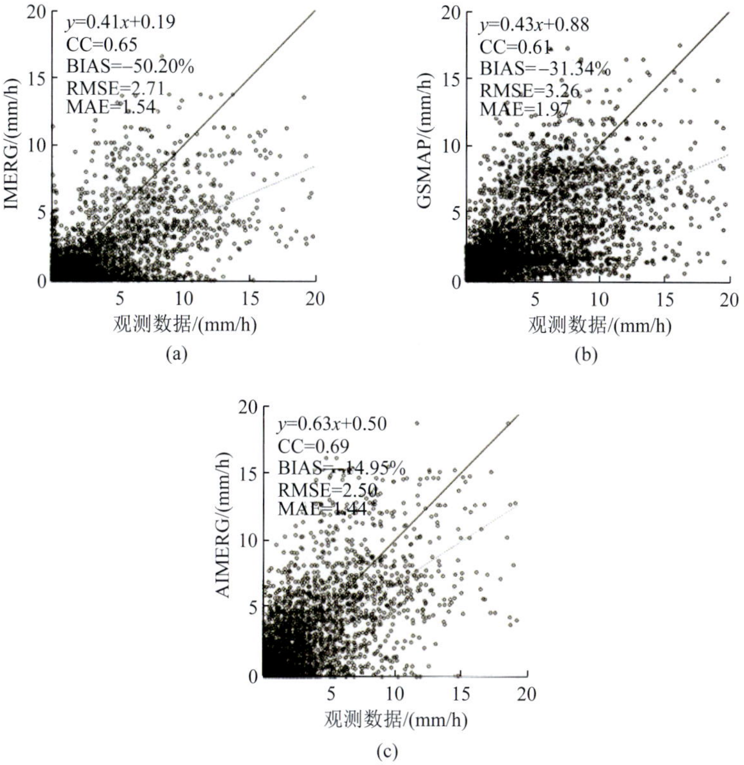

图 11.12　基于地面观测站点对卫星遥感降水数据质量的评估

(a) IMERG；(b) GSMAP；(c) AIMERG。以浙江省 2015 年 7 月 11 日 00：00 ～ 11：00 时段的“灿鸿”台风降水事件为例

卫星遥感降水 IMERG 产品的生产手册 Algorithm Theoretical Basis Document（ATBD）V06（Huffman et al.，2019a）指出，该产品的研发过程主要有两大步骤：首先基于卫星遥感观测结果进行降水量的反演估算，其次用地面观测分析降水产品进行校正，如采用 GPCC 的地面降水产品（1.0°/ 月）。由于缺乏成熟的日尺度矫正算法，IMERG 目前还只是在月尺度进行了矫正。本研究的两大目的是：①提出一套日尺度的时空矫正算法（DSTDCA），用来在更高尺度上矫正卫星遥感降水产品；②为亚洲地区的生产应用提供一套同期更高质量、更高时空分辨率的卫星遥感降水产品（0.5h，0.1°× 0.1°，2000 ～ 2015 年，亚洲）（Ma et al.，2020a，2020b）。为了矫正 IMERG 数据，本研究引入 APHRODITE 数据（日，0.25°×0.25°，2000 ～ 2015 年，亚洲）作为地面观测数据，该数据相对 GPCC 具有更高的时空分辨率，同时尽可能多地考虑了地面观测数据。从 1951 ～ 2015 年多年平均的空间分布来看，GPCC 和 APHRODITE 比较相似，但量级之间还有显著的差异，尤其是在喜马拉雅山一带、中南半岛沿岸及西部高山地区，以及印度尼西亚 [图 11.13(a) 和 (b)]。为了进一步展示 GPCC 和 APHRODITE 两者之间的细节

差异，将 APHRODITE 月均值与 GPCC 的月均值进行了比较 [图 11.13(c)]。结果表明，GPCC 数据在热带的印度尼西亚地区及喜马拉雅一带的地形复杂地区存在严重高估的情况，而在青藏高原中西部以及中东地区存在低估的现象。因此，GPCC 数据对 IMERG 最终的矫正结果产生了关键作用，而 APHRODITE 数据的引入将大幅改善 AIMERG 产品的质量。

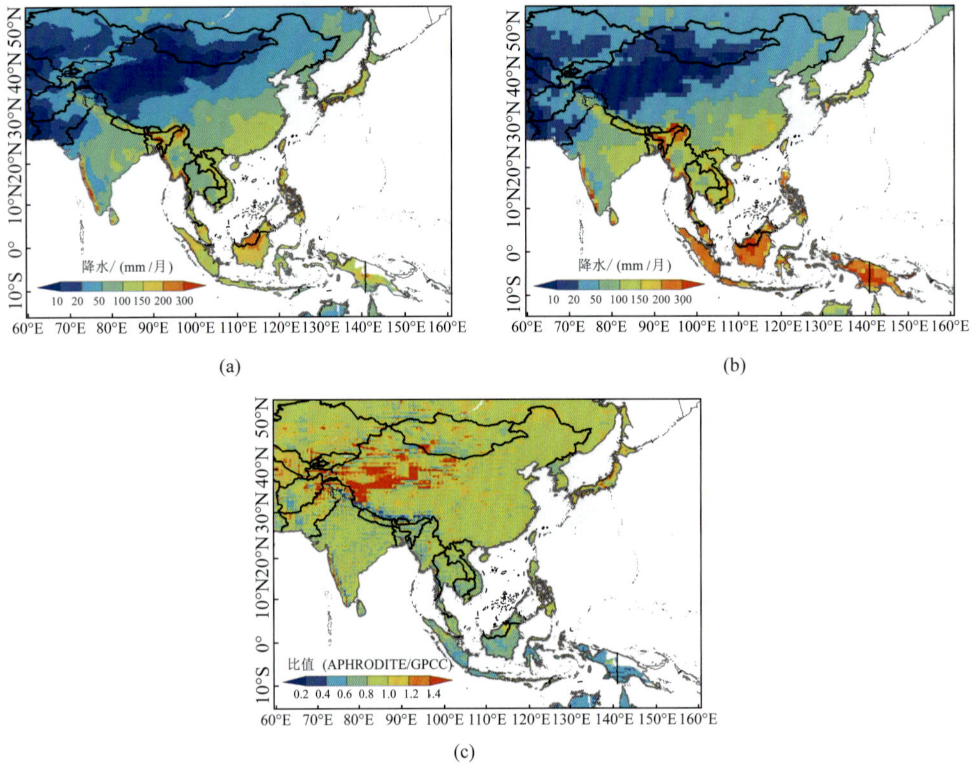

图 11.13　亚洲地区 1951 ～ 2015 年 GPCC 和 APHRODITE 多年平均值的降水空间分布

(a) APHRODITE；(b) GPCC；(c) 二者月均值的比值分布

卫星遥感降水反演产品的误差主要分为系统偏差和随机误差 (Shen et al.，2014)。从本研究的结果来看，AIMERG 的随机误差经过 APHRODITE 数据矫正后得到显著改善 (图 11.14)。就系统偏差而言，本研究对比了 1951 ～ 2015 年亚洲尺度的逐月趋势及比值特征 (图 11.14)。APHRODITE 逐月平均降水变化范围为 25 ～ 100 mm /月，而 GPCC 的变化范围为 50 ～ 150 mm /月，导致 APHRODITE/GPCC 的变化范围为 0.3 ～ 0.9，均值为 0.7，这也就是说，GPCC 至少要比 APHRODITE 高估 30%。因此，引入 APHRODITE 数据对改进 IMERG 数据系统性高估的局限具有显著优势。

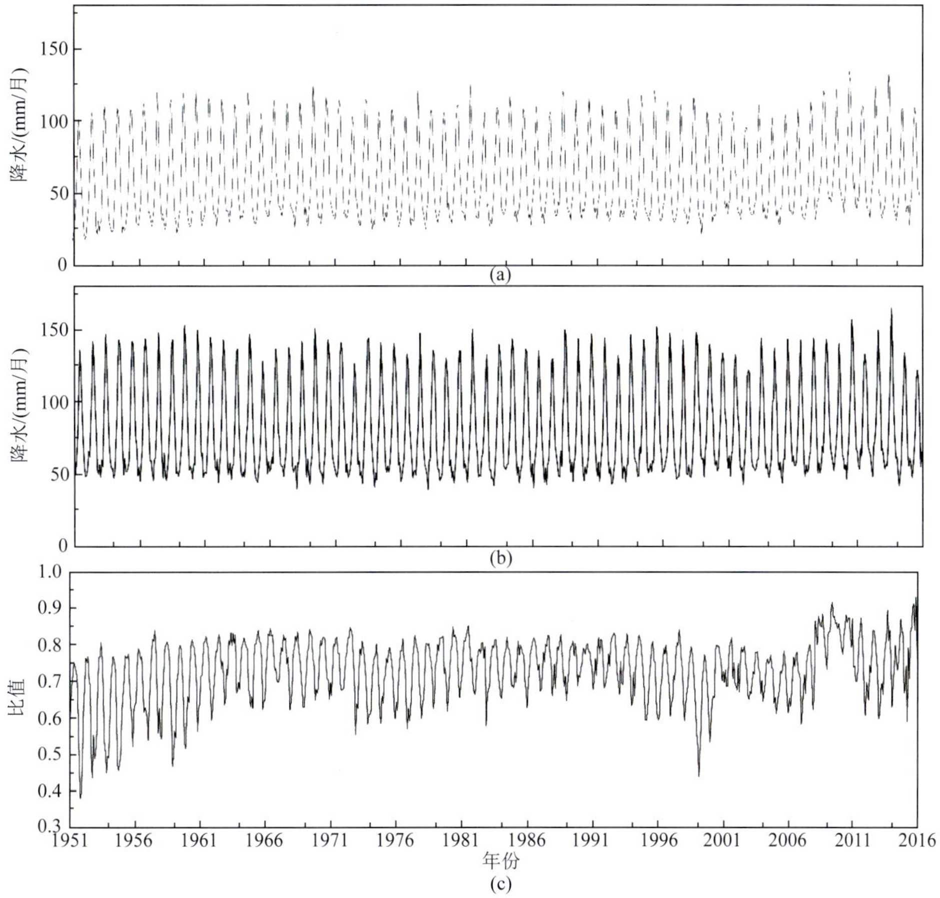

图 11.14　亚洲地区 1951 ～ 2015 年月平均值的时序变化特征

(a) APHRODITE；(b) GPCC；(c) 二者比值（APHRODITE/GPCC）

11.1.3　微波温湿度廓线反演

星载微波探测仪具备一定的穿云透雨能力，可以用来监测全天空三维大气的热力结构。FY-3D 卫星搭载的微波温度计（MWTS）和微波湿度计（MWHS）同时具备氧气吸收通道和水汽吸收通道，可以用来对大气温度和湿度廓线进行反演。并且微波频段对较大水凝物粒子（如雨、雪、霰等）的散射过程较为敏感，可以用来监测大气中降水粒子的垂直分布信息，对降水过程的三维微物理特征进行定量反演。

目前，反演微波仪器的算法主要有两种：一种是基于回归方程的统计算法（Lin and Weng，2018；Tian and Zou，2018），另一种是基于辐射传输模式的一维变分物理反演算法（Liu and Weng，2005；Han and Weng，2018）。由于使用辐射传输模式作为观测算子，因此一维变分方法可以同时反演与微波大气辐射传输过程相关的多种物理量。但是，一维变分方法依赖于大气背景场、背景场误差协方差矩阵以及观测算子误差矩阵等多种因子，各因子的不确定性都会影响最终的反演精度。场景自适应的变分反演方法具备自动判别观测场景并且根据观测场景自动选取合适的变分输入参数的功能，实现在全球全天空条件下的高精度反演（Hu and Han，2020；Hu et al.，2019）。

场景自适应的全球大气反演系统 GSDART（global scene-dependent atmosphere retrieval testbed）是基于国产先进辐射传输模式 ARMS（advanced radiative transfer modeling system）（Weng et al.，2020），以及场景自适应一维变分反演算法，开发的全球全天空三维大气热力结构反演系统（Hu and Han，2020；Hu et al.，2019）。其针对不同下垫面类型、不同大气云雨条件等多种观测场景分别制作了大气背景场、背景场误差协方差矩阵以及观测算子误差矩阵，并针对国产风云气象卫星微波仪器特点设计了偏差订正方案以及观测场景自动识别算法，实现了复杂观测场景下的高精度大气温湿度及水凝物三维结构反演。同时，GSDART 耦合了多种大气和地表要素物理约束模型，实现了基于微波探测仪的关键地表要素（包括地表温度、地表气压、地表发射率和降水率等）反演产品。

为了适应高原地区的复杂观测场景，我们针对青藏高原地区设计了与海拔相关的通道选择方案、云雨场景识别方案以及背景误差协方差矩阵稀疏化方案，并基于青藏高原地区中尺度数值模式结果计算了高原地区大气背景误差协方差矩阵，形成针对高原地区的 GSDART_Plateau 反演系统，其具体流程如图 11.15 所示。最终形成青藏高原地区三维大气温度、湿度、水凝物（雨水、云水、霰）以及关键地表要素（地表温度、地表气压、地表发射率和降水率）数据集。

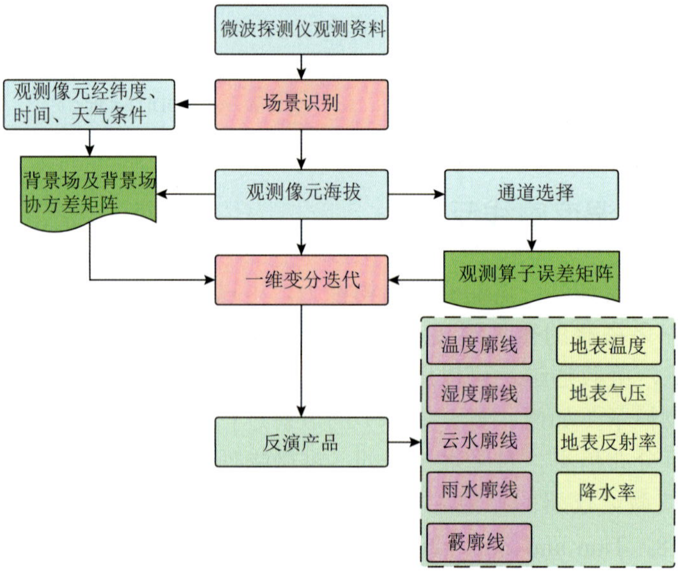

图 11.15　针对青藏高原的 GSDART_Plateau 反演系统流程图

图 11.16 为 FY-3D 微波温度计和微波湿度计反演得到的不同海拔温湿度廓线误差，其中图 11.16(a) 和 (d) 代表海拔 1000 m 以下的廓线反演误差，图 11.16(b) 和 (e) 代表海拔 1000 ～ 3000 m 的廓线反演误差，图 11.16(c) 和 (f) 代表海拔 3000m 以上的廓线反演误差。误差计算时选取 2018 年 6 月至 2019 年 5 月每月一天（2 号）的 ERA5 再分析资料作为真值。为评估不同地表类型的误差特征，本研究分别计算了积雪地表以及普通裸土地表的大气温湿度廓线误差（图 11.16）。可以看出，GSDART_Plateau 算法实现了不同海拔之间陆面条件的温湿度廓线误差的一致性，其中温度廓线误差为 1.5 ～ 2 K，湿度廓线误差为 15% ～ 22%。积雪条件下，积雪下垫面的低层温湿度廓线误差略大于普通裸土，这主要是由积雪下垫面的地表反射率估计不准确造成的。但积雪下垫面的高层温湿度廓线误差略小于普通裸土，200 hPa 以上的积雪下垫面温度和湿度误差分别可以降低至 1 K 和 10%。

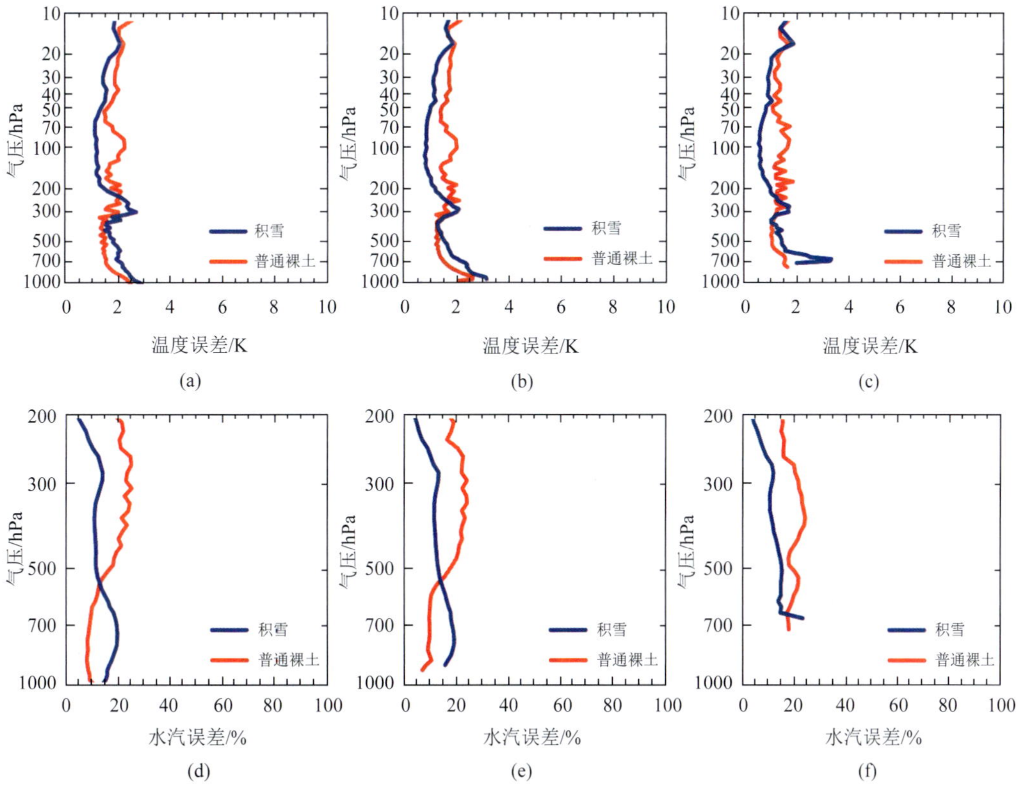

图 11.16　不同海拔大气温度 [(a) ～ (c)]、湿度 [(d) ～ (f)] 廓线反演误差

蓝色和红色分别代表积雪和普通裸土条件。(a) 和 (d) 代表海拔 1000 m 以下廓线；(b) 和 (e) 代表海拔 1000 ～ 3000m 的廓线；(c) 和 (f) 代表海拔 3000 m 以上的廓线

11.2 青藏高原卫星遥感冰川监测应用产品

我国 FY-3 号气象卫星中分辨率成像光谱仪（MERSI）包括 25 个波段，数据的空间分辨率分别为 250 m、500 m 和 1000 m，这为冰川 / 积雪与云、水等其他地物的区分提供了所需的波谱特征信息，增强了对冰川 / 积雪与云的判别能力。对于冰川的判识主要采用归一化差分积雪指数（NDSI），该指数是基于雪对可见光与短波红外波段的反射特性和反射差的相对大小的一种测量方法。

图 11.17 是 2021 年和 2020 年杰马央宗冰川变化趋势图。图 11.18 给出 2001 ～ 2021 年杰马央宗冰川的长时间变化趋势图。

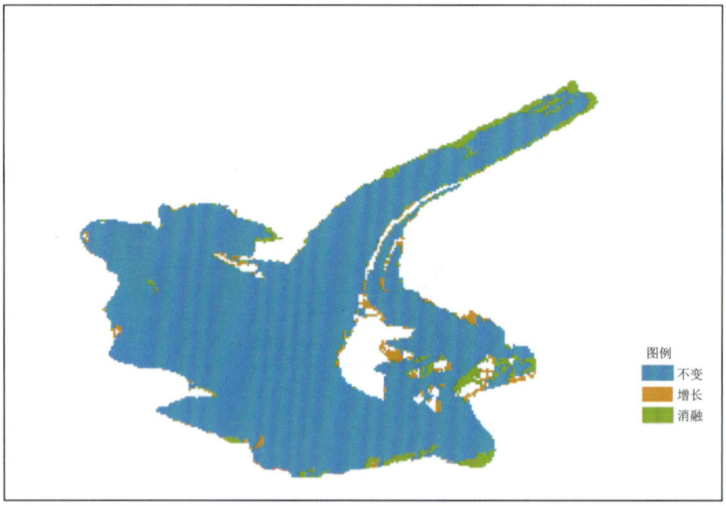

图 11.17 2021 年和 2020 年杰马央宗冰川变化趋势图

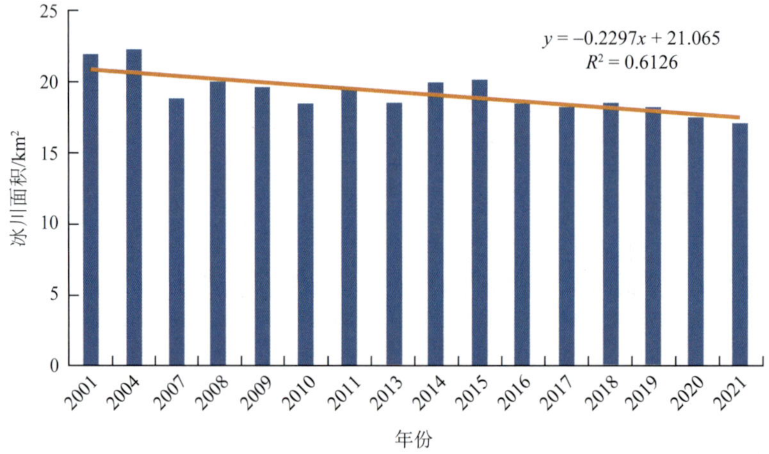

图 11.18 2001 ～ 2021 年杰马央宗冰川面积变化趋势图

联合地形数据、卫星测高、卫星重力等手段，本书研制了 2003 ～ 2020 年藏东南地区的冰川物质平衡数据。主要步骤包括：①通过中分辨率 ASTER 准实时立体像对和最新的 NASA DEM 生成覆盖研究区大部分区域的 DEM 数据，并经过一系列校正获得多年冰川表面高程变化结果（2000 ～ 2014 年）；②处理多源卫星测高数据（ICESat、CryoSat-2 和 ICESat-2）并得到不同时段冰川表面高程变化的时间序列；③利用 DEM 和 ICESat-2 得到的多年冰川表面高程变化值，对 CryoSat-2 进行系统偏差移除，得到长时序冰川表面高程变化序列；④在步骤③的基础上，通过重力卫星和陆面模式输出的陆地水储量变化对已有时间序列进行插补，获取藏东南地区 2003 ～ 2020 年连续的冰川表面高程变化序列。具体方法如下：

$$\Delta_h = h_{\text{ICESat-2}} - h_{\text{NASADEM}} + h_{\text{p}} \tag{11.1}$$

式中，$h_{\text{ICESat-2}}$ 和 h_{NASADEM} 分别为 ICESat-2 足迹点的高程值和 NASA DEM 的高程值；h_{p} 为 NASA DEM 对冰川的穿透深度，在本研究中 h_{p}=1.5m。

$$R = \frac{\Delta_h}{\Delta t} \tag{11.2}$$

$$M = R \cdot \frac{\rho_{\text{g}}}{\rho_{\text{w}}} \tag{11.3}$$

式中，R 为冰川厚度变化速率；M 为冰川物质平衡；ρ_{g} 和 ρ_{w} 分别为冰川和水的密度，ρ_{g}=850 kg/m^3。

11.2.1　喜马拉雅山典型冰川区域数据集

喜马拉雅山典型冰川由杰马央宗冰川、冲巴雍错流域冰川、什磨冰川、什俄冰川及曾冰川五个典型冰川组成，五大冰川空间形态及其在喜马拉雅山的位置如图 11.19 所示。

1. 杰马央宗冰川

杰马央宗冰川（30°11′N ～ 30°15′N，82°07′E ～ 82°14′E）位于西藏日喀则市仲巴县和阿里地区普兰县交界处，发源于喜马拉雅山北麓的杰马央宗曲，是雅鲁藏布江的正源。据考察，杰马央宗地区有 116 km^2 的区域被冰川和永久积雪覆盖。地势高寒，海拔 5590 m。

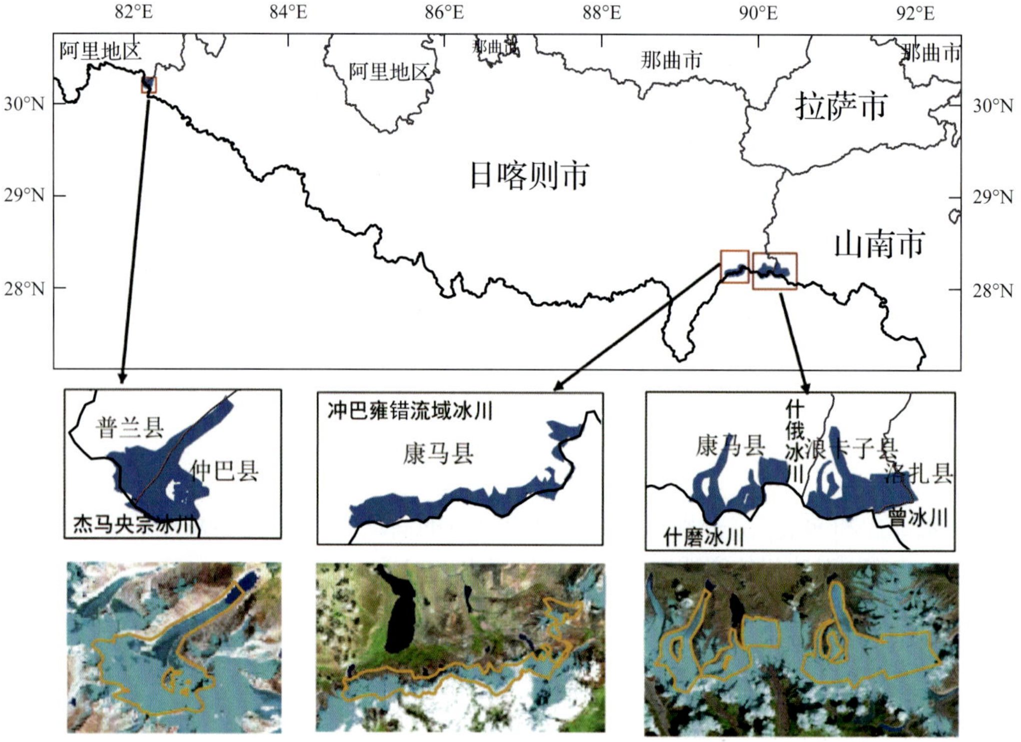

图 11.19　喜马拉雅山典型冰川示意图

根据 2001 ～ 2021 年 Landsat 对杰马央宗冰川遥感监测的结果，21 年来杰马央宗冰川面积总体呈现退缩趋势。2001 ～ 2021 年杰马央宗冰川平均面积为 19.12 km^2，面积最大为 2004 年的 22.09 km^2，最小为 2021 年的 17.01 km^2。相较于 2001 年，2021 年杰马央宗冰川面积减少 4.81 km^2，退缩率为 22.05%（图 11.20）。

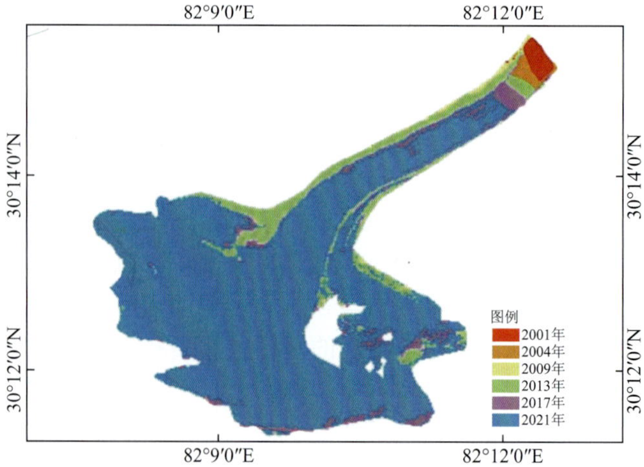

图 11.20　2001 ～ 2021 年杰马央宗冰川空间变化图

根据 2001 ～ 2021 年 Landsat 对杰马央宗冰川空间变化特征监测的结果，21 年来杰马央宗冰川退缩较为明显。从位置来看，退缩主要出现在冰舌、冰舌与冰川主体连接处两侧及冰川主体的东南部；从冰川类型来看，冰舌处退缩最为明显，冰舌与冰川主体连接处两侧退缩较为明显，冰川主体部分退缩同样较为明显；并且冰川雪线呈升高趋势（图 11.20）。

2. 冲巴雍错流域冰川

冲巴雍错是年楚河的支流，位于西藏日喀则市康马县，发源于喜马拉雅山中段北麓。该流域总共有 13 条冰川。该区域属于高原温带半干旱季风气候区，干湿季分明，夏季雨水集中、温暖湿润，冬季干冷、日照充足、太阳辐射强烈，日温差大而年温差小，无霜期短。年日照时数在 3200h 左右，年无霜期 110 天左右，年降水量 300 mm 左右。

根据 2001 ～ 2021 年 Landsat 对冲巴雍错流域冰川遥感监测的结果，21 年来冲巴雍错流域冰川面积总体呈现退缩趋势。2001 ～ 2021 年冲巴雍错流域冰川平均面积为 28.88 km^2，面积最大为 2005 年的 33.29 km^2，最小为 2021 年的 22.51 km^2，相较于 2001 年，2021 年冲巴雍错流域冰川面积减少 8.71 km^2，退缩率为 27.91%（图 11.21）。

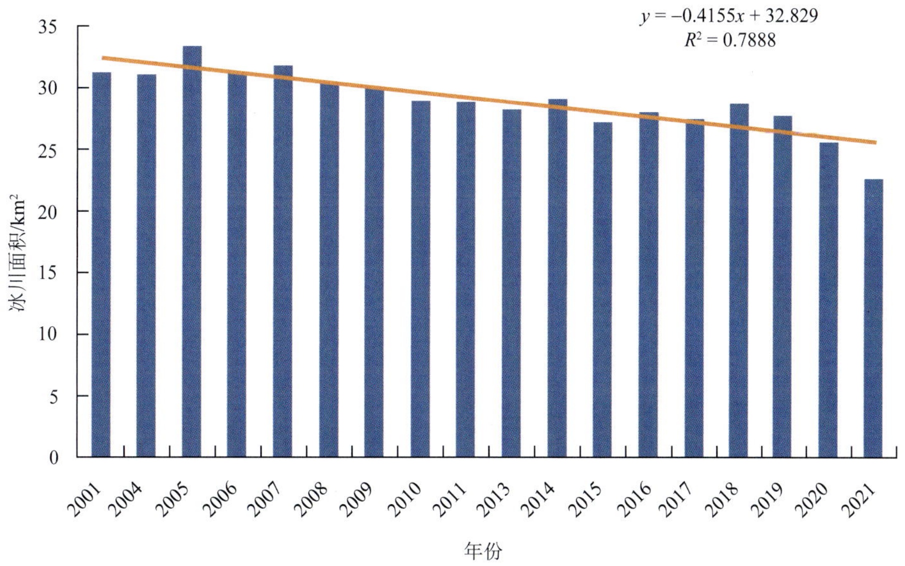

图 11.21　2001 ～ 2021 年冲巴雍错流域冰川面积变化趋势图

根据 2001 ～ 2021 年 Landsat 对冲巴雍错流域冰川空间变化特征监测的结果，21 年来冲巴雍错流域冰川退缩较为显著。冰川退缩主要出现在山前区域和冰川主体的东北部（图 11.22）。

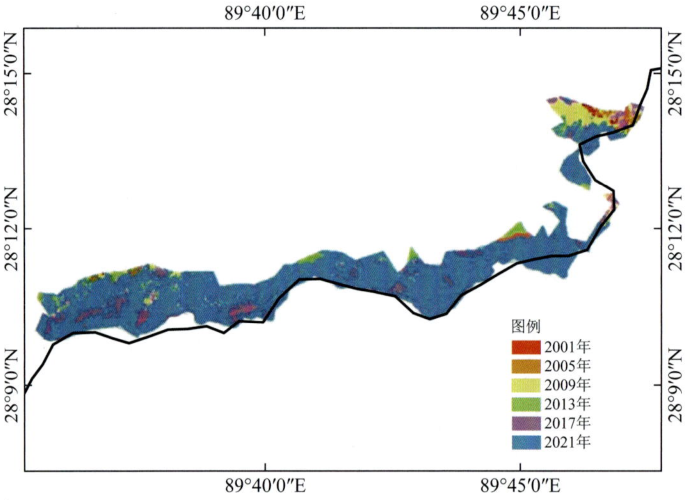

图 11.22　2001 ～ 2021 年冲巴雍错流域冰川空间变化图

3. 什磨冰川

什磨冰川、什俄冰川及曾冰川属于冲巴雍错流域冰川的一部分，气候、自然条件和冲巴雍错流域冰川相近。

根据 2000 ～ 2021 年 Landsat 对什磨冰川遥感监测的结果，22 年来什磨冰川面积总体呈现退缩趋势。2000 ～ 2021 年什磨冰川平均面积为 30.29 km^2，面积最大为 2005 年的 32.57 km^2，最小为 2021 年的 27.52 km^2。相较于 2000 年，2021 年什磨冰川面积减少 4.40 km^2，退缩率为 12.78 %(图 11.23)。

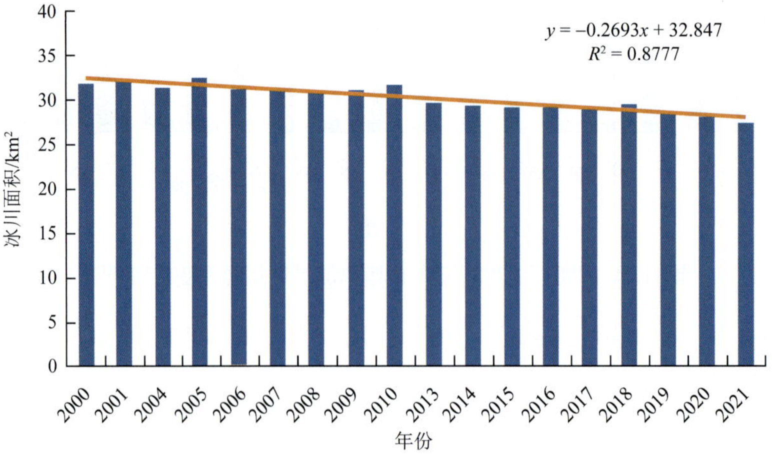

图 11.23　2000 ～ 2021 年什磨冰川面积变化趋势图

根据 2000 ～ 2021 年 Landsat 对什磨冰川空间变化特征监测的结果，22 年来什磨冰川退缩较为显著。从位置来看，退缩区主要集中在东北部的冰舌前端和西侧的冰舌区；从冰川类型来看，冰舌区退缩显著，冰川主体有部分退缩（图 11.24）。

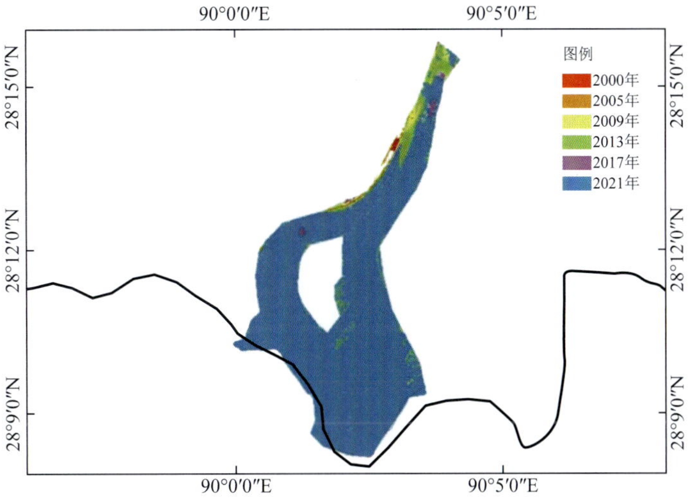

图 11.24 2000 ～ 2021 年什磨冰川空间变化图

4. 什俄冰川

根据 2000 ～ 2021 年 Landsat 对什俄冰川遥感监测的结果，22 年来什俄冰川面积总体呈现退缩趋势。2000 ～ 2021 年什俄冰川平均面积为 38.01 km^2，面积最大为 2001 年的 38.77 km^2，最小为 2021 年的 34.19 km^2。相较于 2000 年，2021 年什俄冰川面积减少 4.46 km^2，退缩率为 11.54 %（图 11.25）。

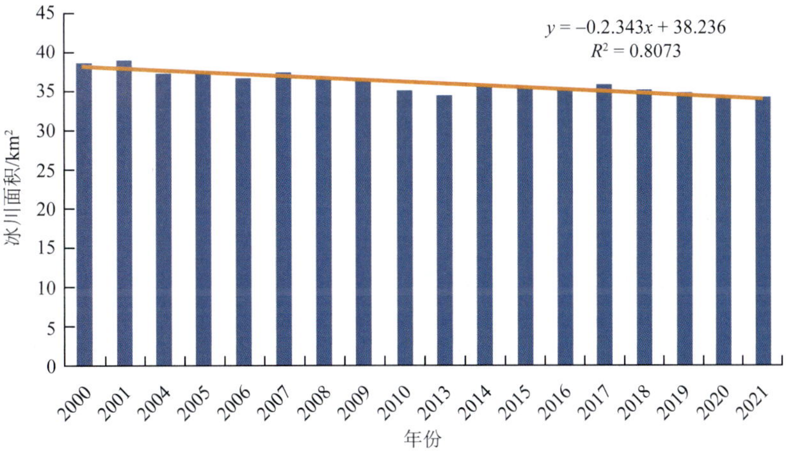

图 11.25 2000 ～ 2021 年什俄冰川面积变化趋势图

根据 2000 ～ 2021 年 Landsat 对什俄冰川空间变化特征监测的结果，22 年什俄冰川退缩较为明显。退缩主要出现在西南部冰山区域，东北部和中部冰舌前端有小部分退缩（图 11.26）。

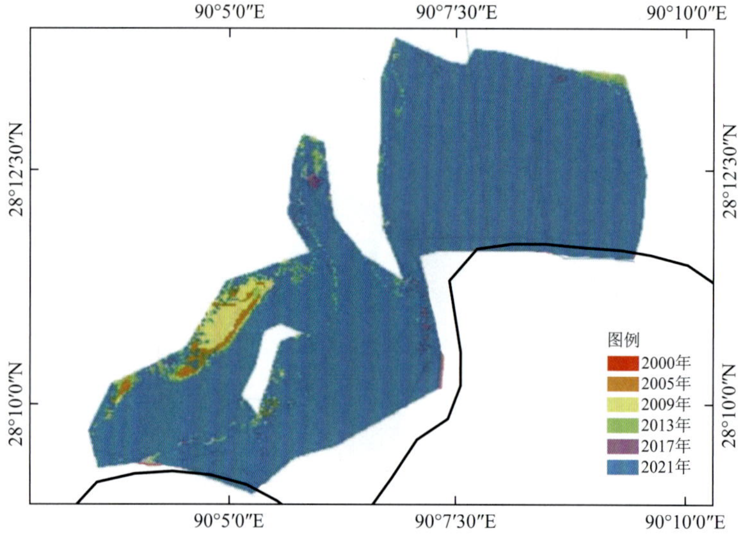

图 11.26　2000 ～ 2021 年什俄冰川空间变化图

5. 曾冰川

根据 2000 ～ 2021 年 Landsat 对曾冰川遥感监测的结果，22 年来曾冰川面积总体呈现退缩趋势。2000 ～ 2021 年曾冰川平均面积为 84.33 km^2，面积最大为 2005 年的 88.94 km^2，最小为 2021 年的 82.06 km^2。相较于 2000 年，2021 年曾冰川面积减少 3.45 km^2，退缩率为 4.04 %（图 11.27）。

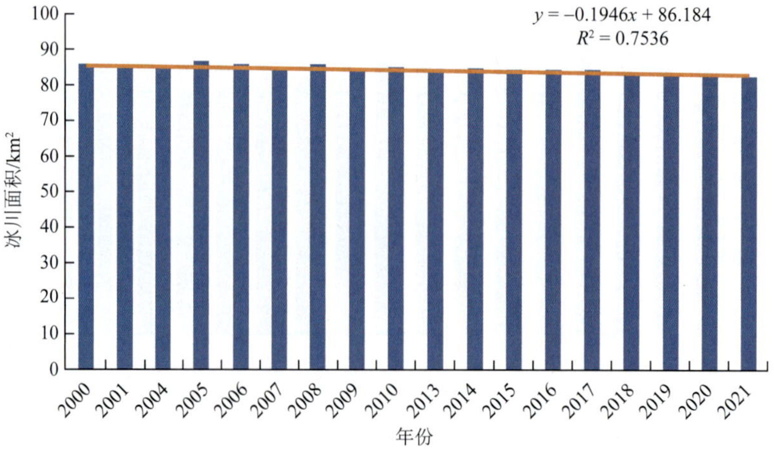

图 11.27　2000 ～ 2021 年曾冰川面积变化趋势图

根据 2000 ～ 2021 年 Landsat 对曾冰川空间变化特征监测的结果，22 年来曾冰川持续退缩。退缩区主要发生在中部冰舌两侧，其中冰舌西侧退缩较为明显，冰川主体东南部有小部分退缩（图 11.28）。

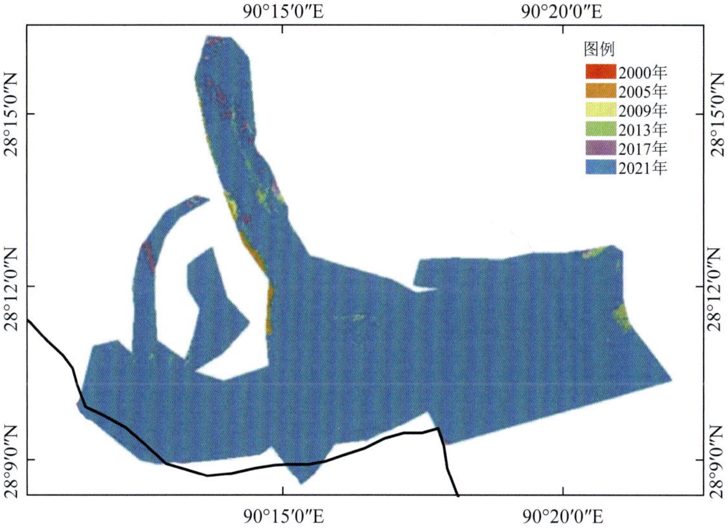

图 11.28　2000 ～ 2021 年曾冰川空间变化图

11.2.2　青藏高原积雪监测

利用风云气象卫星对积雪覆盖监测主要使用了基于可见光 - 红外传感器的分类树阈值判识法的积雪覆盖自动判识方法，为了弥补有云条件下积雪监测问题，国家卫星气象中心也发展了多波段、多平台遥感系统融合方法，如通过微波资料与红外数据融合的方式，可以有效避免单一数据源的局限性，通过优势互补提供更为精确的积雪覆盖信息。通过获取多源卫星数据，国家卫星气象中心也对全国积雪覆盖进行了近 30 年的长时间序列监测，包括长时间序列各旬 / 月的全国积雪覆盖分布产品、积雪覆盖日数（距平）产品以及对应的统计产品，为高原地区积雪的长序列变化分析提供了数据依据。图 11.29 为 FY-4A 监测青藏高原积雪分布图。

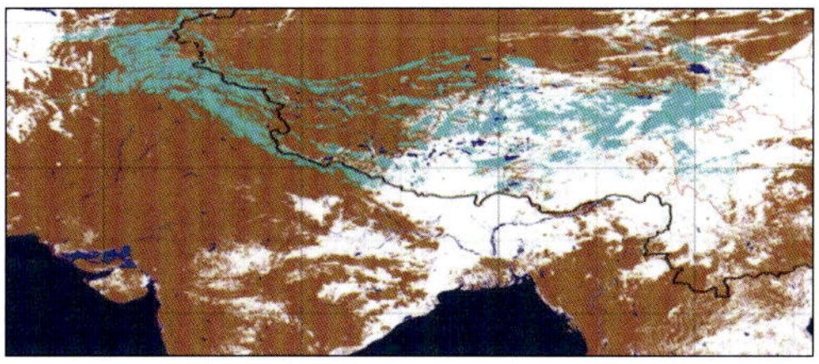

图 11.29　FY-4A 监测青藏高原积雪分布图

11.3 青藏高原卫星遥感冻土监测应用产品

冻土是指在 0℃或 0℃以下，含有冰的各种岩石和土壤的统称（Zhang et al., 2003），是冰冻圈的最大组成部分（康世昌等，2020）。土壤冻融循环对陆地表面和大气过程均有明显影响，冻土持续时间的长短、冻结厚度及分布主要受陆地表面和大气之间热量交换的影响。因此，冻土包含丰富的气候变化信息，是气候变化的灵敏指示器（李新和程国栋，2012）。据统计，在全球约 60% 的近地表土壤存在水和冰的相变过程，即冻融循环过程，在极端年份冻融范围大概超过了北半球陆地表面积的 80%（Kim et al., 2017）。近地表土壤冻融循环过程是陆面过程的"开关"（McDonald et al., 2004），对地表能量过程（Zhao et al., 2017）、水文过程（Guo et al., 2011）、植被动态（Larsen et al., 2002）、碳排放（Zimov et al., 2006）和生态系统功能（Freppaz et al., 2007）具有重要影响。因此，土壤水的冻融状态是人们迫切希望能够获取的重要区域参数，对于建立全球的陆面模型至关重要。

微波遥感技术可以实现全天候全天时对地观测，为同步监测大范围环境的近地表土壤的冻融状态提供了高技术、高精度的有效手段。随着土壤融化，土壤中的冰发生相变，液态水含量增加，土壤介电常数也随之显著增大，导致土壤的反射率增大或者降低。同时，微波的低频波段（指 <10 GHz）对水的相变非常敏感，这为基于被动微波遥感技术反演土壤水分提供了理论基础（车涛等，2012）。微波辐射计通过记录目标的亮温来探测地物目标特征，是一种被动微波遥感技术，现在已经发展为近地表土壤冻融循环研究中应用最广泛的系统方法之一。过去曾利用主动和被动微波数据及卫星观测进行全球和连续覆盖的研究。然而，直接监测土壤冻融过程的主要限制是缺乏专用传感器。2009 年 11 月发射的欧洲航天局（ESA）SMOS 卫星（土壤湿度和海洋盐度）是第一个使用低微波频段（1.403 ～ 1.424 GHz）进行地球观测的被动仪器。低频率的 L 波段能够获取土壤表面以下土壤状态信息。利用 SMOS 卫星，可以为全球土壤冻融监测开发新的土壤冻结 / 解冻算法。目前，SMOS 土壤冻融产品已经基于芬兰、加拿大、西伯利亚选定的试验地进行了验证，结果表明，基于 L 波段的 SMOS 微波辐射计能精确地捕捉土壤冻融过程。FY-3D 卫星配备了双极化多频微波成像仪（MWRI），频率范围为 10.65 ～ 89 GHz。多频率设置能够充分体现植被、土壤类型等对土壤冻融状态的影响。因此，可以利用机器学习技术建立多通道亮温数据与 SMOS 土壤冻融产品之间的关系，构建土壤冻融状态监测模型，进而可以得到基于风云卫星微波成像仪的土壤冻融状态产品。在此基础之上，生成长时间序列土壤冻融数据产品，用于青藏高原等典型区域天气气候事件研究。

该算法首先要对风云 3 号卫星搭载的微波成像仪 MWRI 亮温数据进行充分的质量控制。该算法主要质量控制流程包括：①剔除坏轨数据；②剔除被动微波遥感（如 10.65 GHz）无法反演土壤冻融状态的区域，如 MODIS IGBP 陆表分类中的水体、森林、城市等的观测数据；③剔除受无线电频率干扰（radio-frequency interference，RFI）污染的数据，如利用谱差法，剔除 10 GHz 通道与 18 GHz 通道亮温差大于 5 K 的区域。

经过质量控制后，以 SMOS 产品作为土壤水分的“真值”，即机器学习目标，构建训练样本集。而在特征量选取方面，以 MWRI 各通道亮温数据作为特征量。最后，通过将训练样本分为验证集和测试集，对模型性能进行评价，最终建立最优的土壤冻融状态监测模型。算法流程如图 11.30 所示。

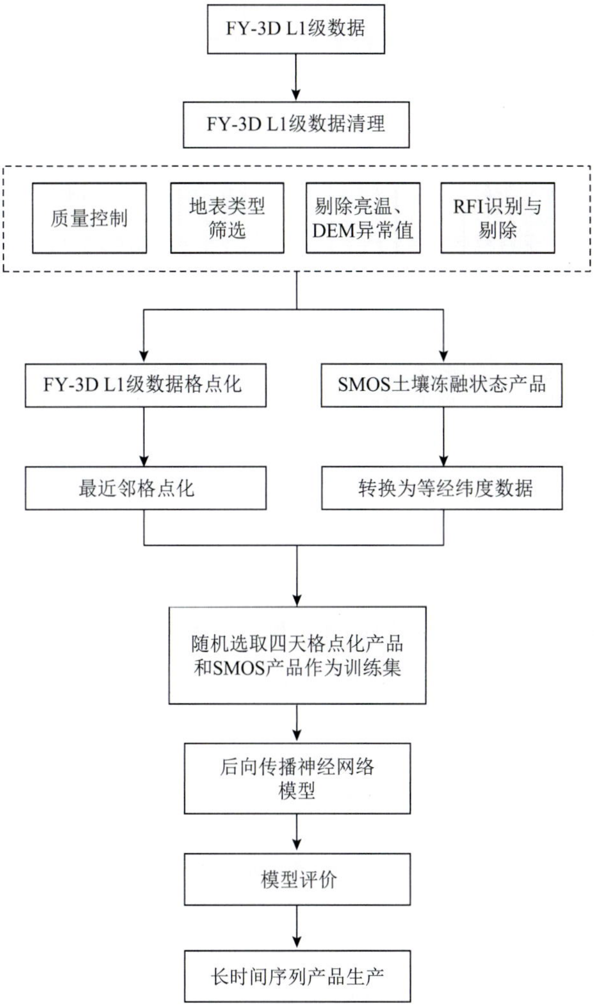

图 11.30　微波土壤冻融状态反演算法流程图

训练数据集由 FY-3D 微波成像仪各通道亮温和 SMOS 土壤冻融状态产品构成。按照 70% ∶ 15% ∶ 15% 的比例随机分为训练样本、验证样本和测试样本。采用后向传播神经网络构建土壤冻融状态监测模型。采用的训练函数为 Levenberg-Marquardt 算法，网络结构包括三层：输入层、隐含层以及输出层。隐含层结果个数为 10。其他参数设置为默认值。构建的模型分别用于训练样本、验证样本和测试样本。监测识别结果的混淆矩阵如图 11.31 所示。可以看出，三个样本集得到的总体精度均为 86% 以上，但是数据集不平衡，即部分冻结的样本个数相对偏少，导致该类别判识准确率较低。

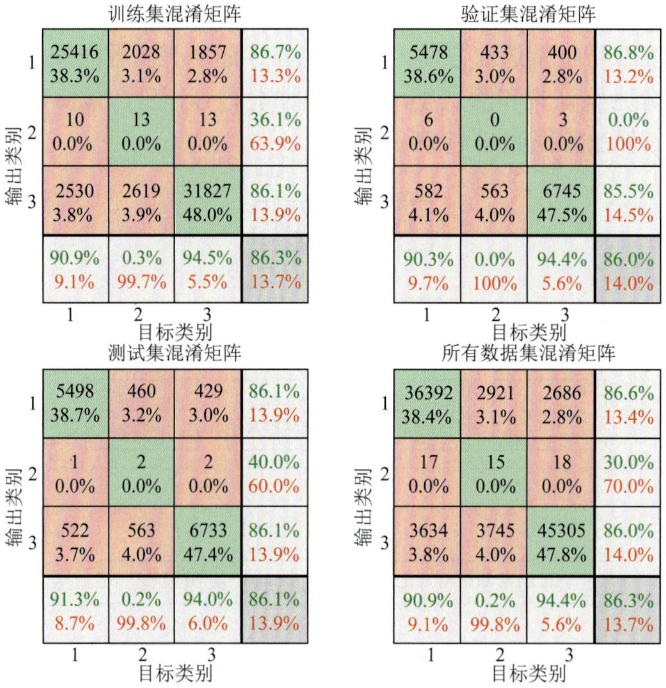

图 11.31　微波土壤冻融状态反演结果混淆矩阵

多年的 FY-3D 微波成像仪观测亮温数据与 SMOS 土壤冻融产品匹配之后，基于后向传播神经网络模型，生产出长时间序列土壤冻融产品。数据产品时间跨度为 10 年，即 2011 ～ 2020 年。经统计分析，分别计算出每月 15 日青藏高原区域完全融化、部分冻结以及完全冻结土壤的面积时间序列变化，如图 11.32 所示。完全融化的土壤面积和完全冻结的土壤面积表现出明显的年际变化。部分冻结的土壤面积年际变化波动较小。

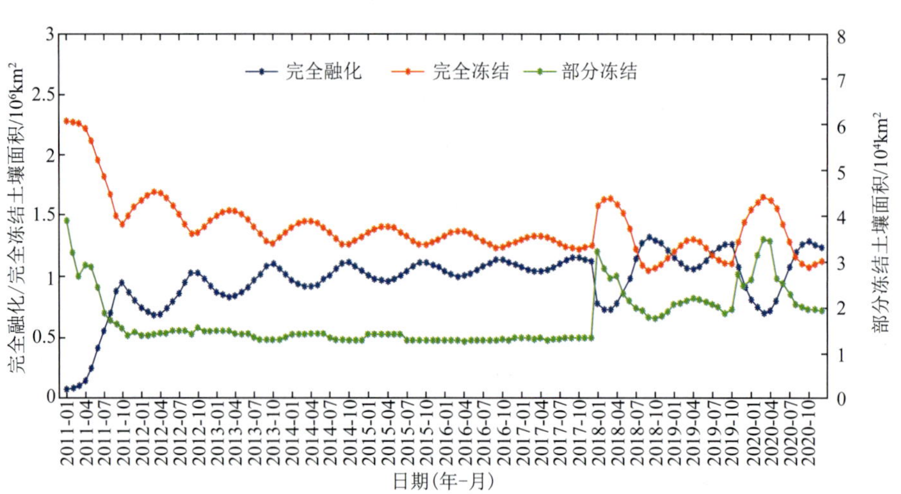

图 11.32　微波土壤冻融状态反演结果验证

此外，分别计算了三种土壤状态的面积在 1 月、4 月、7 月和 10 月的时间序列变化，如图 11.33 所示。除了 2011 年，在 1 月，完全冻结土壤面积基本大于完全融化土壤面积。在 2011 年，部分冻结土壤面积相对较大，导致完全冻结土壤面积略小于完全融化土壤面积。4 月为冻融过渡阶段，因此完全冻结和完全融化的土壤面积呈现交替变化。10 月与 4 月类似，都处于土壤冻融过渡阶段，因此完全冻结和完全融化的土壤面积呈现交替变化。7 月代表夏季，为土壤的完全融化阶段，因此完全融化的土壤面积要大于完全冻结的土壤面积。

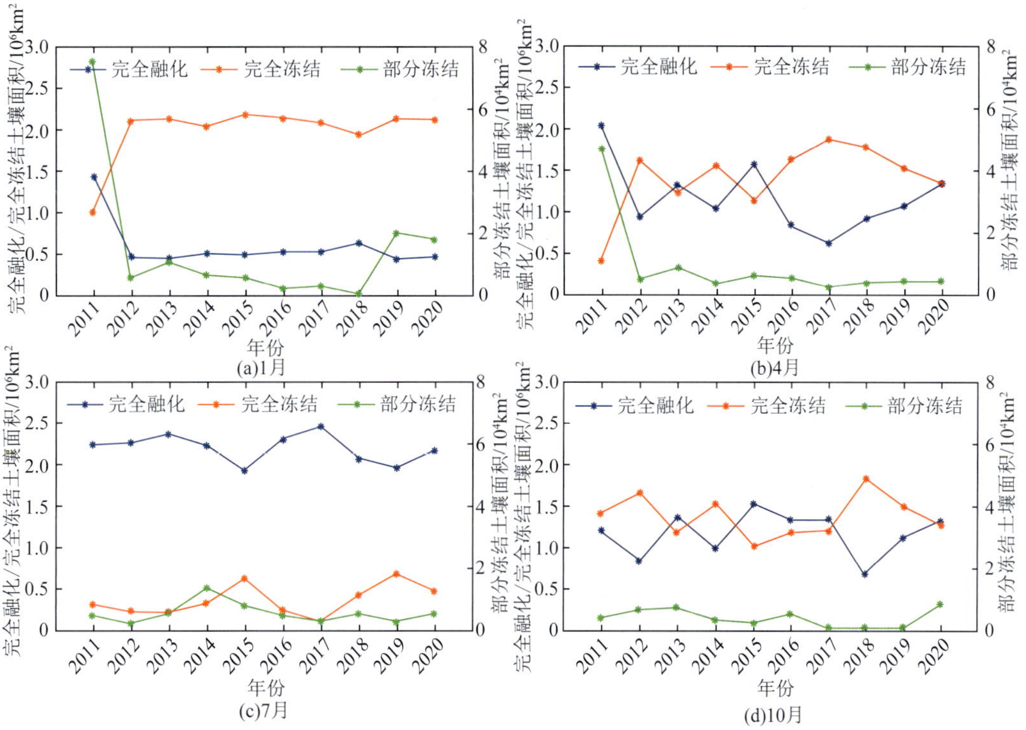

图 11.33　微波土壤冻融状态反演结果验证

11.4　青藏高原卫星遥感湖泊监测应用产品

对于高原湖泊面积的计算，主要利用水体在近红外通道有很强的吸收，反射率极低，在可见光通道的反射率较近红外通道的反射率高的光谱特性。植被在可见光通道的反射率较近红外通道的反射率低。在近红外通道波长范围内，植被的反射率明显高于水体的反射率，而在可见光通道波长范围内，水体的反射率高于植被的反射率。裸土的反射率在可见光通道波长范围高于植被和水体，在近红外通道高于水体、低于植被。利用这一特点可以从可见光和近红外通道数据中提取地表水体信息。风云三号中红外分辨率成像光谱仪可见光和近红外通道资料可用于湖泊水体判识，并考虑了多种天气情况下的不同判识处理方法。同时，在计算湖泊面积时，也要考虑到亚像元及部分水体被云遮盖情况下水体面积的统计。图 11.34 是对鄂陵湖、扎陵湖和纳木错的监测。图 11.35 为 1988 ～ 2004 年 7 月纳木错面积变化图。

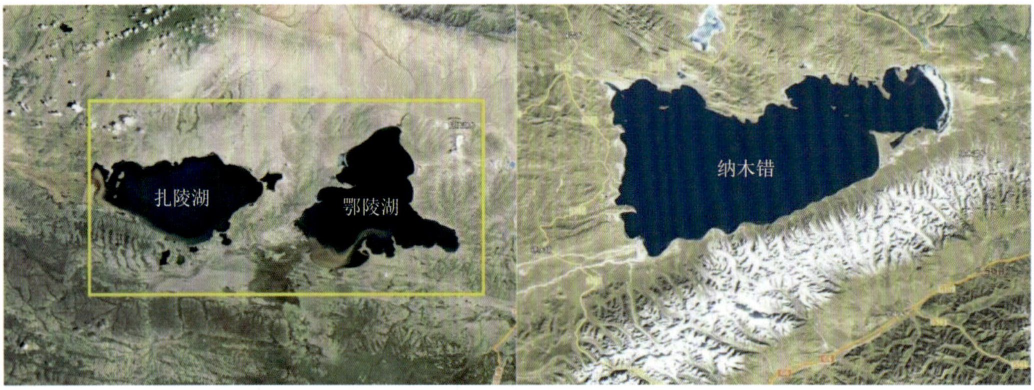

图 11.34　对鄂陵湖、扎陵湖（左）及纳木错（右）的监测

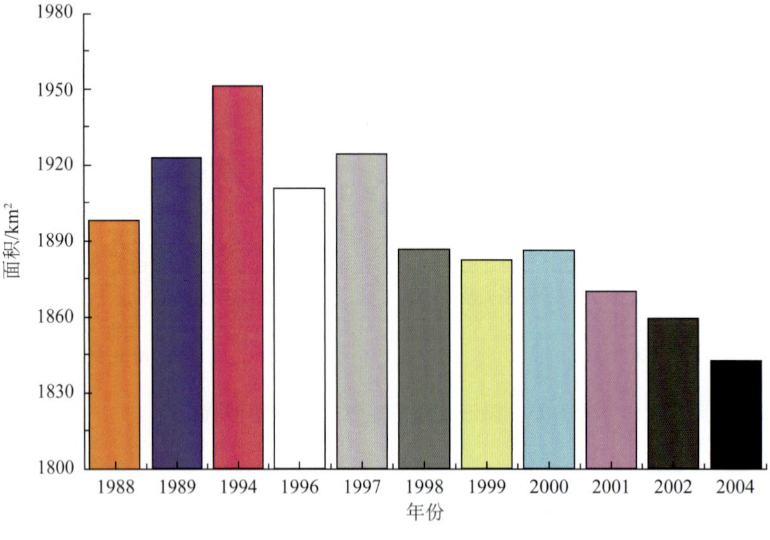

图 11.35　1988 ～ 2004 年 7 月纳木错面积变化

青藏高原地区气象业务观测站点稀疏，主要集中在交通较为发达的城镇和科学考察地区，而广大的藏北高原缺乏观测点，且在部分生态代表区和冰川地区存在观测盲区。相比高原地面观测稀疏，气象卫星携带仪器从太空对地球及其大气层进行观测，观测范围广、观测次数多、观测时效快，不受自然条件和地域条件限制，成为高原非常重要的观测手段。目前，卫星反演算法在高原上的有效性及精度仍需改善和提高。

11.4.1　西藏主要湖泊面积数据集

卫星遥感技术能够提供大区域的同质数据，获取资料快速，具备定期重访能力。遥感水体提取技术经历了目视解译、自动分类、光谱特征提取、光谱与空间信息结合提取等多个阶段（杜云艳和周成虎，1998；Vrieling，2006）。目前，利用遥感技术提取湖泊信息已成为湖泊研究的重要方法，在青藏高原湖泊监测业务中发挥着重要作用。在全球升温短期内不可逆转的情况下（秦大河，2014），发挥遥感优势，密切监测青藏高原湖泊变化，为把青藏高原打造成为全国乃至国际生态文明高地的目标提供基础支撑。

在第二次青藏高原综合科学考察研究专项的资助下，西藏自治区气候中心出版了《西藏湖泊遥感动态监测图集》（边多，2021）。该图集利用多源遥感卫星监测资料，对西藏境内的 15 个湖泊面积进行长时间序列的动态监测（表 11.2）。使用的资料包括陆地资源卫星 Landsat（包括 MSS、TM 和 ETM+ 传感器）、1975 年 1 ∶ 10 万电子地形图、高分辨率对地观测系统卫星（高分 1 号，WFV 传感器）。1972 ～ 2012 年采用 Landsat 卫星数据，其中 1975 年采用 1 ∶ 10 万电子地形图数据；2013 ～ 2021 年采用高分 1 号数据。遥感数据获取时间均为相应年份 9 ～ 11 月水位稳定季节。班公错湖面面积仅统计西藏境内区域。湖泊面积提取采用人工目视解译方法，将 Landsat 和 GF-1 遥感影像进行几何校正、图像增强，并以 2012 年经过预处理的 Landsat 遥感影像作为基准图，对 GF-1 影像进行配准。在 ArcGIS 软件中，通过人工目视解译方法对湖泊进行数字化，并计算面积和进行空间分析。

表 11.2　西藏自治区湖泊分布信息表

地区	湖泊名称	纬度 (°N)	经度 (°E)	海拔 /m
拉萨	纳木错	30°30′ ～ 30°55′	90°16′ ～ 91°03′	4718
那曲	色林错	31°34′ ～ 31°57′	88°33′ ～ 89°21′	4530
	当惹雍错	30°45′ ～ 31°22′	86°23′ ～ 86°46′	4528
阿里	玛旁雍错	30°34′ ～ 30°47′	81°22′ ～ 81°38′	4588
	拉昂错	30°40′ ～ 30°51′	81°06′ ～ 81°19′	4572
	扎日南木错	30°44′ ～ 31°05′	85°20′ ～ 85°54′	4613
	班公错	33°26′ ～ 33°45′	78°41′ ～ 79°55′	4242
山南	羊卓雍错	28°46′ ～ 29°11′	90°21′ ～ 91°05′	4440
	普莫雍错	28°30′ ～ 28°38′	90°13′ ～ 90°33′	5030
日喀则	佩枯错	28°46′ ～ 29°02′	85°30′ ～ 85°42′	4580
	塔若错	31°03′ ～ 31°13′	83°55′ ～ 84°20′	4566
	桑旺错	28°12′ ～ 28°15′	90°06′ ～ 90°05′	5150
	多庆错	27°58′ ～ 28°36′	89°14′ ～ 89°29′	4470
昌都	莽错	29°30′ ～ 29°34′	98°48′ ～ 98°53′	4334
	然乌湖	29°22′ ～ 29°30′	96°38′ ～ 96°50′	3850

结果表明，西藏境内绝大多数湖泊面积总体呈现扩张趋势，包括纳木错、色林错、当惹雍错、扎日南木错、班公错、普莫雍错、塔若错、桑旺错、莽错和然乌湖；玛旁雍错、

拉昂错、羊卓雍错、佩枯错和多庆错等湖泊面积呈萎缩趋势。

1987～2019年纳木错湖面扩张54.70 km^2，平均每年扩张1.99 km^2（图11.36）；1972～2019年色林错湖面扩张779.07 km^2，平均每年扩张21.39 km^2（图11.37）；1988～2019年当惹雍错湖面扩张34.92 km^2，平均每年扩张1.20 km^2；1988～2019年扎日南木错湖面扩张57.26 km^2，平均每年扩张1.94 km^2；1990～2019年西藏境内班公错湖面扩张28.2 km^2，平均每年扩张1.14 km^2；1972～2019年普莫雍错湖面扩张7.60 km^2，平均每年扩张0.18 km^2；1975～2019年塔若错湖面扩张10.04 km²，平均每年扩张0.16 km^2；1987～2019年桑旺错湖面扩张0.31 km^2，平均每年扩张0.01 km^2；1981～2019年莽错湖面扩张3.06 km^2，平均每年扩张0.05 km^2。1987～2019年然乌湖湖面扩张3.22 km^2，平均每年扩张0.05 km^2。

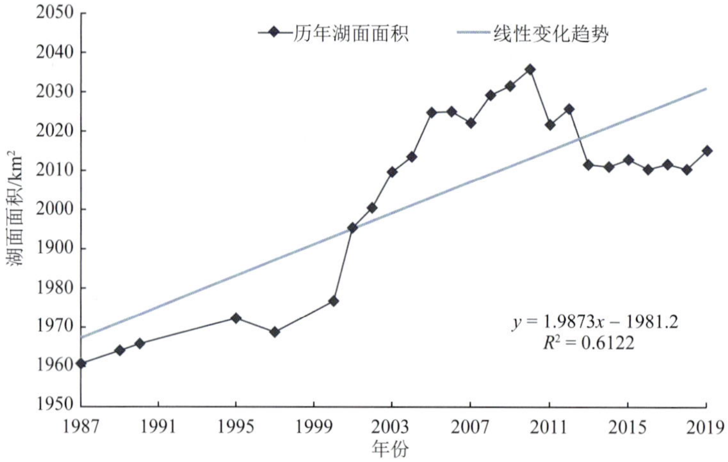

图11.36　1987～2019年纳木错湖面面积变化趋势

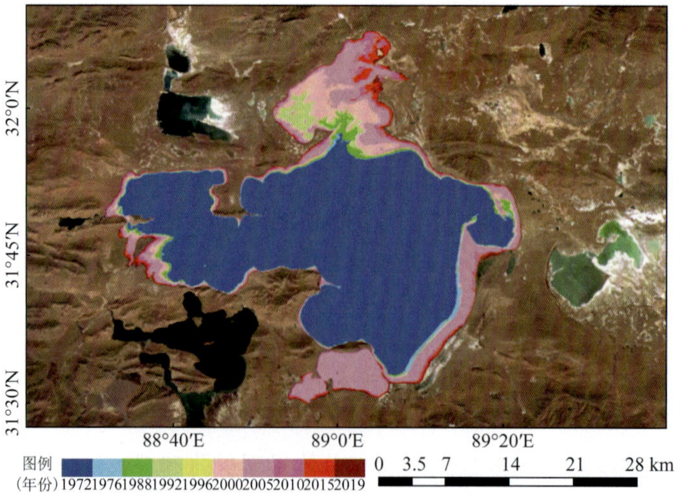

图11.37　1972～2019年色林错湖面空间变化

1972 ～ 2019 年玛旁雍错湖面平均每年萎缩仅 0.02 km^2；1972 ～ 2019 年拉昂错湖面萎缩 14.76 km^2，平均每年萎缩 0.40 km^2；1972 ～ 2019 年羊卓雍错湖面萎缩 78.00 km^2，平均每年萎缩 1.82 km^2（图 11.38）；1988 ～ 2019 年佩枯错湖面萎缩 3.95 km²，平均每年萎缩 0.25 km^2；1975 ～ 2019 年多庆错湖面萎缩 32.67 km^2，平均每年萎缩 1.11 km^2（图 11.39）。

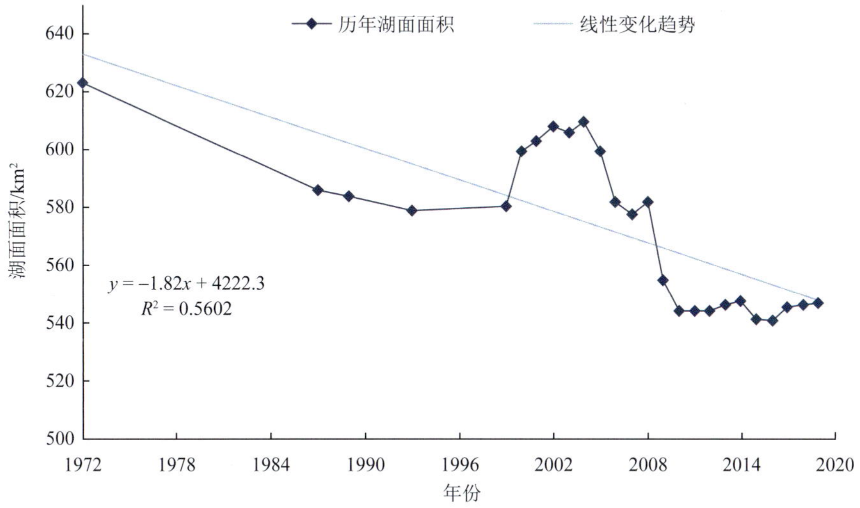

图 11.38　1972 ～ 2019 年羊卓雍错湖面面积变化趋势

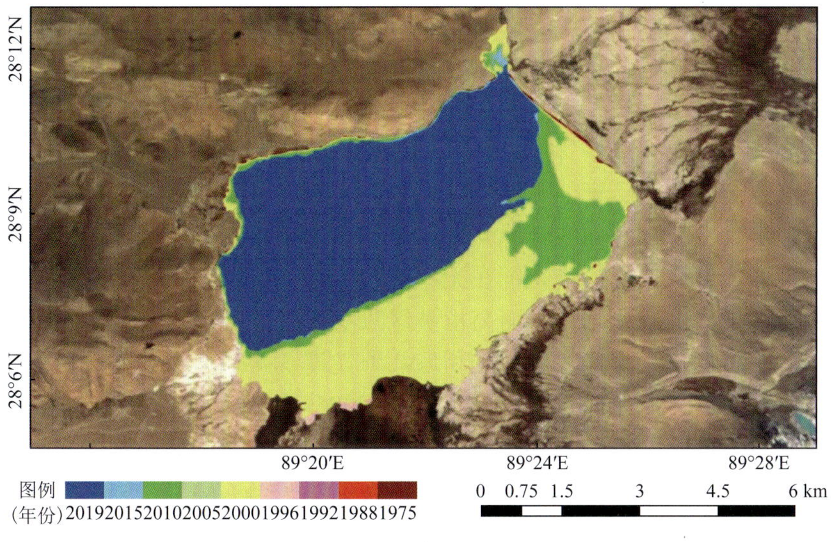

图 11.39　1975 ～ 2019 年多庆错湖面空间变化

11.4.2 植被指数反演产品

植被是连接地表土壤、大气和水分的自然纽带，在全球气候变化及区域生态环境等方面扮演着十分关键的角色（孙红雨等，1998），实时、准确、动态地获取地球植被状况是地球生态环境监测的重要内容（李珍存等，2006）。作为评判植被分布、生长、覆盖度、生物量和生长活力等植被信息的主要手段，植被指数已经成为植被生长状态及其覆盖度的最佳指示因子，是衡量自然生态环境的重要指标，也是科学监测植被动态变化的有效方法。同时，准确的植被覆盖变化信息可以反映出气候和生态环境的变化，同时又能推动全球气候变化和能量配置，为政府决策者提供重要信息。然而，我国还没有建立自主知识产权的植被指数长时间序列，植被覆盖信息变化评估长期依赖国外气象卫星数据。因此，基于风云系列卫星发展我国自主知识产权的植被指数订正算法和长时间序列，对于提升国产气象卫星应用监测服务能力、支撑国家生态文明建设都有着非常重要的意义。

设计植被指数的目的是要建立一种经验或半经验的、对地球上所有生物群体都适用的无量纲植被观测量，从最早的比值植被指数（RVI），到目前已经定义了几十种的植被指数。到目前为止，归一化植被指数（NDVI）已用于陆地植被的业务监测和气候评估，特别是基于 EOS/MODIS 开发的全球植被指数产品，广泛地应用在全球与区域土地覆盖、植被分类、环境变化、生态系统恢复力、干旱监测和数值预报等方面（Myneni et al.，1997）。NDVI 可以消除大部分与仪器定标、太阳角、地形、云阴影和大气条件有关辐照度的变化，增强了对植被的响应能力，是目前已有植被指数中应用最广的一种。尽管 NDVI 得到广泛的应用，但许多研究也表明，NDVI 也受到定标和仪器特性、云和云影、大气、双向反射率、土壤及叶冠背景、高生物量区饱和等因素影响，其应用受到限制（郭铌，2003）。

为了得到冠层植被指数，利用 FY-3B 卫星搭载的中分辨率光谱成像仪（MERSI）数据对冠层植被指数进行反演，主要得到 NDVI。NDVI 可以准确地反映地表植被覆盖状况，其原理是典型植物叶面中叶绿素、水和其他生物化学成分对光线的吸收形成的反射光谱波形曲线。植被的光谱特征在无植被或少植被区反差最小，中等植被区反差是红色和近红外波段的变化结果，而高植被区只有近红外波段对反差有贡献，红色波段趋于饱和，不再变化。因此，将红光和近红外光谱观测通道组合得到植被指数，可以在一定程度上反映植被的演化信息（罗亚等，2005）。

红色和近红外响应之间的对比度是衡量植被数量的一个敏感指标。冠层植被指数是红色的近红外光谱反射比的归一化变换，其值在 $-1 \sim 1$。植被指数的反演是利用地表反照率对植被覆盖特征进行一种指数化的描述，但卫星接收到的能量是来自大气层顶的能量，也就是大气层顶的反照率，因此，若要得到地表反照率与大气层顶反照率的关系，就要首先通过模式对卫星接收到的能量进行大气校正，通过辐射传输模式的模拟可以得知，分子散射与波长有很强的依赖关系，波长越短散射越强。同时，吸收性气溶胶对大气层顶的反照率有明显的衰减作用。因此，在用 MERSI 的可见光、近红外通道进行植被反演时，大气层顶反照率与地表反照率有很强的依赖关系，但从大气层顶反照率精确反演地表反照率需要剔除分子散射与吸收、气溶胶散射的影响。

基于这一原理，利用辐射传输模式构建大气订正查找表的方式满足植被指数反演中大气校正的需求，针对风云系列气象卫星仪器的光谱响应函数，在辐射传输模式中分别输入 550nm 波长下 8 个大陆性气溶胶吸收性光学厚度 0.05、0.1、0.2、0.4、0.8、1.2、1.6、2.0，0° ～ 80° 步长为 6 的 13 个太阳天顶角，0° ～ 80° 步长为 6 的 13 个卫星观测角以及 0° ～ 180° 步长为 18 的 11 个太阳与卫星相对方位角。得到大气订正查找表后，从中输出大气分子散射、臭氧吸收造成的大气透过率、大气水汽透过率、大气分子下行辐射透过率、大气分子上行辐射透过率以及大气分子与气溶胶在大气层顶的反照率。而后结合卫星接收到的能量，得到经过大气校正的地表反射率。这一方法有效解决了大气对植被探测的影响，同时也更真实地反映了高气溶胶地区的植被指数的分布情况。

同时，因为云区覆盖，夜晚不能探测的影响，若想对中国区域植被指数进行反演，就要设定复合周期进行无云植被数据合成，最低合成周期受到云层覆盖频率的限制。较短的合成周期将获得动态的植被指数变化。然而，合成周期越短，合成图像中受云的影响或丢失像素的可能性就越大。考虑以上两点，该算法使用 16 天为合成周期。利用有限视角内最大值合成法（constrained view angle-maximum value composite，CV-MVC）而非简单的最大值合成，选择一个月同一格点内最大 NDVI 且最小的观测角（即最接近星下点）的一次观测为格点值进行合成。这一合成方案在一定程度上解决了观测角度对植被指数的影响，使得合成后的植被观测角度都在可控的范围内，比普通的最大值合成更具有真实性。

利用 FY-3B 搭载的 MERSI 传感器计算了 2011 ～ 2020 年青藏高原区域的 NDVI，并与同时间尺度的 MODIS 数据进行对比分析，可以发现，从图 11.40(a) 冬季的变化看，逐年的 NDVI 虽然有波动，但是呈上升趋势。MERSI 传感器反演的 NDVI 2011 ～ 2020

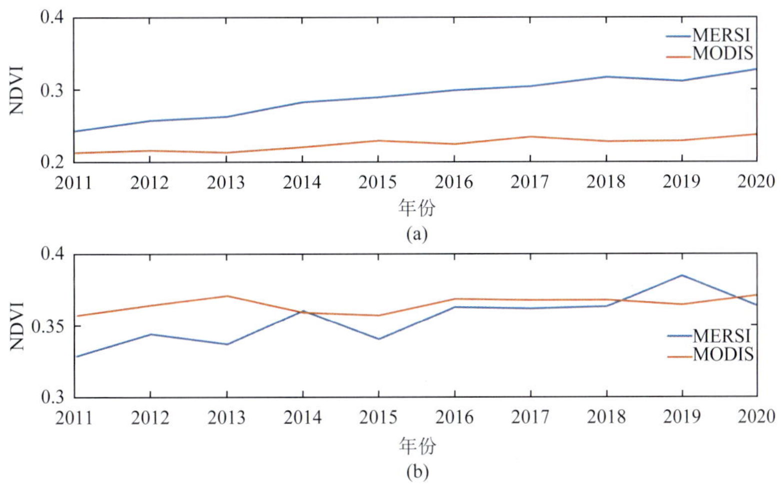

图 11.40　青藏高原地区冬季 (a)、夏季 (b) 植被指数（NDVI）平均值随年际变化图

年提升了33%，MODIS反演的NDVI提升了11%。从图11.40(b)夏季结果来看，MODIS逐年的NDVI呈现波动，但并无明显的上升趋势，MERSI反演的NDVI有上升趋势，增幅达到了8.8%。冬季MERSI比MODIS增加快，以及夏季MERSI有增加但MODIS无明显增加趋势的原因可能是MERSI仪器漂移造成过境时间变化，进而造成太阳天顶角发生变化，影响植被观测。但从整体气候规律看，青藏高原冬季植被呈现增加趋势，夏季呈现波动或微弱增加趋势。

11.4.3 微波土壤湿度反演

由于卫星观测到的亮温与土壤湿度之间存在特定的关系，因此被动微波遥感是获取区域或全球范围内土壤湿度信息最有效的方法之一（Njoku and Kong，1977；Schmugge，1978）。根据波段设置，目前可用的卫星微波辐射计一般分为两类：一类是包含单个L通道的辐射计（<5 GHz），如MIRAS(SMOS)和SMAP。另一类是包含多个双极化状态的微波波段（C、X、Ku、K、Ka和W波段）的辐射计，如AMSR2(GCOM-W1)和WindSat(Coriolis)。从表面发射的热辐射在被星载传感器接收之前受到许多因素的影响。这些干扰成分主要包括大气、植被覆盖、有效温度和表面粗糙度等。因此，土壤水分反演是一个消除这些干扰因素的过程。由于L波段具有更好的植被渗透性和对土壤水分更高的敏感性，因此被认为是反演土壤水分的最佳波段。相比之下，即使在植被覆盖率很小的情况下，高频通道对土壤水分的敏感性也很低，导致土壤水分反演误差很大。

由于FY-3D MWRI缺少L波段和C波段，因此在使用tau-omega辐射传输模型反演土壤水分时，需要考虑更多的干扰因素。机器学习技术可以充分利用多通道信息，能更好地挖掘自变量和因变量之间的非线性关系。这种方法使用多种算法来建立表面亮温或发射率、辅助数据和土壤湿度之间的关系。参考土壤湿度来自模型模拟（Santi et al.，2012）、地面测量（Theis et al.，1984）、卫星土壤湿度产品（Al-Yaari et al.，2017，2016a，2016b）和欧洲中期天气预报中心（ECMWF）的模式预测（Rodríguez-Fernández et al.，2015）。因此，可以利用机器学习算法构建基于FY-3D MWRI的土壤湿度反演模型。在此基础之上，生成长时间序列土壤湿度数据产品，用于青藏高原等典型区域天气气候事件研究。

该算法首先要对FY-3卫星搭载的微波成像仪MWRI亮温数据进行充分的质量控制，以NOAA SMOPS产品作为土壤水分的“真值”，即机器学习目标，构建训练样本集。而在特征量选取方面，除以MWRI各通道亮温数据作为主要特征量外，还将评估陆表变化参量和气象要素参量等对土壤水分估计结果的贡献程度，保留有足够贡献的特征量，用以构建最优的基于FY-3 MWRI的土壤水分估计模型。最后，通过将基于不同训练样本构建的模型的估计结果分别与站点观测、SMOPS产品以及其他卫星的L2级土壤水分产品进行比较，分析、评价模型估计的土壤水分的误差大小，以及对现有产品的调整情况，最终建立最优的土壤水分估计模型。算法流程如图11.41。

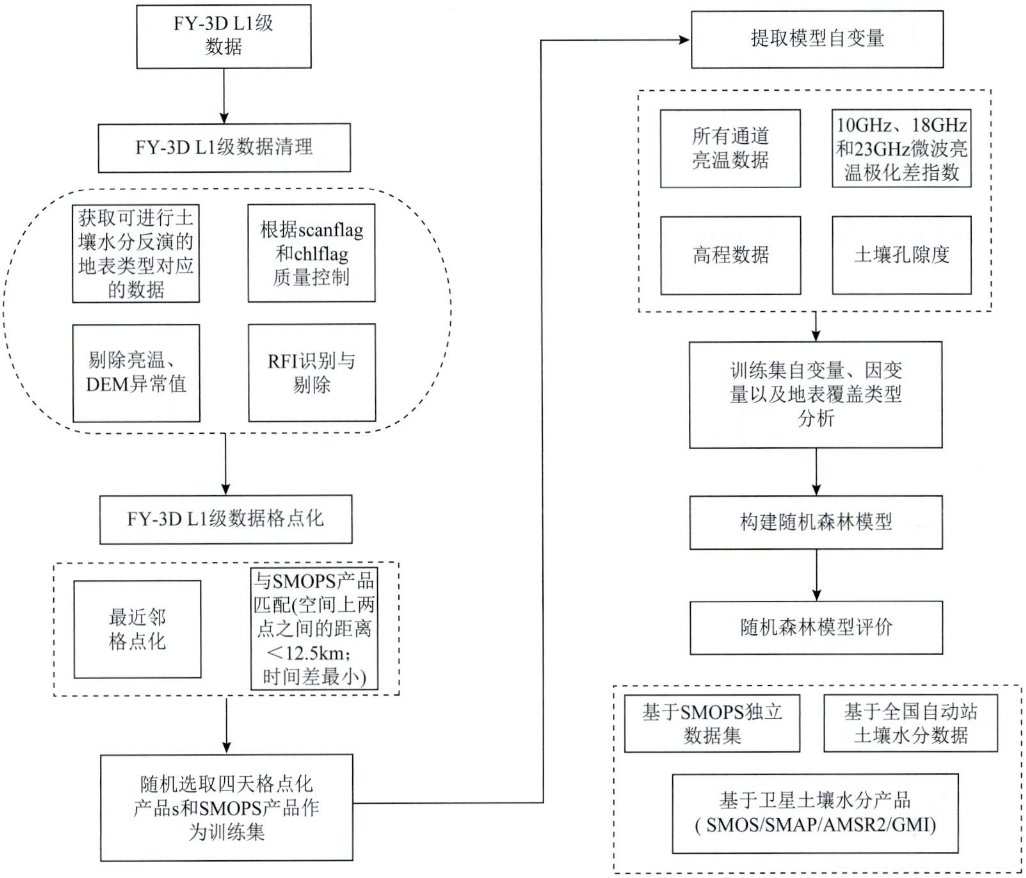

图 11.41　微波土壤湿度反演算法流程图

针对 FY-3 系列卫星土壤水分估计问题，除土壤水分变化会影响卫星观测亮温外，还有很多其他因素会影响观测亮温。例如，植被覆盖（在植被足够密的情况下，土壤发射辐射将被其上覆盖的植被完全掩盖，对卫星观测亮温有显著影响；植被光学厚度越大，土壤水分反演误差越大）、冻土（土壤表面冻结的情况下，水的介电属性急剧变化，导致观测亮温显著降低）、水体（水的高介电属性强烈地影响观测亮温）、降水（卫星过境期间的暴雨过程将影响观测亮温）、干旱（如何区分土壤是在变干还是冻结，是微波理论上的一个固有限制）、无线电频率干扰、陆表温度、土壤质地等。因此，这是一个多变量问题，且各变量的影响并非完全是线性的，简单多元线性回归方法不能很好地解决该问题。而机器学习算法在处理此类多特征量高度非线性回归分析问题上具有显著的优势，特别是随机森林算法可以提供各特征量对估计结果的贡献程度，有助于分析哪些气象要素是影响卫星土壤水分估计的主要因素，可以为设计新型的土壤水分探测卫星提供更具科学依据的载荷搭载需求方案。

使用 NOAA SMOPS 产品验证结果如图 11.42 所示。与 FY-3D L2 土壤湿度产品相比，该算法生成的土壤湿度产品具有更低的平均偏差、更高的决定系数和更低的均方根偏差。基于业务定标数据，土壤湿度反演结果的平均决定系数为0.7223，平均偏差为0.0612，平均均方根偏差为0.0609 m^3/m^3。

利用该算法，基于FY-3B和FY-3D MWRI数据以及辅助数据生产了全球以及青藏高原区域2011～2020年逐日和逐月地表土壤湿度（VSM）产品。数据文件格式为GeoTIFF，投影类型为等经纬度投影，分辨率为0.25°× 0.25°，左上角起始经纬度为（180°W，90°N），大小为1440列×720行，数据类型为浮点型，影像值为实际值，单位m^3/m^3。

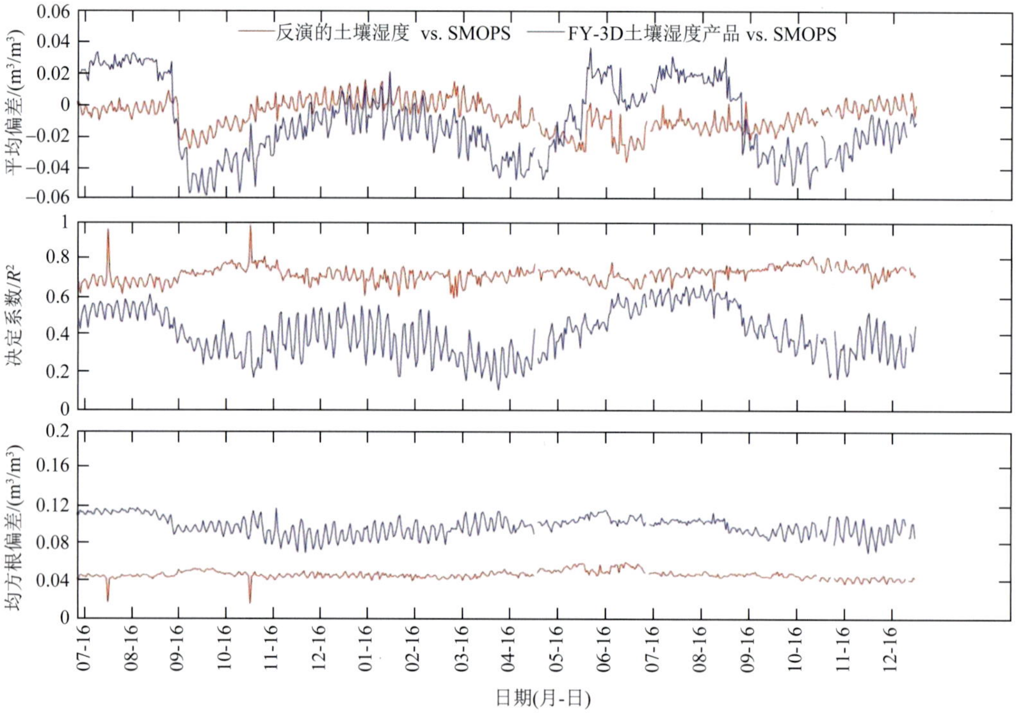

图 11.42 微波土壤湿度反演结果验证（2019 年）

11.4.4 卫星遥感技术在构建青藏高原数据集中的应用

相对于我国东部地区，在青藏高原辽阔、复杂的下垫面上，气象观测台站还十分稀少，且受恶劣天气气候的影响，常常出现仪器故障或观测中断、数据缺测等现象，影响高质量资料的获取，导致该地区资料积累不足。资料的缺乏严重影响人们对青藏高原天气气候变化规律及水分循环过程系统的认识和了解。限于目前的技术手段和条件，在短期内青藏高原难以实现与东部地区台站网建设密度大体相同的布局。因此，使用卫星遥感探测方式对青藏高原及周边进行监测就显得尤为重要。在第二次青藏高原综合科学考察研究期间，应用卫星遥感技术开发构建了多个青藏高原及周边地区高质量数据集，其中包括高时空分辨率降水产品、冰川表面高程变化序列、典型冰川区域及湖泊面积数据集等。

参考文献

边多 . 2021. 西藏湖泊遥感动态监测图集 . 北京 : 气象出版社 .

车涛 , 李新 , 高峰 . 2012. 青藏高原积雪深度和雪水当量的被动微波遥感反演 . 冰川冻土 , 26: 363-368.

杜云艳 , 周成虎 . 1998. 水体的遥感信息自动提取方法 . 遥感学报 , (4) : 264-269.

郭铌 . 2003. 植被指数及其研究进展 . 干旱气象 , 21: 71-75.

康世昌 , 郭万钦 , 吴通华 , 等 . 2020. "一带一路" 区域冰冻圈变化及其对水资源的影响 . 地球科学进展 , 35: 1.

李新 , 程国栋 . 2012. 冻土 - 气候关系模型评述 . 冰川冻土 , 24: 315-321.

李珍存 , 马明国 , 张峰 , 等 . 2006. 1982-2003 年中国西北地区植被动态变化格局分析 . 遥感技术与应用 , 21: 332-337.

罗亚 , 徐建华 , 岳文泽 . 2005. 基于遥感影像的植被指数研究方法述评 . 生态科学 , 24: 75-79.

秦大河 . 2014. 气候变化科学与人类可持续发展 . 地理科学进展 , 33 (7) : 874-883.

孙红雨 , 王长耀 , 牛铮 , 等 . 1998. 中国地表植被覆盖变化及其与气候因子关系——基于 NOAA 时间序列数据分析 . 遥感学报 , 2: 204-210.

Al-Yaari A, Wigneron J P, Kerr Y, et al. 2016a. Testing regression equations to derive long-term global soil moisture datasets from passive microwave observations. Remote Sensing of Environment, 180: 453-464.

Al-Yaari A, Wigneron J P, Kerr Y, et al. 2016b. First application of regression analysis to retrieve soil moisture from SMAP brightness temperature observations consistent with SMOS. Proceedings of the 2016 IEEE International Geoscience and Remote Sensing Symposium (IGARSS), 7: 1633-1636.

Al-Yaari A, Wigneron J P, Kerr Y, et al. 2017. Evaluating soil moisture retrievals from ESA's SMOS and NASA's SMAP brightness temperature datasets. Remote Sensing of Environment, 193: 257-273.

Chen M, Xie P, Janowiak J, et al. 2002. Global land precipitation: A 50-yr monthly analysis based on gauge observations. Journal of Hydrometeorology, 3: 249-266.

Duncan J M A, Biggs E M. 2012. Assessing the accuracy and applied use of satellite-derived precipitation estimates over Nepal. Applied Geography, 34: 626-638.

Freppaz M, Williams B L, Edwards A C, et al. 2007. Simulating soil freeze/thaw cycles typical of winter alpine conditions: Implications for N and P availability. Applied Soil Ecology, 35: 247-255.

Guo D, Yang M, Wang H. 2011. Characteristics of land surface heat and water exchange under different soil freeze/thaw conditions over the central Tibetan Plateau. Hydrological Processes, 25: 2531-2541.

Han Y, Weng F. 2018. Remote sensing of tropical cyclone thermal structure from satellite microwave sounding instruments: Impacts of optimal channel selection on retrievals. Journal of Meteorological Research, 32: 804-818.

Hu H, Han Y. 2020. Comparing the thermal structures of tropical cyclones derived from Suomi NPP ATMS and FY-3D microwave sounders. IEEE Transactions on Geoscience and Remote Sensing, 5910: 8073-8083.

Hu H, Weng F, Han Y, et al. 2019. Remote sensing of tropical cyclone thermal structure from satellite microwave sounding instruments: Impacts of background profiles on retrievals. Journal of Meteorological Research, 33: 89-103.

Huffman G J, Bolvin, D T, Braithwaite D, et al. 2019a. NASA Global Precipitation Measurement（GPM）Integrated Multi-satellitE Retrievals for GPM（IMERG）, Algorithm Theoretical Basis Document（ATBD）Version 06. Washington DC: NASA/GSFC.

Huffman G J, Stocker E F, Bolvin D T, et al. 2019b. GPM IMERG Final Precipitation L3 Half Hourly 0.1 degree × 0.1 degree V06, Greenbelt, MD, Goddard Earth Sciences Data and Information Services Center（GES DISC）. https://doi.org/10.5067/GPM/IMERG/3B-HH/06. [2019-12-30].

Kim Y, Kimball J S, Glassy J, et al. 2017. An extended global Earth system data record on daily landscape freeze-thaw status determined from satellite passive microwave remote sensing. Earth System Science Data, 9: 133-147.

Larsen K S, Jonasson S, Michelsen A. 2002. Repeated freeze-thaw cycles and their effects on biological processes in two arctic ecosystem types. Applied Soil Ecology, 21: 187-195.

Lin L, Weng F. 2018. Estimation of hurricane maximum wind speed using temperature anomaly derived from advanced technology microwave sounder. IEEE Geoscience and Remote Sensing Letters, 15: 639-643.

Liu Q H, Weng F Z. 2005. One-dimensional variational retrieval algorithm of temperature, water vapor, and cloud water profiles from advanced microwave sounding unit（AMSU）. IEEE Transactions on Geoscience and Remote Sensing, 43(5): 1087-1095.

Lu H, Ding L, Ma Z, et al. 2020. Spatiotemporal assessments on the satellite-based precipitation products from Fengyun and GPM over the Yunnan-Kweichow Plateau, China. Earth and Space Science, 7: e2019EA000857.

Ma Z, Xu J, Zhu S, et al. 2020a. AIMERG: A New Asian Precipitation Dataset（0.1°/Half-hourly, 2000-2008）by Calibrating GPM IMERG at Daily Scale Using APHRODITE, Zenodo. https://doi.org/10.5281/zenodo.3609352. [2021-01-05].

Ma Z, Xu J, Zhu S, et al. 2020b. AIMERG: A new Asian Precipitation Dataset（0.1°/Half-hourly, 2009-2015）by Calibrating GPM IMERG at Daily Scale Using APHRODITE, Zenodo. https://doi.org/10.5281/zenodo.3609507. [2021-01-05].

Matsuura K, Willmott C J. 2009. Terrestrial Precipitation: 1900-2008 Gridded Monthly Time Series（version 2.01）. Newark, USA: Center for Climatic Research Department of Geography Center for Climatic Research, University of Delaware.

McDonald K C, Kimball J S, Njoku E, et al. 2004. Variability in springtime thaw in the terrestrial high latitudes: Monitoring a major control on the biospheric assimilation of atmospheric CO_2 with spaceborne microwave remote sensing. Earth Interactions, 8: 1-23.

Mega T, Ushio T, KubotaT, et al. 2014. Gauge Adjusted Global Satellite Mapping of Precipitation（GSMaP_

Gauge). Beijing, China: 2014 26th URSI General Assembly and Scientific Symposium (URSI GASS).

Ménégoz M, Gallée H, Jacobi H W. 2013. Precipitation and snow cover in the Himalaya: From reanalysis to regional climate simulations. Hydrology and Earth System Sciences, 17: 3921-3936.

Mitchell T D, Jones P D. 2007. An improved method of constructing a database of monthly climate observations and associated high-resolution grids. International Journal of Climatology, 25: 693-712.

Myneni R B, Keeling C, Tucker C J, et al. 1997. Increased plant growth in the northern high latitudes from 1981 to 1991. Nature, 386: 698-702.

Njoku E G, Kong J A. 1977. Theory for passive microwave remote sensing of near-surface soil moisture. Journal of Geophysical Research (1896-1977), 82 (20): 3108-3118.

Rajeevan M, Bhate J. 2009. A high resolution daily gridded rainfall dataset (1971-2005) for mesoscale meteorological studies. Current Science, 96: 558-562.

Rodríguez-Fernández N J, Aires F, Richaume P, et al. 2015. Soil moisture retrieval using neural networks: Application to SMOS. IEEE Transactions on Geoscience and Remote Sensing, 53: 5991-6007.

Santi E, Pettinato S, Paloscia S, et al. 2012. An algorithm for generating soil moisture and snow depth maps from microwave spaceborne radiometers: HydroAlgo. Hydrology and Earth System Sciences, 16: 3659-3676.

Schmugge T. 1978. Remote sensing of surface soil moisture. Journal of Applied Meteorology and Climatology, 17: 1549-1557.

Schneider U, Becker A, Finger P, et al. 2014. GPCC's new land surface precipitation climatology based on quality-controlled in situ data and its role in quantifying the global water cycle. Theoretical and Applied Climatoloty, 115: 15-40.

Schneider U, Finger P, Meyer-Christoffer A, et al. 2018. Global Precipitation Analysis Products of the GPCC. Offenbach, Germany: GPCC Internet Publication.

Schneider U, Fuchs T, Meyer-Christoffer A, et al. 2008. Global Precipitation Analysis Products of the GPCC. Offenbach, Germany: Global Precipitation Climatology Centre.

Shen Y, Feng M N, Zhang H Z, et al. 2010. Interpolation methods of China daily precipitation data. Journal of Applied Meteorological Science, 21: 279-286.

Shen Y, Zhao P, Pan Y, et al. 2014. A high spatiotemporal gauge-satellite merged precipitation analysis over China. Journal of Geophysical Research: Atmosphere, 119: 3063-3075.

Sunilkumar K, Yatagai A, Masuda M. 2019. Preliminary evaluation of GPM IMERG rainfall estimates over three distinct climate zones with APHRODITE. Earth and Space Science, 6: 1321-1335.

Tang G, Clark M P, Papalexiou S M, et al. 2020. Have satellite precipitation products improved over last two decades? A comprehensive comparison of GPM IMERG with nine satellite and reanalysis datasets. Remote Sensing of Environment, 240: 111697.

Tang G, Ma Y, Long D, et al. 2017. Evaluation of GPM Day-1 IMERG and TMPA Version-7 legacy products over the mainland of China at multiple spatiotemporal scales. Journal of Hydrology, 533: 152-167.

Theis S W, Blanchard B J, Newton R W. 1984. Utilization of vegetation indices to improve microwave soil moisture estimates over agricultural lands. IEEE Transactions on Geoscience and Remote Sensing, GE-22: 490-496.

Tian X, Zou X. 2018. Capturing size and intensity changes of hurricanes Irma and Maria (2017) from Polar-Orbiting satellite microwave radiometers. Journal of the Atmospheric Sciences, 75: 2509-2522.

Vrieling A. 2006. Satellite remote sensing for water erosion assessment: A review. Catena, 65(1): 2-18.

Weng F, Yu X, Duan Y, et al. 2020. Advanced radiative transfer modeling system (ARMS): A new-generation satellite observation operator developed for numerical weather prediction and remote sensing applications. Advances in Atmospheric Sciences, 37: 131-136.

Xu J, Ma Z, Tang G, et al. 2019. Quantitative evaluations and error source analysis of Fengyun-2-based and GPM-based precipitation products over the mainland of China in summer, 2018. Remote Sensing, 11: 2992.

Yatagai A, Kamiguchi K, Arakawa O, et al. 2012. APHRODITE: Constructing a long-term daily gridded precipitation dataset for Asia based on a dense network of rain gauges. Bulletin of the American Meteorological Society, 93: 1401-1415.

Yatagai A, Xie P, Kitoh A. 2007. Utilization of a new gauge-based daily precipitation dataset over monsoon Asia for validation of the daily precipitation climatology simulated by the MRI/JMA 20-km-mesh AGCM. SOLA, 1: 193-196.

Yong B, Ren L L, Hong Y, et al. 2010. Hydrologic evaluation of multisatellite precipitation analysis standard precipitation products in basins beyond its inclined latitude band: A case study in Laohahe basin, China. Water Resources Research, 46(7): W07542.

Zhang T, Armstrong R L, Smith J. 2003. Investigation of the near-surface soil freeze-thaw cycle in the contiguous United States: Algorithm development and validation. Journal of Geophysical Research: Atmospheres, 108: 1-14.

Zhao T, Shi J, Hu T, et al. 2017. Estimation of high-resolution near-surface freeze/thaw state by the integration of microwave and thermal infrared remote sensing data on the Tibetan Plateau. Earth and Space Science, 4: 472-484.

Zimov S A, Schuur E A, Chapin III F S. 2006. Permafrost and the global carbon budget. Science, 312: 1612-1613.

附录

科考日志

科考日志（一）

日期	工作内容	停留地点
2018 年 10 月 29 日	从驻地出发前往帕隆藏布山谷，沿途进行初步地形勘察，记录环境参数，为后续气交换通量测量做好准备	林芝
2018 年 10 月 30 日	在帕隆藏布山谷排龙选定观测点，搭建气象观测站，进行仪器初步调试	鲁朗
2018 年 10 月 31 日	继续架设气交换通量测量仪器，记录初始测量数据，并进行数据传输测试	鲁朗
2018 年 11 月 1 日	现场检查并优化仪器架设，确保测量系统稳定运行，进行初步数据分析	鲁朗
2018 年 11 月 2 日	从帕隆藏布山谷出发前往波密县，沿途进行地形和气象条件考察	波密
2018 年 11 月 3 日	选定波密县丹卡观测点，开始架设气交换通量测量仪器	波密
2018 年 11 月 4 日	继续仪器架设，完成气象站搭建和数据采集设备调试	波密
2018 年 11 月 5 日	监测仪器运行情况，收集初步数据，进行现场维护和调整	波密
2018 年 11 月 6 日	进行最终检查，确认仪器运行稳定，返回驻地	兰州

科考日志（二）

日期	工作内容	停留地点
2020 年 5 月 20 日	从驻地出发前往林芝，检查观测场仪器运行情况，下载数据，进行初步维护	林芝
2020 年 5 月 21 日	前往排龙观测场，检查仪器状态，下载数据并进行系统调试	排龙
2020 年 5 月 22 日	在排龙继续仪器维护，确保观测数据正常记录，优化设备布局	排龙
2020 年 5 月 23 日	前往丹卡观测场，下载数据，进行仪器维护和标定校准	丹卡
2020 年 5 月 24 日	总结观测数据维护情况，返回驻地	兰州

科考日志（三）

日期	工作内容	停留地点
2023 年 7 月 3 日	了解西藏日喀则观象台观测边界层内容	日喀则
2023 年 7 月 4 日	到日喀则亚东县考察多庆错湖泊水位下降原因及实地调研	亚东
2023 年 7 月 5 ～ 7 日	到定结县、吉隆县考察冰湖变化情况	吉隆
2023 年 7 月 8 ～ 10 日	到当惹雍错考察湖面上涨情况	仲巴
2023 年 7 月 11 ～ 13 日	到那曲尼玛县、申扎县、那曲市考察气候变化对多圈层影响，特别是色林错等典型湖泊的影响	尼玛、那曲

科考日志（四）

日期	工作内容	停留地点
2024 年 5 月 11 日	西宁集结，召开无人驾驶垂直气象探测野外试验现场协调会	西宁
2024 年 5 月 12 日	西宁→都兰→格尔木：与先行到达格尔木、茫崖的无人驾驶垂直气象探测试验组人员召开碰头会	格尔木
2024 年 5 月 13 日	格尔木→茫崖：无人驾驶垂直气象探测野外试验	茫崖
2024 年 5 月 14 日	茫崖→格尔木：无人驾驶垂直气象探测野外试验	格尔木
2024 年 5 月 15 日	格尔木→香日德→西宁：沿线自然地理环境综合考察	西宁
2024 年 5 月 16 日	西宁→北京：科考总结会	北京